微积分（文）习题解析

王　培　王夕予　邓建平　林小围
张玉莲　袁明霞　马　荣　章丽霞　编著

南京大学金陵学院

南京大学出版社

图书在版编目(CIP)数据

微积分(文)习题解析 / 王培等编著. -- 南京：南京大学出版社，2017.8

ISBN 978-7-305-19024-7

Ⅰ. ①微… Ⅱ. ①王… Ⅲ. ①微积分—高等学校—题解 Ⅳ. ①O172

中国版本图书馆 CIP 数据核字(2017)第 170992 号

出版发行 南京大学出版社
社　　址 南京市汉口路 22 号　　邮　　编 210093
出 版 人 金鑫荣

书　　名 微积分(文)习题解析
编　　著 王　培　王夕予　邓建平　林小围
　　　　 张玉莲　袁明霞　马　荣　章丽霞
责任编辑 沈　洁　吴　汀　　编辑热线 025-83093962

照　　排 南京理工大学资产经营有限公司
印　　刷 常州市武进第三印刷有限公司
开　　本 787×960　1/16　印张 19　字数 287 千字
版　　次 2017 年 8 月第 1 版　2017 年 8 月第 1 次印刷
ISBN 978-7-305-19024-7
定　　价 40.00 元

网　　址：http://www.njupco.com
官方微博：http://weibo.com/njupco
微信服务号：njuyuexue
销售咨询热线：(025)83594756

前　言

本书是根据教育部高等学校大学数学课程教学指导委员会2014年颁布的《大学数学课程教学基本要求》中"经济和管理类本科数学基础课程教学基本要求"编写的，可供各类高等学校的大学生作为学习"微积分"、"高等数学"、"大学数学"等课程的参考书，旨在帮助同学们学习微积分.

微积分是一门系统性强、结构严谨的课程，是绝大部分高等学校大学生的必修课. 由于内容多、难度大、进度快，很多学生刚进入大学校门面对这门课程感到吃力，如上课能听懂，但作业不会做，害怕期中期末考试等. 也有部分学生成绩优秀，觉得课本上习题难度不够. 本书作为《微积分 I》、《微积分 II》的配套教学用书，我们在编写时试图让读者能够感觉到易懂，因此解题过程尽量详细，所举例子由浅入深(举例时书上的课后习题占一半以上，基本题占一半，难题约占 20%)，能够帮助同学们解决学习上的问题.

本书由南京大学金陵学院大学数学教研室编著，全书共 9 章. 各章由主要内容、习题解析和复习题三部分组成，其中习题解析中选自教材课后习题例子以形式"(习题 *. **)"标出，如标有"(习题 1.2 B2)"的例子表示选自教材习题 1.2 的 B 组第 2 题. 书后还附有复习题的参考答案以供读者们参考. 本书第 1 章由张玉莲编写，第 2 章马荣编写，第 3 章由王夕予、张玉莲编写，第 4 章由袁明霞编写，第 5 章和第 7 章由邓建平编写，第 6 章由林小围编写，第 8 章由章丽霞编写，第 9 章由王培编写. 前 4 章由马荣统稿，后 5 章由章丽霞统稿.教研室主任黄卫华教授对全书进行了仔细的审校,提出了许多有益的建议.

感谢省教育厅与南京大学出版社合作将本课程建设项目立项进行建设.感谢南京大学金陵学院教务处和基础教学部领导对编者们的关心和支持.感谢南京大学孔敏教授、陈阶智教授以及兄弟院校的郭宜彬、汪鹏、魏云峰等老师对本课程的一贯支持.感谢南京大学出版社吴汀和沈洁两位编辑的认真负责与悉心编校,使本书质量大有提高.

书中不足与错误难免,敬请专家、同行和读者不吝赐教.

编著者

2017.2.15

目　　录

第1章 预备知识

1.1 主要内容

1.1.1 集合的并、交、差运算

$$A\cup B=\{x|x\in A\text{ 或 }x\in B\},$$
$$A\cap B=\{x|x\in A\text{ 且 }x\in B\},$$
$$A\backslash B=\{x|x\in A\text{ 且 }x\notin B\}.$$

1.1.2 映射的概念

设 A,B 是两个非空集合，若 $\forall x\in A$，按某对应法则 f 有唯一的 $y\in B$ 与之对应，则称 f 为由 A 到 B 的映射，记为 $f:A\to B$.

1.1.3 一元函数基本概念

设 $D\subset R$，称映射 $f:D\to R$ 为一元函数，记为 $y=f(x)$，$x\in D$. 其中 x 称为自变量，y 称为因变量或 x 的函数，D 称为函数的定义域.

(1) 函数的初等性质：单调性、有界性、奇偶性、周期性.

(2) 反函数、复合函数的概念.

(3) 基本初等函数：常值函数 $y=C$，幂函数 $y=x^{\mu}(\mu\in R)$，指数函数 $y=a^x(a>0,a\neq1)$，对数函数 $y=\log_a x(a>0,a\neq1)$，三角函数 $y=\sin x$，$y=\cos x$，$y=\tan x$，$y=\cot x$，$y=\sec x$，$y=\csc x$，反三角函数 $y=\arcsin x$，$y=\arccos x$，$y=\arctan x$，$y=\text{arccot}\,x$.

(4) 初等函数：由基本初等函数经过有限次四则运算和有限次复合运算所得的函数称为初等函数.

1.1.4 平面曲线的参数方程与极坐标方程

1. 参数方程

在给定的平面直角坐标系中,如果曲线上任意一点的坐标 x,y 都是变量 t 的函数

$$\begin{cases} x=\varphi(t), \\ y=\psi(t), \end{cases} t\in[\alpha,\beta],$$

且对于 t 在 $[\alpha,\beta]$ 的每一个值,由上式确定的点 $M(x,y)$ 都在这条曲线上,则上述方程组称为这条曲线的参数方程,其中 t 为参数.

2. 极坐标方程

若某一平面曲线上的点 M 的极坐标 (ρ,θ) 满足方程 $\rho=\rho(\theta)$, $\alpha\leqslant\theta\leqslant\beta$,且对 $\forall\theta\in[\alpha,\beta]$,由 $\rho=\rho(\theta)$ 确定的点 (ρ,θ) 都在曲线上,则方程 $\rho=\rho(\theta)$ 称为该曲线的极坐标方程.

3. 平面上点的直角坐标与极坐标变换公式

$$x=\rho\cos\theta, y=\rho\sin\theta, \text{或 } \rho=\sqrt{x^2+y^2}, \tan\theta=\frac{y}{x}, x\neq 0.$$

1.1.5 常见的经济函数

1. 需求函数

若用 Q 表示需求量,P 表示价格,则 $Q=Q(P)(P>0)$ 称为需求函数.

2. 供给函数

若用 S 表示供给量,P 表示价格,则 $S=S(P)(P>0)$ 称为供给函数.

3. 成本函数

若用 Q 表示某种产品的产量,用 C 表示生产产品的成本,则 $C=C(Q)$ $(Q\geqslant 0)$ 称为成本函数. 总成本可分为固定成本和可变成本.

4. 收益函数和利润函数

收益 R 等于商品的单位价格 P 乘以销售量 Q,即 $R=PQ$,称为收益函数. 利润 L 等于收益 R 与总成本 C 之差,即 $L=L(Q)=R(Q)-C(Q)$,称为利润函数.

1.2　习题解析

例 1.1(习题 1.1 A3)　设集合 $A=\{1,2,3,4,5\}$,$B=\{(x,y)\mid x\in A,y\in A,x-y\in A\}$,求集合 B 中的元素个数.

解　由于 $x\in A,y\in A,x-y\in A$,所以 $x\neq 1$. 若 $x=2$,则 $y=1$;若 $x=3$,则 $y=1$ 或 2;若 $x=4$,则 $y=1,2$ 或 3;若 $x=5$,则 $y=1,2,3$ 或 4. 由此集合 B 中共有 10 个元素.

例 1.2(习题 1.1 B2)　设 $A=\{x\mid x^3+2x^2-x-2>0\}$,$B=\{x\mid x^2+ax+b\leqslant 0\}$. 试求能使 $A\cup B=\{x\mid x+2>0\}$,$A\cap B=\{x\mid 1<x\leqslant 3\}$的 a,b 的值.

解　由于 $x^3+2x^2-x-2=(x+2)(x+1)(x-1)$,所以

$$A=\{x\mid -2<x<-1\text{ 或 }x>1\},$$

又 $A\cup B=\{x\mid x>-2\}$,$A\cap B=\{x\mid 1<x\leqslant 3\}$,所以

$$B=\{x\mid -1\leqslant x\leqslant 3\},$$

可得 $x^2+ax+b=(x+1)(x-3)=x^2-2x-3$,即 $a=-2,b=-3$.

例 1.3　求下列函数的定义域:

(1) $y=\dfrac{1}{\sqrt{\cos x}}+\lg(25-x^2)$;　　(2) $y=\dfrac{\arccos\left(\dfrac{2x-1}{7}\right)}{\sqrt{x^2-x-6}}$.

解　(1) 由$\begin{cases}\cos x>0,\\ 25-x^2>0,\end{cases}\Rightarrow\begin{cases}2k\pi-\dfrac{\pi}{2}<x<2k\pi+\dfrac{\pi}{2},\\ -5<x<5,\end{cases}$

故所求定义域为$\left(-5,-\dfrac{3}{2}\pi\right)\cup\left(-\dfrac{\pi}{2},\dfrac{\pi}{2}\right)\cup\left(\dfrac{3}{2}\pi,5\right)$.

(2) 由$\begin{cases}\left|\dfrac{2x-1}{7}\right|\leqslant 1,\\ x^2-x-6>0,\end{cases}\Rightarrow\begin{cases}-3\leqslant x\leqslant 4,\\ x<-2\text{ 或 }x>3,\end{cases}$

故定义域为$[-3,-2)\cup(3,4]$.

例 1.4　已知 $f(x)=\dfrac{1}{\sqrt{3-x}}+\ln(x-2)$,求 $f(x+a)+f(x-a)$ $\left(0<a\leqslant\dfrac{1}{2}\right)$的定义域.

解 由 $f(x)$的表达式可得$\begin{cases}3-x>0,\\x-2>0,\end{cases}$所以 $f(x)$的定义域为$(2,3)$. 由

$$\begin{cases}2<x+a<3,\\2<x-a<3,\\0<a\leqslant\dfrac{1}{2},\end{cases}\Rightarrow\begin{cases}2-a<x<3-a,\\2+a<x<3+a,\\0<a\leqslant\dfrac{1}{2}.\end{cases}$$

可得所求定义域为$(2+a,3-a)$.

例 1.5(习题 1.2 B2) 判别函数 $f(x)=\begin{cases}x^2+x,x\geqslant 0,\\-x^2+x,x<0\end{cases}$的奇偶性.

解 由于

$$f(x)=\begin{cases}x\cdot x+x,x\geqslant 0,\\-x\cdot x+x,x<0\end{cases}=\begin{cases}|x|\cdot x+x,x\geqslant 0,\\|x|\cdot x+x,x<0\end{cases}=|x|\cdot x+x,x\in\mathbf{R}.$$

$f(-x)=-|x|\cdot x-x=-f(x)$,所以 $f(x)$是奇函数.

例 1.6 设 $F(x)=f(x)\left(\dfrac{1}{2^x+1}-\dfrac{1}{2}\right)$,已知 $f(x)$为奇函数,判断 $F(x)$的奇偶性.

解 令 $g(x)=\dfrac{1}{2^x+1}-\dfrac{1}{2}=\dfrac{1-2^x}{2(2^x+1)}$,则

$$g(-x)=\frac{1-2^{-x}}{2(2^{-x}+1)}=\frac{2^x-1}{2(2^x+1)}=-g(x),$$

所以 $g(x)$是奇函数. 由于 $f(x)$是奇函数,故 $F(x)=f(x)g(x)$是偶函数.

例 1.7 设 $f(x+\pi)=f(x)+\sin x$,则在$(-\infty,+\infty)$内,$f(x)$( ).

(A) 是周期函数,周期是 π (B) 是周期函数,周期是 2π

(C) 是周期函数,周期是 3π (D) 不是周期函数

解 对 $\forall x\in\mathbf{R}$,有

$$f(x+2\pi)=f(x+\pi)+\sin(x+\pi)=f(x)+\sin x-\sin x=f(x),$$

故选择(B).

例 1.8 已知函数 $f(x)$是周期为 π 的偶函数,且当 $x\in\left(0,\dfrac{\pi}{2}\right)$时 $f(x)=\cos x-\sin x+1$,求当 $x\in\left(\dfrac{\pi}{2},\pi\right)$时,$f(x)$的表达式.

解　因 $f(x)$ 是偶函数，所以当 $-\frac{\pi}{2}<x<0$ 时，

$$f(x)=f(-x)=\cos(-x)-\sin(-x)+1=\cos x+\sin x+1,$$

又因为 $f(x)$ 是周期为 π 的函数，所以当 $\frac{\pi}{2}<x<\pi$ 时，

$$f(x)=f(x-\pi)=\cos(x-\pi)+\sin(x-\pi)+1=1-\cos x-\sin x.$$

例 1.9　设函数 $f(x)$ 满足 $f(x)-2f\left(\frac{1}{x}\right)=\frac{2}{x}$，求 $f(x)$.

解　在等式

$$f(x)-2f\left(\frac{1}{x}\right)=\frac{2}{x} \tag{1}$$

中取 x 为 $\frac{1}{x}$，得

$$f\left(\frac{1}{x}\right)-2f(x)=2x, \tag{2}$$

由(1)与(2)消去 $f\left(\frac{1}{x}\right)$，得

$$f(x)=-\frac{2}{3}\left(2x+\frac{1}{x}\right).$$

例 1.10（习题 1.2 B3）　已知 $f(x)=\begin{cases}1, x>0,\\ 0, x=0,\\ -1, x<0,\end{cases}$　$\varphi(x)=\ln x$，求 $f(\varphi(x))$ 及 $\varphi(f(x))$.

解　由于 $f(\varphi(x))=\begin{cases}1, \varphi(x)>0,\\ 0, \varphi(x)=0,\\ -1, \varphi(x)<0,\end{cases}$　而 $\varphi(x)>0 \Leftrightarrow x>1$；$\varphi(x)=0 \Leftrightarrow x=1$；$\varphi(x)<0 \Leftrightarrow 0<x<1$，所以

$$f(\varphi(x))=\begin{cases}1, x>1,\\ 0, x=1,\\ -1, 0<x<1.\end{cases}$$

当 $f(x)>0$，即 $x>0$ 时，$\varphi(f(x))=\ln f(x)=\ln 1=0$，所以

$$\varphi(f(x))=0, x>0.$$

例 1.11 设 $f(x)=\begin{cases}\ln\sqrt{x}, x\geqslant 1,\\ 2x-1, x<1,\end{cases}$ 求 $f(f(x))$.

解 因 $f(u)=\begin{cases}\ln\sqrt{u}, u\geqslant 1,\\ 2u-1, u<1,\end{cases}$ 令 $u=f(x)$得

$$f(f(x))=\begin{cases}\ln\sqrt{f(x)}, f(x)\geqslant 1,\\ 2f(x)-1, f(x)<1,\end{cases}$$

因 $f(x)\geqslant 1$ 等价于 $x\geqslant \mathrm{e}^2$,此时 $f(x)=\ln\sqrt{x}$;而 $f(x)<1$ 时,$1\leqslant x<\mathrm{e}^2$ 或$x<1$,分别对应 $f(x)=\ln\sqrt{x}$及 $f(x)=2x-1$,综合以上分析可得

$$f(f(x))=\begin{cases}\ln\sqrt{\ln\sqrt{x}}, x\geqslant \mathrm{e}^2;\\ 2\ln\sqrt{x}-1, 1\leqslant x<\mathrm{e}^2;\\ 2(2x-1)-1, x<1\end{cases}=\begin{cases}\dfrac{1}{2}\ln\left(\dfrac{1}{2}\ln x\right), x\geqslant \mathrm{e}^2;\\ \ln x-1, 1\leqslant x<\mathrm{e}^2;\\ 4x-3, x<1.\end{cases}$$

例 1.12 已知 $f(x-1)=x^2-x+1, g(x)=\begin{cases}\sin x, x\geqslant 0,\\ x^2, x<0,\end{cases}$ 求 $g(f(x))$及 $f(g(x))$.

解 令 $x-1=t$,则

$$f(t)=(t+1)^2-(t+1)+1=t^2+t+1,$$

故 $f(x)=x^2+x+1$,由此

$$f(g(x))=g^2(x)+g(x)+1=\begin{cases}\sin^2 x+\sin x+1, x\geqslant 0;\\ x^4+x^2+1, x<0.\end{cases}$$

由于对 $\forall x\in\mathbf{R}, x^2+x+1>0$,所以

$$g(f(x))=\sin f(x)=\sin(x^2+x+1).$$

例 1.13 设 $f(x)=\begin{cases}x^2, x\leqslant 0,\\ -x^3, x>0\end{cases}$ 的反函数是 $g(x)$,求 $g(4)$.

解 当 $x\leqslant 0$ 时,$y=f(x)=x^2\geqslant 0$,从而 $x=-\sqrt{y}$,故

$$g(x)=-\sqrt{x}, x\geqslant 0.$$

当 $x>0$ 时,$y=f(x)=-x^3<0$,从而 $x=-\sqrt[3]{y}$,故

$$g(x)=-\sqrt[3]{x}, x<0.$$

由此，$g(4)=-\sqrt{4}=-2$.

例 1.14(习题 1.2 B4)　求 $f(x)=\begin{cases}\dfrac{4}{\pi}\arctan x, |x|>1,\\ \sin\dfrac{\pi x}{2}, |x|\leqslant 1\end{cases}$ 的反函数.

解　当 $|x|>1$ 时，$y=f(x)=\dfrac{4}{\pi}\arctan x$，所以 $1<|y|<2$，且 $x=\tan\left(\dfrac{\pi}{4}y\right)$，故

$$f^{-1}(x)=\tan\left(\frac{\pi x}{4}\right), 1<|x|<2.$$

当 $|x|\leqslant 1$ 时，$y=f(x)=\sin\dfrac{\pi x}{2}$，所以 $|y|\leqslant 1$，且 $x=\dfrac{2}{\pi}\arcsin y$，故

$$f^{-1}(x)=\frac{2}{\pi}\arcsin x, |x|\leqslant 1.$$

综上可得

$$f^{-1}(x)=\begin{cases}\tan\left(\dfrac{\pi x}{4}\right), 1<|x|<2,\\ \dfrac{2}{\pi}\arcsin x, |x|\leqslant 1.\end{cases}$$

例 1.15　求函数 $y=\sin x|\sin x|\left(\text{其中}|x|\leqslant\dfrac{\pi}{2}\right)$的反函数.

解　当 $0\leqslant x\leqslant\dfrac{\pi}{2}$ 时，$y=\sin^2 x$，即 $\sin x=\sqrt{y}(0\leqslant y\leqslant 1)$，所以

$$x=\arcsin\sqrt{y}(0\leqslant y\leqslant 1).$$

当 $-\dfrac{\pi}{2}\leqslant x<0$ 时，$y=-\sin^2 x$，即 $\sin x=-\sqrt{-y}(-1\leqslant y<0)$，所以

$$x=\arcsin(-\sqrt{-y})=-\arcsin\sqrt{-y}(-1\leqslant y<0).$$

于是所求反函数为

$$y=\begin{cases}\arcsin\sqrt{x}, 0\leqslant x\leqslant 1,\\ -\arcsin\sqrt{-x}, -1\leqslant x<0.\end{cases}$$

1.3 复习题

1. 求函数 $y=\arcsin\left(\lg\dfrac{x-1}{x-10}\right)$的定义域.

2. 设 $f(x)=\begin{cases}x, |x|\leqslant 1,\\ \sin x, 1<|x|\leqslant 4,\end{cases}$ 求 $f(x^2)$的定义域.

3. 设 $f\left(\dfrac{1}{x}\right)=x+\sqrt{1+x^2}$,求 $f(\lg x)$.

4. 已知 $f(x)=2\ln x$,$\varphi(x)>0$ 且 $f(\varphi(x))=\ln(1-\ln x)$,求 $\varphi(x)$及其定义域.

5. 设在$(-\infty,+\infty)$内 $f(x)$为偶函数,$g(x)$为奇函数,试讨论 $f(g(x))$与 $g(f(x))$的奇偶性.

6. 判断函数 $y=\dfrac{x\cos x}{1+x^2}$是否有界.

7. 设 $f(x)=\begin{cases}2-x, x\leqslant 0,\\ 2+x, x>0;\end{cases}$ $g(x)=\begin{cases}x^2, x<0,\\ -x, x\geqslant 0.\end{cases}$ 求 $f(g(x))$.

8. 设 $f(x)=\begin{cases}\sin x, x>0,\\ x^2, x\leqslant 0;\end{cases}$ $g(x)=\begin{cases}\pi, x\geqslant 1,\\ -\sqrt{1-x}, x<1.\end{cases}$ 求 $g(f(x))$.

9. 求 $f(x)=\begin{cases}x, x<1,\\ x^2, 1\leqslant x\leqslant 4,\\ 2^x, x>4\end{cases}$ 的反函数 $f^{-1}(x)$.

10. 设函数 $f(x)$满足 $3f(x)+4x^2f\left(-\dfrac{1}{x}\right)+\dfrac{7}{x}=0$,求 $f(x)$.

11. 设 $f(x)$是周期为 π 的奇函数,且当 $x\in\left(0,\dfrac{\pi}{2}\right]$时 $f(x)=\sin x+\cos x-1$,求 $f(x)$在$[-\pi,\pi]$上的表达式.

第 2 章　极限与连续

2.1　主要内容

2.1.1　描述数列极限 $\lim\limits_{n\to\infty}x_n=A$ 的方法

1. 语言描述

$\lim\limits_{n\to\infty}x_n=A\Leftrightarrow$ 当 n 无限增大时，数列 $\{x_n\}$ 与某一常数 A 无限接近，即 $|x_n-A|$ 无限接近于零.

2. ε—N 描述

$\lim\limits_{n\to\infty}x_n=A\Leftrightarrow\forall\varepsilon>0,\exists N$，当 $n>N$ 时，有

$$|x_n-A|<\varepsilon.$$

3. 邻域描述

$\lim\limits_{n\to\infty}x_n=A\Leftrightarrow$ 对 A 的任一邻域 $U(A,\varepsilon)$，至多只有有限个项 $x_n\notin U(A,\varepsilon)$.

2.1.2　收敛数列的性质

1. 唯一性

若数列 $\{x_n\}$ 收敛，则其极限值是唯一的.

2. 有界性

若数列 $\{x_n\}$ 收敛，则 $\{x_n\}$ 有界，即存在正数 M，使得对一切正整数 n，有

$$|x_n|\leqslant M.$$

3. 保号性

若$\lim\limits_{n\to\infty}x_n=A$，$A>0$（或$<0$），则存在正整数 N，当 $n>N$ 时，有 $x_n>0$（或<0）.

2.1.3 数列极限的四则运算法则

设$\lim\limits_{n\to\infty}x_n=A$，$\lim\limits_{n\to\infty}y_n=B$，则

(1) $\lim\limits_{n\to\infty}(x_n\pm y_n)=\lim\limits_{n\to\infty}x_n\pm\lim\limits_{n\to\infty}y_n=A\pm B$；

(2) $\lim\limits_{n\to\infty}x_ny_n=\lim\limits_{n\to\infty}x_n\cdot\lim\limits_{n\to\infty}y_n=AB$；

(3) $\lim\limits_{n\to\infty}\dfrac{x_n}{y_n}=\dfrac{\lim\limits_{n\to\infty}x_n}{\lim\limits_{n\to\infty}y_n}=\dfrac{A}{B}\,(B\neq0)$.

2.1.4 子数列的收敛性

$$\lim_{n\to\infty}x_n=A\Leftrightarrow\forall\{x_{n_k}\}\subset\{x_n\},\lim_{k\to\infty}x_{n_k}=A.$$

2.1.5 数列极限存在准则

1. 单调有界收敛准则

单调递增有上界数列必有极限；单调递减有下界数列必有极限.

2. 夹逼准则

设$\lim\limits_{n\to\infty}y_n=\lim\limits_{n\to\infty}z_n=A$，且对$\forall n\in\mathbf{N}^*$，有

$$y_n\leqslant x_n\leqslant z_n,$$

则数列$\{x_n\}$收敛，且

$$\lim_{n\to\infty}x_n=A.$$

2.1.6 判定数列发散的方法

1. 用定义的否定形式来判定

数列$\{x_n\}$发散$\Leftrightarrow\forall A$，$\lim\limits_{n\to\infty}x_n\neq A$.

$$\lim_{n\to\infty}x_n\neq A\Leftrightarrow\exists\varepsilon_0>0,\forall N,\exists n_0>N,|x_{n_0}-A|\geqslant\varepsilon_0.$$

2. 用邻域形式来判定

$\lim\limits_{n\to\infty} x_n \neq A \Leftrightarrow \exists \varepsilon_0 > 0$，在 $U(A,\varepsilon_0)$ 外存在数列 $\{x_n\}$ 的无穷多项.

3. 用子列来判定

若 $\exists \{x_{n_k}\} \subset \{x_n\}$，$\{x_{n_k}\}$ 发散，则 $\{x_n\}$ 发散.

若 $\exists$ 两个子列 $\{x'_{n_k}\}$，$\{x''_{n_k}\}$，$\lim\limits_{k\to\infty} x'_{n_k} = A$，$\lim\limits_{k\to\infty} x''_{n_k} = B$，$A \neq B$，则 $\{x_n\}$ 发散.

4. 用收敛的有界性来判定

若数列 $\{x_n\}$ 无界，则 $\{x_n\}$ 发散.

2.1.7 函数的极限

(1) $\lim\limits_{x\to-\infty} f(x) = A \Leftrightarrow \forall \varepsilon > 0, \exists M > 0$，当 $x < -M$ 时，有

$$|f(x) - A| < \varepsilon.$$

(2) $\lim\limits_{x\to+\infty} f(x) = A \Leftrightarrow \forall \varepsilon > 0, \exists M > 0$，当 $x > M$ 时，有

$$|f(x) - A| < \varepsilon.$$

(3) $\lim\limits_{x\to\infty} f(x) = A \Leftrightarrow \forall \varepsilon > 0, \exists M > 0$，当 $|x| > M$ 时，有

$$|f(x) - A| < \varepsilon.$$

(4) $\lim\limits_{x\to x_0^-} f(x) = A \Leftrightarrow \forall \varepsilon > 0, \exists \delta > 0$，当 $x_0 - \delta < x < x_0$ 时，有

$$|f(x) - A| < \varepsilon.$$

(5) $\lim\limits_{x\to x_0^+} f(x) = A \Leftrightarrow \forall \varepsilon > 0, \exists \delta > 0$，当 $x_0 < x < x_0 + \delta$ 时，有

$$|f(x) - A| < \varepsilon.$$

(6) $\lim\limits_{x\to x_0} f(x) = A \Leftrightarrow \forall \varepsilon > 0, \exists \delta > 0$，当 $0 < |x - x_0| < \delta$ 时，有

$$|f(x) - A| < \varepsilon.$$

(7) $\lim\limits_{x\to\infty} f(x) = A \Leftrightarrow \lim\limits_{x\to-\infty} f(x) = \lim\limits_{x\to+\infty} f(x) = A.$

(8) $\lim\limits_{x\to x_0} f(x) = A \Leftrightarrow \lim\limits_{x\to x_0^-} f(x) = \lim\limits_{x\to x_0^+} f(x) = A.$

2.1.8 函数极限的性质(这里仅对 $x\to x_0$ 的情形进行叙述,其他极限过程有类似的结论)

1. 唯一性

若$\lim\limits_{x\to x_0}f(x)$存在,则极限值是唯一的.

2. 局部有界性

若$\lim\limits_{x\to x_0}f(x)$存在,则 $f(x)$在 x_0 的某去心邻域内有界,即存在正数 M 及 $\delta>0$,当 $0<|x-x_0|<\delta$ 时,有

$$|f(x)|\leqslant M.$$

3. 局部保号性

若$\lim\limits_{x\to x_0}f(x)=A>0$(或$<0$),则存在 $\delta>0$,当 $0<|x-x_0|<\delta$ 时,有

$$f(x)>0(\text{或}<0).$$

2.1.9 函数极限的四则运算法则(这里仅对 $x\to x_0$ 的情形进行叙述,其他极限过程有类似的结论)

设$\lim\limits_{x\to x_0}f(x)=A$,$\lim\limits_{x\to x_0}g(x)=B$,则

(1) $\lim\limits_{x\to x_0}(f(x)\pm g(x))=\lim\limits_{x\to x_0}f(x)\pm\lim\limits_{x\to x_0}g(x)=A\pm B$;

(2) $\lim\limits_{x\to x_0}(f(x)g(x))=\lim\limits_{x\to x_0}f(x)\cdot\lim\limits_{x\to x_0}g(x)=AB$;

(3) $\lim\limits_{x\to x_0}\dfrac{f(x)}{g(x)}=\dfrac{\lim\limits_{x\to x_0}f(x)}{\lim\limits_{x\to x_0}g(x)}=\dfrac{A}{B}\,(B\neq 0)$.

2.1.10 有理函数在 $x\to\infty$ 时的极限

$$\lim_{x\to\infty}\frac{a_0x^m+a_1x^{m-1}+\cdots+a_{m-1}x+a_m}{b_0x^n+b_1x^{n-1}+\cdots+b_{n-1}x+b_n}=\begin{cases}\dfrac{a_0}{b_0}, & m=n;\\ 0, & m<n;\\ \infty, & m>n.\end{cases}$$

2.1.11　函数极限存在准则

1. 夹逼准则

设$\lim\limits_{x\to x_0}h(x)=\lim\limits_{x\to x_0}g(x)=A$,且在 x_0 的某去心邻域内,有

$$h(x)\leqslant f(x)\leqslant g(x),$$

则$\lim\limits_{x\to x_0}f(x)=A$.

1. 海涅定理

$\lim\limits_{x\to x_0}f(x)=A\Leftrightarrow$对任何收敛到 x_0 的数列$\{x_n\}(x_n\neq x_0)$,有$\lim\limits_{n\to\infty}f(x_n)=A$.

2.1.12　判定$\lim\limits_{x\to x_0}f(x)$不存在的方法

1. 用定义的否定形式来判定

$\lim\limits_{x\to x_0}f(x)$不存在$\Leftrightarrow\forall A,\lim\limits_{x\to x_0}f(x)\neq A$.

$\lim\limits_{x\to x_0}f(x)\neq A\Leftrightarrow\exists\varepsilon_0>0,\forall\delta>0,\exists x'\in\overset{0}{U}(x_0,\delta)$,使得

$$|f(x')-A|\geqslant\varepsilon_0.$$

2. 用海涅定理来判定

若$\exists\{x_n\},\lim\limits_{n\to\infty}x_n=x_0,\lim\limits_{n\to\infty}f(x_n)$不存在,则$\lim\limits_{x\to x_0}f(x)$不存在.

若$\exists$两个数列$\{x_n'\},\{x_n''\},\lim\limits_{n\to\infty}x_n'=x_0,\lim\limits_{n\to\infty}x_n''=x_0$,但$\lim\limits_{n\to\infty}f(x_n')\neq\lim\limits_{n\to\infty}f(x_n'')$,则$\lim\limits_{x\to x_0}f(x)$不存在.

2.1.13　两个重要极限

(1) $\lim\limits_{x\to 0}\dfrac{\sin x}{x}=1$.

推广:$\lim\limits_{x\to x_0}\dfrac{\sin\varphi(x)}{\varphi(x)}=1$,其中$\lim\limits_{x\to x_0}\varphi(x)=0$.

(2) $\lim\limits_{x\to\infty}\left(1+\dfrac{1}{x}\right)^x=\mathrm{e}$或$\lim\limits_{x\to 0}(1+x)^{\frac{1}{x}}=\mathrm{e}$.

推广:$\lim\limits_{x\to x_0}(1+\varphi(x))^{\frac{1}{\varphi(x)}}=\mathrm{e}$,其中$\lim\limits_{x\to x_0}\varphi(x)=0$.

2.1.14 无穷小量与无穷大量

若$\lim\limits_{x\to x_0}f(x)=0$,则称 $f(x)$是 $x\to x_0$ 时的无穷小量,简称无穷小.

若$\lim\limits_{x\to x_0}f(x)=\infty$,则称 $f(x)$是 $x\to x_0$ 时的无穷大量,简称无穷大.

(1) 有限个无穷小(相同类型)的和或积仍是无穷小,无穷小与有界量的乘积仍是无穷小.

(2) $\lim\limits_{x\to x_0}f(x)=A\Leftrightarrow f(x)-A$ 是 $x\to x_0$ 时的无穷小.

(3) 在同一自变量的变化过程中,若 $f(x)$为无穷小,则$\dfrac{1}{f(x)}$($f(x)\neq 0$)为无穷大,反之亦然.

2.1.15 无穷小的比较

设当 $x\to x_0$ 时,$\alpha(x)$,$\beta(x)$均为无穷小量.

(1) 若$\lim\limits_{x\to x_0}\dfrac{\beta(x)}{\alpha(x)}=0$,则称当 $x\to x_0$ 时,$\beta(x)$为 $\alpha(x)$的高阶无穷小量,或称$\alpha(x)$为$\beta(x)$的低阶无穷小量,记作

$$\beta(x)=o(\alpha(x))(x\to x_0).$$

(2) 若$\lim\limits_{x\to x_0}\dfrac{\beta(x)}{\alpha(x)}=C(\neq 0)$,则称当 $x\to x_0$ 时,$\beta(x)$与 $\alpha(x)$是同阶无穷小量,记作

$$\beta(x)=O(\alpha(x))(x\to x_0).$$

(3) 若$\lim\limits_{x\to x_0}\dfrac{\beta(x)}{\alpha(x)}=1$,则称当 $x\to x_0$ 时,$\beta(x)$与 $\alpha(x)$是等价无穷小量,记作

$$\beta(x)\sim\alpha(x)(x\to x_0).$$

(4) $\lim\limits_{x\to x_0}\dfrac{\beta(x)}{\alpha^k(x)}=l(l\neq 0,k>0)$,则称当 $x\to x_0$ 时,$\beta(x)$是$\alpha(x)$的 k 阶无穷小量.

2.1.16 乘积因子的等价无穷小量代换

设 $f(x)\sim g(x)(x\to x_0)$,

(1) 若$\lim\limits_{x\to x_0} f(x)h(x)=A$,则$\lim\limits_{x\to x_0} g(x)h(x)=A$;

(2) 若$\lim\limits_{x\to x_0}\dfrac{h(x)}{f(x)}=B$,则$\lim\limits_{x\to x_0}\dfrac{h(x)}{g(x)}=B$.

$x\to 0$ 时常用的等价无穷小代换有

$$\sin x\sim x,\tan x\sim x,\arcsin x\sim x,\arctan x\sim x,$$

$$e^x-1\sim x,\ln(1+x)\sim x,(1+x)^\alpha-1\sim \alpha x(\alpha\in\mathbf{R}),1-\cos x\sim\frac{x^2}{2}.$$

2.1.17　函数在一点的连续性

设 $f(x)$在 x_0 的某邻域内有定义,则

$$\begin{aligned} f(x)\text{在点 } x_0 \text{ 处连续} &\Leftrightarrow \lim_{x\to x_0} f(x)=f(x_0)\\ &\Leftrightarrow \lim_{\Delta x\to 0}\Delta y=0\ (\Delta y=f(x_0+\Delta x)-f(x_0))\\ &\Leftrightarrow \lim_{x\to x_0} f(x)=f(\lim_{x\to x_0} x)\\ &\Leftrightarrow \forall\varepsilon>0,\ \exists\delta>0,\ \text{当 } |x-x_0|<\delta \text{ 时},\\ &\qquad |f(x)-f(x_0)|<\varepsilon\\ &\Leftrightarrow \lim_{x\to x_0^-} f(x)=\lim_{x\to x_0^+} f(x)=f(x_0). \end{aligned}$$

2.1.18　间断点及其分类

函数 $f(x)$不连续的点称为间断点或不连续点.

间断点
- 第一类间断点（$\lim\limits_{x\to x_0^-} f(x)$与$\lim\limits_{x\to x_0^+} f(x)$都存在）
  - 可去间断点:$\lim\limits_{x\to x_0^-} f(x)=\lim\limits_{x\to x_0^+} f(x)$
  - 跳跃间断点:$\lim\limits_{x\to x_0^-} f(x)\neq\lim\limits_{x\to x_0^+} f(x)$
- 第二类间断点（$\lim\limits_{x\to x_0^-} f(x)$与$\lim\limits_{x\to x_0^+} f(x)$至少有一个不存在）—包括无穷间断点:$\lim\limits_{x\to x_0^-} f(x)$与$\lim\limits_{x\to x_0^+} f(x)$至少有一个是$\infty$

2.1.19 连续函数的运算

1. 四则运算

设函数 $f(x)$，$g(x)$在点 x_0 连续，则 $f(x)\pm g(x)$，$f(x)g(x)$和$\dfrac{f(x)}{g(x)}$ $(g(x)\neq 0)$在点 x_0 也连续.

2. 复合函数的连续性

若函数 $f(u)$在点 u_0 连续，$u=g(x)$在点 x_0 连续，且 $u_0=g(x_0)$，则 $f(g(x))$在点 x_0 连续，即

$$\lim_{x\to x_0} f(g(x)) = f(g(x_0)).$$

3. 反函数的连续性

若函数 $f(x)$在$[a,b]$上严格单调且连续，则其反函数 $f^{-1}(x)$在其定义域$[f(a),f(b)]$或$[f(b),f(a)]$上连续.

4. 初等函数的连续性

初等函数在其有定义的区间上连续.

2.1.20 闭区间上连续函数的性质

1. 最值定理

设函数 $f(x)$在闭区间$[a,b]$上连续，则 $f(x)$在$[a,b]$上一定能取得最大值和最小值.

2. 有界性定理

设函数 $f(x)$在闭区间$[a,b]$上连续，则 $f(x)$在$[a,b]$上必有界.

3. 介值性定理

设函数 $f(x)$在闭区间$[a,b]$上连续，且 $f(a)\neq f(b)$，则对介于 $f(a)$与 $f(b)$之间的任何实数 μ，至少存在一点 $x_0\in(a,b)$，使得 $f(x_0)=\mu$.

4. 零点定理

设函数 $f(x)$在$[a,b]$上连续，$f(a)f(b)<0$，则至少存在一点 $x_0\in(a,b)$，使得 $f(x_0)=0$.

2.2　习题解析

例 2.1（习题 2.1 A3）　思考题：

(1) 设数列$\{a_n\}$与数列$\{b_n\}$中一个收敛，一个发散，问数列$\{a_n \pm b_n\}$是否收敛？

(2) 设数列$\{a_n\}$与数列$\{b_n\}$都发散，问数列$\{a_n \pm b_n\}$是否收敛？

(3) 设数列$\{a_n\}$有界，问能否推出数列$\{a_n\}$一定收敛？

(4) 设数列$\{a_n\}$单调，问能否推出数列$\{a_n\}$一定收敛？

解　(1) 数列$\{a_n \pm b_n\}$发散.

不妨设$\lim\limits_{n\to\infty} a_n = a$，$\{b_n\}$发散，假设$\lim\limits_{n\to\infty}(a_n+b_n)=b$，则 $b_n=(a_n+b_n)-a_n$，且由四则运算法则知，$\lim\limits_{n\to\infty} b_n=\lim\limits_{n\to\infty}(a_n+b_n)-\lim\limits_{n\to\infty} a_n=b-a$. 而这与题设条件$\{b_n\}$发散矛盾，故假设不成立，$\{a_n+b_n\}$发散. 同理可证$\{a_n-b_n\}$发散.

(2) 数列$\{a_n \pm b_n\}$可能收敛，也可能发散.

例如，$a_n=n, b_n=n$，则 $a_n+b_n=2n$，显然$\{a_n+b_n\}$发散，若 $a_n=n, b_n=-n$，则 $a_n+b_n=0$，故$\{a_n+b_n\}$收敛.

(3) 有界推不出收敛.

例如，$a_n=(-1)^n$，显然$\{a_n\}$有界，但不收敛.

(4) 单调推不出收敛.

例如，$a_n=n$，则$\{a_n\}$单调递增，但不收敛.

例 2.2（习题 2.1 A4）　求下列数列的极限：

(1) $\lim\limits_{n\to\infty}\dfrac{\sqrt{n^2+n}}{n}$；　　(2) $\lim\limits_{n\to\infty}\sin\dfrac{\pi}{n}$；

(3) $\lim\limits_{n\to\infty}\left(\dfrac{n+2}{n+1}\right)^n$；　　(4) $\lim\limits_{n\to\infty}\left(1-\dfrac{1}{n}\right)^n$.

解　(1) 原式$=\lim\limits_{n\to\infty}\sqrt{1+\dfrac{1}{n}}=1$.

(2) 当 $n\to\infty$ 时，$\dfrac{\pi}{n}\to 0$，故 $\sin\dfrac{\pi}{n}\to 0$.

(3) 原式$=\lim\limits_{n\to\infty}\left(1+\dfrac{1}{n+1}\right)^{n+1}\Big/\left(1+\dfrac{1}{n+1}\right)$

$$=\frac{\lim\limits_{n\to\infty}\left(1+\frac{1}{n+1}\right)^{n+1}}{\lim\limits_{n\to\infty}\left(1+\frac{1}{n+1}\right)}$$

$$=e.$$

(4) 原式 $=\lim\limits_{n\to\infty}\left(\frac{n-1}{n}\right)^n$

$$=\frac{1}{\lim\limits_{n\to\infty}\left(\frac{n}{n-1}\right)^n}$$

$$=\frac{\lim\limits_{n\to\infty}\left(1+\frac{1}{n-1}\right)}{\lim\limits_{n\to\infty}\left(1+\frac{1}{n-1}\right)^{n-1}}$$

$$=\frac{1}{e}$$

$$=e^{-1}.$$

例 2.3(习题 2.1 A5) **判断下列数列的敛散性,若收敛,求出极限值:**

(1) $\lim\limits_{n\to\infty}\frac{2^{n+1}+3^{n+1}}{2^n+3^n}$; (2) $\lim\limits_{n\to\infty}\frac{2n^3+n+3}{-2n^3+3n^2-1}$;

(3) $\lim\limits_{n\to\infty}\frac{1+3+5+\cdots+(2n-1)}{n^2}$; (4) $\lim\limits_{n\to\infty}(\sqrt{n^2+n}-n)$;

(5) $\lim\limits_{n\to\infty}\frac{\frac{1}{2}+\frac{1}{2^2}+\cdots+\frac{1}{2^n}}{\frac{1}{3}+\frac{1}{3^2}+\cdots+\frac{1}{3^n}}$; (6) $\lim\limits_{n\to\infty}(-1)^n\frac{n+1}{n}$.

解 (1) 原式 $=\lim\limits_{n\to\infty}\frac{2\cdot\left(\frac{2}{3}\right)^n+3}{\left(\frac{2}{3}\right)^n+1}=\frac{0+3}{0+1}=3.$

(2) 原式 $=\lim\limits_{n\to\infty}\frac{2+\frac{1}{n^2}+\frac{3}{n^3}}{-2+3\cdot\frac{1}{n}-\frac{1}{n^3}}$

$$=\lim_{n\to\infty}\frac{2+0+0}{-2+0-0}$$

$=-1.$

(3) 因为 $1+3+\cdots+2n-1=n^2$，所以

$$原式=\lim_{n\to\infty}\frac{n^2}{n^2}=1.$$

(4) $原式=\lim\limits_{n\to\infty}\dfrac{(\sqrt{n^2+n}-n)(\sqrt{n^2+n}+n)}{\sqrt{n^2+n}+n}$

$=\lim\limits_{n\to\infty}\dfrac{n^2+n-n^2}{\sqrt{n^2+n}+n}$

$=\lim\limits_{n\to\infty}\dfrac{n}{\sqrt{n^2+n}+n}$

$=\lim\limits_{n\to\infty}\dfrac{1}{\sqrt{1+\frac{1}{n}}+1}$

$=\lim\limits_{n\to\infty}\dfrac{1}{\sqrt{1+0}+1}$

$=\dfrac{1}{2}.$

(5) $原式=\lim\limits_{n\to\infty}\dfrac{\dfrac{\frac{1}{2}\left(1-\frac{1}{2^n}\right)}{1-\frac{1}{2}}}{\dfrac{\frac{1}{3}\left(1-\frac{1}{3^n}\right)}{1-\frac{1}{3}}}=\lim\limits_{n\to\infty}\dfrac{1-\frac{1}{2^n}}{\dfrac{1-\frac{1}{3^n}}{2}}=\dfrac{1-0}{\dfrac{1-0}{2}}=2.$

(6) 考查子数列 $x_{2n}=\dfrac{2n+1}{2n}=1+\dfrac{1}{2n}\to 1,n\to\infty,$

$$x_{2n+1}=-\frac{2n+2}{2n+1}=-1-\frac{1}{2n+1}\to -1,n\to\infty,$$

子数列 $\{x_{2n}\}$ 与 $\{x_{2n+1}\}$ 收敛的极限不同，故数列 $\{x_n\}$ 极限不存在.

例 2.4(习题 2.1 A6)　求下列数列的极限：

(1) $\lim\limits_{n\to\infty}\left(\dfrac{1}{1\cdot 2}+\dfrac{1}{2\cdot 3}+\cdots+\dfrac{1}{n(n+1)}\right)$；

(2) $\lim\limits_{n\to\infty}\left(\dfrac{1}{n^2+n+1}+\dfrac{2}{n^2+n+2}+\cdots+\dfrac{n}{n^2+n+n}\right)$;

(3) $\lim\limits_{n\to\infty}\left(\dfrac{1}{\sqrt{n^2+1}}+\dfrac{1}{\sqrt{n^2+2}}+\cdots+\dfrac{1}{\sqrt{n^2+n}}\right)$.

解 (1) 原式$=\lim\limits_{n\to\infty}\left(1-\dfrac{1}{2}+\dfrac{1}{2}-\dfrac{1}{3}+\cdots+\dfrac{1}{n}-\dfrac{1}{n+1}\right)$

$$=\lim_{n\to\infty}\left(1-\frac{1}{n+1}\right)$$

$$=1.$$

(2) 由于

$$\frac{1+2+\cdots+n}{n^2+n+n}\leqslant\frac{1}{n^2+n+1}+\frac{2}{n^2+n+2}+\cdots+\frac{n}{n^2+n+n}\leqslant\frac{1+2+\cdots+n}{n^2+n+1},$$

而

$$\lim_{n\to\infty}\frac{1+2+\cdots+n}{n^2+n+n}=\lim_{n\to\infty}\frac{\frac{1}{2}n(n+1)}{n^2+n+n}=\frac{1}{2},$$

$$\lim_{n\to\infty}\frac{1+2+\cdots+n}{n^2+n+1}=\lim_{n\to\infty}\frac{\frac{1}{2}n(n+1)}{n^2+n+1}=\frac{1}{2},$$

故由夹逼准则,知

$$\lim_{n\to\infty}\left(\frac{1}{n^2+n+1}+\frac{2}{n^2+n+2}+\cdots+\frac{n}{n^2+n+n}\right)=\frac{1}{2}.$$

(3) 由于

$$\frac{n}{\sqrt{n^2+n}}<\frac{1}{\sqrt{n^2+1}}+\frac{1}{\sqrt{n^2+2}}+\cdots+\frac{1}{\sqrt{n^2+n}}<\frac{n}{\sqrt{n^2+1}},$$

而

$$\lim_{n\to\infty}\frac{n}{\sqrt{n^2+n}}=\lim_{n\to\infty}\frac{1}{\sqrt{1+\frac{1}{n}}}=1,$$

$$\lim_{n\to\infty}\frac{n}{\sqrt{n^2+1}}=\lim_{n\to\infty}\frac{1}{\sqrt{1+\frac{1}{n^2}}}=1,$$

故由夹逼准则,知

$$\lim_{n\to\infty}\left(\frac{1}{\sqrt{n^2+1}}+\frac{1}{\sqrt{n^2+2}}+\cdots+\frac{1}{\sqrt{n^2+n}}\right)=1.$$

例 2.5　设$\{a_n\}$,$\{b_n\}$,$\{c_n\}$均为非负数列,且$\lim\limits_{n\to\infty}a_n=0$,$\lim\limits_{n\to\infty}b_n=1$,$\lim\limits_{n\to\infty}c_n=+\infty$,则必有(　　).

(A) $a_n<b_n$,对任意 n 成立　　(B) $b_n<c_n$,对任意 n 成立

(C) 极限$\lim\limits_{n\to\infty}a_nc_n$ 不存在　　(D) 极限$\lim\limits_{n\to\infty}b_nc_n$ 不存在

解　由条件可知$\lim\limits_{n\to\infty}a_n<\lim\limits_{n\to\infty}b_n<\lim\limits_{n\to\infty}c_n$,但只能得到$\exists N>0$,当 $n>N$ 时,有 $a_n<b_n<c_n$,而不是对任意的 n,有 $a_n<b_n<c_n$,可排除(A),(B)项.

若取 $a_n=\frac{1}{n^2}$,$c_n=n$,则显然$\lim\limits_{n\to\infty}a_n=0$,$\lim\limits_{n\to\infty}c_n=\infty$,但$\lim\limits_{n\to\infty}a_nc_n=\lim\limits_{n\to\infty}\frac{n}{n^2}=\lim\limits_{n\to\infty}\frac{1}{n}=0$,可排除(C)项.故应选(D).

例 2.6　对任意给定的 $\varepsilon\in(0,1)$,总存在正整数 N,当 $n>N$ 时,恒有$|x_n-a|\leqslant 2\varepsilon$ 是数列$\{x_n\}$收敛于 a 的(　　).

(A) 充分条件但非必要条件　　(B) 必要条件但非充分条件

(C) 充分必要条件　　(D) 既非充分条件又非必要条件

解　ε—N 定义是:对任意给定的 $\varepsilon_1>0$,总存在正整数 N_1,当 $n>N_1$ 时,恒有$|x_n-a|<\varepsilon_1$.

因而由定义必能推出"对任意给定的 $\varepsilon\in(0,1)$,总存在正整数 N,当 $n>N$ 时,恒有$|x_n-a|\leqslant 2\varepsilon$".反过来,对任意给定的 $\varepsilon_1>0$,取 $\varepsilon=\min\left\{\frac{\varepsilon_1}{3},\frac{1}{3}\right\}$,则对此 ε,存在 N,当 $n>N$ 时,恒有$|x_n-a|\leqslant 2\varepsilon$,现取 $N_1=N+1$,于是有当 $n>N_1$ 时,$|x_n-a|\leqslant\frac{2}{3}\varepsilon_1<\varepsilon_1$,故题目的说法也可以推出 ε—N 定义,因而两种说法是等价的,即选(C).

例 2.7(习题 2.1 B1)　利用数列极限的 ε—N 定义证明:

(1) $\lim\limits_{n\to\infty}\frac{\cos 2n}{n+1}=0$;　　(2) $\lim\limits_{n\to\infty}\frac{n+1}{2n-3}=\frac{1}{2}$.

证　(1) $\forall\varepsilon>0$,要使

$$\left|\frac{\cos 2n}{n+1}-0\right|\leqslant\frac{1}{n+1}<\frac{1}{n}<\varepsilon,$$

只要 $n>\frac{1}{\varepsilon}$,故取 $N=\left[\frac{1}{\varepsilon}\right]+1$,则当 $n>N$ 时,有

$$\left|\frac{\cos 2n}{n+1}-0\right|<\varepsilon,$$

从而 $\lim\limits_{n\to\infty}\frac{\cos 2n}{n+1}=0$.

(2) $\forall\varepsilon>0$,由于

$$\left|\frac{n+1}{2n-3}-\frac{1}{2}\right|=\left|\frac{5}{2(2n-3)}\right|=\left|\frac{5}{4\left(n-\frac{3}{2}\right)}\right|\leqslant\frac{2}{n-2}<\varepsilon(n>2),$$

所以取 $N=\max\left\{2,\left[\frac{2}{\varepsilon}\right]+2\right\}=\left[\frac{2}{\varepsilon}\right]+2$,则当 $n>N$ 时,有

$$\left|\frac{n+1}{2n-3}-\frac{1}{2}\right|<\varepsilon,$$

故 $\lim\limits_{n\to\infty}\frac{n+1}{2n-3}=\frac{1}{2}$.

例 2.8 用 ε—N 定义证明 $\lim\limits_{n\to\infty}\frac{n+2}{n^2-2}\sin n=0$.

证 $\forall\varepsilon>0$,因为

$$\left|\frac{n+2}{n^2-2}\sin n-0\right|\leqslant\left|\frac{n+2}{n^2-2}\right|<\left|\frac{n+2}{n^2-4}\right|=\frac{1}{n-2}<\varepsilon(n\geqslant 3),$$

所以,只要 $n>\frac{1}{\varepsilon}+2$,故可取 $N=\left[\frac{1}{\varepsilon}+2\right]+1$,则当 $n>N$ 时,有

$$\left|\frac{n+2}{n^2-2}\sin n-0\right|<\varepsilon,$$

即 $\lim\limits_{n\to\infty}\frac{n+2}{n^2-2}\sin n=0$.

例 2.9(习题 2.1 B2) 若 $\lim\limits_{n\to\infty}x_n=a$,证明 $\lim\limits_{n\to\infty}|x_n|=|a|$.

证 由 $\lim\limits_{n\to\infty}x_n=a$ 知,$\forall\varepsilon>0$,$\exists N$,当 $n>N$ 时,有

$$|x_n-a|<\varepsilon,$$

故

$$||x_n|-|a||\leqslant|x_n-a|<\varepsilon,$$

从而 $\lim\limits_{n\to\infty}|x_n|=|a|$.

例 2.10(习题 2.1 B4)　证明数列$\{x_n\}$收敛于 A 的充分必要条件是子数列$\{x_{2n}\}$与子数列$\{x_{2n+1}\}$皆收敛于 A.

证　必要性. 由$\lim\limits_{n\to\infty}x_n=A$ 知,$\forall\varepsilon>0$,$\exists N$,当 $n>N$ 时,有

$$|x_n-A|<\varepsilon,$$

显然 $2n>n>N$,$2n+1>n>N$,从而

$$|x_{2n}-A|<\varepsilon,\ |x_{2n+1}-A|<\varepsilon,$$

故$\lim\limits_{n\to\infty}x_{2n}=A$,$\lim\limits_{n\to\infty}x_{2n+1}=A$.

充分性. 设$\lim\limits_{n\to\infty}x_{2n}=\lim\limits_{n\to\infty}x_{2n+1}=A$,则$\forall\varepsilon>0$,$\exists N_1,N_2$,当 $2n>N_1$ 时,有

$$|x_{2n}-A|<\varepsilon,$$

当 $2n+1>N_2$ 时,有

$$|x_{2n+1}-A|<\varepsilon.$$

令 $N=\max\{N_1,N_2\}$,则当 $n>N$ 时,有

$$|x_n-A|<\varepsilon,$$

即

$$\lim_{n\to\infty}x_n=A.$$

例 2.11(习题 2.1 B3)　求下列数列的极限:

(1) $\lim\limits_{n\to\infty}\dfrac{n}{a^n}(a>1)$;　　(2) $\lim\limits_{n\to\infty}\dfrac{n!}{n^n}$;

(3) $\lim\limits_{n\to\infty}\left(\dfrac{n+1}{n}\right)^{(-1)^n}$;　　(4) $\lim\limits_{n\to\infty}(1+2^n+3^n)^{\frac{1}{n}}$;

(5) $\lim\limits_{n\to\infty}\left[\sqrt{1+2+\cdots+n}-\sqrt{1+2+\cdots+(n-1)}\right]$.

解　(1) 当 $n\to\infty$时,以下各数列趋于$+\infty$的速度为

$$\xrightarrow[\text{由慢到快}]{\ln n,\ n^{\alpha}(\alpha>0),\ a^n(a>1),\ n!,\ n^n}$$

因此,$\lim\limits_{n\to\infty}\dfrac{n}{a^n}=0$.

(2) 由上题方框中结论知,$\lim\limits_{n\to\infty}\dfrac{n!}{n^n}=0$.

(3) 令 $x_n=\left(\frac{n+1}{n}\right)^{(-1)^n}$,则

$$x_{2n}=\left(\frac{2n+1}{2n}\right)^{(-1)^{2n}}=\frac{2n+1}{2n}\to 1,$$

$$x_{2n+1}=\left(\frac{2n+1+1}{2n+1}\right)^{(-1)^{2n+1}}=\left(\frac{2n+2}{2n+1}\right)^{-1}=\frac{2n+1}{2n+2}\to 1,$$

故由 $\lim\limits_{n\to\infty}x_{2n}=\lim\limits_{n\to\infty}x_{2n+1}=1$,知 $\lim\limits_{n\to\infty}x_n=1$.

(4) 由于

$$3\leqslant(1+2^n+3^n)^{\frac{1}{n}}\leqslant 3\cdot 3^{\frac{1}{n}},$$

又由于

$$\lim_{n\to\infty}3\cdot 3^{\frac{1}{n}}=3\cdot\lim_{n\to\infty}3^{\frac{1}{n}}=3,$$

故 $\lim\limits_{n\to\infty}(1+2^n+3^n)^{\frac{1}{n}}=3$.

(5) 原式

$$\begin{aligned}&=\lim_{n\to\infty}\left[\sqrt{\frac{n(n+1)}{2}}-\sqrt{\frac{n(n-1)}{2}}\right]\\&=\frac{1}{\sqrt{2}}\lim_{n\to\infty}\left[\sqrt{n^2+n}-\sqrt{n^2-n}\right]\\&=\frac{1}{\sqrt{2}}\lim_{n\to\infty}\frac{2n}{\sqrt{n^2+n}+\sqrt{n^2-n}}\\&=\lim_{n\to\infty}\frac{\sqrt{2}}{\sqrt{1+\frac{1}{n}}+\sqrt{1-\frac{1}{n}}}\\&=\frac{\sqrt{2}}{2}.\end{aligned}$$

例 2.12 设 $x_n=\sqrt[n]{\frac{1\cdot 3\cdot 5\cdot\cdots\cdot(2n-1)}{2\cdot 4\cdot 6\cdot\cdots\cdot 2n}}$,求 $\lim\limits_{n\to\infty}x_n$.

解 由于

$$\sqrt[n]{\frac{1}{2n}}\leqslant\sqrt[n]{\frac{3}{2}\cdot\frac{5}{4}\cdot\cdots\cdot\frac{(2n-1)}{(2n-2)}\cdot\frac{1}{2n}}=x_n=\sqrt[n]{\frac{1}{2}\cdot\frac{3}{4}\cdot\frac{5}{6}\cdot\cdots\cdot\frac{(2n-1)}{2n}}$$

$\leqslant 1$,

又因为$\lim\limits_{n\to\infty}\sqrt[n]{\dfrac{1}{2n}}=1$，故由夹逼准则，知

$$\lim_{n\to\infty}x_n=1.$$

例 2.13（习题 2.1 A8）　设 $0<x_1<3$，$x_{n+1}=\sqrt{x_n(3-x_n)}(n=1,2,\cdots)$，证明数列$\{x_n\}$的极限存在，并求此极限.

证　先证$\{x_n\}$有上界.

由 $0<x_1<3$，当 $n\geqslant 2$ 时，

$$0<x_{n+1}=\sqrt{x_n(3-x_n)}\leqslant\frac{1}{2}[x_n+(3-x_n)]=\frac{3}{2},$$

故$\forall n$，$\{x_n\}$有上界.

再证$\{x_n\}$单调递增.

$$\begin{aligned}x_{n+1}-x_n&=\sqrt{x_n(3-x_n)}-x_n\\&=\sqrt{x_n}(\sqrt{3-x_n}-\sqrt{x_n})\\&=\sqrt{x_n}\cdot\frac{3-x_n-x_n}{\sqrt{3-x_n}+\sqrt{x_n}}\\&=\sqrt{x_n}\cdot\frac{3-2x_n}{\sqrt{3-x_n}+\sqrt{x_n}}\geqslant 0(n\geqslant 2),\end{aligned}$$

故 $x_{n+1}\geqslant x_n(n\geqslant 2)$，即$\{x_n\}$单调递增，从而由单调有界收敛准则知，数列$\{x_n\}$的极限存在.

设$\lim\limits_{n\to\infty}x_n=a$，在 $x_{n+1}^2=x_n(3-x_n)$两边同时取极限，得

$$a^2=a(3-a),$$

解之得 $a=\dfrac{3}{2}$或 0，显然 a 不可能为 0，故舍去，所以$\lim\limits_{n\to\infty}x_n=\dfrac{3}{2}$.

例 2.14（习题 2.1 B5）　设 $a>0$，$x_1>0$，$x_{n+1}=\dfrac{1}{2}\left(x_n+\dfrac{a}{x_n}\right)(n=1,2,\cdots)$，证明数列$\{x_n\}$的极限存在，并求此极限.

证　显然$\forall n\in N$，$x_n>0$，

$$x_{n+1}=\frac{1}{2}\left(x_n+\frac{a}{x_n}\right)\geqslant\frac{1}{2}\cdot 2\sqrt{x_n\cdot\frac{a}{x_n}}=\sqrt{a},$$

故数列$\{x_n\}$有下界.

又因为

$$\frac{x_{n+1}}{x_n}=\frac{1}{2}\left(1+\frac{a}{x_n^2}\right)\leqslant\frac{1}{2}\left(1+\frac{a}{a}\right)=1,$$

故数列$\{x_n\}$单调递减,故由单调有界收敛准则知,$\{x_n\}$收敛.

设$\lim\limits_{n\to\infty}x_n=x$,则在等式$x_{n+1}=\frac{1}{2}\left(x_n+\frac{a}{x_n}\right)$两边同时取极限,得

$$x=\frac{1}{2}\left(x+\frac{a}{x}\right),$$

解之,得

$$x=\pm\sqrt{a},$$

又因为$x_n>0$,故x不可能取负值,故

$$\lim_{n\to\infty}x_n=\sqrt{a}.$$

例 2.15(习题 2.1 B6) 设数列$\{x_n\}$满足:$0<x_1<\pi$,$x_{n+1}=\sin x_n(n=1,2,\cdots)$,证明数列$\{x_n\}$的极限存在,并求此极限.

证 因为$0<x_1<\pi$,故$0<x_2=\sin x_1\leqslant 1<\pi$,

$$0<x_{n+1}=\sin x_n\leqslant 1<\pi,n=1,2,\cdots,$$

从而数列$\{x_n\}$有界.

又因为当$x>0$时,$\sin x<x$,故$x_{n+1}=\sin x_n<x_n$,从而数列$\{x_n\}$单调递减. 于是由单调有界收敛准则知,数列$\{x_n\}$极限存在.

设$\lim\limits_{n\to\infty}x_n=a$,在等式$x_{n+1}=\sin x_n$两边同时取极限,得

$$a=\sin a,$$

解之,得$a=0$,即$\lim\limits_{n\to\infty}x_n=0$.

例 2.16(习题 2.2 A5) 求下列函数的极限:

(1) $\lim\limits_{x\to 0}\frac{\sin x}{x}$; (2) $\lim\limits_{x\to\infty}\frac{\sin x}{x}$;

(3) $\lim\limits_{x\to\infty}x\sin\frac{1}{x}$; (4) $\lim\limits_{x\to 0}x\sin\frac{1}{x}$.

解 (1) 由第一个重要极限知,

$$\lim_{x\to 0}\frac{\sin x}{x}=1.$$

(2) 当 $x\to\infty$ 时，$\frac{1}{x}\to 0$，因而$\frac{1}{x}$是 $x\to\infty$ 的无穷小量，$\sin x$ 是有界量，故无穷小与有界量的乘积仍是无穷小，即

$$\lim_{x\to\infty}\frac{\sin x}{x}=0.$$

(3) 原式$=\lim\limits_{x\to\infty}\dfrac{\sin\frac{1}{x}}{\frac{1}{x}}\overset{\text{令}\frac{1}{x}=t}{=}\lim\limits_{t\to 0}\dfrac{\sin t}{t}=1.$

(4) 当 $x\to 0$ 时，x 是无穷小量，$\sin\frac{1}{x}$是有界量，故

$$\lim_{x\to 0}x\sin\frac{1}{x}=0.$$

例 2.17(习题 2.2 A6)　求下列函数的极限：

(1) $\lim\limits_{x\to\infty}\dfrac{3x^3+4x^2+2}{7x^3-5x^2-3}$；　(2) $\lim\limits_{x\to\infty}\dfrac{3x^2-2x-1}{2x^3-x^2+5}$；

(3) $\lim\limits_{x\to 0}\dfrac{\sin ax}{\tan bx}(b\neq 0)$；　(4) $\lim\limits_{x\to+\infty}(\sqrt{x^2+x}-\sqrt{x^2-x})$；

(5) $\lim\limits_{x\to-\infty}x(\sqrt{x^2+100}+x)$；　(6) $\lim\limits_{x\to 1}\dfrac{\sqrt{3-x}-\sqrt{1+x}}{x^2+x-2}$；

(7) $\lim\limits_{x\to\infty}\left(\dfrac{2x+3}{2x+1}\right)^{x+1}$；　(8) $\lim\limits_{x\to 0}\dfrac{\log_a(1+x)}{x}(a>0$ 且 $a\neq 1)$；

(9) $\lim\limits_{x\to 0}\dfrac{\sqrt{1+x^2}-1}{x}$；　(10) $\lim\limits_{x\to 0}\dfrac{\ln(1+x^n)}{\ln^m(1+x)}$，其中 n,m 为正整数.

解　(1) 上下同除以 x^3，得

$$\begin{aligned}\text{原式}&=\lim_{x\to\infty}\frac{3+4\cdot\frac{1}{x}+2\cdot\frac{1}{x^3}}{7-5\cdot\frac{1}{x}-3\cdot\frac{1}{x^3}}\\&=\lim_{x\to\infty}\frac{3+0+0}{7-0-0}\\&=\frac{3}{7}.\end{aligned}$$

(2) 原式$=\lim\limits_{x\to\infty}\dfrac{3\cdot\dfrac{1}{x}-2\cdot\dfrac{1}{x^2}-\dfrac{1}{x^3}}{2-\dfrac{1}{x}+5\cdot\dfrac{1}{x^3}}=0.$

(3) 当 $x\to 0$ 时，$\sin ax\sim ax$，$\tan bx\sim bx$，所以

$$原式=\lim_{x\to 0}\frac{ax}{bx}=\frac{a}{b}.$$

(4) 原式$=\lim\limits_{x\to+\infty}\dfrac{(x^2+x)-(x^2-x)}{\sqrt{x^2+x}+\sqrt{x^2-x}}$

$$=\lim_{x\to+\infty}\frac{2x}{\sqrt{x^2+x}+\sqrt{x^2-x}}$$

$$=\lim_{x\to+\infty}\frac{2}{\sqrt{1+\dfrac{1}{x}}+\sqrt{1-\dfrac{1}{x}}}$$

$$=1.$$

(5) 原式$=\lim\limits_{x\to-\infty}x\cdot\dfrac{x^2+100-x^2}{\sqrt{x^2+100}-x}$

$$=\lim_{x\to-\infty}\frac{100x}{\sqrt{x^2+100}-x}$$

$$=\lim_{x\to-\infty}\frac{100}{-\sqrt{1+\dfrac{100}{x^2}}-1}$$

$$=-50.$$

(6) 原式$=\lim\limits_{x\to 1}\dfrac{(3-x)-(1+x)}{(x+2)(x-1)(\sqrt{3-x}+\sqrt{1+x})}$

$$=-\lim_{x\to 1}\frac{2}{(x+2)(\sqrt{3-x}+\sqrt{1+x})}$$

$$=-\frac{2}{3(\sqrt{2}+\sqrt{2})}$$

$$=-\frac{\sqrt{2}}{6}.$$

(7) 原式$=\lim\limits_{x\to\infty}\left[\left(1+\dfrac{2}{2x+1}\right)^{\frac{2x+1}{2}}\right]^{\frac{2}{2x+1}\cdot(x+1)}$

$=e^{\lim\limits_{x\to\infty}\frac{2(x+1)}{2x+1}}$

$=e.$

(8) 原式$=\lim\limits_{x\to 0}\frac{1}{x}\log_a(1+x)=\lim\limits_{x\to 0}\log_a(1+x)^{\frac{1}{x}}=\log_a e=\frac{1}{\ln a}$.

(9) 由于 $x\to 0$ 时，$\sqrt{1+x^2}-1=(1+x^2)^{\frac{1}{2}}-1\sim\frac{1}{2}x^2$，所以

$$原式=\lim_{x\to 0}\frac{\frac{1}{2}x^2}{x}=\lim_{x\to 0}\frac{1}{2}x=0.$$

(10) 由于 $x\to 0$ 时，$\ln(1+x^n)\sim x^n$，$\ln^m(1+x)\sim x^m$，所以

$$原式=\lim_{x\to 0}\frac{x^n}{x^m}=\lim_{x\to 0}x^{n-m}=\begin{cases}0, & n>m;\\ 1, & n=m;\\ \infty, & n<m.\end{cases}$$

例 2.18(习题 2.2 B3)　求下列函数的极限：

(1) $\lim\limits_{x\to 0}(\cos x)^{\cot^2 x}$；

(2) $\lim\limits_{x\to 0}\left(\frac{1+x}{1-x}\right)^{\cot x}$；

(3) $\lim\limits_{x\to 0}(\cos x)^{\frac{1}{\ln(1+x^2)}}$；

(4) $\lim\limits_{x\to+\infty}\frac{\ln(1+3^{-x})}{\ln(1+2^{-x})}$；

(5) $\lim\limits_{x\to 1}\frac{1+\cos\pi x}{(1-x)^2}$；

(6) $\lim\limits_{x\to 1}\frac{1-x^2}{\sin\pi x}$；

(7) $\lim\limits_{x\to 0}\frac{\cos x-e^{x^2}}{\cos x\sin^2 x}$.

解　(1) 利用第二个重要极限，

$$原式=\lim_{x\to 0}\left[(1+\cos x-1)^{\frac{1}{\cos x-1}}\right]^{\frac{\cos x-1}{\tan^2 x}}=e^{\lim\limits_{x\to 0}\frac{\cos x-1}{\tan^2 x}},$$

由于 $x\to 0$ 时，$\cos x-1\sim-\frac{1}{2}x^2$，$\tan^2 x\sim x^2$，故

$$原式=e^{\lim\limits_{x\to 0}\frac{-\frac{1}{2}x^2}{x^2}}=e^{-\frac{1}{2}}.$$

(2) 原式$=\lim\limits_{x\to 0}\left[\left(1+\frac{2x}{1-x}\right)^{\frac{1-x}{2x}}\right]^{\frac{2x}{1-x}\cdot\frac{1}{\tan x}}=e^{\lim\limits_{x\to 0}\frac{2x}{1-x}\cdot\frac{1}{x}}=e^{\lim\limits_{x\to 0}\frac{2}{1-x}}=e^2$.

(3) 原式$=\lim\limits_{x\to 0}\left[(1+\cos x-1)^{\frac{1}{\cos x-1}}\right]^{(\cos x-1)\cdot\frac{1}{\ln(1+x^2)}}$

$$=e^{\lim\limits_{x\to 0}\frac{\cos x-1}{\ln(1+x^2)}}$$

$$=e^{\lim\limits_{x\to 0}\frac{-\frac{1}{2}x^2}{x^2}}$$

$$=e^{-\frac{1}{2}}.$$

(4) 由于 $x\to+\infty$ 时，$3^{-x}\to 0$，$2^{-x}\to 0$，故 $\ln(1+3^{-x})\sim 3^{-x}$，$\ln(1+2^{-x})\sim 2^{-x}$，于是

$$\text{原式}=\lim_{x\to+\infty}\frac{3^{-x}}{2^{-x}}=\lim_{x\to+\infty}\left(\frac{3}{2}\right)^{-x}=\lim_{x\to+\infty}\left(\frac{2}{3}\right)^{x}=0.$$

(5) 令 $x-1=t$，则当 $x\to 1$ 时，$t\to 0$，

$$\text{原式}=\lim_{t\to 0}\frac{1+\cos\pi(t+1)}{t^2}$$

$$=\lim_{t\to 0}\frac{1+\cos(\pi t+\pi)}{t^2}$$

$$=\lim_{t\to 0}\frac{1-\cos\pi t}{t^2}$$

$$=\lim_{t\to 0}\frac{\frac{1}{2}\pi^2t^2}{t^2}$$

$$=\frac{1}{2}\pi^2.$$

(6) 令 $x-1=t$，则当 $x\to 1$ 时，$t\to 0$，于是

$$\text{原式}=\lim_{t\to 0}\frac{1-(1+t)^2}{\sin\pi(1+t)}$$

$$=\lim_{t\to 0}\frac{-2t-t^2}{-\sin\pi t}$$

$$=\lim_{t\to 0}\frac{2t+t^2}{\pi t}$$

$$=\lim_{t\to 0}\frac{2+t}{\pi}$$

$$=\frac{2}{\pi}.$$

(7) 原式 $=\lim\limits_{x\to 0}\dfrac{\cos x-1+1-e^{x^2}}{\sin^2 x}$

$$=\lim_{x\to 0}\left(\frac{\cos x-1}{x^2}+\frac{1-e^{x^2}}{x^2}\right)$$

$$=\lim_{x\to 0}\frac{\cos x-1}{x^2}+\lim_{x\to 0}\frac{1-e^{x^2}}{x^2}$$

$$=\lim_{x\to 0}\frac{-\frac{1}{2}x^2}{x^2}+\lim_{x\to 0}\frac{-x^2}{x^2}$$

$$=-\frac{1}{2}-1$$

$$=-\frac{3}{2}.$$

例 2.19（习题 2.2 B4）　求下列函数的极限：

（1）$\lim\limits_{n\to\infty}\frac{n+2}{n^2-2}\sin n$；　（2）$\lim\limits_{x\to 0^+}\frac{1-\sqrt{\cos x}}{x(1-\cos\sqrt{x})}$；

（3）$\lim\limits_{x\to\infty}x\sin\frac{2x}{x^2+1}$；　（4）$\lim\limits_{x\to 0}\frac{x\ln(1+x)}{1-\cos x}$；

（5）$\lim\limits_{x\to 0}\frac{e-e^{\cos x}}{\sqrt[3]{1+x^2}-1}$；　（6）$\lim\limits_{x\to+\infty}\frac{x^3+x^2+1}{x^4+x^3}(\sin x+\cos x)$；

（7）$\lim\limits_{x\to 0}\frac{3\sin x+x^2\cos\frac{1}{x}}{(1+\cos x)\ln(1+x)}$；　（8）$\lim\limits_{x\to 0}\left(\frac{2+e^{\frac{1}{x}}}{1+e^{\frac{4}{x}}}+\frac{\sin x}{|x|}\right)$.

解　（1）由于 $n\to\infty$ 时，$\frac{n+2}{n^2-2}\to 0$ 是无穷小量，$\sin n$ 是有界量，所以

$$原式=0.$$

（2）$$原式=\lim_{x\to 0^+}\frac{(1-\sqrt{\cos x})(1+\sqrt{\cos x})}{x(1-\cos\sqrt{x})(1+\sqrt{\cos x})}$$

$$=\lim_{x\to 0^+}\frac{1-\cos x}{x(1-\cos\sqrt{x})(1+\sqrt{\cos x})}.$$

由于 $x\to 0^+$ 时，$1-\cos x\sim\frac{1}{2}x^2$，$1-\cos\sqrt{x}\sim\frac{1}{2}x$，所以

$$原式=\lim_{x\to 0^+}\frac{\frac{1}{2}x^2}{x\cdot\frac{1}{2}x(1+\sqrt{\cos x})}=\lim_{x\to 0^+}\frac{1}{1+\sqrt{\cos x}}=\frac{1}{2}.$$

(3) 由于 $x\to\infty$ 时，$\dfrac{2x}{x^2+1}\to 0$，所以 $\sin\dfrac{2x}{x^2+1}\sim\dfrac{2x}{x^2+1}$，

$$原式=\lim_{x\to\infty}x\cdot\frac{2x}{x^2+1}=2.$$

(4) 由于 $x\to 0$ 时，$\ln(1+x)\sim x$，$1-\cos x\sim\dfrac{1}{2}x^2$，所以

$$原式=\lim_{x\to 0}\frac{x\cdot x}{\frac{1}{2}x^2}=2.$$

(5) 原式 $=\lim\limits_{x\to 0}\dfrac{-e(e^{\cos x-1}-1)}{(1+x^2)^{\frac{1}{3}}-1}$，由于 $x\to 0$ 时，$\cos x-1\to 0$，所以 $e^{\cos x-1}\sim$ $\cos x-1$，$\cos x-1\sim-\dfrac{1}{2}x^2$，又因 $x\to 0$ 时，$(1+x^2)^{\frac{1}{3}}-1\sim\dfrac{1}{3}x^2$，故

$$原式=\lim_{x\to 0}\frac{-e(\cos x-1)}{\frac{1}{3}x^2}=\lim_{x\to 0}\frac{e\cdot\frac{1}{2}x^2}{\frac{1}{3}x^2}=\frac{3}{2}e.$$

(6) 由于 $\lim\limits_{x\to+\infty}\dfrac{x^3+x^2+1}{x^4+x^3}=0$，所以 $\dfrac{x^3+x^2+1}{x^4+x^3}$ 是 $x\to+\infty$ 时的无穷小量，$\sin x+\cos x$ 是有界量，故原式 $=0$.

(7) 原式 $=\lim\limits_{x\to 0}\dfrac{1}{1+\cos x}\left(\dfrac{3\sin x}{\ln(1+x)}+\dfrac{x^2\cos\frac{1}{x}}{\ln(1+x)}\right)$

$$=\lim_{x\to 0}\frac{1}{1+\cos x}\left[\lim_{x\to 0}\frac{3\sin x}{\ln(1+x)}+\lim_{x\to 0}\frac{x^2\cos\frac{1}{x}}{\ln(1+x)}\right],$$

由于 $x\to 0$ 时，$\sin x\sim x$，$\ln(1+x)\sim x$，故

$$原式=\lim_{x\to 0}\frac{1}{1+\cos x}\left[\lim_{x\to 0}\frac{3x}{x}+\lim_{x\to 0}\frac{x^2\cos\frac{1}{x}}{x}\right]$$

$$=\frac{1}{2}\left[3+\lim_{x\to 0}x\cos\frac{1}{x}\right]$$

$$=\frac{1}{2}[3+0]=\frac{3}{2}.$$

(8) 由于式中有 $e^{\frac{1}{x}}$ 与 $|x|$，故应分左、右极限分别考虑.

当 $x\to0^-$ 时，$e^{\frac{1}{x}}\to0$；当 $x\to0^+$ 时，$e^{\frac{1}{x}}\to+\infty$，所以

$$\lim_{x\to0^-}\left(\frac{2+e^{\frac{1}{x}}}{1+e^{\frac{4}{x}}}+\frac{\sin x}{|x|}\right)=\lim_{x\to0^-}\left(\frac{2+e^{\frac{1}{x}}}{1+e^{\frac{4}{x}}}-\frac{\sin x}{x}\right)=2-1=1,$$

$$\lim_{x\to0^+}\left(\frac{2+e^{\frac{1}{x}}}{1+e^{\frac{4}{x}}}+\frac{\sin x}{|x|}\right)=\lim_{x\to0^+}\left(\frac{2e^{-\frac{4}{x}}+e^{-\frac{3}{x}}}{e^{-\frac{4}{x}}+1}+\frac{\sin x}{x}\right)=0+1=1,$$

故原式=1.

例 2.20　求下列极限：

(1) $\lim\limits_{x\to1}\dfrac{\sqrt[3]{x}-1}{\sqrt{x}-1}$；　　(2) $\lim\limits_{n\to\infty}\dfrac{n}{\ln n}(\sqrt[n]{n}-1)$；

(3) $\lim\limits_{x\to+\infty}\dfrac{x^2\sin\frac{1}{x}}{\sqrt{2x^2-1}}$；　　(4) $\lim\limits_{n\to\infty}\dfrac{(n+1)^{n+1}}{n^n}\sin\dfrac{1}{n}$；

(5) $\lim\limits_{x\to+\infty}\dfrac{\sqrt{4x^2+x-1}-x+1}{\sqrt{x^2+\sin x}}$；　　(6) $\lim\limits_{x\to0}\dfrac{\sqrt{1+\tan x}-\sqrt{1+\sin x}}{x\sqrt{1+\sin^2x}-x}$.

解　(1) 令 $\sqrt[6]{x}=t$，则 $x=t^6$，当 $x\to1$ 时，$t\to1$，所以

$$原式=\lim_{t\to1}\frac{t^2-1}{t^3-1}=\lim_{t\to1}\frac{t+1}{t^2+t+1}=\frac{2}{3}.$$

(2) 令 $\sqrt[n]{n}-1=t$，则 $n^{\frac{1}{n}}=1+t$，$\dfrac{1}{n}\ln n=\ln(1+t)$，当 $n\to\infty$ 时，$t\to0$，所以

$$原式=\lim_{t\to0}\frac{t}{\ln(1+t)}=1.$$

(3) $$原式=\lim_{x\to+\infty}\frac{\sin\frac{1}{x}}{\frac{1}{x}}\cdot\frac{x}{\sqrt{2x^2-1}}$$

$$=\lim_{x\to+\infty}\frac{\sin\frac{1}{x}}{\frac{1}{x}}\cdot\lim_{x\to+\infty}\frac{x}{\sqrt{2x^2-1}}$$

$$=1\cdot\frac{1}{\sqrt{2}}=\frac{\sqrt{2}}{2}.$$

(4) 原式$=\lim\limits_{n\to\infty}\left(\frac{n+1}{n}\right)^{n+1}\frac{\sin\frac{1}{n}}{\frac{1}{n}}$

$$=\lim_{n\to\infty}\left(1+\frac{1}{n}\right)^n\left(1+\frac{1}{n}\right)\frac{\sin\frac{1}{n}}{\frac{1}{n}}$$

$=\mathrm{e}\cdot1\cdot1=\mathrm{e}.$

(5) 原式$=\lim\limits_{x\to+\infty}\dfrac{\sqrt{4+\frac{1}{x}-\frac{1}{x^2}}-1+\frac{1}{x}}{\sqrt{1+\frac{\sin x}{x^2}}}=\dfrac{2-1}{1}=1.$

(6) 原式$=\lim\limits_{x\to0}\dfrac{(\sqrt{1+\tan x}-\sqrt{1+\sin x})(\sqrt{1+\tan x}+\sqrt{1+\sin x})}{x(\sqrt{1+\sin^2x}-1)(\sqrt{1+\tan x}+\sqrt{1+\sin x})}$

$$=\lim_{x\to0}\frac{\tan x-\sin x}{x(\sqrt{1+\sin^2x}-1)(\sqrt{1+\tan x}+\sqrt{1+\sin x})}$$

$$=\frac{1}{2}\lim_{x\to0}\frac{\tan x(1-\cos x)}{x(\sqrt{1+\sin^2x}-1)}$$

$$=\frac{1}{2}\lim_{x\to0}\frac{x\cdot\frac{1}{2}x^2}{x\cdot\frac{1}{2}\sin^2x}$$

$$=\frac{1}{2}.$$

例 2.21 求函数 $f(x)=\lim\limits_{n\to\infty}\dfrac{x(1+\sin(\pi x))^n+\sin(\pi x)}{1+(1+\sin(\pi x))^n}$，$-1\leqslant x\leqslant1$.

解 由于 x 取不同值时，极限 $\lim\limits_{n\to\infty}(1+\sin(\pi x))^n$ 的取值不同，所以对 x 的取值进行讨论.

显然 $f(0)=0$，$f(1)=\frac{1}{2}$，$f(-1)=-\frac{1}{2}$.

当 $0<x<1$ 时，$1+\sin(\pi x)>1$，所以 $\lim\limits_{n\to\infty}(1+\sin(\pi x))^n=\infty$，$f(x)=x$.

当 $-1<x<0$ 时，$0<1+\sin(\pi x)<1$，所以

$$\lim_{n\to\infty}(1+\sin(\pi x))^n=0, f(x)=\sin(\pi x).$$

综上,有

$$f(x)=\begin{cases}-\dfrac{1}{2}, & x=-1;\\ \sin(\pi x), & -1<x<0;\\ x, & 0\leqslant x<1;\\ \dfrac{1}{2}, & x=1.\end{cases}$$

例 2.22　求下列极限$\lim\limits_{x\to 0}f(x)$:

(1) $f(x)=\dfrac{e^{\frac{1}{x}}+1}{e^{\frac{1}{x}}-1}\arctan\dfrac{1}{x}$;　(2) $f(x)=\begin{cases}2(x+1)\arctan\dfrac{1}{x}, & x>0,\\ 1, & x=0,\\ \dfrac{\ln(1+\pi x^2)}{x\sin x}, & x<0.\end{cases}$

解　(1) 由于 $x\to 0^-$ 时,$\dfrac{1}{x}\to-\infty$,$e^{\frac{1}{x}}\to 0$,$\arctan\dfrac{1}{x}\to-\dfrac{\pi}{2}$,$x\to 0^+$ 时,$\dfrac{1}{x}\to+\infty$,$e^{\frac{1}{x}}\to+\infty$,$\arctan\dfrac{1}{x}\to\dfrac{\pi}{2}$,所以

$$\lim_{x\to 0^-}f(x)=\lim_{x\to 0^-}\frac{e^{\frac{1}{x}}+1}{e^{\frac{1}{x}}-1}\cdot\lim_{x\to 0^-}\arctan\frac{1}{x}=(-1)\cdot\left(-\frac{\pi}{2}\right)=\frac{\pi}{2},$$

$$\lim_{x\to 0^+}f(x)=\lim_{x\to 0^+}\frac{1+e^{-\frac{1}{x}}}{1-e^{-\frac{1}{x}}}\cdot\lim_{x\to 0^+}\arctan\frac{1}{x}=1\cdot\frac{\pi}{2}=\frac{\pi}{2},$$

故$\lim\limits_{x\to 0}f(x)=\dfrac{\pi}{2}$.

(2) $\lim\limits_{x\to 0^-}f(x)=\lim\limits_{x\to 0^-}\dfrac{\ln(1+\pi x^2)}{x\sin x}=\lim\limits_{x\to 0^-}\dfrac{\pi x^2}{x\cdot x}=\pi$,

$\lim\limits_{x\to 0^+}f(x)=\lim\limits_{x\to 0^+}2(x+1)\arctan\dfrac{1}{x}=2\cdot\dfrac{\pi}{2}=\pi$,

故$\lim\limits_{x\to 0}f(x)=\pi$.

例 2.23　证明 $\lim\limits_{x\to+\infty}x\sin x$ 不存在.

证　设 $f(x)=x\sin x$,取 $x'_n=n\pi$,$x''_n=2n\pi+\dfrac{\pi}{2}(n=1,2,\cdots)$,则

$$\lim_{n\to\infty}x'_n=\lim_{n\to\infty}x''_n=+\infty,$$

但是

$$\lim_{n\to\infty}f(x'_n)=\lim_{n\to\infty}n\pi\cdot\sin n\pi=0,$$

$$\lim_{n\to\infty}f(x''_n)=\lim_{n\to\infty}\left(2n\pi+\frac{\pi}{2}\right)\sin\left(2n\pi+\frac{\pi}{2}\right)=+\infty,$$

所以 $\lim\limits_{x\to+\infty}x\sin x$ 不存在.

例 2.24(习题 2.2 A7) 已知$\lim\limits_{x\to\infty}\left(\frac{x+2a}{x-a}\right)^x=8$,求常数 a.

解
$$\lim_{x\to\infty}\left(\frac{x+2a}{x-a}\right)^x=\lim_{x\to\infty}\left(1+\frac{3a}{x-a}\right)^x$$
$$=\lim_{x\to\infty}\left[\left(1+\frac{3a}{x-a}\right)^{\frac{x-a}{3a}}\right]^{\frac{3ax}{x-a}}$$
$$=e^{\lim\limits_{x\to\infty}\frac{3ax}{x-a}}=e^{3a},$$

故 $e^{3a}=8$,从而 $e^a=2$,$a=\ln 2$.

例 2.25(习题 2.2 A8) 若 $x\to 0$ 时,$(1+ax^2)^{\frac{1}{3}}-1$ 与 $\cos x-1$ 是等价无穷小,求常数 a.

解 由等价无穷小的定义知,

$$\lim_{x\to 0}\frac{(1+ax^2)^{\frac{1}{3}}-1}{\cos x-1}=1,$$

又因为 $x\to 0$ 时,$(1+ax^2)^{\frac{1}{3}}-1\sim\frac{1}{3}ax^2$,$\cos x-1\sim-\frac{1}{2}x^2$,所以

$$\lim_{x\to 0}\frac{(1+ax^2)^{\frac{1}{3}}-1}{\cos x-1}=\lim_{x\to 0}\frac{\frac{1}{3}ax^2}{-\frac{1}{2}x^2}=-\frac{2}{3}a=1,$$

故
$$a=-\frac{3}{2}.$$

例 2.26(习题 2.2 B5) 已知$\lim\limits_{x\to 0}\frac{\sin x}{e^x-a}(\cos x-b)=5$,求常数 a,b 的值.

解 当 $x\to 0$ 时,$\sin x(\cos x-b)\to 0$,故 $e^x-a\to 0$,所以 $a=1$. 又因为 $x\to 0$

时，$\sin x \sim x$，$e^x-1\sim x$，所以

$$\begin{aligned}\lim_{x\to 0}\frac{\sin x}{e^x-1}(\cos x-b)&=\lim_{x\to 0}\frac{x}{x}(\cos x-b)\\&=\lim_{x\to 0}(\cos x-b)\\&=5,\end{aligned}$$

即 $1-b=5$，故 $b=-4$.

例 2.27　若 $\lim\limits_{x\to-\infty}(\sqrt{x^2+x+1}+ax+b)=0$，求 a,b 的值.

解　原式 $=\lim\limits_{x\to-\infty}(-x)\left(\sqrt{1+\frac{1}{x}+\frac{1}{x^2}}-a-\frac{b}{x}\right)=0$，

故

$$1-a=0,a=1,$$

$$\begin{aligned}b&=-\lim_{x\to-\infty}(\sqrt{x^2+x+1}+x)\\&=-\lim_{x\to-\infty}\frac{x^2+x+1-x^2}{\sqrt{x^2+x+1}-x}\\&=-\lim_{x\to-\infty}\frac{1+\frac{1}{x}}{-\sqrt{1+\frac{1}{x}+\frac{1}{x^2}}-1}\\&=\frac{1}{2}.\end{aligned}$$

例 2.28　当 $x\to 0$ 时，$\alpha(x)=kx^2$ 与 $\beta(x)=\sqrt{1+x\arcsin x}-\sqrt{\cos x}$ 是等价无穷小，求 k.

解　由题意知，

$$\begin{aligned}\lim_{x\to 0}\frac{\beta(x)}{\alpha(x)}&=\lim_{x\to 0}\frac{\sqrt{1+x\arcsin x}-\sqrt{\cos x}}{kx^2}\\&=\lim_{x\to 0}\frac{1+x\arcsin x-\cos x}{kx^2(\sqrt{1+x\arcsin x}+\sqrt{\cos x})}\\&=\lim_{x\to 0}\frac{1}{2k}\left(\frac{1-\cos x}{x^2}+\frac{\arcsin x}{x}\right)\\&=\frac{3}{4k}\\&=1,\end{aligned}$$

故 $k=\frac{3}{4}$.

例 2.29 已知$\lim\limits_{x\to 0}\frac{\sqrt{1+\frac{1}{x}f(x)}-1}{x^2}=c$,$c\neq 0$.求常数 a 与 b,使得当 $x\to 0$ 时,函数 $f(x)\sim ax^b$.

解 由于$\lim\limits_{x\to 0}\frac{\sqrt{1+\frac{1}{x}f(x)}-1}{x^2}=c\neq 0$,所以$\lim\limits_{x\to 0}\frac{1}{x}f(x)=0$,从而当 $x\to 0$ 时,$\sqrt{1+\frac{1}{x}f(x)}-1\sim\frac{1}{2}\cdot\frac{1}{x}f(x)$,故

$$\lim_{x\to 0}\frac{\frac{1}{2}\cdot\frac{1}{x}f(x)}{x^2}=\lim_{x\to 0}\frac{f(x)}{2x^3}=c,$$

即 $x\to 0$ 时,$f(x)\sim 2cx^3$,因此 $a=2c$,$b=3$.

例 2.30 设$\lim\limits_{x\to 0}\frac{a\tan x+b(1-\cos x)}{c\ln(1-2x)+d(1-\mathrm{e}^{-x^2})}=2$,其中 $a^2+c^2\neq 0$,则必有(　　).

(A) $b=4d$;　　(B) $b=-4d$;

(C) $a=4c$;　　(D) $a=-4c$.

解 由于 $c=0$ 时,$a\neq 0$,此时极限为

$$\lim_{x\to 0}\frac{a\tan x+b(1-\cos x)}{d(1-\mathrm{e}^{-x^2})}$$
$$=\lim_{x\to 0}\frac{a\tan x+b(1-\cos x)}{dx^2}$$
$$=\infty,$$

与题设条件矛盾,故 $c\neq 0$.

$$\text{原式}=\lim_{x\to 0}\frac{a\,\frac{\tan x}{x}+b\,\frac{1-\cos x}{x}}{c\,\frac{\ln(1-2x)}{x}+d\,\frac{1-\mathrm{e}^{-x^2}}{x}}$$

$$=\frac{a\lim\limits_{x\to0}\frac{\tan x}{x}+b\lim\limits_{x\to0}\frac{1-\cos x}{x}}{c\lim\limits_{x\to0}\frac{\ln(1-2x)}{x}+d\lim\limits_{x\to0}\frac{1-e^{-x^2}}{x}}$$

$$=\frac{a\lim\limits_{x\to0}\frac{x}{x}+b\lim\limits_{x\to0}\frac{\frac{1}{2}x^2}{x}}{c\lim\limits_{x\to0}\frac{-2x}{x}+d\lim\limits_{x\to0}\frac{x^2}{x}}$$

$$=\frac{a}{-2c}$$

$$=2,$$

故 $a=-4c$,应选(D).

例 2.31(习题 2.3 A1)　设 $f(x)=\begin{cases}e^{\frac{1}{x}}, & x<0,\\ a+x, & x\geqslant0,\end{cases}$ 试问:当常数 a 为何值时,$f(x)$在点 $x=0$ 连续?

解　由于

$$\lim_{x\to0^-}f(x)=\lim_{x\to0^-}e^{\frac{1}{x}}=0,$$

$$\lim_{x\to0^+}f(x)=\lim_{x\to0^+}(a+x)=a,$$

故由连续的定义,有

$$\lim_{x\to0^-}f(x)=\lim_{x\to0^+}f(x)=f(0),$$

即 $a=0$.

例 2.32(习题 2.3 B3)　已知函数 $f(x)=\begin{cases}\dfrac{1-e^{\tan x}}{\arcsin\frac{x}{2}}, & x>0,\\ ae^{2x}, & x\leqslant0\end{cases}$ 在 $x=0$ 处连续,求常数 a 的值.

解　由于

$$\lim_{x\to0^-}f(x)=\lim_{x\to0^-}ae^{2x}=a,$$

$$\lim_{x\to0^+}f(x)=\lim_{x\to0^+}\frac{1-e^{\tan x}}{\arcsin\frac{x}{2}}=\lim_{x\to0^+}\frac{-\tan x}{\frac{x}{2}}=\lim_{x\to0^+}\frac{-x}{\frac{x}{2}}=-2,$$

所以 $a=-2$.

例 2.33(习题 2.3 B4) 已知函数 $f(x)$连续,且$\lim\limits_{x\to0}\dfrac{1-\cos[xf(x)]}{(e^{x^2}-1)f(x)}=1$,求 $f(0)$的值.

解 由于 $f(x)$连续,故 $x\to0$ 时,$f(x)$有界,从而 $xf(x)\to0$.所以 $1-\cos[xf(x)]\sim\dfrac{1}{2}x^2f^2(x)$,又 $e^{x^2}-1\sim x^2$,故

$$\begin{aligned}\lim_{x\to0}\frac{1-\cos[xf(x)]}{(e^{x^2}-1)f(x)}&=\lim_{x\to0}\frac{\frac{1}{2}x^2f^2(x)}{x^2f(x)}\\&=\lim_{x\to0}\frac{1}{2}f(x)\\&=\frac{1}{2}f(0)\\&=1,\end{aligned}$$

所以 $f(0)=2$.

例 2.34(习题 2.3 B5) 设函数 $f(x)=\begin{cases}x^2+1, & |x|\leqslant c,\\ \dfrac{2}{|x|}, & |x|>c\end{cases}$ 在$(-\infty,+\infty)$内连续,求常数 c 的值.

解 由题知 $c>0$,且

$$\lim_{x\to c^-}f(x)=\lim_{x\to c^-}(x^2+1)=c^2+1,$$

$$\lim_{x\to c^+}f(x)=\lim_{x\to c^+}\frac{2}{x}=\frac{2}{c},$$

由 $f(x)$在 $x=c$ 处连续知,$c^2+1=\dfrac{2}{c}$,故 $c=1$.

例 2.35(习题 2.3 A3) 求下列函数的间断点,并判断间断点的类型:

(1) $f(x)=\dfrac{x}{\sin x}$;　　(2) $f(x)=\dfrac{x}{|x|}$;

(3) $f(x)=\dfrac{x^2-1}{x^2-3x+2}$;　　(4) $f(x)=x\sin\dfrac{1}{x}$;

(5) $f(x)=\arctan\dfrac{1}{x}$;　　(6) $f(x)=\arctan\dfrac{1}{x^2}$.

解　(1) 在 $x=k\pi(k=0,\pm1,\pm2,\cdots)$ 处 $f(x)$ 无定义,且

$$\lim_{x\to0}f(x)=\lim_{x\to0}\frac{x}{\sin x}=1,$$

$$\lim_{x\to k\pi}f(x)=\lim_{x\to k\pi}\frac{x}{\sin x}=\infty(k\neq0,k\in\mathbf{Z}),$$

故 $x=0$ 为 $f(x)$ 的可去间断点,$x=k\pi(k\neq0,k\in\mathbf{Z})$ 为 $f(x)$ 的无穷间断点.

(2) $f(x)$ 在 $x=0$ 处无定义,且

$$\lim_{x\to0^-}f(x)=\lim_{x\to0^-}\frac{x}{-x}=-1,$$

$$\lim_{x\to0^+}f(x)=\lim_{x\to0^+}\frac{x}{x}=1,$$

所以 $x=0$ 为 $f(x)$ 的跳跃间断点.

(3) 由于

$$f(x)=\frac{(x+1)(x-1)}{(x-2)(x-1)},$$

$$\lim_{x\to1}f(x)=\lim_{x\to1}\frac{x+1}{x-2}=-2,$$

$$\lim_{x\to2}f(x)=\lim_{x\to2}\frac{(x+1)(x-1)}{(x-2)(x-1)}=\infty,$$

故 $x=1$ 为可去间断点,$x=2$ 为无穷间断点.

(4) 在 $x=0$ 处 $f(x)$ 无定义,

$$\lim_{x\to0}f(x)=\lim_{x\to0}x\sin\frac{1}{x}=0,$$

故 $x=0$ 是 $f(x)$ 的可去间断点.

(5) 在 $x=0$ 处 $f(x)$ 无定义,

$$\lim_{x\to0^-}f(x)=\lim_{x\to0^-}\arctan\frac{1}{x}=-\frac{\pi}{2},$$

$$\lim_{x\to0^+}f(x)=\lim_{x\to0^+}\arctan\frac{1}{x}=\frac{\pi}{2},$$

故 $x=0$ 是 $f(x)$ 的跳跃间断点.

(6) 在 $x=0$ 处 $f(x)$ 无定义,

$$\lim_{x\to0}f(x)=\lim_{x\to0}\arctan\frac{1}{x^2}=\frac{\pi}{2},$$

故 $x=0$ 是 $f(x)$的可去间断点.

例 2.36(习题 2.3 A4) 设 $f(x)=\begin{cases} e^{\frac{1}{x-1}}, & x>0, \\ \ln(1+x), & -1<x\leqslant 0, \end{cases}$ 求该函数的间断点,并判断间断点的类型.

解 间断点为 $x=0,1$ 两点.

$$\lim_{x\to 0^-} f(x)=\lim_{x\to 0^-}\ln(1+x)=0,$$

$$\lim_{x\to 0^+} f(x)=\lim_{x\to 0^+} e^{\frac{1}{x-1}}=\frac{1}{e},$$

所以 $x=0$ 为第一类跳跃间断点.

$$\lim_{x\to 1^-} f(x)=\lim_{x\to 1^-} e^{\frac{1}{x-1}}=0,$$

$$\lim_{x\to 1^+} f(x)=\lim_{x\to 1^+} e^{\frac{1}{x-1}}=\infty,$$

所以 $x=1$ 为第二类无穷间断点.

例 2.37(习题 2.3 A5) 已知函数 $f(x)=\dfrac{e^x-b}{(x-a)(x-1)}$,$x=0$ 是$f(x)$的无穷间断点,$x=1$ 是 $f(x)$的可去间断点,求常数 a,b 的值.

解 由于 $x\to 1$ 时,分母$(x-a)(x-1)\to 0$,而 $x=1$ 是 $f(x)$的可去间断点,故分子 $e^x-b\to 0$,从而 $b=e$.

$x=0$ 是 $f(x)$的无穷间断点,故 $x\to 0$ 时,$(x-a)(x-1)\to 0$,所以 $a=0$.

例 2.38(习题 2.3 B1) 求下列函数的间断点,并判断间断点的类型:

(1) $f(x)=\dfrac{x}{\tan x}$; (2) $f(x)=\dfrac{2^{\frac{1}{x}}-1}{2^{\frac{1}{x}}+1}$;

(3) $f(x)=\begin{cases} \cos\dfrac{\pi}{2}x, & |x|\leqslant 1, \\ |x-1|, & |x|>1; \end{cases}$ (4) $f(x)=\lim\limits_{n\to\infty}\dfrac{1-x^{2n}}{1+x^{2n}}x$.

解 (1) 在 $x=0$ 及 $x=\dfrac{\pi}{2}+k\pi(k=0,\pm 1,\pm 2,\cdots)$处函数 $f(x)$无定义,且

$$\lim_{x\to 0} f(x)=\lim_{x\to 0}\frac{x}{\tan x}=1,$$

$$\lim_{x\to\frac{\pi}{2}+k\pi} f(x)=\lim_{x\to\frac{\pi}{2}+k\pi}\frac{x}{\tan x}=0,$$

故 $x=0$ 及 $x=\frac{\pi}{2}+k\pi(k=0,\pm1,\pm2,\cdots)$ 为可去间断点. 又

$$\lim_{x\to k\pi} f(x)=\lim_{x\to k\pi}\frac{x}{\tan x}=\infty,$$

故 $x=k\pi(k=\pm1,\pm2,\cdots)$ 为无穷间断点.

(2) 在 $x=0$ 处 $2^{\frac{1}{x}}$ 的左右极限不同,

$$\lim_{x\to0^-} f(x)=\lim_{x\to0^-}\frac{2^{\frac{1}{x}}-1}{2^{\frac{1}{x}}+1}=\frac{0-1}{0+1}=-1,$$

$$\lim_{x\to0^+} f(x)=\lim_{x\to0^+}\frac{2^{\frac{1}{x}}-1}{2^{\frac{1}{x}}+1}=\lim_{x\to0^+}\frac{1-\frac{1}{2^{\frac{1}{x}}}}{1+\frac{1}{2^{\frac{1}{x}}}}=\frac{1-0}{1+0}=1,$$

故 $x=0$ 为 $f(x)$ 的跳跃间断点.

(3) $f(x)=\begin{cases}\cos\frac{\pi x}{2}, & -1\leqslant x\leqslant1;\\ x-1, & x>1;\\ 1-x, & x<-1.\end{cases}$

在区间 $(-\infty,-1)$,$[-1,1]$,$(1,+\infty)$ 上 $f(x)$ 都是初等函数,故求 $f(x)$ 的间断点只需讨论分段点:

$$\lim_{x\to-1^-} f(x)=\lim_{x\to-1^-}(1-x)=2,$$

$$\lim_{x\to-1^+} f(x)=\lim_{x\to-1^+}\cos\frac{\pi x}{2}=0,$$

从而 $x=-1$ 为跳跃间断点.

$$\lim_{x\to1^-} f(x)=\lim_{x\to1^-}\cos\frac{\pi x}{2}=0,$$

$$\lim_{x\to1^+} f(x)=\lim_{x\to1^+}(x-1)=0,$$

且 $f(1)=\cos\frac{\pi}{2}=0$,所以 $f(x)$ 在 $x=1$ 处连续.

(4) $f(x)=\lim\limits_{n\to\infty}\dfrac{1-x^{2n}}{1+x^{2n}}\cdot x=\begin{cases} x, & |x|<1; \\ 0, & |x|=1; \\ -x, & |x|>1. \end{cases}$

只需讨论函数在分段点处的连续性：

$$\lim_{x\to 1^-}f(x)=\lim_{x\to 1^-}x=1,$$
$$\lim_{x\to 1^+}f(x)=\lim_{x\to 1^+}(-x)=-1,$$
$$\lim_{x\to -1^-}f(x)=\lim_{x\to -1^-}(-x)=1,$$
$$\lim_{x\to -1^+}f(x)=\lim_{x\to -1^+}x=-1,$$

故 $x=1,x=-1$ 是 $f(x)$的跳跃间断点.

例 2.39 设函数 $f(x)=\dfrac{x}{a+e^{bx}}$ 在$(-\infty,+\infty)$内连续，且 $\lim\limits_{x\to-\infty}f(x)=0$，则常数 a,b 满足(　　).

(A) $a<0,b<0$　　(B) $a>0,b>0$

(C) $a\leqslant 0,b>0$　　(D) $a\geqslant 0,b<0$

解 由 $\lim\limits_{x\to-\infty}\dfrac{x}{a+e^{bx}}=0$ 知 $a+e^{bx}$ 的极限为∞，从而 $b<0$.

若 $a<0$，则 $f(x)$应有间断点 $x=\dfrac{\ln(-a)}{b}$，这与 $f(x)$在$(-\infty,+\infty)$内连续矛盾，故 $a\geqslant 0$，所以选(D).

例 2.40(习题 2.3 A6) 证明方程 $\sin x+x+1=0$ 在开区间$\left(-\dfrac{\pi}{2},\dfrac{\pi}{2}\right)$内至少有一个根.

证 令 $f(x)=\sin x+x+1$，则 $f(x)$在闭区间$\left[-\dfrac{\pi}{2},\dfrac{\pi}{2}\right]$上连续，并且 $f\left(-\dfrac{\pi}{2}\right)=-\dfrac{\pi}{2}<0, f\left(\dfrac{\pi}{2}\right)=2+\dfrac{\pi}{2}>0$，故由零点定理知，在$\left(-\dfrac{\pi}{2},\dfrac{\pi}{2}\right)$内至少存在一点 ξ，使得 $\sin\xi+\xi+1=0$，即方程 $\sin x+x+1=0$ 在开区间$\left(-\dfrac{\pi}{2},\dfrac{\pi}{2}\right)$内至少有一个根.

例 2.41(习题 2.3 A7) 证明方程 $f(x)=x^3+2x^2-4x-1$ 在$(-\infty,$

$+\infty)$上有三个零点.

证　显然 $f(x)$在$(-\infty,+\infty)$上连续，$f(0)=-1<0$，$f(2)=8+8-8-1=7>0$，所以 $f(0)\cdot f(2)<0$.

$$f(-1)=-1+2+4-1=4>0, \text{所以 } f(0)\cdot f(-1)<0,$$

$$f(-4)=-64+32+16-1=-17<0, \text{所以 } f(-1)\cdot f(-4)<0,$$

从而 $f(x)$在$(-4,-1)$，$(-1,0)$，$(0,2)$内各至少有一个零点，所以 $f(x)$在$(-\infty,+\infty)$上至少有三个零点.

又因 $f(x)$是三次多项式，$f(x)=0$ 最多有三个根，所以 $f(x)$在$(-\infty,+\infty)$上有三个零点.

例 2.42(习题 2.3 B7)　设函数 $f(x)$在区间$[0,1]$上连续，且 $f(0)=0$，$f(1)=1$，试证:存在 $x_0\in(0,1)$，使得 $f(x_0)=1-x_0$.

证　令 $F(x)=f(x)-1+x$，则由 $f(x)$在$[0,1]$上连续知，$F(x)$在区间$[0,1]$上连续，且 $F(0)=f(0)-1=-1<0$，$F(1)=f(1)-1+1=1>0$，故由零点定理知，存在 $x_0\in(0,1)$，使得 $F(x_0)=0$，即 $f(x_0)-1+x_0=0$，亦即 $f(x_0)=1-x_0$.

例 2.43　在区间$(-\infty,+\infty)$内，方程$|x|^{\frac{1}{4}}+|x|^{\frac{1}{2}}-\cos x=0$(　　).

(A) 无实根　　(B) 有且仅有一个实根

(C) 有且仅有两个实根　　(D) 有无穷多个实根

解　令 $f(x)=|x|^{\frac{1}{4}}+|x|^{\frac{1}{2}}-\cos x$，由于 $f(x)$是偶函数，且$|\cos x|\leqslant 1$，故只考虑区间$[0,1]$，$f(0)=-1<0$，$f(1)=2-\cos 1>0$，故由零点定理知，$\exists\xi\in(0,1)$，使得 $f(\xi)=0$. 下面证明单调性.

$\forall x_1,x_2\in[0,1]$，设 $x_1>x_2$，则

$$\begin{aligned}f(x_1)-f(x_2)&=x_1^{\frac{1}{4}}+x_1^{\frac{1}{2}}-\cos x_1-x_2^{\frac{1}{4}}-x_2^{\frac{1}{2}}+\cos x_2\\&=(x_1^{\frac{1}{4}}-x_2^{\frac{1}{4}})(x_1^{\frac{1}{4}}+x_2^{\frac{1}{4}}+1)-\cos x_1+\cos x_2>0,\end{aligned}$$

所以 $f(x)$单调递增，故在$[0,1]$上只有一个实根，又由对称性得，方程在$(-\infty,+\infty)$内有且仅有两个实根，故选(C).

2.3 复习题

一、选择与填空题

1. 当 $x\to 0$ 时，变量$\frac{1}{x^2}\sin\frac{1}{x}$是(　　).

(A) 无穷小量　　(B) 无穷大量

(C) 有界的但不是无穷小　　(D) 无界的但不是无穷大

2. 当 $x\to 0$ 时，下列函数哪一个是其他三个的高阶无穷小(　　).

(A) x^2　　(B) $1-\cos x$　　(C) $x-\tan x$　　(D) $\ln(1+x^2)$

3. 函数 $f(x)=\frac{|x|\sin(x-2)}{x(x-1)(x-2)^2}$在下列哪个区间有界(　　).

(A) $(-1,0)$　　(B) $(0,1)$　　(C) $(1,2)$　　(D) $(2,3)$

4. 设数列 x_n 与 y_n 满足$\lim\limits_{n\to\infty}x_ny_n=0$，则下列断言正确的是(　　).

(A) 若 x_n 发散，则 y_n 必发散

(B) 若 x_n 无界，则 y_n 必有界

(C) 若 x_n 有界，则 y_n 必为无穷小

(D) 若$\frac{1}{x_n}$为无穷小，则 y_n 必为无穷小

5. 设 $f(x)$，$g(x)$在 $x=a$ 处均不连续，则在 $x=a$ 处(　　).

(A) $f(x)+g(x)$，$f(x)\cdot g(x)$均不连续

(B) $f(x)+g(x)$不连续，$f(x)\cdot g(x)$的连续性不确定

(C) $f(x)+g(x)$的连续性不确定，$f(x)\cdot g(x)$不连续

(D) $f(x)+g(x)$，$f(x)\cdot g(x)$的连续性均不确定

6. 设 $f(x)$在 $x=a$ 处连续，$\varphi(x)$在 $x=a$ 处间断，又 $f(a)\neq 0$，则(　　).

(A) $\varphi[f(x)]$在 $x=a$ 处间断　　(B) $f[\varphi(x)]$在 $x=a$ 处间断

(C) $[\varphi(x)]^2$ 在 $x=a$ 处间断　　(D) $\frac{\varphi(x)}{f(x)}$在 $x=a$ 处间断

7. 设 $f(x)$ 在 $(-\infty,+\infty)$ 内有定义，且 $\lim\limits_{x\to\infty}f(x)=a$，$g(x)=$

$\begin{cases} f\left(\dfrac{1}{x}\right), & x\neq 0; \\ 0, & x=0, \end{cases}$ 则(　　).

(A) $x=0$ 必是 $g(x)$ 的第一类间断点

(B) $x=0$ 必是 $g(x)$ 的第二类间断点

(C) $x=0$ 必是 $g(x)$ 的连续点

(D) $g(x)$ 在 $x=0$ 处的连续性与 a 的取值有关

8. 若 $f(x)=\begin{cases} a+bx^2, & x\leqslant 0; \\ \dfrac{\sin bx}{x}, & x>0 \end{cases}$ 在 $x=0$ 处连续，则常数 a 和 b 应满足的关系是________.

9. 已知函数 $f(x)=\begin{cases} (\cos\sqrt{x})^{\frac{1}{x}}, & x>0; \\ a, & x\leqslant 0 \end{cases}$ 在 $x=0$ 连续，则 a 的值为________.

二、计算题

1. $\lim\limits_{x\to 0}\sqrt{x^3-6x+5}$；

2. $\lim\limits_{x\to 1}\dfrac{\sqrt{5x-4}-\sqrt{x}}{x-1}$；

3. $\lim\limits_{h\to 0}\dfrac{(x+h)^2-x^2}{h}$；

4. $\lim\limits_{n\to\infty}\dfrac{-2n^3+3n^2+n-6}{n^3-2n+3}$；

5. $\lim\limits_{x\to+\infty}\dfrac{(2x-3)^{30}(6x+5)^{50}}{(-5x-4)^{80}}$；

6. $\lim\limits_{x\to\infty}\left(\dfrac{3+x}{6+x}\right)^{\frac{x-1}{2}}$；

7. $\lim\limits_{x\to+\infty}\dfrac{x^2\sin\dfrac{1}{x}}{\sqrt{3x^2+4}}$；

8. $\lim\limits_{x\to 0}\dfrac{\cos x-x^2\cos x-1}{\sin(x^2)}$；

9. $\lim\limits_{x\to 0}\dfrac{e^x-e^{x\cos x}}{x\ln(1+x^2)}$；

10. $\lim\limits_{n\to\infty}\tan^n\left[\dfrac{\pi}{4}+\dfrac{1}{n}\right]$；

11. $\lim\limits_{x\to+\infty}(\sin\sqrt{x+1}-\sin\sqrt{x})$；

12. $\lim\limits_{x\to 0}\dfrac{\sin x-\tan x}{(\sqrt[3]{1+x^2}-1)(\sqrt{1+\sin x}-1)}$；

13. $\lim\limits_{x\to 0}\left(\dfrac{1+2^x}{2}\right)^{\frac{1}{x}}$；

14. $\lim\limits_{x\to\infty}\left(\cos\dfrac{1}{x}+\sin\dfrac{1}{x}\right)^x$；

15. $\lim\limits_{x\to\infty}\dfrac{x^3-2x^2-2}{2x^4+3x^3+7}(\cos 2x-2\sin x+6)$；

16. $\lim\limits_{x\to1}\dfrac{x+x^2+\cdots+x^n-n}{x-1}$；

17. $\lim\limits_{n\to\infty}n\left(\dfrac{1}{n^2+\pi}+\dfrac{1}{n^2+2\pi}+\cdots+\dfrac{1}{n^2+n\pi}\right)$；

18. $\lim\limits_{n\to\infty}\left(1-\dfrac{1}{2^2}\right)\left(1-\dfrac{1}{3^2}\right)\cdots\left(1-\dfrac{1}{n^2}\right)$.

三、简答题

1. 设 $a_n=\left(1+\dfrac{1}{n}\right)\sin\dfrac{n\pi}{2}$，证明数列$\{a_n\}$没有极限.

2. 设 a_n 由等式 $a_{n+1}=\dfrac{3a_n+1}{a_n+3}(n>1,a_1>1)$所定义，证明$\lim\limits_{n\to\infty}a_n=1$.

3. 试确定 α 的值，使下列函数与$(x-1)^\alpha$ 当 $x\to1$ 时为同阶无穷小量：

(1) x^3-3x+2；　(2) $\ln x$；　(3) e^x-e.

4. 设 $f(x)=\lim\limits_{t\to x}\left(\dfrac{\sin t}{\sin x}\right)^{\frac{x}{\sin t-\sin x}}$，求函数 $f(x)$的间断点并判断间断点的类型.

5. 设 $f(x)=\dfrac{1}{\sin^2 x}\left[\sqrt{1+\sin x+\sin^2 x}-(\alpha+\beta x)\right]$，且 $x=0$ 是 $f(x)$的可去间断点，求 α 与 β 的值.

6. 讨论下列函数的连续性并判断间断点的类型：

(1) $f(x)=\dfrac{(e^{\frac{1}{x}}+e)\tan x}{x(e^{\frac{1}{x}}-e)}$；　(2) $f(x)=\dfrac{\ln|x|}{x^2-4x+3}$；

(3) $f(x)=\dfrac{1}{e^{\frac{x}{x-1}}-1}$；　(4) $f(x)=\lim\limits_{n\to\infty}\dfrac{(n-1)x}{nx^2+1}$.

7. 证明方程 $x^6-x^4+3x^2-1=0$ 在区间$(0,1)$内至少有一个根.

8. 设 $f(x)$在$[0,2a]$上连续，且 $f(0)=f(2a)$，证明在$[0,a]$内至少存在一点 ξ，使得 $f(\xi)=f(\xi+a)$.

第3章 导数与微分

3.1 主要内容

3.1.1 导数的定义

1. $f(x)$在 x_0 点的导数

设函数 $y=f(x)$在 x_0 点的某邻域内有定义，若极限

$$\lim_{\Delta x\to 0}\frac{f(x_0+\Delta x)-f(x_0)}{\Delta x}\text{或}\lim_{x\to x_0}\frac{f(x)-f(x_0)}{x-x_0}$$

存在，则称 $f(x)$在 x_0 点可导，并称此极限为 $f(x)$在 x_0 点的导数(或称微商)，记为

$$f'(x_0),y'(x_0),\frac{\mathrm{d}f}{\mathrm{d}x}(x_0),\frac{\mathrm{d}f}{\mathrm{d}x}\bigg|_{x=x_0},y'\bigg|_{x=x_0}.$$

2. $f(x)$在 x_0 点的单侧导数

设函数 $y=f(x)$在 x_0 点的某右(或左)邻域内有定义，若极限

$$\lim_{\Delta x\to 0^+}\frac{f(x_0+\Delta x)-f(x_0)}{\Delta x}\text{或}\lim_{x\to x_0^+}\frac{f(x)-f(x_0)}{x-x_0}$$

$$\left(\text{或}\lim_{\Delta x\to 0^-}\frac{f(x_0+\Delta x)-f(x_0)}{\Delta x}\text{或}\lim_{x\to x_0^-}\frac{f(x)-f(x_0)}{x-x_0}\right)$$

存在，则称 $f(x)$在 x_0 点右(或左)可导，并称此极限为 $f(x)$在 x_0 点的右(或左)导数，记为 $f'_+(x_0),y'_+(x_0)$ (或 $f'_-(x_0),y'_-(x_0)$).

3. 可导条件

函数 $y=f(x)$在 x_0 点可导的充要条件是 $f(x)$在 x_0 点左可导且右可导.

4. 导函数

若 $y=f(x)$在定义域上任一点的导数均存在,则称 $f(x)$为可导函数.此时,对于定义域上任一 x 均存在唯一的导数值 $f'(x)$与之对应,这种函数关系称为导函数,记为 $f'(x)$,简称导数,符号也可写为

$$f',y',\frac{\mathrm{d}f}{\mathrm{d}x},\frac{\mathrm{d}y}{\mathrm{d}x},\frac{\mathrm{d}}{\mathrm{d}x}f(x).$$

3.1.2 可导与连续的关系

若 $f(x)$在 x_0 点可导,则 $f(x)$在 x_0 点连续,反之不一定成立.

3.1.3 求导的四则运算法则

如果 $f(x)$,$g(x)$均在 x 点可导,那么它们的和、差、积、商函数也在 x 点可导,且有

(1) $(f(x)\pm g(x))'=f'(x)\pm g'(x)$;

(2) $(f(x)g(x))'=f'(x)g(x)+f(x)g'(x)$;

(3) $\left(\frac{f(x)}{g(x)}\right)'=\frac{f'(x)g(x)-f(x)g'(x)}{g^2(x)}(g(x)\neq 0)$.

3.1.4 反函数求导法则

设 $y=f(x)$在区间 X 上严格单调,$x_0\in X$,若 $f(x)$在 x_0 点可导且 $f'(x_0)\neq 0$,则其反函数 $x=f^{-1}(y)$在对应点 $y_0=f(x_0)$可导,且

$$\left.\frac{\mathrm{d}x}{\mathrm{d}y}\right|_{y=y_0}=\frac{1}{f'(x_0)}.$$

3.1.5 基本求导公式

(1) $(C)'=0$ (C 为任意常数);

(2) $(x^{\mu})'=\mu x^{\mu-1}$(μ 为实常数);

(3) $(a^x)'=a^x\ln a(a>0$ 且 $a\neq 1)$,特别地,$(\mathrm{e}^x)'=\mathrm{e}^x$;

(4) $(\log_a x)'=\frac{1}{x\ln a}(a>0$ 且 $a\neq 1)$,特别地,$(\ln x)'=\frac{1}{x}$;

(5) $(\sin x)'=\cos x$;

(6) $(\cos x)'=-\sin x$;

(7) $(\tan x)'=\sec^2 x$;

(8) $(\cot x)'=-\csc^2 x$;

(9) $(\sec x)'=\sec x\tan x$;

(10) $(\csc x)'=-\csc x\cot x$;

(11) $(\arcsin x)'=\dfrac{1}{\sqrt{1-x^2}}$;

(12) $(\arccos x)'=-\dfrac{1}{\sqrt{1-x^2}}$;

(13) $(\arctan x)'=\dfrac{1}{1+x^2}$;

(14) $(\mathrm{arccot}\, x)'=-\dfrac{1}{1+x^2}$.

3.1.6 复合函数求导法则

设函数 $y=f(u)$,$u=g(x)$可复合,若 $u=g(x)$在 x_0 点可导,$y=f(u)$在 $u_0=g(x_0)$可导,则复合函数 $y=f(g(x))$在 x_0 点可导,且

$$(f(g(x)))'\Big|_{x=x_0}=f'(u_0)g'(x_0)=f'(g(x_0))g'(x_0).$$

复合函数求导法则常被写成

$$\frac{\mathrm{d}y}{\mathrm{d}x}=\frac{\mathrm{d}y}{\mathrm{d}u}\cdot\frac{\mathrm{d}u}{\mathrm{d}x},$$

称为链锁法则,$y=f(u)$,$u=g(v)$,$v=h(x)$形成的复合函数 $y=f(g(h(x)))$的导数为

$$\frac{\mathrm{d}y}{\mathrm{d}x}=\frac{\mathrm{d}y}{\mathrm{d}u}\cdot\frac{\mathrm{d}u}{\mathrm{d}v}\cdot\frac{\mathrm{d}v}{\mathrm{d}x}=f'(u)g'(v)h'(x).$$

3.1.7 隐函数求导法则

若方程 $F(x,y)=0$ 可确定隐函数 $y=y(x)$,在方程中将所有的 y 看成关于 x 的函数,两边同时对 x 求导,则可解出隐函数的导数.

3.1.8 取对数求导法则

设 $f(x)$为可导函数且 $f(x)\neq 0$,则由链锁法则$(\ln|f(x)|)'=\dfrac{f'(x)}{f(x)}$得

$$f'(x)=f(x)(\ln|f(x)|)'.$$

3.1.9 参数式函数求导法则

设函数 $x=\varphi(t)$,$y=\psi(t)$都在 T 上可导,且 $\varphi'(t)\neq 0$,则参数式函数 $y=\psi(\varphi^{-1}(x))$的导数在 $\varphi(T)$上存在,并且

$$\frac{\mathrm{d}y}{\mathrm{d}x}=y'(x)=\frac{\psi'(t)}{\varphi'(t)}.$$

3.1.10 高阶导数

1. 二阶导数

若函数 $f'(x)$在 x_0 点仍可导,即极限

$$\lim_{\Delta x\to 0}\frac{f'(x_0+\Delta x)-f'(x_0)}{\Delta x}$$

存在,则称 $f(x)$在 x_0 点二阶可导,记为 $f''(x_0)$,$y''(x_0)$,$\dfrac{\mathrm{d}^2y}{\mathrm{d}x^2}(x_0)$.

2. n 阶导数

若函数 $f^{(n-1)}(x)$在 x_0 点仍可导,则称 $f(x)$在 x_0 点 n 阶可导,并称 $f^{(n-1)}(x)$的导函数在 x_0 点的值为 $f(x)$在 x_0 点的 n 阶导数,记为 $f^{(n)}(x_0)$,$y^{(n)}(x_0)$,$\dfrac{\mathrm{d}^nf}{\mathrm{d}x^n}(x_0)$,$\dfrac{\mathrm{d}^ny}{\mathrm{d}x^n}(x_0)$. 当 $n\geqslant 2$ 时,就称高阶导数.

3.1.11 常用的高阶导数

(1) 常值函数 $y=C$(C 为任意常数),其各阶导数为

$$y'=y''=\cdots=y^{(n)}=0.$$

(2) 幂函数 $y=x^{\mu}$($\mu\in\mathbf{N}^*$),其各阶导数为

$$y^{(n)}=\begin{cases}\dfrac{\mu!}{(\mu-n)!}x^{\mu-n}, & (1\leqslant n<\mu);\\ \mu!, & (n=\mu);\\ 0, & (n>\mu).\end{cases}$$

(3) 幂函数 $y=\frac{1}{x}$,其各阶导数为

$$y^{(n)}=(-1)^n\frac{n!}{x^{n+1}}.$$

(4) 指数函数 $y=a^x(a>0$ 且 $a\neq1)$,其各阶导数为

$$y^{(n)}=a^x(\ln a)^n.$$

特别地,当 $a=\mathrm{e}$ 时,$y'=y''=\cdots=y^{(n)}=\mathrm{e}^x$.

(5) 对数函数 $y=\log_a x(a>0$ 且 $a\neq1)$,其各阶导数为

$$y^{(n)}=(-1)^{n-1}\frac{(n-1)!}{x^n}\frac{1}{\ln a}.$$

特别地,当 $a=\mathrm{e}$ 时,$y^{(n)}=(-1)^{n-1}\frac{(n-1)!}{x^n}$.

(6) 正弦函数 $y=\sin x$,其各阶导数为

$$y^{(n)}=\sin\left(x+n\cdot\frac{\pi}{2}\right).$$

(7) 余弦函数 $y=\cos x$,其各阶导数为

$$y^{(n)}=\cos\left(x+n\cdot\frac{\pi}{2}\right).$$

*(8) 参数式函数的二阶导数:设 $x=\varphi(t)$,$y=\psi(t)$均二阶可导,且 $\varphi'(t)\neq0$,则由参数式方程$\begin{cases}x=\varphi(t),\\y=\psi(t)\end{cases}$所确定的参数式函数 $y=y(x)$二阶可导,且

$$\frac{\mathrm{d}^2y}{\mathrm{d}x^2}=y''(x)=\frac{\psi''(t)\varphi'(t)-\psi'(t)\varphi''(t)}{(\varphi'(t))^3}.$$

3.1.12 莱布尼茨公式

设函数 $u(x)$,$v(x)$均在区间 X 上 n 阶可导,则它们的乘积函数$u(x)v(x)$在区间 X 上 n 阶可导,且

$$(u(x)v(x))^{(n)}=\sum_{k=0}^{n}C_n^k u(x)^{(n-k)}v(x)^{(k)},$$

其中 $u^{(0)}(x)=u(x)$，$v^{(0)}(x)=v(x)$.

3.1.13 微分

若函数 $y=f(x)$的改变量

$$\Delta y = f(x+\Delta x) - f(x)$$

可表示为

$$\Delta y = A(x)\Delta x + o(\Delta x).$$

其中 $A(x)$只是关于 x 的函数，$A(x)\Delta x$ 称为线性部分，$o(\Delta x)$是 $\Delta x\to 0$ 时的关于 Δx 的高阶无穷小量，则称 $f(x)$在点 x 处可微，称 $A(x)\Delta x$ 为 $f(x)$在点 x 的微分，记为

$$\mathrm{d}y = A(x)\Delta x.$$

3.1.14 可微和可导的关系

函数 $y=f(x)$在 x 点可微的充要条件是 $f(x)$在 x 点可导，且

$$\mathrm{d}y = f'(x)\mathrm{d}x.$$

$\mathrm{d}y=f'(x)\mathrm{d}x$ 可化为 $f'(x)=\dfrac{\mathrm{d}y}{\mathrm{d}x}$，这个公式反映了导数与微分之间的深刻联系，因此导数也被称为微分的商，简称微商.

3.1.15 微分的四则运算法则

设函数 $u(x)$，$v(x)$均在 x 点可微，则

(1) $\mathrm{d}(u(x)\pm v(x))=\mathrm{d}u(x)\pm \mathrm{d}v(x)$；

(2) $\mathrm{d}(u(x)v(x))=\mathrm{d}(u(x))v(x)+u(x)\mathrm{d}(v(x))$；

(3) $\mathrm{d}\left(\dfrac{u(x)}{v(x)}\right)=\dfrac{\mathrm{d}(u(x))v(x)-u(x)\mathrm{d}(v(x))}{v^2(x)}(v(x)\neq 0)$.

3.1.16 一阶微分形式不变性

若 $y=f(u)$，$u=g(x)$可复合，则函数 $f(g(x))$的微分为

$$\mathrm{d}(f(g(x))) = f'(u)g'(x)\mathrm{d}x,$$

由于 $\mathrm{d}u=g'(x)\mathrm{d}x$，所以上式有等价形式

$$d(f(u)) = f'(u)du,$$

这与以 u 为自变量的函数 $y=f(u)$ 的微分一模一样，也就是说无论 u 是自变量还是中间变量，$y=f(u)$ 的微分都是一样的，这一性质被称为一阶微分形式不变性.

3.1.17 微分在近似计算上的应用

若 $f(x)$ 在 x_0 点可微，则

$$\Delta y = f(x_0 + \Delta x) - f(x_0) = f'(x_0) \cdot \Delta x + o(\Delta x),$$

用 $f'(x_0)\Delta x$ 近似代替 Δy，于是

$$f(x_0 + \Delta x) \approx f(x_0) + f'(x_0)\Delta x.$$

3.1.18 微分中值定理

1. 费马引理

设函数 $f(x)$ 在 x_0 的某邻域 $U(x_0,\delta)$ 内有定义，且在 x_0 处可导，若对 $\forall x \in U(x_0,\delta)$，有 $f(x) \leqslant f(x_0)$（或 $f(x) \geqslant f(x_0)$），则 $f'(x_0)=0$.

2. 罗尔定理

如果函数 $f(x)$ 在 $[a,b]$ 上连续，在 (a,b) 内可导，且 $f(a)=f(b)$，那么在 (a,b) 内至少存在一点 ξ，使得

$$f'(\xi) = 0.$$

3. 拉格朗日中值定理

如果函数 $f(x)$ 在 $[a,b]$ 上连续，在 (a,b) 内可导，那么在 (a,b) 内至少存在一点 ξ，使得

$$f'(\xi) = \frac{f(b) - f(a)}{b - a}.$$

4. 柯西中值定理

如果函数 $f(x)$ 与 $g(x)$ 在 $[a,b]$ 上连续，在 (a,b) 内可导，且 $\forall x \in (a,b)$，$g'(x) \neq 0$，那么在 (a,b) 内至少存在一点 ξ，使得

$$\frac{f'(\xi)}{g'(\xi)} = \frac{f(b) - f(a)}{g(b) - g(a)}.$$

5. 泰勒定理

设函数 $f(x)$ 在点 x_0 的邻域 $U(x_0,\delta)$ 内 $(n+1)$ 阶可导，则 $\forall x\in U(x_0,\delta)$，$\exists \xi\in(x_0,x)$（或 (x,x_0)），使得

$$f(x)=\sum_{k=0}^{n}\frac{f^{(k)}(x_0)}{k!}(x-x_0)^k+R_n(x),$$

上式称为 $f(x)$ 在 x_0 处的 n 阶泰勒公式，其中

$$R_n(x)=\frac{f^{(n+1)}(\xi)}{(n+1)!}(x-x_0)^{n+1} \quad 或 \quad R_n(x)=o((x-x_0)^n),$$

分别称为拉格朗日余项或皮亚诺余项.

在泰勒公式中，若 $x_0=0$，则与此对应的公式称为 n 阶马克劳林公式.

几个常用函数的带皮亚诺余项的马克劳林公式：

$$e^x=1+x+\frac{x^2}{2!}+\cdots+\frac{x^n}{n!}+o(x^n) \quad (x\to 0),$$

$$\sin x=x-\frac{x^3}{3!}+\frac{x^5}{5!}-\cdots+(-1)^{n-1}\frac{x^{2n-1}}{(2n-1)!}+o(x^{2n}) \quad (x\to 0),$$

$$\cos x=1-\frac{x^2}{2!}+\frac{x^4}{4!}-\cdots+(-1)^n\frac{x^{2n}}{(2n)!}+o(x^{2n+1}) \quad (x\to 0),$$

$$\frac{1}{1-x}=1+x+x^2+\cdots+x^n+o(x^n) \quad (x\to 0),$$

$$\ln(1-x)=-x-\frac{x^2}{2}-\frac{x^3}{3}-\cdots-\frac{x^n}{n}+o(x^n) \quad (x\to 0).$$

3.1.19 洛必达法则

1. 求 $\frac{0}{0}$ 型不定式的极限

若在某极限过程中（这里以 $x\to a$ 为例）函数 $f(x)$ 与 $g(x)$ 满足：

(1) $\lim\limits_{x\to a}f(x)=0$，$\lim\limits_{x\to a}g(x)=0$；

(2) 在点 a 的某去心邻域内 $f(x)$，$g(x)$ 都可导，且 $g'(x)\neq 0$；

(3) $\lim\limits_{x\to a}\frac{f'(x)}{g'(x)}=K$（有限或 ∞），

则有

$$\lim_{x\to a}\frac{f(x)}{g(x)}=\lim_{x\to a}\frac{f'(x)}{g'(x)}=K.$$

2. 求$\frac{\infty}{\infty}$型不定式的极限

若在某极限过程中(这里以 $x\to a$ 为例)函数 $f(x)$与 $g(x)$满足：

(1) $\lim\limits_{x\to a}f(x)=\infty,\lim\limits_{x\to a}g(x)=\infty$；

(2) 在点 a 的某去心邻域内 $f(x),g(x)$都可导，且 $g'(x)\neq0$；

(3) $\lim\limits_{x\to a}\frac{f'(x)}{g'(x)}=K$(有限或$\infty$)，

则有

$$\lim_{x\to a}\frac{f(x)}{g(x)}=\lim_{x\to a}\frac{f'(x)}{g'(x)}=K.$$

3. 求其他不定式的极限

除了$\frac{0}{0}$型和$\frac{\infty}{\infty}$型不定式外，还有 $0\cdot\infty,\infty-\infty,0^0,1^\infty,\infty^0$ 型不定式，这些其他类型的不定式均可以经过适当变形，化为$\frac{0}{0}$型或$\frac{\infty}{\infty}$型不定式.

3.1.20　导数的几何应用

1. 单调性

(1) 设函数 $f(x)$在区间 I 上可导，则 $f(x)$在 I 上单调增(或减)的充要条件是 $f'(x)\geqslant0$(或 $f'(x)\leqslant0$)，$\forall x\in I$.

(2) 设函数 $f(x)$在区间 I 上可导，若 $\forall x\in I,f'(x)>0$(或 $f'(x)<0$)，则 $f(x)$在 I 上严格增(或减).

2. 极值

(1) 设 $f(x)$在点 x_0 的邻域 $U(x_0,\delta)$内有定义，若 $\forall x\in\mathring{U}(x_0,\delta)$，都有 $f(x)<f(x_0)$(或 $f(x)>f(x_0)$)，则称 $f(x_0)$是 $f(x)$的一个极大值(或极小值)，x_0 称为 $f(x)$的一个极大值点(或极小值点).

(2) 设函数 $f(x)$在 x_0 的某邻域 $U(x_0,\delta)$内连续，在其去心邻域 $\mathring{U}(x_0,\delta)$内可导，如果 $x\in(x_0-\delta,x_0)$时，$f'(x)>0$(或 $f'(x)<0$)；$x\in(x_0,x_0+\delta)$时，

$f'(x)<0$(或 $f'(x)>0$),则 $f(x_0)$为 $f(x)$的一个极大值(或极小值).

(3) 设函数 $f(x)$在 x_0 处具有二阶导数,且 $f'(x_0)=0$, $f''(x_0)\neq 0$,若 $f''(x_0)>0$(或 $f''(x_0)<0$),则 $f(x_0)$是 $f(x)$的极小值(或极大值).

3. 最值

设函数 $f(x)$在$[a,b]$上连续,$x_1,x_2,\cdots,x_m$ 为 $f(x)$在(a,b)内的驻点,$x_1',x_2',\cdots,x_n'$为 $f(x)$在(a,b)内的不可导点,则 $f(x)$在$[a,b]$上的最大值 M 与最小值 m 为

$$M=\max\{f(x_1),f(x_2),\cdots,f(x_m);f(x_1'),f(x_2'),\cdots,f(x_n');f(a),f(b)\},$$
$$m=\min\{f(x_1),f(x_2),\cdots,f(x_m);f(x_1'),f(x_2'),\cdots,f(x'_n);f(a),f(b)\}.$$

4. 凹凸性

(1) 设函数 $f(x)$在区间 I 上可导,如果 $f(x)$在 I 上的曲线都位于它每一点处切线的上方(或下方),那么称曲线 $y=f(x)$在区间 I 上是凹(或凸)的.

(2) 设函数 $f(x)$在区间 I 上存在二阶导数,若 $\forall x\in I$, $f''(x)>0$(或 $f''(x)<0$),则 $f(x)$在区间 I 上的图形是凹的(或凸的).

5. 拐点

(1) 设函数 $f(x)$在 $U(x_0,\delta)$内连续,如果曲线 $y=f(x)$在经过点$(x_0, f(x_0))$时,曲线的凹凸性发生改变,则称$(x_0,f(x_0))$为曲线 $f(x)$的拐点.

(2) 若函数 $f(x)$在 $x=x_0$ 连续,$f''(x_0)$不存在或 $f''(x_0)=0$,检查 $f''(x)$在 x_0 左右两侧的符号,当两侧的符号相反时,$(x_0,f(x_0))$是拐点;当两侧的符号相同时,$(x_0,f(x_0))$不是拐点.

6. 渐近线

(1) 水平渐近线:若 $\lim\limits_{x\to+\infty}f(x)=A$(或 $\lim\limits_{x\to-\infty}f(x)=A$),则直线 $y=A$ 是曲线 $y=f(x)$的一条水平渐近线.

(2) 铅直渐近线:若 $\lim\limits_{x\to a^+}f(x)=\infty$(或 $\lim\limits_{x\to a^-}f(x)=\infty$),则直线 $x=a$ 是曲线 $y=f(x)$的一条铅直渐近线.

(3) 斜渐近线:若

$$\lim_{\substack{x\to+\infty\\(x\to-\infty)}}\frac{f(x)}{x}=a,\ \lim_{\substack{x\to+\infty\\(x\to-\infty)}}(f(x)-ax)=b,$$

这里 a,b 均为实数，且 $a\neq 0$，则直线 $y=ax+b$ 为当 $x\to+\infty$(或 $x\to-\infty$)时的斜渐近线.

3.1.21　导数的经济应用

1. 边际成本

总成本函数 $C(Q)$ 的导数 $C'(Q)=\lim\limits_{\Delta Q\to 0}\dfrac{C(Q+\Delta Q)-C(Q)}{\Delta Q}$ 称为边际成本.

2. 边际收益

总收益函数 $R(Q)$ 的导数 $R'(Q)=\lim\limits_{\Delta Q\to 0}\dfrac{R(Q+\Delta Q)-R(Q)}{\Delta Q}$ 称为边际收益.

3. 边际利润

总利润函数 $L=L(Q)$ 的导数 $L'(Q)=\lim\limits_{\Delta Q\to 0}\dfrac{L(Q+\Delta Q)-L(Q)}{\Delta Q}$ 称为边际利润，$L'(Q)=R'(Q)-C'(Q)$.

4. 弹性

设函数 $y=f(x)$ 在点 x 处可导，则 $f(x)$ 在点 x 处的弹性为

$$\frac{E_y}{E_x}=\lim_{\Delta x\to 0}\frac{\frac{\Delta y}{y}}{\frac{\Delta x}{x}}=x\frac{f'(x)}{f(x)}.$$

3.2　习题解析

例 3.1(习题 3.1 B1)　设函数

$$f(x)=\begin{cases} x^m\sin\dfrac{1}{x}, & x\neq 0; \\ 0, & x=0, \end{cases}\quad (m \text{ 为正整数}).$$

试问：(1) m 满足什么条件，$f(x)$ 在 $x=0$ 点连续？

(2) m 满足什么条件，$f(x)$ 在 $x=0$ 点可导？

解　(1) 若函数 $f(x)$ 在 $x=0$ 点连续，则

$$\lim_{x\to 0}f(x)=\lim_{x\to 0}x^m\sin\frac{1}{x}=f(0)=0.$$

由于无穷小量乘以有界函数仍为无穷小量,故此时 $m>0$.

(2) 若函数 $f(x)$ 在 $x=0$ 点可导,则

$$f'(0)=\lim_{x\to 0}\frac{f(x)-f(0)}{x-0}=\lim_{x\to 0}x^{m-1}\sin\frac{1}{x}.$$

当 $m\leqslant 1$ 时极限不存在,因此 $m>1$.

例 3.2(习题 3.1 B2) 设 $g(0)=g'(0)=0$,

$$f(x)=\begin{cases} g(x)\sin\dfrac{1}{x}, & x\neq 0; \\ 0, & x=0, \end{cases}$$

求 $f'(0)$.

解 根据导数的定义,

$$f'(0)=\lim_{x\to 0}\frac{f(x)-f(0)}{x-0}=\lim_{x\to 0}\frac{g(x)\sin\frac{1}{x}-0}{x}=\lim_{x\to 0}\frac{g(x)-g(0)}{x-0}\sin\frac{1}{x}.$$

由于 $g'(0)=0$,即 $\lim\limits_{x\to 0}\dfrac{g(x)-g(0)}{x-0}$ 是 $x\to 0$ 时的无穷小量,根据无穷小量乘以有界函数仍为无穷小量,可知 $f'(0)=0$.

例 3.3(习题 3.1 B3) 证明:双曲线 $xy=a^2$ 上任意一点的切线与两坐标轴围成的直角三角形的面积为 $2a^2$.

解 设 $A(x_0,y_0)$ 为双曲线上任意一点,则 $y_0=\dfrac{a^2}{x_0}(x_0\neq 0)$,根据导数的几何意义,双曲线在 A 点的切线为 $y-y_0=-\dfrac{a^2}{x_0^2}(x-x_0)=-\dfrac{a^2}{x_0^2}x+\dfrac{a^2}{x_0}=-\dfrac{a^2}{x_0^2}x+y_0$,显然,该切线过点 $(0,2y_0)$ 和 $(2x_0,0)$,因此双曲线 $xy=a^2$ 上任意一点的切线与两坐标轴围成的直角三角形的面积为 $S=\dfrac{1}{2}2x_0 2y_0=2x_0y_0=2a^2$.

例 3.4(习题 3.1 B4) 证明:(1) 奇函数的导函数是偶函数;偶函数的导函数是奇函数.

(2) 周期函数的导函数仍是周期函数且周期不变.

证 (1) 设 $f(x)$ 为可导的奇函数,且 $f(x)$ 在 x 点的导数为

$$f'(x)=\lim_{t\to x}\frac{f(t)-f(x)}{t-x}.$$

由于 $f(x)$为奇函数,所以

$$f'(-x)=\lim_{t\to -x}\frac{f(t)-f(-x)}{t-(-x)}=\lim_{t\to -x}\frac{f(t)+f(x)}{t+x}$$

$$=\lim_{-t\to x}\frac{-f(t)-f(x)}{-t-x}=\lim_{-t\to x}\frac{f(-t)-f(x)}{(-t)-x}=f'(x),$$

因此奇函数的导函数为偶函数,同理可证偶函数的导函数为奇函数.

(2) 设 $f(x)$是以 T 为周期的函数,导函数为 $f'(x)$,则

$$f'(x+T)=\lim_{u\to x+T}\frac{f(u)-f(x+T)}{u-(x+T)}=\lim_{u\to x+T}\frac{f(u)-f(x)}{u-(x+T)}$$

$$=\lim_{u\to x+T}\frac{f(u-T)-f(x)}{(u-T)-x}=\lim_{u-T\to x}\frac{f(u-T)-f(x)}{(u-T)-x}=f'(x),$$

因此周期函数的导函数仍是周期函数且周期不变.

例 3.5(习题 3.2 B1) 设 $f(x)$满足反函数的条件,求下列函数的导数:

(1) $f^{-1}(x^2)$;　　　　(2) $f^{-1}\left(\frac{1}{f(x)}\right)$.

解 (1) 将 $f^{-1}(x^2)$看成由 $x=f^{-1}(u)$与 $u=x^2$ 复合而成,根据反函数求导法则和复合函数求导法则,$(f^{-1}(x^2))'=\frac{1}{f'(x^2)}\cdot 2x$.

(2) 将 $f^{-1}\left(\frac{1}{f(x)}\right)$看成由 $x=f^{-1}(u)$与 $u=\frac{1}{f(x)}$复合而成,根据反函数求导法则和复合函数求导法则,$\left(f^{-1}\left(\frac{1}{f(x)}\right)\right)'=-\frac{f'(x)}{f'\left(\frac{1}{f(x)}\right)f^2(x)}$.

例 3.6 设函数 $y=f(x)$一阶可导且满足 $f(x)+2f\left(\frac{1}{x}\right)=\frac{3}{x}$,求$f'(x)$.

解 运用变量代换可知,$f\left(\frac{1}{x}\right)+2f(x)=3x$,与 $f(x)+2f\left(\frac{1}{x}\right)=\frac{3}{x}$联立,可解出 $f(x)=2x-\frac{1}{x}$,则 $f'(x)=2+\frac{1}{x^2}$.

例 3.7 设 $f(x)$是周期为 4 的可导奇函数,且 $f'(x)=2(x-1)$,$x\in[0,2]$,则 $f(7)=$______.

解 因为 $f'(x)=2(x-1)$,$x\in[0,2]$,所以 $f(x)=x^2-2x+C$,又因为 $f(x)$是奇函数,则有 $f(0)=0$,从而$C=0$,$f(x)=x^2-2x$,再因为 $f(x)$的周期

为 4,所以

$$f(7)=f(3)=f(-1)=-f(1)=-(1-2)=1.$$

例 3.8 若 $f(x)$在 $x=0$ 可导,且 $f(0)=0$,求$\lim\limits_{x\to 0}\frac{x^2f(x)-2f(x^3)}{x^3}$.

解

$$\begin{aligned}
&\lim_{x\to 0}\frac{x^2f(x)-2f(x^3)}{x^3}\\
&=\lim_{x\to 0}\frac{x^2f(x)-f(0)+f(0)-2f(x^3)}{x^3}\\
&=\lim_{x\to 0}\frac{x^2f(x)-x^2f(0)}{x^3}-\lim_{x\to 0}\frac{2f(x^3)-2f(0)}{x^3}\\
&=\lim_{x\to 0}\frac{f(x)-f(0)}{x}-2\lim_{x\to 0}\frac{f(x^3)-f(0)}{x^3}\\
&=f'(0)-2f'(0)\\
&=-f'(0).
\end{aligned}$$

例 3.9 $f(x)=x\sin x\sin 3x\sin 5x\sin 7x$,求 $f'(0)$.

解 设 $g(x)=\sin x\sin 3x\sin 5x\sin 7x$,则 $f(x)=xg(x)$,于是 $f'(x)=g(x)+xg'(x)$,因此 $f'(0)=g(0)=0$.

例 3.10 设函数 $f(x)=(e^x-1)(e^{2x}-2)\cdots(e^{nx}-n)$,其中 n 为正整数,则 $f'(0)=($ $)$.

(A) $(-1)^{n-1}(n-1)!$ (B) $(-1)^n(n-1)!$

(C) $(-1)^{n-1}n!$ (D) $(-1)^n n!$

解 设 $g(x)=(e^{2x}-2)\cdots(e^{nx}-n)$,则

$$f(x)=(e^x-1)g(x),f'(x)=e^xg(x)+(e^x-1)g'(x),$$

于是 $f'(0)=g(0)=(-1)(-2)(-3)\cdots(1-n)=(-1)^{n-1}(n-1)!$.

故选(A).

例 3.11 求 $f(x)=|(x-1)(x-2)^2(x-3)^3|$的不可导点.

解 设 $g(x)=(x-1)(x-2)^2(x-3)^3$,则 $g(x)=0$ 共有三个根 1,2,3,而 $g'(1)\neq 0,g'(2)=g'(3)=0$,因此 $x=1$ 为 $f(x)$的不可导点.

例 3.12 设$\frac{d}{dx}\left[f\left(\frac{1}{x^2}\right)\right]=\frac{1}{x}$,则 $f'(16)=$________.

解　根据求导的链锁法则，$\frac{\mathrm{d}}{\mathrm{d}x}\left[f\left(\frac{1}{x^2}\right)\right]=f'\left(\frac{1}{x^2}\right)\left(-2\frac{1}{x^3}\right)$，

于是$f'\left(\frac{1}{x^2}\right)=-\frac{x^2}{2}$，则 $f'(16)=-\frac{1}{32}$.

例 3.13　设 $y=f\left(\frac{3x-2}{3x+2}\right)$，$f'(x)=\arctan x^2$，求$\left.\frac{\mathrm{d}y}{\mathrm{d}x}\right|_{x=0}$.

解　根据复合函数求导法则，$y'=f'\left(\frac{3x-2}{3x+2}\right)\left(\frac{3x-2}{3x+2}\right)'=\arctan\left(\frac{3x-2}{3x+2}\right)^2\frac{12}{(3x+2)^2}$，则$\left.\frac{\mathrm{d}y}{\mathrm{d}x}\right|_{x=0}=\frac{3}{4}\pi$.

例 3.14　设$\begin{cases}x=3t^2+2t+3,\\ \mathrm{e}^y\sin t-y+1=0,\end{cases}$则$\left.\frac{\mathrm{d}y}{\mathrm{d}x}\right|_{t=0}=$________.

解　在第一个参数方程中对 t 求导，可知$\frac{\mathrm{d}x}{\mathrm{d}t}=6t+2$，由第二个参数方程不难得到 $y\Big|_{t=0}=1$，再运用隐函数求导法则，$\mathrm{e}^y\frac{\mathrm{d}y}{\mathrm{d}t}\sin t+\mathrm{e}^y\cos t-\frac{\mathrm{d}y}{\mathrm{d}t}=0$，则

$$\frac{\mathrm{d}y}{\mathrm{d}t}=\frac{\mathrm{e}^y\cos t}{1-\mathrm{e}^y\sin t},\left.\frac{\mathrm{d}y}{\mathrm{d}x}\right|_{t=0}=\left.\frac{\frac{\mathrm{d}y}{\mathrm{d}t}}{\frac{\mathrm{d}x}{\mathrm{d}t}}\right|_{t=0}=\left.\frac{\frac{\mathrm{e}^y\cos t}{1-\mathrm{e}^y\sin t}}{6t+2}\right|_{t=0}=\frac{\mathrm{e}}{2}.$$

例 3.15　设函数 $y=y(x)$ 由参数方程$\begin{cases}x=t+\mathrm{e}^t,\\ y=\sin t\end{cases}$确定，则$\left.\frac{\mathrm{d}^2y}{\mathrm{d}x^2}\right|_{t=0}=$________.

解　根据参数式函数求导法则

$$\frac{\mathrm{d}y}{\mathrm{d}x}=\frac{y'(t)}{x'(t)}=\frac{\cos t}{1+\mathrm{e}^t},\frac{\mathrm{d}^2y}{\mathrm{d}x^2}=\frac{\left(\frac{\cos t}{1+\mathrm{e}^t}\right)'}{x'(t)}=\frac{-\sin t-\mathrm{e}^t\sin t-\mathrm{e}^t\cos t}{(1+\mathrm{e}^t)^3},\left.\frac{\mathrm{d}^2y}{\mathrm{d}x^2}\right|_{t=0}=-\frac{1}{8}.$$

例 3.16　设 $f(t)$三阶可导，$f''(t)\neq 0$，且$\begin{cases}x=f'(t),\\ y=tf'(t)-f(t),\end{cases}$求$\frac{\mathrm{d}^3y}{\mathrm{d}x^3}$.

解　根据参数式函数求导法则，

$$\frac{\mathrm{d}y}{\mathrm{d}x}=\frac{tf''(t)}{f''(t)}=t,\frac{\mathrm{d}^2y}{\mathrm{d}x^2}=\frac{\frac{\mathrm{d}\left(\frac{\mathrm{d}y}{\mathrm{d}x}\right)}{\mathrm{d}t}}{\frac{\mathrm{d}x}{\mathrm{d}t}}=\frac{1}{f''(t)},$$

$$\frac{d^3y}{dx^3}=\frac{\frac{d}{dt}\left(\frac{1}{f''(t)}\right)}{\frac{dx}{dt}}=\frac{\frac{-f'''(t)}{(f''(t))^2}}{f''(t)}=-\frac{f'''(t)}{(f''(t))^3}.$$

例 3.17　函数 $f(x)=x^2\cdot 2^x$ 在 $x=0$ 处的 n 阶导数 $f^{(n)}(0)=$________.

解　根据莱布尼茨公式

$f^{(n)}(x)=(x^2\cdot 2^x)^{(n)}=C_n^0(2^x)^{(n)}x^2+2C_n^1(2^x)^{(n-1)}x+2C_n^2(2^x)^{(n-2)}$,

于是 $f^{(n)}(0)=2C_n^2(2^x)^{(n-2)}\Big|_{x=0}=n(n-1)(\ln 2)^{n-2}$.

例 3.18　若 $y=\arctan x$,则 $y^{(19)}(0)=$________.

解　$y'=\frac{1}{1+x^2}$,则 $y'\cdot(1+x^2)=1$,运用莱布尼茨公式,在等式两边同时再求 18 阶导数,有

$$y^{(19)}(1+x^2)+36y^{(18)}x+18\cdot 17y^{(17)}=0,$$

若在等式两边同求 16 阶导数,有

$$y^{(17)}(1+x^2)+32y^{(16)}x+16\cdot 15y^{(15)}=0,$$

依次类推,可知

$$\begin{aligned}y^{(19)}(0)&=-18\cdot 17y^{(17)}(0)\\&=18\cdot 17\cdot 16\cdot 15y^{(15)}(0)=\cdots=-18!\,y'(0)=-18!.\end{aligned}$$

例 3.19　设 $f(x)$ 是 x 的三次多项式,且 $\lim\limits_{x\to 0}\frac{f(x)}{x}=\lim\limits_{x\to 1}\frac{f(x)}{x-1}=1$,求 $f(x)$.

解　设 $f(x)=Ax^3+Bx^2+Cx+D$,因为 $\lim\limits_{x\to 0}\frac{f(x)}{x}=1$,所以 $C=1,D=0$,即 $f(x)=Ax^3+Bx^2+x$,因为 $\lim\limits_{x\to 1}\frac{f(x)}{x-1}=\lim\limits_{x\to 1}\frac{Ax^3+Bx^2+x}{x-1}=1$,所以 $A+B+1=0$,再根据洛必达法则,

$$\lim_{x\to 1}\frac{f(x)}{x-1}=\lim_{x\to 1}\frac{f'(x)}{1}=1,$$

即 $\lim\limits_{x\to 1}f'(x)=1$,而

$$f'(x)=3Ax^2+2Bx+1,$$

于是$\begin{cases}3A+2B+1=1;\\ A+B+1=0,\end{cases}$可知 $A=2,B=-3$，即 $f(x)=2x^3-3x^2+x$.

例 3.20　设函数 $f(x)$ 在 $x=0$ 处连续，则下列命题错误的是(　　).

(A) 若$\lim\limits_{x\to 0}\dfrac{f(x)}{x}$存在，则 $f(0)=0$

(B) 若$\lim\limits_{x\to 0}\dfrac{f(x)+f(-x)}{x}$存在，则 $f(0)=0$

(C) 若$\lim\limits_{x\to 0}\dfrac{f(x)}{x}$存在，则 $f'(0)$存在

(D) 若$\lim\limits_{x\to 0}\dfrac{f(x)-f(-x)}{x}$存在，则 $f'(0)$存在

解　(A) 正确，若$\lim\limits_{x\to 0}\dfrac{f(x)}{x}$存在，又因为 $f(x)$ 在 $x=0$ 处连续，则

$$f(0)=\lim_{x\to 0}f(x)=\lim_{x\to 0}\frac{f(x)}{x}\cdot x.$$

根据无穷小量乘以有界函数仍为无穷小量，可知 $f(0)=0$.

(B) 正确，若$\lim\limits_{x\to 0}\dfrac{f(x)+f(-x)}{x}$存在，又因为 $f(x)$ 在 $x=0$ 处连续，所以

$$f(0)=\lim_{x\to 0}f(x)=\lim_{x\to 0}f(-x)=\lim_{x\to 0}\frac{f(x)+f(-x)}{2}=\lim_{x\to 0}\frac{f(x)+f(-x)}{x}\cdot\frac{x}{2}.$$

再根据无穷小量乘以有界函数仍为无穷小量，可知 $f(0)=0$.

(C) 正确，由于(A)成立，若$\lim\limits_{x\to 0}\dfrac{f(x)}{x}$存在，则 $f'(0)=\lim\limits_{x\to 0}\dfrac{f(x)-f(0)}{x-0}=\lim\limits_{x\to 0}\dfrac{f(x)}{x}$.

(D) 错误，例如函数 $y=|x|$，显然在 $x=0$ 处不可导，但是 $\lim\limits_{x\to 0}\dfrac{f(x)-f(-x)}{x}=0$.

例 3.21　设 $f(0)=0$，则 $f(x)$ 在 $x=0$ 可导的充要条件为下列(　　)极限存在.

(A) $\lim\limits_{h\to 0}\dfrac{1}{h^2}f(1-\cos h)$　　(B) $\lim\limits_{h\to 0}\dfrac{1}{h}f(1-e^h)$

(C) $\lim\limits_{h\to 0}\dfrac{1}{h^2}f(h-\sin h)$　　(D) $\lim\limits_{h\to 0}\dfrac{1}{h}(f(2h)-f(h))$

解 因为 $f(0)=0$,所以 $f'(0)=\lim\limits_{x\to 0}\dfrac{f(x)-f(0)}{x-0}=\lim\limits_{x\to 0}\dfrac{f(x)}{x}$(双向极限).

(A) 错误,因为 $1-\cos h\sim\dfrac{1}{2}h^2>0$(当 $h\to 0$ 时),所以

$$\begin{aligned}\lim_{h\to 0}\frac{1}{h^2}f(1-\cos h)&=\lim_{h\to 0}\frac{f(1-\cos h)}{1-\cos h}\cdot\frac{1-\cos h}{h^2}\\&=\frac{1}{2}\lim_{\Delta x\to 0^+}\frac{f(0+\Delta x)-f(0)}{\Delta x}\\&=\frac{1}{2}f'_+(0).\end{aligned}$$

(B) 正确,因为 $1-e^h\sim -h$(当 $h\to 0$ 时),所以

$$\lim_{h\to 0}\frac{1}{h}f(1-e^h)=\lim_{h\to 0}\frac{f(1-e^h)}{1-e^h}\cdot\frac{1-e^h}{h}=-\lim_{\Delta x\to 0}\frac{f(0+\Delta x)-f(0)}{\Delta x}=-f'(0).$$

(C) 错误,因为 $h-\sin h\sim\dfrac{1}{6}h^3$(当 $h\to 0$ 时),所以

$$\lim_{h\to 0}\frac{1}{h^2}f(h-\sin h)=\lim_{h\to 0}\frac{f(h-\sin h)}{h-\sin h}\cdot\frac{h-\sin h}{h^2}=\frac{1}{6}\lim_{h\to 0}\frac{f(h-\sin h)}{h-\sin h}\cdot h,$$

此处只需 $\dfrac{f(x)}{x}$ 是有界函数,就有 $\lim\limits_{h\to 0}\dfrac{f(h-\sin h)}{h-\sin h}\cdot h$ 存在,因此函数 $f(x)$ 在 $x=0$ 不一定可导.

(D) 错误,$f(x)$ 在 $x=0$ 可导,则 $f'(0)=\lim\limits_{x\to 0}\dfrac{f(x)-f(0)}{x-0}=\lim\limits_{x\to 0}\dfrac{f(x)}{x}=\lim\limits_{h\to 0}\dfrac{f(h)}{h}$,可推出

$$\begin{aligned}&\lim_{h\to 0}\frac{1}{h}(f(2h)-f(h))\\=&\lim_{h\to 0}\frac{(f(2h)-f(0))-(f(h)-f(0))}{h}\\=&\lim_{h\to 0}2\cdot\frac{f(2h)-f(0)}{2h}-\lim_{h\to 0}\frac{f(h)-f(0)}{h}\\=&f'(0),\end{aligned}$$

但是,反之由 $\lim\limits_{h\to 0}\dfrac{1}{h}(f(2h)-f(h))$ 存在,不一定能推出 $f(x)$ 在 $x=0$ 可导,例如符号函数 $y=\mathrm{sgn}x$,$\lim\limits_{h\to 0}\dfrac{1}{h}(f(2h)-f(h))=0$,但是显然符号函数在 $x=0$ 不可导.

例 3.22　若 $y=f(x)$ 在 $(0,+\infty)$ 上有界且可导，则(　　).

(A) 当 $\lim\limits_{x\to+\infty}f(x)=0$ 时，必有 $\lim\limits_{x\to+\infty}f'(x)=0$

(B) 当 $\lim\limits_{x\to+\infty}f'(x)$ 存在时，必有 $\lim\limits_{x\to+\infty}f'(x)=0$

(C) 当 $\lim\limits_{x\to0^+}f(x)=0$ 时，必有 $\lim\limits_{x\to0^+}f'(x)=0$

(D) 当 $\lim\limits_{x\to0^+}f'(x)$ 存在时，必有 $\lim\limits_{x\to0^+}f'(x)=0$

解　(A) 错误，例如函数 $f(x)=\dfrac{\sin x^2}{x}$，$\lim\limits_{x\to+\infty}f(x)=0$，但是

$$\lim_{x\to+\infty}f'(x)=\lim_{x\to+\infty}\frac{2x^2\cos x^2-\sin x^2}{x^2}\text{不存在}.$$

(B) 正确，若 $y=f(x)$ 在 $(0,+\infty)$ 上有界且可导且 $\lim\limits_{x\to+\infty}f'(x)\neq0$，不妨设 $\lim\limits_{x\to+\infty}f'(x)=A>0$，根据极限的定义，取 $\varepsilon=\dfrac{A}{2}$，$\exists N>0$，只要 $x>N$，就有

$$|f'(x)-A|<\varepsilon=\frac{A}{2}\text{，即}\frac{A}{2}<f'(x)<\frac{3A}{2},$$

再根据拉格朗日中值定理，$f(x)$ 在 $[N,x]$ 上连续，$f(x)$ 在 (N,x) 内可导，故 $\exists\xi\in(N,x)$，使得

$$f(x)-f(N)=f'(\xi)(x-N),$$

于是

$$f(x)=f(N)+f'(\xi)(x-N)>f(N)+\frac{A}{2}(x-N),$$

当 $x\to+\infty$，$f(x)\to+\infty$，这显然与 $y=f(x)$ 在 $(0,+\infty)$ 上有界矛盾，因此假设不成立.

(C)(D)均错误，可举反例 $y=\arctan x$.

例 3.23　设 $f(x)$ 在 $[a,b]$ 上连续，在 (a,b) 内可导，且 $f(a)\cdot f(b)>0$，$f(a)\cdot f\left(\dfrac{a+b}{2}\right)<0$，试证：对 $\forall k\in\mathbf{R}$，存在点 $\xi\in(a,b)$，使得 $f'(\xi)=kf(\xi)$.

证　取辅助函数

$$F(x)=\mathrm{e}^{-kx}f(x),$$

则 $F(x)$ 在 $[a,b]$ 上连续，在 (a,b) 内可导. 不妨设 $f(a)>0$，则有

$$f\left(\frac{a+b}{2}\right)<0,f(b)>0.$$

由 $e^{-kx}>0$ 可知 $F(a)>0,F\left(\frac{a+b}{2}\right)<0,F(b)>0$,利用零点定理,$\exists\xi_1\in\left(a,\frac{a+b}{2}\right)$,$\exists\xi_2\in\left(\frac{a+b}{2},b\right)$,使得

$$F(\xi_1)=F(\xi_2)=0.$$

对 $F(x)$ 在 $[\xi_1,\xi_2]$ 上使用罗尔定理,$\exists\xi\in(\xi_1,\xi_2)\subset(a,b)$,使得 $F'(\xi)=0$,即

$$e^{-k\xi}(f'(\xi)-kf(\xi))=0,$$

故有 $f'(\xi)=kf(\xi)$.

例 3.24 设 $f(x),g(x)$ 在 (a,b) 内可导,并且 $f(x)g'(x)-f'(x)\neq0$,试证:在 (a,b) 内至多存在一点 ξ,使得 $f(\xi)=0$.

证 (反证法)假设 $f(x)$ 在 (a,b) 内有两个零点 x_1,x_2(不妨设 $x_1<x_2$),即 $f(x_1)=f(x_2)=0$. 取辅助函数

$$F(x)=e^{-g(x)}f(x),$$

则 $F(x)$ 在 $[x_1,x_2]$ 上连续,在 (x_1,x_2) 内可导,且 $F(x_1)=F(x_2)=0$,由罗尔定理知,$\exists\xi\in(x_1,x_2)\subset(a,b)$,使得 $F'(\xi)=0$,即

$$e^{-g(\xi)}(f'(\xi)-g'(\xi)f(\xi))=0,$$

这与 (a,b) 内 $f(x)g'(x)-f'(x)\neq0$ 矛盾. 所以,$f(x)$ 在 (a,b) 内至多存在一点 ξ,使得 $f(\xi)=0$.

例 3.25 验证 $f(x)=\begin{cases}\frac{3-x^2}{2}, & x\leqslant1;\\ \frac{1}{x}, & x>1\end{cases}$ 在 $[0,2]$ 上满足拉格朗日中值定理,并求满足定理的点 ξ.

证 由于

$$f(1^-)=\lim_{x\to1^-}\frac{3-x^2}{2}=1=f(1)\ ,f(1^+)=\lim_{x\to1^+}\frac{1}{x}=1=f(1)\ ,$$

所以 $f(x)$ 在 $[0,2]$ 上连续. 又

$$f'_-(1)=\lim_{x\to1^-}\frac{f(x)-f(1)}{x-1}=\lim_{x\to1^-}\frac{\frac{3-x^2}{2}-1}{x-1}=-1,$$

$$f'_+(1)=\lim_{x\to1^+}\frac{f(x)-f(1)}{x-1}=\lim_{x\to1^+}\frac{\frac{1}{x}-1}{x-1}=-1,$$

得 $f'(1)=-1$,所以 $f(x)$ 在 $(0,2)$ 内可导,且 $f'(x)=\begin{cases}-x, & x\leqslant 1;\\ -\dfrac{1}{x^2}, & x>1.\end{cases}$ 由此 $f(x)$ 在 $[0,2]$ 上满足拉格朗日中值定理,$\exists\,\xi\in(0,2)$,使得

$$f'(\xi)=\frac{f(2)-f(0)}{2}=\frac{\frac{1}{2}-\frac{3}{2}}{2}=-\frac{1}{2}.$$

若 $\xi\in(0,1)$,则 $f'(\xi)=-\xi=-\dfrac{1}{2}$,得 $\xi=\dfrac{1}{2}$.若 $\xi\in(1,2)$,则 $f'(\xi)=-\dfrac{1}{\xi^2}=-\dfrac{1}{2}$,得 $\xi=\sqrt{2}$($-\sqrt{2}$舍去).

例 3.26　设函数 $f(x)$ 在 $[0,+\infty)$ 上可导,且 $f(0)=0$,$\lim\limits_{x\to+\infty}f(x)=2$.证明:

(1) 存在 $a>0$,使得 $f(a)=1$;

(2) 对(1)中的 a,存在 $\xi\in(0,a)$,使得 $f'(\xi)=\dfrac{1}{a}$.

证　(1) 由 $\lim\limits_{x\to+\infty}f(x)=2$ 知,对 $\varepsilon=\dfrac{1}{2}$,存在 $b>0$,当 $x\geqslant b$ 时,有

$$|f(x)-2|<\frac{1}{2}\Leftrightarrow\frac{3}{2}<f(x)<\frac{5}{2},$$

因此 $f(b)>\dfrac{3}{2}>1$.因为 $f(x)$ 在 $[0,+\infty)$ 上可导,所以 $f(x)$ 在 $[0,b]$ 上连续,又 $f(0)=0$,$f(b)>1$,由闭区间上连续函数的介值性定理,存在 $a\in(0,b)$,使得 $f(a)=1$.

(2) 对(1)中的 a,$f(x)$ 在 $[0,a]$ 上连续,在 $(0,a)$ 内可导,由拉格朗日中值定理得,存在 $\xi\in(0,a)$,使得

$$f'(\xi)=\frac{f(a)-f(0)}{a-0}=\frac{1}{a}.$$

例 3.27　设 $f(x)$ 在 $[a,b]$ 上连续,在 (a,b) 内二阶可导,且 $f(a)=f(b)=0$,$f'_+(a)=\lim\limits_{x\to a^+}\dfrac{f(x)-f(a)}{x-a}>0$,试证:存在点 $\xi\in(a,b)$,使得 $f''(\xi)<0$.

证　由

$$f'_+(a)=\lim_{x\to a^+}\frac{f(x)-f(a)}{x-a}=\lim_{x\to a^+}\frac{f(x)}{x-a}>0$$

可知，$\exists c\in(a,b)$，使得 $f(c)>0$.

由于 $f(x)$在$[a,b]$上连续，在(a,b)内二阶可导，所以在$[a,c]$及$[c,b]$上分别使用拉格朗日中值定理知，$\exists\xi_1\in(a,c)$，$\exists\xi_2\in(c,b)$，使得

$$f'(\xi_1)=\frac{f(c)-f(a)}{c-a}=\frac{f(c)}{c-a}>0,$$

$$f'(\xi_2)=\frac{f(b)-f(c)}{b-c}=\frac{-f(c)}{b-c}<0.$$

由题设知 $f'(x)$在$[\xi_1,\xi_2]$上连续，在(ξ_1,ξ_2)可导，再次利用拉格朗日中值定理可得，$\exists\xi\in(\xi_1,\xi_2)\subset(a,b)$，使得

$$f''(\xi)=\frac{f'(\xi_2)-f'(\xi_1)}{\xi_2-\xi_1}<0.$$

例 3.28(习题 3.5 A7(2)) 证明恒等式：当 $x\geqslant1$ 时，$2\arctan x+\arcsin\frac{2x}{1+x^2}=\pi$.

证 令 $f(x)=2\arctan x+\arcsin\frac{2x}{1+x^2}$，则 $f(x)$在$(1,+\infty)$上可导，且

$$f'(x)=\frac{2}{1+x^2}+\frac{1}{\sqrt{1-\frac{4x^2}{(1+x^2)^2}}}\cdot\frac{2(1-x^2)}{(1+x^2)^2}=\frac{2}{1+x^2}-\frac{2}{1+x^2}=0,$$

所以$\forall x>1$，

$$f(x)=2\arctan x+\arcsin\frac{2x}{1+x^2}=C.$$

取 $x=\sqrt{3}$，有 $f(\sqrt{3})=2\cdot\frac{\pi}{3}+\frac{\pi}{3}=\pi$，故 $C=\pi$. 又 $f(1)=2\cdot\frac{\pi}{4}+\frac{\pi}{2}=\pi$，故$\forall x\geqslant1$，

$$2\arctan x+\arcsin\frac{2x}{1+x^2}=\pi.$$

例 3.29 设 $f(x)$在$[a,b]$上连续，在(a,b)内可导，$b>a>0$，$f(a)\neq f(b)$，试证：存在点 $\xi,\eta\in(a,b)$，使得 $2\eta f'(\xi)=(a+b)f'(\eta)$.

证 因 $f(x)$在$[a,b]$上连续，在(a,b)内可导，由拉格朗日中值定理得，$\exists\xi\in(a,b)$，使得

$$f'(\xi)=\frac{f(b)-f(a)}{b-a},$$

取 $g(x)=x^2$，则 $f(x),g(x)$ 在 $[a,b]$ 上满足柯西定理的条件，故 $\exists\,\eta\in(a,b)$，使得

$$\frac{f'(\eta)}{g'(\eta)}=\frac{f(b)-f(a)}{g(b)-g(a)},$$

即

$$\frac{f'(\eta)}{2\eta}=\frac{f(b)-f(a)}{b^2-a^2}=\frac{f(b)-f(a)}{b-a}\cdot\frac{1}{b+a}=\frac{f'(\xi)}{b+a},$$

整理得 $2\eta f'(\xi)=(a+b)f'(\eta)$.

例 3.30 已知 $f(x)$ 在 $(-\infty,+\infty)$ 可导，且

$$\lim_{x\to\infty}f'(x)=\mathrm{e},\lim_{x\to\infty}\left(\frac{x+c}{x-c}\right)^x=\lim_{x\to\infty}[f(x)-f(x-1)],$$

求 c 的值.

解 由于 $f(x)$ 在 $(-\infty,+\infty)$ 内可导，所以对 $f(x)$ 在 $[x-1,x]$ 上应用拉格朗日中值定理，得

$$f(x)-f(x-1)=f'(\xi),x-1<\xi<x,$$

当 $x\to\infty$ 时，有 $\xi\to\infty$，可得

$$\lim_{x\to\infty}[f(x)-f(x-1)]=\lim_{\xi\to\infty}f'(\xi)=\lim_{x\to\infty}f'(x)=\mathrm{e},$$

应用重要极限，

$$\lim_{x\to\infty}\left(\frac{x+c}{x-c}\right)^x=\lim_{x\to\infty}\left(1+\frac{2c}{x-c}\right)^{\frac{x-c}{2c}\cdot\frac{2cx}{x-c}}=\mathrm{e}^{2c},$$

所以 $\mathrm{e}^{2c}=\mathrm{e}$，得 $c=\dfrac{1}{2}$.

例 3.31 求极限 $\lim\limits_{x\to a}\dfrac{\sin x^x-\sin a^x}{a^{x^x}-a^{a^x}}(a>1)$.

解 设 $f(t)=\sin t,g(t)=a^t$，对 $f(t),g(t)$ 在 $[x^x,a^x]$ 或 $[a^x,x^x]$ 上应用柯西中值定理，得

$$\frac{\sin x^x-\sin a^x}{a^{x^x}-a^{a^x}}=\frac{f'(\xi)}{g'(\xi)}=\frac{\cos\xi}{a^{\xi}\ln a},$$

ξ 介于 a^x 与 x^x 之间. 令 $x\to a$，则 $x^x\to a^a,a^x\to a^a$，所以 $\xi\to a^a$，因此

$$\lim_{x\to a}\frac{\sin x^x-\sin a^x}{a^{x^x}-a^{a^x}}=\lim_{x\to a}\frac{\cos\xi}{a^{\xi}\ln a}=\lim_{\xi\to a^a}\frac{\cos\xi}{a^{\xi}\ln a}=\frac{\cos a^a}{a^{a^a}\ln a}.$$

例 3.32 设函数 $f(x)$在$[0,1]$上有三阶导数,且 $f(0)=0, f(1)=\frac{1}{2}$, $f'\left(\frac{1}{2}\right)=0$,试证:存在点 $\xi\in(0,1)$,使得$|f'''(\xi)|\geqslant 12$.

证 将 $f(x)$在 $x=\frac{1}{2}$处展为泰勒展式,得

$$f(x)=f\left(\frac{1}{2}\right)+f'\left(\frac{1}{2}\right)\left(x-\frac{1}{2}\right)+\frac{1}{2!}f''\left(\frac{1}{2}\right)\left(x-\frac{1}{2}\right)^2+\frac{1}{3!}f'''(\eta)\left(x-\frac{1}{2}\right)^3,$$

η介于x与$\frac{1}{2}$之间,分别代入 $x=1$ 及 $x=0$,得

$$f(1)=f\left(\frac{1}{2}\right)+\frac{1}{2}f'\left(\frac{1}{2}\right)+\frac{1}{8}f''\left(\frac{1}{2}\right)+\frac{1}{48}f'''(\eta_1),\ \frac{1}{2}<\eta_1<1,$$

$$f(0)=f\left(\frac{1}{2}\right)-\frac{1}{2}f'\left(\frac{1}{2}\right)+\frac{1}{8}f''\left(\frac{1}{2}\right)-\frac{1}{48}f'''(\eta_2),\ 0<\eta_2<\frac{1}{2},$$

由于 $f'\left(\frac{1}{2}\right)=0$,所以

$$|f(1)-f(0)|=\left|\frac{1}{48}(f'''(\eta_1)+f'''(\eta_2))\right|\leqslant\frac{1}{48}(|f'''(\eta_1)|+|f'''(\eta_2)|)$$
$$\leqslant\frac{1}{24}\max\{|f'''(\eta_1)|,|f'''(\eta_2)|\},$$

令 $f'''(\xi)=\max\{|f'''(\eta_1)|,|f'''(\eta_2)|\}, 0<\xi<1$,则

$$\frac{1}{2}=|f(1)-f(0)|\leqslant\frac{1}{24}|f'''(\xi)|,$$

即$|f'''(\xi)|\geqslant 12$.

例 3.33(习题 3.5 A9(2)) 利用马克劳林公式求极限$\lim\limits_{x\to 0}\frac{1-x^2-e^{-x^2}}{\sin^4 2x}$.

解 利用等价无穷小因子替换及利用马克劳林公式,

$$e^{-x^2}=1-x^2+\frac{x^4}{2!}+o(x^4)\quad(x\to 0),$$

于是

$$\lim_{x\to 0}\frac{1-x^2-e^{-x^2}}{\sin^4 2x}=\lim_{x\to 0}\frac{1-x^2-\left(1-x^2+\frac{x^4}{2!}+o(x^4)\right)}{(2x)^4}$$

$$=\lim_{x\to 0}\frac{-\frac{1}{2}x^4-o(x^4)}{16x^4}=-\frac{1}{32}.$$

例 3.34(习题 3.5 B3) 设 $f(x)=e^x+\ln(1-x)-\sin x+ax+b$,若 $x\to 0$ 时,$f(x)=o(x^3)$,求 a,b,并求 $f(x)$关于 x 的无穷小阶数.

解 当 $x\to 0$ 时,有马克劳林公式

$$e^x=1+x+\frac{x^2}{2!}+\frac{x^3}{3!}+\frac{x^4}{4!}+o(x^4),\sin x=x-\frac{x^3}{3!}+o(x^4),$$

$$\ln(1-x)=-x-\frac{x^2}{2}-\frac{x^3}{3}-\frac{x^4}{4}+o(x^4),$$

代入,得

$$f(x)=e^x+\ln(1-x)-\sin x+ax+b=1+b+(a-1)x-\frac{5}{24}x^4+o(x^4),$$

由于 $x\to 0$ 时 $f(x)=o(x^3)$,所以 $a=1,b=-1$,此时 $f(x)=-\frac{5}{24}x^4+o(x^4)$是关于 x 的 4 阶无穷小.

例 3.35(习题 3.6 B1) 若 $f(x)$有二阶导数,证明:

$$f''(x)=\lim_{h\to 0}\frac{f(x+h)-2f(x)+f(x-h)}{h^2}.$$

证 利用洛必达法则及二阶导数的定义知

$$\begin{aligned}&\lim_{h\to 0}\frac{f(x+h)-2f(x)+f(x-h)}{h^2}\\&=\lim_{h\to 0}\frac{f'(x+h)-f'(x-h)}{2h}\\&=\frac{1}{2}\lim_{h\to 0}\left[\frac{f'(x+h)-f'(x)}{h}+\frac{f'(x-h)-f'(x)}{-h}\right]\\&=\frac{1}{2}[f''(x)+f''(x)]=f''(x).\end{aligned}$$

例 3.36(习题 3.6 B2) 已知函数 $f(x)=\frac{1+x}{\sin x}-\frac{1}{x}$,记 $a=\lim_{x\to 0}f(x)$,

(1) 求 a 的值;

(2) 若当 $x\to 0$ 时,$f(x)-a$ 是 x^k 的同阶无穷小量,求 k.

解 (1) 通分,再利用等价无穷小因子替换和洛必达法则,得

$$a=\lim_{x\to 0}\left(\frac{1+x}{\sin x}-\frac{1}{x}\right)=\lim_{x\to 0}\frac{x^2+x-\sin x}{x\sin x}=\lim_{x\to 0}\frac{x^2+x-\sin x}{x^2}$$
$$=\lim_{x\to 0}\frac{2x+1-\cos x}{2x}=1.$$

(2) 通分,分别利用 $\sin x$ 的 1 阶及 3 阶马克劳林公式,得

$$\begin{aligned}f(x)-a&=\frac{1+x}{\sin x}-\frac{1}{x}-1\\&=\frac{x^2+x-\sin x-x\sin x}{x\sin x}\\&=\frac{x^2+x-\left(x-\frac{1}{6}x^3+o(x^4)\right)-x(x+o(x^2))}{x\sin x}\\&=\frac{\frac{1}{6}x^3+o(x^3)}{x\sin x},\end{aligned}$$

由于

$$\lim_{x\to 0}\frac{f(x)-a}{x}=\lim_{x\to 0}\frac{\frac{1}{6}x^3+o(x^3)}{x^2\sin x}=\lim_{x\to 0}\frac{\frac{1}{6}x^3+o(x^3)}{x^3}=\frac{1}{6},$$

所以 $k=1$.

例 3.37(习题 3.6 B3(1)) 求极限$\lim\limits_{x\to\infty}x^2\left(1-x\sin\frac{1}{x}\right)$.

解 应用变量代换与洛必达法则,得

$$\begin{aligned}&\lim_{x\to\infty}x^2\left(1-x\sin\frac{1}{x}\right)\left(令\frac{1}{x}=t\right)\\&=\lim_{t\to 0}\frac{1-\frac{\sin t}{t}}{t^2}=\lim_{t\to 0}\frac{t-\sin t}{t^3}=\lim_{t\to 0}\frac{1-\cos t}{3t^2}=\lim_{t\to 0}\frac{\frac{1}{2}t^2}{3t^2}=\frac{1}{6}.\end{aligned}$$

例 3.38(习题 3.6 B3(3)) 求极限$\lim\limits_{x\to 0}\frac{(1-\cos x)[x-\ln(1+\tan x)]}{x^4}$.

解 利用等价无穷小因子替换及洛必达法则,得

$$原式=\lim_{x\to 0}\frac{1-\cos x}{x^2}\cdot\frac{x-\ln(1+\tan x)}{x^2}=\lim_{x\to 0}\frac{\frac{1}{2}x^2}{x^2}\cdot\lim_{x\to 0}\frac{x-\ln(1+\tan x)}{x^2}$$

$$=\frac{1}{2}\lim_{x\to 0}\frac{1-\frac{\sec^2 x}{1+\tan x}}{2x}=\frac{1}{4}\lim_{x\to 0}\frac{\tan x(1-\tan x)}{x(1+\tan x)}=\frac{1}{4}.$$

例 3.39　求极限 $\lim\limits_{x\to 0}\frac{\sqrt{1+2\sin x}-x-1}{x\ln(1+x)}$.

解　利用等价无穷小因子替换、分子有理化及洛必达法则，得

$$原式=\lim_{x\to 0}\frac{(\sqrt{1+2\sin x}-x-1)(\sqrt{1+2\sin x}+x+1)}{x^2(\sqrt{1+2\sin x}+x+1)}$$

$$=\lim_{x\to 0}\frac{1+2\sin x-(x+1)^2}{2x^2}$$

$$=\lim_{x\to 0}\frac{2\sin x-2x-x^2}{2x^2}=\lim_{x\to 0}\frac{\sin x-x}{x^2}-\frac{1}{2}=\lim_{x\to 0}\frac{\cos x-1}{2x}-\frac{1}{2}=-\frac{1}{2}.$$

例 3.40　求极限 $\lim\limits_{n\to\infty}[n^2\ln(1+n)-n^2\ln n-n]$.

解　原式 $=\lim\limits_{n\to\infty}n^2\left[\ln(1+n)-\ln n-\frac{1}{n}\right]=\lim\limits_{n\to\infty}\frac{\ln\left(1+\frac{1}{n}\right)-\frac{1}{n}}{\frac{1}{n^2}}$，由于

$$\lim_{x\to 0}\frac{\ln(1+x)-x}{x^2}=\lim_{x\to 0}\frac{\frac{1}{1+x}-1}{2x}=\lim_{x\to 0}\frac{-\frac{1}{2}}{1+x}=-\frac{1}{2},$$

取 $x=\frac{1}{n}\to 0(n\to\infty)$ 时，得 $\lim\limits_{n\to\infty}[n^2\ln(1+n)-n^2\ln n-n]=-\frac{1}{2}$.

例 3.41　求极限 $\lim\limits_{x\to 0}\frac{\sin\sqrt[3]{x}+\cos\sqrt[3]{x}-e^{\sqrt[3]{x}}}{\ln(1+\sqrt[3]{x^2})}$.

解　令 $\sqrt[3]{x}=t$，则 $x\to 0$ 时，$t\to 0$，再利用等价无穷小因子替换和洛必达法则，得

$$原式=\lim_{t\to 0}\frac{\sin t+\cos t-e^t}{\ln(1+t^2)}=\lim_{t\to 0}\frac{\sin t+\cos t-e^t}{t^2}=\lim_{t\to 0}\frac{\cos t-\sin t-e^t}{2t}$$

$$=\lim_{t\to 0}\frac{-\sin t-\cos t-e^t}{2}=-1.$$

例 3.42　求极限 $\lim\limits_{x\to 0}\frac{\sqrt{1+x^2}+\sqrt{1-x^2}-2}{x^2\sin^2 x}$.

解　利用等价无穷小因子替换和洛必达法则，得

$$原式=\lim_{x\to0}\frac{\sqrt{1+x^2}+\sqrt{1-x^2}-2}{x^4}=\lim_{x\to0}\frac{\frac{x}{\sqrt{1+x^2}}-\frac{x}{\sqrt{1-x^2}}}{4x^3}$$

$$=\lim_{x\to0}\left[\frac{(1+x^2)^{-\frac{1}{2}}-1}{4x^2}-\frac{(1-x^2)^{-\frac{1}{2}}-1}{4x^2}\right]$$

$$=\lim_{x\to0}\frac{-\frac{1}{2}x^2}{4x^2}-\lim_{x\to0}\frac{\frac{1}{2}x^2}{4x^2}=-\frac{1}{4}.$$

例 3.43 求极限$\lim\limits_{x\to0}\left(\frac{1+x}{1-e^{-x}}-\frac{1}{x}\right)$.

解 通分,再利用等价无穷小因子替换和洛必达法则,得

$$原式=\lim_{x\to0}\frac{x(1+x)-1+e^{-x}}{x(1-e^{-x})}=\lim_{x\to0}\frac{x+x^2-1+e^{-x}}{x^2}$$

$$=\lim_{x\to0}\frac{1+2x-e^{-x}}{2x}=\lim_{x\to0}\frac{2+e^{-x}}{2}=\frac{3}{2}.$$

例 3.44 求极限$\lim\limits_{x\to0}\left[\frac{a}{x}-\left(\frac{1}{x^2}-a^2\right)\ln(1+ax)\right](a\neq0)$.

解 通分,再利用洛必达法则,得

$$原式=\lim_{x\to0}\left[\frac{ax-\ln(1+ax)}{x^2}+a^2\ln(1+ax)\right]=\lim_{x\to0}\frac{ax-\ln(1+ax)}{x^2}$$

$$=\lim_{x\to0}\frac{a-\frac{a}{1+ax}}{2x}=\lim_{x\to0}\frac{a^2x}{2x(1+ax)}=\frac{a^2}{2}.$$

例 3.45 求极限$\lim\limits_{x\to+\infty}\left(x^{\frac{1}{x}}-1\right)^{\frac{1}{\ln x}}$.

解 当$x\to+\infty$时,$\frac{\ln x}{x}\to0^+$,利用洛必达法则,得

$$原式=\lim_{x\to+\infty}\left(e^{\frac{\ln x}{x}}-1\right)^{\frac{1}{\ln x}}=\exp\left[\lim_{x\to+\infty}\frac{\ln(e^{\frac{\ln x}{x}}-1)}{\ln x}\right]$$

$$=\exp\left(\lim_{x\to+\infty}\frac{\frac{1}{e^{\frac{\ln x}{x}}-1}\cdot e^{\frac{\ln x}{x}}\cdot\frac{1-\ln x}{x^2}}{\frac{1}{x}}\right)=\exp\left(\lim_{x\to+\infty}\frac{1}{\frac{\ln x}{x}}\cdot\frac{1-\ln x}{x}\right)$$

$$=\exp\left(\lim_{x\to+\infty}\frac{1-\ln x}{\ln x}\right)=\exp\left(\lim_{x\to+\infty}\frac{-\frac{1}{x}}{\frac{1}{x}}\right)=\frac{1}{\mathrm{e}}.$$

例 3.46　在经济学中称函数 $Q(x)=A\left[\delta K^{-x}+(1-\delta)L^{-x}\right]^{-\frac{1}{x}}(K>0,L>0)$为固定替代弹性生产函数,而称函数$\overline{Q}=AK^{\delta}L^{1-\delta}$为 Cobb - Douglas 生产函数(简称 C - D 生产函数),证明:$\lim\limits_{x\to0}Q(x)=\overline{Q}$,即当 $x\to0$ 时,固定替代弹性生产函数变为 C - D 生产函数.

证　由于 $\ln Q(x)=\ln A-\frac{1}{x}\ln[\delta K^{-x}+(1-\delta)L^{-x}]$,而利用洛必达法则,

$$\lim_{x\to0}\frac{\ln[\delta K^{-x}+(1-\delta)L^{-x}]}{x}=\lim_{x\to0}\frac{-\delta K^{-x}\ln K-(1-\delta)L^{-x}\ln L}{\delta K^{-x}+(1-\delta)L^{-x}}$$

$$=\frac{-\delta\ln K-(1-\delta)\ln L}{\delta+(1-\delta)}=-\ln K^{\delta}L^{1-\delta},$$

所以

$$\lim_{x\to0}Q(x)=\exp(\lim_{x\to0}\ln Q(x))=\exp(\ln A+\ln K^{\delta}L^{1-\delta})=AK^{\delta}L^{1-\delta}=\overline{Q}.$$

例 3.47(习题 3.7 B1)　设$\lim\limits_{x\to x_0}\frac{f(x)-f(x_0)}{(x-x_0)^2}=-1$,证明:$f(x)$在 x_0 处取得极大值.

证　由

$$f'(x_0)=\lim_{x\to x_0}\frac{f(x)-f(x_0)}{x-x_0}=\lim_{x\to x_0}\frac{f(x)-f(x_0)}{(x-x_0)^2}\cdot(x-x_0)=0,$$

可知 x_0 是 $f(x)$的驻点. 又$\lim\limits_{x\to x_0}\frac{f(x)-f(x_0)}{(x-x_0)^2}=-1<0$,由极限的局部保号性可知,当 $x\to x_0^-$ 时,$\frac{f(x)-f(x_0)}{(x-x_0)^2}<0$,故 $f(x)<f(x_0)$. 当 $x\to x_0^+$ 时,$\frac{f(x)-f(x_0)}{(x-x_0)^2}<0$,故 $f(x)<f(x_0)$. 即在 x_0 的某去心邻域内有 $f(x)<f(x_0)$,所以 $f(x)$在 x_0 处取得极大值.

例 3.48(习题 3.7 B2)　设函数 $f(x)$的导数在点 a 处连续,且$\lim\limits_{x\to a}\frac{f'(x)}{x-a}=-1$,求证:$x=a$ 是函数 $f(x)$的极大值点.

证 由于 $f'(x)$在点 a 处连续,所以

$$f'(a)=\lim_{x\to a}f'(x)=\lim_{x\to a}\frac{f'(x)}{x-a}\cdot(x-a)=0,$$

故点 a 是 $f(x)$的驻点.又

$$f''(a)=\lim_{x\to a}\frac{f'(x)-f'(a)}{x-a}=\lim_{x\to a}\frac{f'(x)}{x-a}=-1<0,$$

所以 $x=a$ 是函数 $f(x)$的极大值点.

例 3.49(习题 3.7 B3) 一家银行的统计资料表明,存放在银行中的总存款量正比于银行付给存户利率的平方.现假设银行可以用 12%的利率再投资这笔钱,试问为得到最大利润,银行支付给存户的利率应定为多少?

解 设所求利率为 x,则总存款为 Kx^2(其中 K 为比例系数),银行获得利润

$$L(x)=0.12Kx^2-x\cdot Kx^2=K(0.12-x)x^2,$$

令 $L'(x)=0.24Kx-3Kx^2=0$,得驻点为 $x=0.08=8\%$,由此为得到最大利润,银行支付给存户的利率应定为 8%.

例 3.50 求函数 $f(x)=x^3+3|x|$的极值.

解 当 $x>0$ 时,$f(x)=x^3+3x$,$f'(x)=3x^2+3>0$,无驻点.当 $x<0$ 时,$f(x)=x^3-3x$,$f'(x)=3x^2-3$,令 $f'(x)=0$ 得驻点 $x=-1$.又

$$f'_+(0)=\lim_{x\to 0^+}\frac{f(x)-f(0)}{x-0}=\lim_{x\to 0^+}\frac{x^3+3x}{x}=3,$$

$$f'_-(0)=\lim_{x\to 0^-}\frac{f(x)-f(0)}{x-0}=\lim_{x\to 0^-}\frac{x^3-3x}{x}=-3,$$

故有不可导点 $x=0$.列表如下:

x	$(-\infty,-1)$	-1	$(-1,0)$	0	$(0,+\infty)$
$f'(x)$	$+$	0	$-$	不存在	$+$
$f(x)$	$\nearrow$		$\searrow$		$\nearrow$

所以有极大值 $f(-1)=2$,极小值 $f(0)=0$.

例 3.51 设 $f(x)=xe^x$,则 $f^{(n)}(x)$在点 $x=$________处取得极小值________.

解　对 $f(x)$ 求高阶导数，得

$$f^{(n)}(x)=(x+n)e^x, f^{(n+1)}(x)=(x+n+1)e^x, f^{(n+2)}(x)=(x+n+2)e^x,$$

令 $f^{(n+1)}(x)=(x+n+1)e^x=0$，得 $f^{(n)}(x)$ 的驻点为 $x=-n-1$，又因

$$f^{(n+2)}(-n-1)=e^{-n-1}>0,$$

所以 $x=-n-1$ 为 $f^{(n)}(x)$ 的极小值点，极小值为 $f^{(n)}(-n-1)=-e^{-n-1}$.

例 3.52　证明：当 $0<a<b<\pi$ 时，$b\sin b+2\cos b+\pi b>a\sin a+2\cos a+\pi a$.

证　考虑函数

$$F(x)=x\sin x+2\cos x+\pi x, x\in[0,\pi],$$

则

$$F'(x)=x\cos x-\sin x+\pi, F'(\pi)=0,$$

$$F''(x)=-x\sin x<0, x\in(0,\pi),$$

于是 $F'(x)$ 在 $[0,\pi]$ 上单调减，因而

$$F'(x)>F'(\pi)=0, x\in(0,\pi),$$

即 $F(x)$ 在 $[0,\pi]$ 上单调增，从而当 $0<a<b<\pi$ 时，$F(a)<F(b)$，即

$$b\sin b+2\cos b+\pi b>a\sin a+2\cos a+\pi a.$$

例 3.53　证明：当 $-1<x<1$ 时，$x\ln\dfrac{1+x}{1-x}+\cos x\geqslant 1+\dfrac{x^2}{2}$.

证　令

$$f(x)=x\ln\frac{1+x}{1-x}+\cos x-1-\frac{x^2}{2}, -1<x<1,$$

由于 $f(-x)=f(x)$，故 $f(x)$ 为偶函数，因此只需证明 $0\leqslant x<1$ 时，$f(x)\geqslant f(0)=0$ 即可．由于

$$f'(x)=\ln\frac{1+x}{1-x}+\frac{2x}{1-x^2}-\sin x-x, 0\leqslant x<1,$$

$$f''(x)=\frac{2}{1-x^2}+\frac{2+2x^2}{(1-x^2)^2}-\cos x-1=\frac{4}{(1-x^2)^2}-\cos x-1, 0\leqslant x<1,$$

因 $0\leqslant x<1$，$(1-x^2)^2\leqslant 1$，故 $\dfrac{4}{(1-x^2)^2}\geqslant 4$，所以 $f''(x)>0$，即当 $0\leqslant x<1$ 时，$f'(x)$ 单调增，得 $f'(x)>f'(0)=0$．所以当 $0\leqslant x<1$ 时，$f(x)$ 单调增，得 $f(x)\geqslant f(0)=0$．于是当 $-1<x<1$ 时，$f(x)\geqslant f(0)=0$，即

$$x\ln\frac{1+x}{1-x}+\cos x\geqslant 1+\frac{x^2}{2}.$$

例 3.54(习题 3.8 A3)　确定 a,b,c 的值,使 $f(x)=ax^3+bx^2+c$ 有一拐点(1,2),且过此点的切线斜率为-9.

解　求导可得 $f'(x)=3ax^2+2bx$, $f''(x)=6ax+2b$,由 $f(x)$ 的拐点为(1,2)可知

$$a+b+c=2, 6a+2b=0,$$

又在点(1,2)处的切线斜率为-9,所以

$$3a+2b=-9,$$

上述三式联立方程,可得 $a=3, b=-9, c=8$.

例 3.55(习题 3.8 B1)　试确定 $y=k(x^2-3)^2$ 中 k 的值,使曲线在拐点处的法线通过原点.

解　求导得 $y'=4kx(x^2-3)$, $y''=12k(x^2-1)$,令 $y''=0$ 得 $x=\pm 1$. 由于 $y''=12k(x+1)(x-1)$,所以 y'' 在 $x=-1$ 两侧和 $x=1$ 两侧均异号,曲线有拐点$(1,4k)$及$(-1,4k)$. 在点$(1,4k)$处切线斜率为$-8k$,可知法线方程为 $y-4k=\frac{1}{8k}(x-1)$,由法线通过原点求得 $k=\pm\frac{\sqrt{2}}{8}$. 同理,在拐点$(-1,4k)$处也可求得 $k=\pm\frac{\sqrt{2}}{8}$.

例 3.56(习题 3.8 B2)　讨论 $f(x)=\begin{cases}\sqrt{x}, x\geqslant 0;\\ \sqrt{-x}, x<0\end{cases}$ 的凹凸性及拐点.

解　函数 $f(x)$ 为偶函数,所以只需考虑 $x>0$ 的情形,此时 $f(x)=\sqrt{x}$,求导得

$$f'(x)=\frac{1}{2\sqrt{x}}, f''(x)=-\frac{1}{4x\sqrt{x}},$$

由此当 $x>0$ 时,$f''(x)<0$,曲线是凸的. 综上该曲线的凸区间为$(-\infty,0)$及$(0,+\infty)$,无拐点.

例 3.57　设 $f(x)=|x(1-x)|$,则(　　).

(A) $x=0$ 是 $f(x)$ 的极值点,但(0,0)不是曲线 $y=f(x)$ 的拐点

(B) $x=0$ 不是 $f(x)$ 的极值点,但(0,0)是曲线 $y=f(x)$ 的拐点

(C) $x=0$ 是 $f(x)$ 的极值点，且 $(0,0)$ 是曲线 $y=f(x)$ 的拐点

(D) $x=0$ 不是 $f(x)$ 的极值点，$(0,0)$ 也不是曲线 $y=f(x)$ 的拐点

解　设 $0<\delta<1$，当 $x\in(-\delta,0)\cup(0,\delta)$ 时，$f(x)>0$，而 $f(0)=0$，所以 $x=0$ 是 $f(x)$ 的极值点. 显然 $x=0$ 是 $f(x)$ 的不可导点，且当 $x\in(-\delta,0)$ 时，$f(x)=-x(1-x)$，$f''(x)=2>0$. 当 $x\in(0,\delta)$ 时，$f(x)=x(1-x)$，$f''(x)=-2<0$，所以 $(0,0)$ 是曲线 $y=f(x)$ 的拐点. 故选(C).

例 3.58(习题 3.8 B4)　证明：曲线 $y=\dfrac{x+1}{x^2+1}$ 有 3 个拐点在同一直线上.

证　函数定义域为 $\mathbf{R}$，求导得

$$y'=\frac{-x^2-2x+1}{(x^2+1)^2},\ y''=\frac{2(x-1)(x+2+\sqrt{3})(x+2-\sqrt{3})}{(x^2+1)^3},$$

无不可导点. 令 $y''=0$，得 $x_1=-2-\sqrt{3}$，$x_2=-2+\sqrt{3}$，$x_3=1$，列表可得：

x	$(-\infty,x_1)$	x_1	(x_1,x_2)	x_2	(x_2,x_3)	x_3	$(x_3,+\infty)$
y''	$-$	0	$+$	0	$-$	0	$+$
y	凸		凹		凸		凹

由上表可得曲线的 3 个拐点为 $A\left(-2-\sqrt{3},\dfrac{-1-\sqrt{3}}{4(2+\sqrt{3})}\right)$，$B\left(-2+\sqrt{3},\dfrac{-1+\sqrt{3}}{4(2-\sqrt{3})}\right)$ 及 $C(1,1)$，要证明这三个点在同一直线上，只需证明任意两点连线的斜率相同. 计算得直线 AC 的斜率为

$$\frac{\dfrac{-1-\sqrt{3}}{4(2+\sqrt{3})}-1}{-2-\sqrt{3}-1}=\frac{-9-5\sqrt{3}}{4(2+\sqrt{3})(-3-\sqrt{3})}=\frac{1}{4},$$

直线 BC 的斜率为

$$\frac{\dfrac{-1+\sqrt{3}}{4(2-\sqrt{3})}-1}{-2+\sqrt{3}-1}=\frac{-9+5\sqrt{3}}{4(2-\sqrt{3})(-3+\sqrt{3})}=\frac{1}{4},$$

所以，曲线 $y=\dfrac{x+1}{x^2+1}$ 有 3 个拐点在同一直线上.

例 3.59 设函数 $y=y(x)$ 由方程 $y\ln y-x+y=0$ 确定,试判断曲线 $y=y(x)$ 在点(1,1)附近的凹凸性.

解 在 $y\ln y-x+y=0$ 两边对 x 求导,得

$$y'\ln y+2y'-1=0,$$

解得 $y'=\dfrac{1}{\ln y+2}$. 两边再对 x 求导,得

$$y''=\frac{-\dfrac{1}{y}\cdot y'}{(\ln y+2)^2}=-\frac{1}{y\,(\ln y+2)^3},$$

将 $x=1,y=1$ 代入得 $y''|_{x=1}=-\dfrac{1}{8}$. 由于二阶导数 y'' 在 $x=1$ 附近是连续的,所以由 $y''|_{x=1}=-\dfrac{1}{8}$ 可知在 $x=1$ 的附近 $y''<0$,故曲线 $y=y(x)$ 在点(1,1)附近是凸的.

例 3.60 求曲线 $y=\dfrac{1}{x}+\ln(1+e^x)$ 的渐近线.

解 因

$$\lim_{x\to+\infty}\left(\frac{1}{x}+\ln(1+e^x)\right)=+\infty,$$

$$\lim_{x\to-\infty}\left(\frac{1}{x}+\ln(1+e^x)\right)=0,$$

所以曲线有一条水平渐近线 $y=0$. 又

$$\lim_{x\to0}\left(\frac{1}{x}+\ln(1+e^x)\right)=\infty,$$

所以曲线有一条竖直渐近线 $x=0$. 而

$$\lim_{x\to+\infty}\frac{y}{x}=\lim_{x\to+\infty}\left(\frac{1}{x^2}+\frac{\ln(1+e^x)}{x}\right)=\lim_{x\to+\infty}\frac{e^x}{1+e^x}=1,$$

$$\lim_{x\to+\infty}(y-x)=\lim_{x\to+\infty}\left(\frac{1}{x}+\ln(1+e^x)-x\right)=\lim_{x\to+\infty}\ln\frac{1+e^x}{e^x}=0,$$

所以曲线有一条斜渐近线 $y=x$.

例 3.61 求曲线 $y=e^{\frac{1}{x^2}}\arctan\dfrac{x^2+x-1}{(x+1)(x-2)}$ 的渐近线.

解 由于

$$\lim_{x\to\infty}y=\lim_{x\to\infty}e^{\frac{1}{x^2}}\arctan\frac{x^2+x-1}{(x+1)(x-2)}=e^0\arctan1=\frac{\pi}{4},$$

所以有水平渐近线 $y=\frac{\pi}{4}$. 由于 $x\to+\infty$ 或 $x\to-\infty$ 时, $f(x)$ 皆与 $y=\frac{\pi}{4}$ 无限接近,所以无斜渐近线. 又

$$\lim_{x\to0}y=+\infty,\lim_{x\to-1}|y|=\frac{\pi}{2}e,\lim_{x\to2}|y|=\frac{\pi}{2}e^{\frac{1}{4}},$$

所以有一条竖直渐近线 $x=0$.

例 3.62(习题 3.8 A5(3)) 描绘函数 $y=x\ln\left(e+\frac{1}{x}\right)$ 的图形.

解 由 $e+\frac{1}{x}>0$ 知,函数的定义域为 $\left(-\infty,-\frac{1}{e}\right)\cup(0,+\infty)$. 令 $x\ln\left(e+\frac{1}{x}\right)=0$, 得 $x=\frac{1}{1-e}$, 曲线与坐标轴有交点 $\left(\frac{1}{1-e},0\right)$. 又

$$y'=\ln\left(e+\frac{1}{x}\right)-\frac{1}{1+ex},y''=\frac{1}{1+ex}\left(\frac{e}{1+ex}-\frac{1}{x}\right)=\frac{-1}{x(1+ex)^2}\neq0,$$

故曲线无拐点. 当 $x\in\left(-\infty,-\frac{1}{e}\right)$ 时, $y''>0$, 故 y' 单调增加. 当 $x\in(0,+\infty)$ 时, $y''<0$, 故 y' 单调减少. 又

$$\lim_{x\to\infty}y'=\lim_{x\to\infty}\left(\ln\left(e+\frac{1}{x}\right)-\frac{1}{1+ex}\right)=1,$$

由 y' 的单调性可知,

$$\forall x\in\left(-\infty,-\frac{1}{e}\right)\cup(0,+\infty),y'>0,$$

所以无驻点,且函数在上述两个区间上皆严格增加. 凹凸性等结果如下表所示:

x	$\left(-\infty,-\frac{1}{e}\right)$	$(0,+\infty)$
y'	+	+
y''	+	−
y	↗凹	↗凸

由于

$$\lim_{x\to0^+}y=\lim_{t\to+\infty}\frac{\ln(e+t)}{t}\left(令\frac{1}{x}=t\right)=\lim_{t\to+\infty}\frac{1}{e+t}=0,\ \lim_{x\to-\frac{1}{e}^-}x\ln\left(e+\frac{1}{x}\right)=+\infty,$$

所以有竖直渐近线 $x=-\frac{1}{e}$. 根据

$$\lim_{x\to+\infty}x\ln\left(e+\frac{1}{x}\right)=+\infty,$$

$$\lim_{x\to-\infty}x\ln\left(e+\frac{1}{x}\right)=-\infty,$$

所以无水平渐近线. 因为

$$\lim_{x\to\infty}\frac{y}{x}=\lim_{x\to\infty}\ln\left(e+\frac{1}{x}\right)=1,$$

$$\lim_{x\to\infty}(y-x)=\lim_{x\to\infty}x\left(\ln\left(e+\frac{1}{x}\right)-1\right)$$

$$=\lim_{t\to0}\frac{\ln(e+t)-1}{t}\left(令\frac{1}{x}=t\right)=\lim_{t\to0}\frac{1}{e+t}=\frac{1}{e},$$

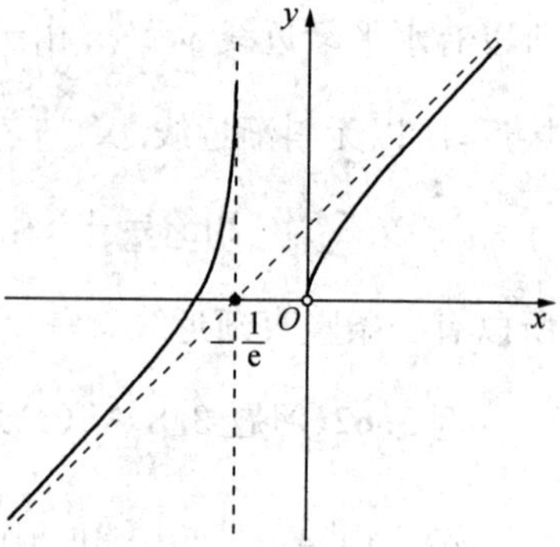

图 3-1

所以在 $x\to+\infty$ 与 $x\to-\infty$ 两个方向,曲线有共同的斜渐近线 $y=x+\frac{1}{e}$. 将上述结果绘制成图如图 3-1 所示.

例 3.63 设 $f(x)$ 在 $[0,1]$ 上可导,且 $0<f(x)<1$,又对于 $(0,1)$ 内所有的 x,$f'(x)\neq-1$,证明方程 $f(x)=1-x$ 在 $(0,1)$ 内有唯一的实根.

证 令 $g(x)=f(x)-1+x$,则 $g(x)$ 在 $[0,1]$ 上可导,又因 $0<f(x)<1$,所以 $g(0)=f(0)-1<0$,$g(1)=f(1)>0$. 由零点定理可知,$g(x)$ 在 $(0,1)$ 内至少有一个零点,即 $f(x)=1-x$ 在 $(0,1)$ 内至少有一个实根. 下用反证法证明根的唯一性.

假设方程 $f(x)=1-x$ 在 $(0,1)$ 内有两个不同的实根 ξ_1,ξ_2,不妨设 $0<\xi_1<\xi_2<1$,即 $f(\xi_1)=1-\xi_1$,$f(\xi_2)=1-\xi_2$. 由于 $f(x)$ 在 $[\xi_1,\xi_2]$ 上可导,利用拉格朗日中值定理知,存在点 $\xi\in(\xi_1,\xi_2)\subset(0,1)$,使得

$$f'(\xi)=\frac{f(\xi_2)-f(\xi_1)}{\xi_2-\xi_1}=\frac{(1-\xi_2)-(1-\xi_1)}{\xi_2-\xi_1}=-1,$$

与题设 $f'(x)\neq-1$ 产生矛盾,所以根是唯一的.

例 3.64 设 $a>0$,讨论方程 $xe^{-x}=a$ 实根的个数.

解 令 $f(x)=xe^{-x}-a$,则 $f'(x)=e^{-x}(1-x)$,令 $f'(x)=0$ 得唯一驻点

$x=1$. 当 $x<1$ 时, $f'(x)>0$. 当 $x>1$ 时, $f'(x)<0$, 故 $f(1)=\mathrm{e}^{-1}-a$ 是 $f(x)$ 的最大值. 显然, 最大值 $f(1)$ 的符号不同, $f(x)=0$ 的实根个数也不同, 下面分三种情况讨论:

(1) 如果 $a>\mathrm{e}^{-1}$, 则 $f(1)<0$, 于是 $\forall x\in\mathbf{R}, f(x)<0$, 即 $f(x)$ 无零点, 从而原方程无实根;

(2) 如果 $0<a<\mathrm{e}^{-1}$, 则 $f(1)>0$, 且

$$\lim_{x\to-\infty}f(x)=\lim_{x\to-\infty}(x\mathrm{e}^{-x}-a)=-\infty,\ \lim_{x\to+\infty}f(x)=\lim_{x\to+\infty}\left(\frac{x}{\mathrm{e}^{x}}-a\right)=-a<0.$$

当 $-\infty<x<1$ 时, $f'(x)>0$, 所以 $f(x)$ 从 $-\infty$ 单调增至 $f(1)=\mathrm{e}^{-1}-a$. 当 $1<x<+\infty$ 时, $f'(x)<0$, $f(x)$ 从 $f(1)=\mathrm{e}^{-1}-a$ 单调减至 $-a$, 由此 $f(x)=0$ 在 $(-\infty,1)$ 及 $(1,+\infty)$ 内各有唯一的实根, 即原方程共有两个实根;

(3) 如果 $a=\mathrm{e}^{-1}$, 则 $f(1)=0$. 因 $f(1)$ 是 $f(x)$ 的最大值, 所以当 $x<1$ 时, $f(x)<0$. 当 $x>1$ 时, $f(x)<0$, 可得 $f(x)=0$ 有唯一的实根 $x=1$, 即原方程有唯一实根.

例 3.65(习题 3.9 B1)　某商家销售某种商品的价格满足关系 $P=7-0.2Q$(单位:万元/件), Q 为销售量(单位:件), 商品的成本函数是 $C=3Q+1$(单位:万元).

(1) 若每销售一件商品, 政府要征税 t 万元, 求该商家获得最大利润时的销售量;

(2) 当 t 取何值时, 政府税收总额最大?

解　(1) 由于每件商品政府要征税 t 万元, 所以利润函数为

$$L(Q)=7Q-0.2Q^2-(3Q+1)-tQ=-0.2Q^2+(4-t)Q-1,$$

求导得 $L'(Q)=-0.4Q+4-t$, 令 $L'(Q)=0$ 知 $Q=\frac{5}{2}(4-t)$. 所以当销售量为 $\frac{5}{2}(4-t)$ 时, 商家能获得最大利润.

(2) 当 $Q=\frac{5}{2}(4-t)$ 时, 商家获得最大利润, 此时政府税收总额为 $t\cdot Q=\frac{5}{2}(4t-t^2)=10-\frac{5}{2}(t-2)^2$, 所以当 $t=2$ 时政府税收总额最大.

例 3.66(习题 3.9 B3)　设商品的需求函数为可导函数 $Q=Q(P)$, 收益

函数 $R=R(P)=P\cdot Q(P)$，证明$\frac{EQ}{EP}+\frac{ER}{EP}=1$.

证 由于$\frac{EQ}{EP}>0$，所以$\frac{EQ}{EP}=-P\frac{Q'(P)}{Q(P)}$. 收益函数 $R(P)=PQ(P)$，所以

$$\frac{ER}{EP}=P\frac{R'(P)}{R(P)}=P\frac{Q(P)+PQ'(P)}{P\cdot Q(P)}=1+P\frac{Q'(P)}{Q(P)},$$

相加即得$\frac{EQ}{EP}+\frac{ER}{EP}=1$.

例 3.67 设某商品的需求函数为 $Q=100-5P$，其中价格 $P\in(0,20)$，Q 为需求量.

(1) 求需求量对价格的弹性 $E_d(E_d>0)$；

(2) 推导$\frac{dR}{dP}=Q(1-E_d)$(其中 R 为收益)，并用弹性 E_d 说明价格在何范围内变化时，降低价格反而使收益增加.

解 (1) 由于 $E_d>0$，所以

$$E_d=\left|\frac{P}{Q}\frac{dQ}{dP}\right|=\frac{P}{20-P}.$$

(2) 由 $R=PQ$，得

$$\frac{dR}{dP}=Q+P\frac{dQ}{dP}=Q\left(1+\frac{P}{Q}\frac{dQ}{dP}\right)=Q(1-E_d).$$

若 $E_d=\frac{P}{20-P}=1$，则 $P=10$，所以当 $10<P<20$ 时，$E_d>1$，于是$\frac{dR}{dP}<0$. 故当 $10<P<20$ 时，降低价格反而使收益增加.

例 3.68 为了实现利润最大化，厂商需要对某商品确定其定价模型，设 Q 为该商品的需求量，P 为价格，MC 为边际成本，η 为需求弹性($\eta>0$).

(1) 证明定价模型为 $P=\frac{MC}{1-\frac{1}{\eta}}$；

(2) 若该商品的成本函数为 $C(Q)=1\,600+Q^2$，需求函数为 $Q=40-P$，试由(1)中的定价模型确定此商品的价格.

解 (1) 总收益为 $R=PQ$，由定义知，收益 R 对需求 Q 的弹性为

$$\frac{ER}{EQ}=\frac{Q}{R}\frac{dR}{dQ}=\frac{Q}{PQ}\frac{d(PQ)}{dQ}=\frac{1}{P}\left(P+Q\frac{dP}{dQ}\right)$$

$$=1+\frac{Q}{P}\frac{\mathrm{d}P}{\mathrm{d}Q}=1-\frac{1}{-\frac{P}{Q}\frac{\mathrm{d}Q}{\mathrm{d}P}}=1-\frac{1}{\eta}.$$

另一方面，$\frac{ER}{EQ}=\frac{Q}{R}\frac{\mathrm{d}R}{\mathrm{d}Q}=\frac{Q}{PQ}\frac{\mathrm{d}R}{\mathrm{d}Q}=\frac{1}{P}\frac{\mathrm{d}R}{\mathrm{d}Q}$，因而得到$\frac{1}{P}\frac{\mathrm{d}R}{\mathrm{d}Q}=1-\frac{1}{\eta}$，即$\frac{\mathrm{d}R}{\mathrm{d}Q}=P\left(1-\frac{1}{\eta}\right)$. 厂商定价的目标是要使利润最大，所以$\frac{\mathrm{d}(R-C)}{\mathrm{d}Q}=0$，即$\frac{\mathrm{d}R}{\mathrm{d}Q}=\frac{\mathrm{d}C}{\mathrm{d}Q}=MC$. 所以$\frac{\mathrm{d}R}{\mathrm{d}Q}=P\left(1-\frac{1}{\eta}\right)=MC$，故 $P=\frac{MC}{1-\frac{1}{\eta}}$.

(2) 由 $C(Q)=1\,600+Q^2$，得到 $MC=\frac{\mathrm{d}C(Q)}{\mathrm{d}Q}=2Q$，又由 $Q=40-P$，可求得需求弹性 $\eta=-\frac{P}{Q}\frac{\mathrm{d}Q}{\mathrm{d}P}=\frac{P}{40-P}$. 由(1)中的定价模型得到

$$P\left(1-\frac{1}{\eta}\right)=MC=2Q=2(40-P)，即\ P\left(1-\frac{40-P}{P}\right)=2(40-P),$$

解得商品的价格为 $P=30$.

3.3　复习题

1. 在曲线 $y=x^3$ 上取一点 P，过 P 的切线与该曲线交于点 Q，证明：曲线在点 Q 处的切线斜率正好是在点 P 处切线斜率的 4 倍.

2. 设

$$f(x)=\begin{cases}\frac{\sin x}{x}, & x<0,\\ a, & x=0,\\ b+x^2\arcsin x, & x>0\end{cases}$$ 在 $x=0$ 可导，

(1) 求常数 a,b；

(2) 求 $f'(0)$；

(3) 讨论 $f'(x)$在 $x=0$ 的连续性.

3. 设 $f(x)=\begin{cases}Ax+\mathrm{e}^{-x}, & x\geqslant 0,\\ B+\cos x, & x<0\end{cases}$ 可导，

(1) 求常数 A,B；

(2) 求 $f'(x)$,并讨论 $f'(x)$在 $x=0$ 的连续性；

(3) 讨论 $f(x)$在 $x=0$ 的二阶可导性.

4. 设 $f(x)$是可导函数,$f'(0)=1$,并且对于任意的实数 x,y 均有

$$f(x+y)=f(x)+f(y)+2xy,$$

求 $f(x)$的函数表达式.

5. 设 $f(x)$在 **R** 上有定义,且对于任意的实数 x,y 均有

$$f(x+y)=f(x)g(y)+f(y)g(x),$$

其中

$$g(x)=\cos x^2-\sin^2 x,\lim_{x\to 0}\frac{f(x)}{x}=1.$$

求 $f(0),f'(0),f'(x)$.

6. 设 $f(x)$在 **R** 上有定义,且对于任意的实数 x 均有 $f(x+1)=2f(x)$,当 $0\leqslant x\leqslant 1$ 时 $f(x)=x(1-x^2)$,试讨论 $f(x)$在 $x=0$ 的二阶可导性.

7. 求下列函数的导数：

(1) $f(x)=\dfrac{x+\sec x}{x-\csc x}$;

(2) $f(x)=(\mathrm{e}^x+\log_2 x)\arcsin x$;

(3) $f(x)=\sqrt{\dfrac{\ln x}{x}}$;

(4) $f(x)=\arcsin(\mathrm{e}^{-x^2})$;

(5) $f(x)=\cos^x x$;

(6) $f(x)=(\sin x)^{\sqrt{x}}$.

8. 若 $x=0$ 时,$\dfrac{\mathrm{d}}{\mathrm{d}x}f(\sin x)=\dfrac{\mathrm{d}}{\mathrm{d}x}f^2(\sin x)$,$f'(0)\neq 0$,则 $f(0)$为多少?

9. 求下列方程确定的隐函数的导数：

(1) $\tan(x+y)=xy$;

(2) $2y\sin x+x\ln y=0$.

10. 求下列参数式函数的导数：

(1) $\begin{cases}x=a\cos^3 t,\\ y=b\sin^3 t;\end{cases}(a,b\neq 0)$

(2) $\begin{cases} x=t-\dfrac{1}{t^2}, \\ y=t+\dfrac{1}{t^2}. \end{cases}$

11. 设$\begin{cases} x=\ln(1+t^2), \\ y=\arctan t, \end{cases}$ 求$\left.\dfrac{\mathrm{d}^2 y}{\mathrm{d}x^2}\right|_{t=-1}$.

12. 设 $f(x)=\dfrac{x^2+1}{x^2-4}$,求 $f^{(n)}(x)$.

13. 求 $f(x)=(3x^2-2)\sin 2x$ 的 100 阶导数.

14. 设 $f(x)=\arctan\dfrac{1-x}{1+x}$,求 $f^{(n)}(0)$.

15. 求下列函数的微分:

(1) $f(x)=\sqrt[3]{x-\tan^2 x}$;

(2) $f(x)=\cos\sqrt[3]{x}$.

16. 设函数 $f(x)$在$[a,b]$上连续,在(a,b)内可导,且 $f(a)=f(b)=0$,证明:存在点 $\xi\in(a,b)$,使得 $f'(\xi)=f(\xi)$.

17. 设函数 $f(x)$在$[a,b]$上连续,在(a,b)内可导,证明:存在点 $\xi\in(a,b)$,使得$\dfrac{bf(b)-af(a)}{b-a}=f(\xi)+\xi f'(\xi)$.

18. 设函数 $f(x)$在$[0,3]$上连续,在$(0,3)$内可导,且 $f(0)+f(1)+f(2)=3$,$f(3)=1$,试证:存在 $\xi\in(0,3)$,使 $f'(\xi)=0$.

19. 设函数 $f(x)$,$g(x)$在$[a,b]$上连续,在(a,b)内二阶可导且存在相等的最大值,又 $f(a)=g(a)$,$f(b)=g(b)$,证明:

(1) 存在点 $\eta\in(a,b)$,使得 $f(\eta)=g(\eta)$;

(2) 存在点 $\xi\in(a,b)$,使得 $f''(\xi)=g''(\xi)$.

20. 设 $f(x)$在$[a,b]$上连续,在(a,b)内可导,又 $b>a>0$,试证:存在点 ξ,$\eta\in(a,b)$,使得 $f'(\xi)(b-a)=\eta f'(\eta)(\ln b-\ln a)$.

21. 求下列极限:

(1) $\lim\limits_{x\to\infty}\left(\sin\dfrac{1}{x}+\cos\dfrac{1}{x}\right)^x$;　　(2) $\lim\limits_{x\to 0}\dfrac{\mathrm{e}^x-\sin x-1}{1-\sqrt{1-x^2}}$;

(3) $\lim\limits_{x\to 0}\left(\dfrac{1}{\sin^2 x}-\dfrac{\cos^2 x}{x^2}\right)$； (4) $\lim\limits_{x\to \frac{\pi}{4}}(\tan x)^{\frac{1}{\cos x-\sin x}}$；

(5) $\lim\limits_{x\to 0}\dfrac{e^{x^2}-e^{2-2\cos x}}{x^4}$； (6) $\lim\limits_{n\to\infty} n^2\left(\arctan\dfrac{a}{n}-\arctan\dfrac{a}{n+1}\right)$.

22. 求证方程 $x+p+q\cos x=0$ 恰有一个实根，其中 p,q 为常数，且 $0<q<1$.

23. 确定函数 $f(x)=\dfrac{1}{x-1}+\dfrac{1}{x-2}+\dfrac{1}{x-3}$ 零点的个数及其所在区间.

24. 讨论曲线 $y=4\ln x+k$ 与 $y=4x+\ln^4 x$ 的交点个数.

25. 设 $\lim\limits_{x\to 0}\dfrac{f(x)}{x}=1$，且 $f''(x)>0$，证明 $f(x)\geqslant x$.

26. 证明下列不等式：

(1) 当 $0<x<\dfrac{\pi}{2}$ 时，$\sin x+\tan x>2x$；

(2) 设 $x>0$，常数 $a>e$，证明 $(a+x)^a<a^{a+x}$；

(3) 若 $0<\beta\leqslant\alpha<\dfrac{\pi}{2}$，证明 $\dfrac{\alpha-\beta}{\cos^2\beta}\leqslant\tan\alpha-\tan\beta\leqslant\dfrac{\alpha-\beta}{\cos^2\alpha}$.

27. 求函数 $y=\left(1+x+\dfrac{x^2}{2!}+\dfrac{x^3}{3!}\right)e^{-x}$ 的极值.

28. 函数 $y=x^{\frac{1}{x}}$ 在何处有极大值？

29. 若曲线 $y=x^3+ax^2+bx+1$ 有拐点 $(-1,0)$，求 b 的值.

30. 求下列曲线的渐近线：

(1) $y=(1+e^x)^{\frac{1}{x}}$； (2) $y=\dfrac{x^3}{(x-1)^2}$.

第 4 章　一元函数积分学

4.1　主要内容

4.1.1　不定积分

1. 原函数与不定积分的概念

设函数 $f(x)$ 在某区间 I 上有定义，若存在函数 $F(x)$，使得 $F'(x)=f(x)$，则称 $F(x)$ 为 $f(x)$ 在区间 I 上的一个原函数. 若 $F(x)$ 是 $f(x)$ 的一个原函数，那么 $F(x)+C$ 表示 $f(x)$ 的全体原函数(其中 C 为任意常数). $f(x)$ 的全体原函数称为 $f(x)$ 的不定积分，记为

$$\int f(x)\mathrm{d}x = F(x) + C.$$

2. 不定积分的性质

(1) $\left[\int f(x)\mathrm{d}x\right]' = f(x)$；$\int f'(x)\mathrm{d}x = f(x) + C$.

(2) $\int kf(x)\mathrm{d}x = k\int f(x)\mathrm{d}x$，这里 k 为非零常数.

(3) $\int [f(x) \pm g(x)]\mathrm{d}x = \int f(x)\mathrm{d}x \pm \int g(x)\mathrm{d}x$.

3. 基本积分公式

(1) $\int k\mathrm{d}x = kx + C$($k$ 是常数)；

(2) $\int x^{\mu}\mathrm{d}x = \dfrac{x^{\mu+1}}{\mu+1} + C$，($\mu \neq -1, \mu \in \mathbf{R}$)；

(3) $\int \dfrac{1}{x}\mathrm{d}x = \ln|x| + C$；

(4) $\int a^x \mathrm{d}x = \frac{a^x}{\ln a} + C(a > 0, a \neq 1)$, $\int \mathrm{e}^x \mathrm{d}x = \mathrm{e}^x + C$;

(5) $\int \sin x \mathrm{d}x = -\cos x + C$;

(6) $\int \cos x \mathrm{d}x = \sin x + C$;

(7) $\int \frac{\mathrm{d}x}{\cos^2 x} = \int \sec^2 x \mathrm{d}x = \tan x + C$;

(8) $\int \frac{\mathrm{d}x}{\sin^2 x} = \int \csc^2 x \mathrm{d}x = -\cot x + C$;

(9) $\int \frac{\mathrm{d}x}{\sqrt{1-x^2}} = \arcsin x + C \overset{或}{=} -\arccos x + C$;

(10) $\int \frac{\mathrm{d}x}{1+x^2} = \arctan x + C \overset{或}{=} -\mathrm{arccot}\, x + C$.

4. 不定积分的计算

第一类换元积分法(凑微分法)

$$\int f(x)\mathrm{d}x = \int g[\varphi(x)]\varphi'(x)\mathrm{d}x = \int g(u)\mathrm{d}u = F(u) + C = F[\varphi(x)] + C,$$

其中$\int g(u)\mathrm{d}u = F(u) + C, u = \varphi(x)$.

常见的凑微分形式如下：

(1) $\int f(ax+b)\mathrm{d}x = \frac{1}{a}\int f(ax+b)\mathrm{d}(ax+b)\ (a \neq 0)$;

(2) $\int f(\sin x)\cos x \mathrm{d}x = \int f(\sin x)\mathrm{d}\sin x$;

(3) $\int f(\cos x)\sin x \mathrm{d}x = -\int f(\cos x)\mathrm{d}\cos x$;

(4) $\int f(\ln x)\frac{1}{x}\mathrm{d}x = \int f(\ln x)\mathrm{d}\ln x$;

(5) $\int f(\mathrm{e}^x)\mathrm{e}^x \mathrm{d}x = \int f(\mathrm{e}^x)\mathrm{d}\mathrm{e}^x$;

(6) $\int f(\sqrt{x})\frac{1}{\sqrt{x}}\mathrm{d}x = 2\int f(\sqrt{x})\mathrm{d}\sqrt{x}$;

(7) $\int f\left(\frac{1}{x}\right)\frac{1}{x^2}\mathrm{d}x = -\int f\left(\frac{1}{x}\right)\mathrm{d}\left(\frac{1}{x}\right)$;

(8) $\int f(x^n)x^{n-1}\mathrm{d}x=\frac{1}{n}\int f(x^n)\mathrm{d}(x^n)$；

(9) $\int f(\tan x)\frac{\mathrm{d}x}{\cos^2 x}=\int f(\tan x)\mathrm{d}\tan x$；

(10) $\int f(\cot x)\frac{\mathrm{d}x}{\sin^2 x}=-\int f(\cot x)\mathrm{d}\cot x$；

(11) $\int f(\arctan x)\frac{\mathrm{d}x}{1+x^2}=\int f(\arctan x)\mathrm{d}\arctan x$；

(12) $\int f(\arcsin x)\frac{\mathrm{d}x}{\sqrt{1-x^2}}=\int f(\arcsin x)\mathrm{d}\arcsin x$；

(13) $\int \frac{f'(x)}{f(x)}\mathrm{d}x=\int \frac{\mathrm{d}f(x)}{f(x)}=\ln|f(x)|+C.$

第二类换元积分法

$$\int f(x)\mathrm{d}x=\int f[\varphi(t)]\varphi'(t)\mathrm{d}t=F(t)+C=F[\varphi^{-1}(x)]+C,$$

其中 $\varphi(t)$ 是单调、连续可导的函数，$\varphi'(t)\neq 0$ 且 $F'(t)=f[\varphi(t)]\varphi'(t)$.

(1) 简单无理函数代换

当被积函数中含简单根式 $\sqrt[n]{ax+b}$ 时，可直接令其为 t，再解出 x 为 t 的有理函数 $\varphi(t)$，从而化去被积函数中的 n 次根式.

(2) 三角函数代换

若被积函数中含有形如 $\sqrt{a^2-x^2}$、$\sqrt{x^2+a^2}$、$\sqrt{x^2-a^2}$ 的二次根式，为化去根式，通常采用如下三角代换：

含 $\sqrt{a^2-x^2}$ 时，令 $x=a\sin t,-\frac{\pi}{2}\leqslant t\leqslant\frac{\pi}{2}$，则 $\sqrt{a^2-x^2}=a\cos t$，$\mathrm{d}x=a\cos t\mathrm{d}t$；

含 $\sqrt{x^2+a^2}$ 时，令 $x=a\tan t,-\frac{\pi}{2}<t<\frac{\pi}{2}$，则 $\sqrt{x^2+a^2}=a\sec t$，$\mathrm{d}x=a\sec^2 t\mathrm{d}t$；

含 $\sqrt{x^2-a^2}$ 时，令 $x=a\sec t,0<t<\frac{\pi}{2}$，则 $\sqrt{x^2-a^2}=a\tan t$，$\mathrm{d}x=a\sec t\tan t\mathrm{d}t$.

(3) 倒代换

若被积函数的分母含有 x 的高次幂,施行倒代换可以降低分母的幂次,简化积分.

分部积分法

$$\int u\mathrm{d}v = uv - \int v\mathrm{d}u.$$

当两个函数相乘时,可利用优先法则"反对幂指三"(指反三角函数、对数函数、幂函数、指数函数、三角函数)选择函数 u,即依据上述先后顺序,哪个函数在前哪个看作 u.

有理函数的不定积分

任何一个有理真分式均可表示成如下形式的分式之和:

$$\frac{A}{x-a},\frac{A}{(x-a)^k},\frac{Ax+B}{x^2+px+q},\frac{Ax+B}{(x^2+px+q)^k},$$

其中 $k=2,3,\cdots,A,B,a,p,q$ 为实常数,且 $p^2-4q<0$.

当把真分式分解成部分分式之和后,求真分式的积分就转化为求各部分分式的积分,而部分分式的积分可以用前面介绍的积分方法求得.

4.1.2 定积分

1. 定积分的基本概念

设函数 $f(x)$ 在区间 $[a,b]$ 上有定义且有界,在 $[a,b]$ 内任意插入 $n-1$ 个分点

$$a=x_0<x_1<x_2<\cdots<x_{i-1}<x_i<\cdots<x_{n-1}<x_n=b,$$

把区间 $[a,b]$ 分成 n 个小区间,第 i 个小区间长度为 $\Delta x_i=x_i-x_{i-1}$. 令

$$\lambda=\max\{\Delta x_1,\Delta x_2,\cdots,\Delta x_n\},$$

在第 i 个小区间 $[x_{i-1},x_i]$ 上任取一点 ξ_i,作和式 $\sum\limits_{i=1}^{n}f(\xi_i)\Delta x_i$,若当 $\lambda\to 0$(必有 $n\to\infty$) 时,上述和式的极限存在,则称此极限值为函数 $f(x)$ 在区间 $[a,b]$ 上的定积分,记作 $\int_a^b f(x)\mathrm{d}x$,即

$$\int_a^b f(x)\mathrm{d}x=\lim_{\lambda\to 0}\sum_{i=1}^{n}f(\xi_i)\Delta x_i.$$

定积分$\int_a^b f(x)\mathrm{d}x$在几何上表示由曲线$y=f(x)$，直线$x=a,x=b$及x轴所围成的若干个图形的面积的代数和(若图形在x轴上方，其面积取正值，反之取负值).

2. 定积分的性质

(1) $\int_a^b kf(x)\mathrm{d}x = k\int_a^b f(x)\mathrm{d}x$，这里$k$为常数.

(2) $\int_a^b [f(x)\pm g(x)]\mathrm{d}x = \int_a^b f(x)\mathrm{d}x \pm \int_a^b g(x)\mathrm{d}x$.

(3) $\int_a^b f(x)\mathrm{d}x = \int_a^c f(x)\mathrm{d}x + \int_c^b f(x)\mathrm{d}x$，其中$c$可以在$[a,b]$之内，也可以在$[a,b]$之外.

(4) $\int_a^b 1\mathrm{d}x = b-a$.

(5) 若在$[a,b]$上$f(x)\geqslant g(x)$，则$\int_a^b f(x)\mathrm{d}x \geqslant \int_a^b g(x)\mathrm{d}x$.

(6) 若$f(x)$在$[a,b]$上的最大值与最小值分别为M,m，则

$$m(b-a)\leqslant \int_a^b f(x)\mathrm{d}x \leqslant M(b-a).$$

(7) (积分中值定理)　设函数$f(x)$在闭区间$[a,b]$上连续，则至少存在一点$\xi\in(a,b)$，使得

$$\int_a^b f(x)\mathrm{d}x = f(\xi)(b-a).$$

3. 变限积分

称$\Phi(x)=\int_a^x f(t)\mathrm{d}t$为变上限积分，它具有下面的重要性质：

(1) 若$f(x)$连续，则$\Phi'(x)=\frac{\mathrm{d}}{\mathrm{d}x}\int_a^x f(t)\mathrm{d}t = f(x)$.

(2) 若函数$u=\varphi(x)$及$v=\psi(x)$可导，又有

$$\frac{\mathrm{d}}{\mathrm{d}x}\int_a^{\varphi(x)} f(t)\mathrm{d}t = f(\varphi(x))\varphi'(x).$$

$$\frac{\mathrm{d}}{\mathrm{d}x}\int_{\psi(x)}^{\varphi(x)} f(t)\mathrm{d}t = f(\varphi(x))\varphi'(x) - f(\psi(x))\psi'(x).$$

4. 定积分的计算

牛顿-莱布尼茨公式

设函数 $f(x)$ 在闭区间$[a,b]$上连续,且 $F(x)$ 是 $f(x)$ 的一个原函数,则

$$\int_a^b f(x)\mathrm{d}x = F(x)\Big|_a^b = F(b)-F(a).$$

换元积分法

设函数 $f(x)$ 在区间$[a,b]$上连续,函数 $x=\varphi(t)$ 满足:

(1) $a=\varphi(\alpha), b=\varphi(\beta)$;

(2) $\varphi(t)$ 在区间$[\alpha,\beta]$或$[\beta,\alpha]$上单调且有连续的导数,

则
$$\int_a^b f(x)\mathrm{d}x = \int_\alpha^\beta f(\varphi(t))\varphi'(t)\mathrm{d}t.$$

分部积分法

设函数 $u=u(x), v=v(x)$ 在区间$[a,b]$上存在连续的导数,则

$$\int_a^b u\mathrm{d}v = uv\Big|_a^b - \int_a^b v\mathrm{d}u.$$

5. 关于定积分的几个结论

(1) 若函数 $f(x)$ 在区间$[-a,a]$上连续,则

$$I=\int_{-a}^a f(x)\mathrm{d}x = \begin{cases} 2\int_0^a f(x)\mathrm{d}x, & \text{当 } f(x) \text{ 为偶函数;} \\ 0, & \text{当 } f(x) \text{ 为奇函数.} \end{cases}$$

(2) 设函数 $f(x)$ 在$(-\infty,+\infty)$内是以 T 为周期的连续函数,则对于任意的常数 a,恒有

$$\int_a^{a+T} f(x)\mathrm{d}x = \int_0^T f(x)\mathrm{d}x.$$

(3) $$\int_0^{\frac{\pi}{2}} \sin^n x\mathrm{d}x = \int_0^{\frac{\pi}{2}} \cos^n x\mathrm{d}x = \begin{cases} \frac{n-1}{n}\cdot\frac{n-3}{n-2}\cdot\cdots\cdot\frac{1}{2}\cdot\frac{\pi}{2}, & n \text{ 为偶数;} \\ \frac{n-1}{n}\cdot\frac{n-3}{n-2}\cdot\cdots\cdot\frac{2}{3}, & n \text{ 为奇数且 } n\neq 1. \end{cases}$$

4.1.3 反常积分

1. 无穷区间上的反常积分

设函数 $f(x)$ 在区间$[a,+\infty)$上连续,任取 $b>a$,若极限 $\lim\limits_{b\to+\infty}\int_a^b f(x)\mathrm{d}x$

存在，则称此极限为函数 $f(x)$ 在 $[a,+\infty)$ 上的反常积分，记作 $\int_a^{+\infty} f(x)\mathrm{d}x$，即

$$\int_a^{+\infty} f(x)\mathrm{d}x = \lim_{b\to+\infty}\int_a^b f(x)\mathrm{d}x.$$

这时也称反常积分 $\int_a^{+\infty} f(x)\mathrm{d}x$ 收敛. 若上述极限不存在，则称反常积分 $\int_a^{+\infty} f(x)\mathrm{d}x$ 发散.

无穷区间上反常积分的广义牛顿 - 莱布尼茨公式：

$$\int_a^{+\infty} f(x)\mathrm{d}x = F(x)\Big|_a^{+\infty},$$

$$\int_{-\infty}^{b} f(x)\mathrm{d}x = F(x)\Big|_{-\infty}^{b},$$

$$\int_{-\infty}^{+\infty} f(x)\mathrm{d}x = F(x)\Big|_{-\infty}^{+\infty}.$$

2. 瑕积分

设函数 $f(x)$ 在区间 $(a,b]$ 上连续，若 $f(x)$ 在点 $x=a$ 附近无界，则称 a 为 $f(x)$ 的瑕点，任取 $\varepsilon>0$，若极限

$$\lim_{\varepsilon\to0^+}\int_{a+\varepsilon}^{b} f(x)\mathrm{d}x$$

存在，则称此极限为函数 $f(x)$ 在区间 $(a,b]$ 上的反常积分（瑕积分），记作 $\int_a^b f(x)\mathrm{d}x$，即

$$\int_a^b f(x)\mathrm{d}x = \lim_{\varepsilon\to0^+}\int_{a+\varepsilon}^{b} f(x)\mathrm{d}x.$$

这时也称反常积分 $\int_a^b f(x)\mathrm{d}x$ 收敛. 若上述极限不存在，则称 $\int_a^b f(x)\mathrm{d}x$ 发散.

瑕积分的广义牛顿 - 莱布尼茨公式：

当 a 为瑕点时，$\int_a^b f(x)\mathrm{d}x = F(x)\Big|_{a^+}^{b}$；

当 b 为瑕点时，$\int_a^b f(x)\mathrm{d}x = F(x)\Big|_{a}^{b^-} = F(b^-)-F(a)$；

当 $c \in (a,b)$ 为瑕点时，

$$\int_a^b f(x)\mathrm{d}x = \int_a^c f(x)\mathrm{d}x + \int_c^b f(x)\mathrm{d}x = F(x)\Big|_a^{c^-} + F(x)\Big|_{c^+}^b.$$

4.1.4 定积分的应用

1. 平面图形的面积

直角坐标情形

(1) 设平面图形由曲线 $y = f(x)$,$y = g(x)$,直线 $x = a$,$x = b$ 所围,假设 $f(x)$,$g(x)$ 在区间$[a,b]$上连续,且 $f(x) \geqslant g(x)$,则该图形的面积为

$$A = \int_a^b [f(x) - g(x)]\mathrm{d}x.$$

(2) 若平面图形由曲线 $x = \varphi(y)$,$x = \psi(y)$,直线 $y = c$,$y = d$ 所围,假设 $\varphi(y)$,$\psi(y)$ 在区间$[c,d]$上连续,且 $\varphi(y) \geqslant \psi(y)$,则该图形的面积为

$$A = \int_c^d [\varphi(y) - \psi(y)]\mathrm{d}y.$$

极坐标情形

设平面图形由曲线 $\rho = \varphi(\theta)$ 与射线 $\theta = \alpha$,$\theta = \beta$ 所围,这里 $0 \leqslant \alpha < \beta \leqslant 2\pi$,则该图形的面积为

$$A = \frac{1}{2}\int_\alpha^\beta \varphi^2(\theta)\mathrm{d}\theta.$$

2. 旋转体的体积

(1) 由曲线 $y = f(x)(y \geqslant 0)$,直线 $x = a$,$x = b(a < b)$ 及 x 轴所围成的曲边梯形绕 x 轴旋转一周而成的旋转体的体积为

$$V_x = \pi\int_a^b [f(x)]^2\mathrm{d}x.$$

(2) 由曲线 $x = \varphi(y)(x \geqslant 0)$,直线 $y = c$,$y = d(c < d)$ 及 y 轴所围成的曲边梯形绕 y 轴旋转一周而成的旋转体的体积为

$$V_y = \pi\int_c^d [\varphi(y)]^2\mathrm{d}y.$$

4.2　习题解析

例 4.1(习题 4.1 A1(4))　求$\int \frac{x^4}{1+x^2}\mathrm{d}x$.

解　原式$=\int \frac{(x^4-1)+1}{1+x^2}\mathrm{d}x=\int\left(x^2-1+\frac{1}{1+x^2}\right)\mathrm{d}x$

$$=\frac{x^3}{3}-x+\arctan x+C.$$

例 4.2　求$\int \frac{1}{\sin^2 x\cos^2 x}\mathrm{d}x$.

解　原式$=\int \frac{\sin^2 x+\cos^2 x}{\sin^2 x\cos^2 x}\mathrm{d}x=\int \frac{1}{\cos^2 x}\mathrm{d}x+\int \frac{1}{\sin^2 x}\mathrm{d}x$

$$=\tan x-\cot x+C.$$

例 4.3(习题 4.1 A3(10))　求$\int \frac{1-\cos x}{(x-\sin x)^2}\mathrm{d}x$.

解　原式$=\int \frac{1}{(x-\sin x)^2}\mathrm{d}(x-\sin x)=-\frac{1}{x-\sin x}+C$.

例 4.4(习题 4.1 B1(5))　求$\int \frac{1}{\sqrt{x(4-x)}}\mathrm{d}x$.

解　**方法一**　原式$=\int \frac{1}{\sqrt{4-(x-2)^2}}\mathrm{d}x=\arcsin\frac{x-2}{2}+C$.

方法二　由$x(4-x)>0$得$0<x<4$,所以

原式$=\int \frac{1}{\sqrt{x}\sqrt{4-x}}\mathrm{d}x=2\int \frac{1}{\sqrt{4-(\sqrt{x})^2}}\mathrm{d}\sqrt{x}=2\arcsin\frac{\sqrt{x}}{2}+C$.

例 4.5(习题 4.1 B1(3))　求$\int \frac{1}{1+\mathrm{e}^x}\mathrm{d}x$.

解　**方法一**　原式$=\int \frac{\mathrm{e}^x}{(1+\mathrm{e}^x)\mathrm{e}^x}\mathrm{d}x=\int \frac{1}{(1+\mathrm{e}^x)\mathrm{e}^x}\mathrm{d}\mathrm{e}^x$

$$=\int\left(\frac{1}{\mathrm{e}^x}-\frac{1}{1+\mathrm{e}^x}\right)\mathrm{d}\mathrm{e}^x=\ln\left(\frac{\mathrm{e}^x}{1+\mathrm{e}^x}\right)+C$$

$$=x-\ln(1+\mathrm{e}^x)+C.$$

方法二 令 $e^x=t$,则 $x=\ln t,\mathrm{d}x=\frac{1}{t}\mathrm{d}t$.

$$原式=\int\frac{1}{1+t}\cdot\frac{1}{t}\mathrm{d}t=\int\left(\frac{1}{t}-\frac{1}{1+t}\right)\mathrm{d}t$$

$$=\ln\left(\frac{t}{1+t}\right)+C=\ln\left(\frac{e^x}{1+e^x}\right)+C$$

$$=x-\ln(1+e^x)+C.$$

例 4.6 求$\int\frac{\tan x}{1+\cos x}\mathrm{d}x$.

解
$$原式=\int\frac{\sin x}{\cos x(1+\cos x)}\mathrm{d}x=-\int\frac{1}{\cos x(1+\cos x)}\mathrm{d}\cos x$$

$$=-\int\left(\frac{1}{\cos x}-\frac{1}{1+\cos x}\right)\mathrm{d}\cos x$$

$$=-\int\frac{1}{\cos x}\mathrm{d}\cos x+\int\frac{1}{1+\cos x}\mathrm{d}(1+\cos x)$$

$$=-\ln|\cos x|+\ln|1+\cos x|+C$$

$$=\ln|1+\sec x|+C.$$

例 4.7(习题 4.1 A7(1)) 求$\int\frac{1}{1+\sin x}\mathrm{d}x$.

解
$$原式=\int\frac{1-\sin x}{(1+\sin x)(1-\sin x)}\mathrm{d}x=\int\frac{1-\sin x}{\cos^2 x}\mathrm{d}x$$

$$=\int\frac{1}{\cos^2 x}\mathrm{d}x-\int\frac{\sin x}{\cos^2 x}\mathrm{d}x=\tan x+\int\frac{1}{\cos^2 x}\mathrm{d}\cos x$$

$$=\tan x-\frac{1}{\cos x}+C=\tan x-\sec x+C.$$

例 4.8(习题 4.1 A7(3)) 求$\int\sin^2 x\cos^5 x\mathrm{d}x$.

解
$$原式=\int\sin^2 x\cos^4 x\mathrm{d}\sin x=\int\sin^2 x(1-\sin^2 x)^2\mathrm{d}\sin x$$

$$=\int(\sin^6 x-2\sin^4 x+\sin^2 x)\mathrm{d}\sin x$$

$$=\frac{1}{7}\sin^7 x-\frac{2}{5}\sin^5 x+\frac{1}{3}\sin^3 x+C.$$

例 4.9(习题 4.1 A3(12)) 求$\int\frac{x}{1+\sqrt{x+1}}\mathrm{d}x$.

解　令$\sqrt{x+1}=t$,则$x=t^2-1$,$\mathrm{d}x=2t\mathrm{d}t$.

$$\begin{aligned}\text{原式}&=\int\frac{t^2-1}{1+t}\cdot 2t\mathrm{d}t=2\int(t^2-t)\mathrm{d}t\\&=\frac{2t^3}{3}-t^2+C\\&=\frac{2}{3}\sqrt{(1+x)^3}-(x-1)+C.\end{aligned}$$

例 4.10(习题 4.1 A3(14))　求$\int\frac{\mathrm{d}x}{x\sqrt{x^2-1}}(x>0)$.

解　**方法一**　采用三角代换. 令$x=\sec t, t\in\left(0,\frac{\pi}{2}\right)$,则$\sqrt{x^2-1}=\tan t$,$\mathrm{d}x=\sec t\cdot\tan t\mathrm{d}t$.

$$\text{原式}=\int\frac{\sec t\cdot\tan t\mathrm{d}t}{\sec t\cdot\tan t}=\int\mathrm{d}t=t+C=\arctan\sqrt{x^2-1}+C.$$

方法二　采用倒代换. 令$x=\frac{1}{t}$,则$\mathrm{d}x=-\frac{1}{t^2}\mathrm{d}t$.

$$\text{原式}=\int\frac{-\frac{1}{t^2}\mathrm{d}t}{\frac{1}{t}\sqrt{\frac{1}{t^2}-1}}=-\int\frac{\mathrm{d}t}{\sqrt{1-t^2}}=-\arcsin t+C=-\arcsin\frac{1}{x}+C.$$

例 4.11(习题 4.1 A3(15))　求$\int\frac{1}{x^2\sqrt{x^2+4}}\mathrm{d}x$.

解　令$x=2\tan t, t\in\left(-\frac{\pi}{2},\frac{\pi}{2}\right)$,则$\mathrm{d}x=2\sec^2 t\mathrm{d}t$.

$$\begin{aligned}\text{原式}&=\frac{1}{4}\int\frac{2\sec^2 t}{\tan^2 t\cdot 2\sec t}\mathrm{d}t=\frac{1}{4}\int\frac{\sec t}{\tan^2 t}\mathrm{d}t\\&=\frac{1}{4}\int\frac{\cos t}{\sin^2 t}\mathrm{d}t=\frac{1}{4}\int\frac{1}{\sin^2 t}\mathrm{d}\sin t\\&=-\frac{1}{4}\csc t+C=-\frac{\sqrt{x^2+4}}{4x}+C.\end{aligned}$$

例 4.12　求$\int\frac{x^2}{\sqrt{1-x^2}}\mathrm{d}x$.

解　令$x=\sin t, t\in\left(-\frac{\pi}{2},\frac{\pi}{2}\right)$,则$t=\arcsin x$,$\mathrm{d}x=\cos t\mathrm{d}t$.

$$原式=\int\frac{\sin^2t\cos t\mathrm{d}t}{\cos t}=\int\sin^2t\mathrm{d}t$$

$$=\int\frac{1-\cos2t}{2}\mathrm{d}t=\frac{t}{2}-\frac{1}{4}\sin2t+C$$

$$=\frac{1}{2}\arcsin x-\frac{x}{2}\sqrt{1-x^2}+C.$$

例 4.13 求$\int x^3\sqrt{4-x^2}\mathrm{d}x$.

解 方法一 采用三角代换. 令 $x=2\sin t,t\in\left(-\frac{\pi}{2},\frac{\pi}{2}\right)$, 则$\mathrm{d}x=2\cos t\mathrm{d}t$.

$$原式=8\int\sin^3t\cdot2\cos t\cdot2\cos t\mathrm{d}t$$

$$=32\int\sin^3t\cos^2t\mathrm{d}t$$

$$=32\int(\cos^2t-1)\cos^2t\mathrm{d}\cos t$$

$$=32\left(\int\cos^4t\mathrm{d}\cos t-\int\cos^2t\mathrm{d}\cos t\right)$$

$$=\frac{32}{5}\cos^5t-\frac{32}{3}\cos^3t+C$$

$$=\frac{1}{5}(4-x^2)^{\frac{5}{2}}-\frac{4}{3}(4-x^2)^{\frac{3}{2}}+C.$$

方法二 采用凑微分法.

$$原式=\frac{1}{2}\int x^2\sqrt{4-x^2}\mathrm{d}x^2=\frac{1}{2}\int-x^2\sqrt{4-x^2}\mathrm{d}(4-x^2)$$

$$=\frac{1}{2}\int(4-x^2-4)\sqrt{4-x^2}\mathrm{d}(4-x^2)$$

$$=\frac{1}{2}\int(4-x^2)^{\frac{3}{2}}\mathrm{d}(4-x^2)-\frac{1}{2}\int4\sqrt{4-x^2}\mathrm{d}(4-x^2)$$

$$=\frac{1}{5}(4-x^2)^{\frac{5}{2}}-\frac{4}{3}(4-x^2)^{\frac{3}{2}}+C.$$

例 4.14 求$\int\frac{\arcsin\mathrm{e}^x}{\mathrm{e}^x}\mathrm{d}x$.

解　方法一　令 $\arcsin e^x = t$，则 $x = \ln\sin t, dx = \frac{\cos t}{\sin t}dt$.

$$原式 = \int \frac{t}{\sin t}\cdot\frac{\cos t}{\sin t}dt = -\int t d\left(\frac{1}{\sin t}\right) = -\frac{t}{\sin t} + \int\frac{1}{\sin t}dt$$

$$= -\frac{t}{\sin t} + \ln|\csc t - \cot t| + C$$

$$= -\frac{\arcsin e^x}{e^x} + \ln\left|\frac{1}{e^x} - \frac{\sqrt{1-e^{2x}}}{e^x}\right| + C$$

$$= -\frac{\arcsin e^x}{e^x} + \ln(1-\sqrt{1-e^{2x}}) - x + C.$$

方法二　$$原式 = \int\frac{\arcsin e^x}{e^x}dx = -\int \arcsin e^x de^{-x}$$

$$= -e^{-x}\arcsin e^x + \int e^{-x}d\arcsin e^x$$

$$= -e^{-x}\arcsin e^x + \int\frac{dx}{\sqrt{1-e^{2x}}}.$$

在 $\int\frac{dx}{\sqrt{1-e^{2x}}}$ 中，令 $\sqrt{1-e^{2x}} = t$，则 $x = \frac{1}{2}\ln(1-t^2), dx = \frac{t}{t^2-1}dt$.

$$\int\frac{dx}{\sqrt{1-e^{2x}}} = \int\frac{dt}{t^2-1} = \frac{1}{2}\ln\left|\frac{t-1}{t+1}\right| + C = \frac{1}{2}\ln\frac{1-\sqrt{1-e^{2x}}}{1+\sqrt{1-e^{2x}}} + C.$$

故原式 $= -e^{-x}\arcsin e^x + \frac{1}{2}\ln\frac{1-\sqrt{1-e^{2x}}}{1+\sqrt{1-e^{2x}}} + C.$

例 4.15(习题 4.1 B1(4))　求 $\int\sqrt{e^x-1}\,dx$.

解　令 $\sqrt{e^x-1} = t$，则 $x = \ln(t^2+1), dx = \frac{2t}{t^2+1}dt$.

$$原式 = 2\int\frac{t^2}{t^2+1}dt = 2\int\left(1-\frac{1}{t^2+1}\right)dt = 2(t-\arctan t) + C$$

$$= 2(\sqrt{e^x-1} - \arctan\sqrt{e^x-1}) + C.$$

例 4.16　求 $\int\ln\left(1+\sqrt{\frac{1+x}{x}}\right)dx\ (x>0)$.

解　令 $\sqrt{\frac{1+x}{x}} = t$，则 $x = \frac{1}{t^2-1}$.

原式$=\int \ln(1+t)\mathrm{d}\,\frac{1}{t^2-1}=\frac{\ln(1+t)}{t^2-1}-\int \frac{1}{t^2-1}\cdot\frac{1}{t+1}\mathrm{d}t.$

而$\int \frac{1}{t^2-1}\cdot\frac{1}{t+1}\mathrm{d}t=\frac{1}{2}\int \frac{(t+1)-(t-1)}{(t^2-1)(t+1)}\mathrm{d}t$

$$=\frac{1}{2}\int\left(\frac{1}{t^2-1}-\frac{1}{(t+1)^2}\right)\mathrm{d}t$$

$$=\frac{1}{4}\int\left(\frac{1}{t-1}-\frac{1}{t+1}-\frac{2}{(t+1)^2}\right)\mathrm{d}t$$

$$=\frac{1}{4}\ln(t-1)-\frac{1}{4}\ln(t+1)+\frac{1}{2(t+1)}+C,$$

故原式$=\frac{\ln(1+t)}{t^2-1}+\frac{1}{4}\ln\frac{t+1}{t-1}-\frac{1}{2(t+1)}+C$

$$=x\ln\left(1+\sqrt{\frac{1+x}{x}}\right)+\frac{1}{2}\ln(\sqrt{1+x}+\sqrt{x})-\frac{1}{2}\,\frac{\sqrt{x}}{\sqrt{1+x}+\sqrt{x}}+C.$$

例 4.17(习题 4.1 B1(6)) 求$\int(\arcsin x)^2\mathrm{d}x$.

解 原式$=x(\arcsin x)^2-\int x\mathrm{d}(\arcsin x)^2$

$$=x(\arcsin x)^2-2\int x\arcsin x\,\frac{1}{\sqrt{1-x^2}}\mathrm{d}x$$

$$=x(\arcsin x)^2+2\int \arcsin x\mathrm{d}\,\sqrt{1-x^2}$$

$$=x(\arcsin x)^2+2\left(\sqrt{1-x^2}\arcsin x-\int\sqrt{1-x^2}\,\mathrm{d}\arcsin x\right)$$

$$=x(\arcsin x)^2+2\sqrt{1-x^2}\arcsin x-2\int\mathrm{d}x$$

$$=x(\arcsin x)^2+2\sqrt{1-x^2}\arcsin x-2x+C.$$

例 4.18(习题 4.1 A4(7)) 求$\int\cos(\ln x)\mathrm{d}x$.

解 令 $I=\int\cos(\ln x)\mathrm{d}x$,则

$$I=x\cos(\ln x)-\int x\mathrm{d}\cos(\ln x)$$

$$=x\cos(\ln x)+\int\sin(\ln x)\mathrm{d}x$$

$$= x\cos(\ln x) + x\sin(\ln x) - \int x\mathrm{d}\sin(\ln x)$$

$$= x\cos(\ln x) + x\sin(\ln x) - \int \cos(\ln x)\mathrm{d}x$$

$$= x\cos(\ln x) + x\sin(\ln x) - I,$$

故原式 $= \frac{1}{2}(x\cos(\ln x) + x\sin(\ln x)) + C.$

例 4.19　求 $\int \frac{\arcsin\sqrt{x} + \ln x}{\sqrt{x}}\mathrm{d}x.$

解　原式 $= 2\int(\arcsin\sqrt{x} + \ln x)\mathrm{d}\sqrt{x}$

$$= 2\sqrt{x}(\arcsin\sqrt{x} + \ln x) - 2\int\sqrt{x}\mathrm{d}(\arcsin\sqrt{x} + \ln x)$$

$$= 2\sqrt{x}(\arcsin\sqrt{x} + \ln x) - 2\int\sqrt{x}\left(\frac{1}{2\sqrt{x}\sqrt{1-x}} + \frac{1}{x}\right)\mathrm{d}x$$

$$= 2\sqrt{x}(\arcsin\sqrt{x} + \ln x) + \int\frac{\mathrm{d}(1-x)}{\sqrt{1-x}} - 2\int\frac{\mathrm{d}x}{\sqrt{x}}$$

$$= 2\sqrt{x}(\arcsin\sqrt{x} + \ln x) + 2\sqrt{1-x} - 4\sqrt{x} + C.$$

例 4.20(习题 4.1 A7(4))　求 $\int\frac{x\cos x}{\sin^3 x}\mathrm{d}x.$

解　原式 $= \int\frac{x}{\sin^3 x}\mathrm{d}\sin x = -\frac{1}{2}\int x\mathrm{d}\frac{1}{\sin^2 x}$

$$= -\frac{1}{2}\left(\frac{x}{\sin^2 x} - \int\frac{1}{\sin^2 x}\mathrm{d}x\right)$$

$$= -\frac{1}{2}\frac{x}{\sin^2 x} - \frac{1}{2}\cot x + C.$$

例 4.21(习题 4.1 A6(3))　求 $\int\frac{\mathrm{d}x}{x(1+x^2)}.$

解　因 $\frac{1}{x(1+x^2)} = \frac{1}{x} - \frac{x}{1+x^2},$

故原式 $= \int\left(\frac{1}{x} - \frac{x}{1+x^2}\right)\mathrm{d}x$

$$= \int\frac{1}{x}\mathrm{d}x - \int\frac{x}{1+x^2}\mathrm{d}x$$

$$= \ln|x| - \frac{1}{2}\int \frac{1}{1+x^2}dx^2$$

$$= \ln|x| - \frac{1}{2}\ln(1+x^2) + C.$$

例 4.22(习题 4.1 A6(6)) 求$\int \frac{2x-1}{x^2-5x+6}dx$.

解 原式$=\int\left(\frac{2x-5}{x^2-5x+6}+\frac{4}{x^2-5x+6}\right)dx$

$$=\int\frac{2x-5}{x^2-5x+6}dx + 4\int\frac{1}{(x-2)(x-3)}dx$$

$$=\int\frac{1}{x^2-5x+6}d(x^2-5x+6) + 4\int\left(\frac{1}{x-3}-\frac{1}{x-2}\right)dx$$

$$=\ln|x^2-5x+6| + 4\ln|x-3| - 4\ln|x-2| + C$$

$$=\ln\left|\frac{(x-3)^5}{(x-2)^3}\right| + C.$$

例 4.23 求$\int\frac{2x-3}{x^2+2x+5}dx$.

解 原式$=\int\frac{2x+2}{x^2+2x+5}dx - \int\frac{5}{x^2+2x+5}dx$

$$=\int\frac{1}{x^2+2x+5}d(x^2+2x+5) - 5\int\frac{1}{(x+1)^2+4}dx$$

$$=\ln(x^2+2x+5) - \frac{5}{2}\arctan\frac{x+1}{2} + C.$$

例 4.24(习题 4.1 B1(10)) 求$\int\frac{x^2+2x-1}{(x-1)(x^2-x+1)}dx$.

解 因$\frac{x^2+2x-1}{(x-1)(x^2-x+1)} = \frac{2}{x-1} - \frac{x-3}{x^2-x+1}$,

故原式$=2\int\frac{1}{x-1}dx - \int\frac{x-3}{x^2-x+1}dx = 2\ln|x-1| - \frac{1}{2}\int\frac{2x-1-5}{x^2-x+1}dx$

$$=2\ln|x-1| - \frac{1}{2}\left(\int\frac{2x-1}{x^2-x+1}dx - \int\frac{5}{x^2-x+1}dx\right)$$

$$=2\ln|x-1| - \frac{1}{2}\ln|x^2-x+1| + \frac{5}{2}\int\frac{1}{\left(x-\frac{1}{2}\right)^2+\frac{3}{4}}dx$$

$$= 2\ln|x-1| - \frac{1}{2}\ln|x^2-x+1| + \frac{5}{2}\cdot\frac{2}{\sqrt{3}}\arctan\frac{2x-1}{\sqrt{3}} + C$$

$$= \ln\frac{(x-1)^2}{\sqrt{x^2-x+1}} + \frac{5}{\sqrt{3}}\arctan\frac{2x-1}{\sqrt{3}} + C.$$

例 4.25(习题 4.1 B1(11))　求$\int\frac{x^2+1}{x^4+1}\mathrm{d}x$.

解　原式$=\int\frac{1+\frac{1}{x^2}}{x^2+\frac{1}{x^2}}\mathrm{d}x=\int\frac{\mathrm{d}\left(x-\frac{1}{x}\right)}{\left(x-\frac{1}{x}\right)^2+2}$

$$=\frac{1}{\sqrt{2}}\arctan\frac{x^2-1}{\sqrt{2}x}+C.$$

例 4.26　求$\int\frac{1}{x(x^{10}+1)}\mathrm{d}x$.

解　原式$=\int\frac{x^9}{x^{10}(x^{10}+1)}\mathrm{d}x=\frac{1}{10}\int\frac{1}{x^{10}(x^{10}+1)}\mathrm{d}x^{10}$

$$=\frac{1}{10}\int\left(\frac{1}{x^{10}}-\frac{1}{x^{10}+1}\right)\mathrm{d}x^{10}=\frac{1}{10}\ln\frac{x^{10}}{x^{10}+1}+C$$

$$=\ln|x|-\frac{1}{10}\ln(x^{10}+1)+C.$$

例 4.27(习题 4.1 B2)　已知 $f(u)$ 有二阶连续导数,求$\int \mathrm{e}^{2x}f''(\mathrm{e}^x)\mathrm{d}x$.

解　令 $\mathrm{e}^x=u$,

原式$=\int\mathrm{e}^x f''(\mathrm{e}^x)\mathrm{d}\mathrm{e}^x=\int uf''(u)\mathrm{d}u=\int u\mathrm{d}f'(u)$

$$=uf'(u)-\int f'(u)\mathrm{d}u=uf'(u)-f(u)+C$$

$$=\mathrm{e}^x f'(\mathrm{e}^x)-f(\mathrm{e}^x)+C.$$

例 4.28　设 $f(\ln x)=\frac{\ln(x+1)}{x}$,求$\int f(x)\mathrm{d}x$.

解　设 $\ln x=t$,则 $x=\mathrm{e}^t$,$f(t)=\frac{\ln(1+\mathrm{e}^t)}{\mathrm{e}^t}$.

$$\int f(x)\mathrm{d}x=\int\frac{\ln(1+\mathrm{e}^x)}{\mathrm{e}^x}\mathrm{d}x=-\int\ln(1+\mathrm{e}^x)\mathrm{d}\mathrm{e}^{-x}$$

$$= -e^{-x}\ln(1+e^x)+\int\frac{1}{1+e^x}dx$$

$$= -e^{-x}\ln(1+e^x)+\int\frac{1+e^x-e^x}{1+e^x}dx$$

$$= -e^{-x}\ln(1+e^x)+x-\ln(1+e^x)+C.$$

例 4.29(习题 4.2 A5(3)(4)) 求:

(1) $\lim\limits_{x\to+\infty}\dfrac{\int_0^x(\arctan t)^2dt}{\sqrt{x^2+1}}$; (2) $\lim\limits_{x\to0}\dfrac{\int_{\cos x}^1 e^{-t^2}dt}{x^2}$.

解 (1) 原式$=\lim\limits_{x\to+\infty}\dfrac{(\arctan x)^2}{\dfrac{x}{\sqrt{x^2+1}}}=\lim\limits_{x\to+\infty}\dfrac{(\arctan x)^2\sqrt{x^2+1}}{x}$

$$=\lim_{x\to+\infty}(\arctan x)^2\cdot\lim_{x\to+\infty}\frac{\sqrt{x^2+1}}{x}=\frac{\pi^2}{4}.$$

(2) 原式$=\lim\limits_{x\to0}\dfrac{\left(\int_{\cos x}^1 e^{-t^2}dt\right)'}{2x}=\lim\limits_{x\to0}\dfrac{\sin x e^{-\cos^2x}}{2x}$

$$=\lim_{x\to0}\frac{e^{-\cos^2x}}{2}=\frac{1}{2e}.$$

例 4.30(习题 4.2 A7(5)) 求$\int_0^{\frac{\pi}{4}}\tan^2\theta d\theta$.

解 原式$=\int_0^{\frac{\pi}{4}}(\sec^2\theta-1)d\theta=\tan\theta\Big|_0^{\frac{\pi}{4}}-\dfrac{\pi}{4}=1-\dfrac{\pi}{4}$.

例 4.31(习题 4.2 A7(7)) 求$\int_{-1}^2|x-x^2|dx$.

解 原式$=\int_{-1}^0(x^2-x)dx+\int_0^1(x-x^2)dx+\int_1^2(x^2-x)dx$

$$=\left(\frac{x^3}{3}-\frac{x^2}{2}\right)\Big|_{-1}^0+\left(\frac{x^2}{2}-\frac{x^3}{3}\right)\Big|_0^1+\left(\frac{x^3}{3}-\frac{x^2}{2}\right)\Big|_1^2$$

$$=\frac{11}{6}.$$

例 4.32 求$\int_0^{\pi}\sqrt{x}\cos\sqrt{x}dx$.

解 令$\sqrt{x}=t$,则$x=t^2$,$dx=2tdt$.

原式$=\int_0^{\pi}2t^2\cos t\mathrm{d}t=2\int_0^{\pi}t^2\mathrm{d}\sin t$

$=2t^2\sin t\Big|_0^{\pi}-4\int_0^{\pi}t\sin t\mathrm{d}t=0+4\int_0^{\pi}t\mathrm{d}\cos t$

$=4t\cos t\Big|_0^{\pi}-4\int_0^{\pi}\cos t\mathrm{d}t=-4\pi.$

例 4.33(习题 4.2 A7(13))　求$\int_0^2\frac{1}{x+\sqrt{4-x^2}}\mathrm{d}x.$

解　令 $x=2\sin t$,则 $\mathrm{d}x=2\cos t\mathrm{d}t.$

原式$=\int_0^{\frac{\pi}{2}}\frac{\cos t}{\sin t+\cos t}\mathrm{d}t=\frac{1}{2}\int_0^{\frac{\pi}{2}}\frac{(\sin t+\cos t)+(\cos t-\sin t)}{\sin t+\cos t}\mathrm{d}t$

$=\frac{1}{2}\left[\int_0^{\frac{\pi}{2}}1\mathrm{d}t+\int_0^{\frac{\pi}{2}}\frac{\cos t-\sin t}{\sin t+\cos t}\mathrm{d}t\right]$

$=\frac{1}{2}\left[\frac{\pi}{2}+\int_0^{\frac{\pi}{2}}\frac{1}{\sin t+\cos t}\mathrm{d}(\sin t+\cos t)\right]$

$=\frac{1}{2}\left[\frac{\pi}{2}+\ln|\sin t+\cos t|\Big|_0^{\frac{\pi}{2}}\right]=\frac{\pi}{4}.$

例 4.34　求$\int_0^2x\sqrt{2x-x^2}\mathrm{d}x.$

解　**方法一**　由于$\int_0^2x\sqrt{2x-x^2}\mathrm{d}x=\int_0^2x\sqrt{1-(x-1)^2}\mathrm{d}x$,令 $x-1=t$,则 $\mathrm{d}x=\mathrm{d}t.$

原式$=\int_{-1}^{1}(1+t)\sqrt{1-t^2}\mathrm{d}t$

$=\int_{-1}^{1}\sqrt{1-t^2}\mathrm{d}t+\int_{-1}^{1}t\sqrt{1-t^2}\mathrm{d}t$

$=2\int_0^1\sqrt{1-t^2}\mathrm{d}t=2\cdot\frac{\pi}{4}=\frac{\pi}{2}.$

方法二　令 $x-1=\sin t$,则 $\mathrm{d}x=\cos t\mathrm{d}t.$

原式$=\int_{-\frac{\pi}{2}}^{\frac{\pi}{2}}(1+\sin t)\cos^2t\mathrm{d}t$

$=\int_{-\frac{\pi}{2}}^{\frac{\pi}{2}}\cos^2t\mathrm{d}t+\int_{-\frac{\pi}{2}}^{\frac{\pi}{2}}\sin t\cos^2t\mathrm{d}t$

$=2\int_0^{\frac{\pi}{2}}\cos^2t\mathrm{d}t=2\cdot\frac{1}{2}\cdot\frac{\pi}{2}=\frac{\pi}{2}.$

例 4.35(习题 4.2 A7(14))　求$\int_0^a x^2\sqrt{a^2-x^2}\,\mathrm{d}x$.

解　令 $x=a\sin t$,则 $\mathrm{d}x=a\cos t\mathrm{d}t$.

$$\text{原式}=\int_0^{\frac{\pi}{2}} a^2\sin^2 t\cdot a\cos t\cdot a\cos t\mathrm{d}t=a^4\int_0^{\frac{\pi}{2}}\sin^2 t\cos^2 t\mathrm{d}t$$

$$=\frac{a^4}{4}\int_0^{\frac{\pi}{2}}\sin^2 2t\mathrm{d}t=\frac{a^4}{8}\int_0^{\frac{\pi}{2}}(1-\cos 4t)\mathrm{d}t$$

$$=\frac{a^4}{8}\left(\frac{\pi}{2}-\frac{\sin 4t}{4}\Big|_0^{\frac{\pi}{2}}\right)=\frac{\pi a^4}{16}.$$

例 4.36(习题 4.2 A7(17))　求$\int_0^{\frac{\pi}{2}}\mathrm{e}^{2x}\cos x\mathrm{d}x$.

解　$$\text{原式 }I=\int_0^{\frac{\pi}{2}}\mathrm{e}^{2x}\mathrm{d}\sin x=\sin x\mathrm{e}^{2x}\Big|_0^{\frac{\pi}{2}}-2\int_0^{\frac{\pi}{2}}\sin x\mathrm{e}^{2x}\mathrm{d}x$$

$$=\mathrm{e}^{\pi}+2\int_0^{\frac{\pi}{2}}\mathrm{e}^{2x}\mathrm{d}\cos x=\mathrm{e}^{\pi}+2\left(\cos x\mathrm{e}^{2x}\Big|_0^{\frac{\pi}{2}}-2\int_0^{\frac{\pi}{2}}\cos x\mathrm{e}^{2x}\mathrm{d}x\right)$$

$$=\mathrm{e}^{\pi}-2-4\int_0^{\frac{\pi}{2}}\cos x\mathrm{e}^{2x}\mathrm{d}x=\mathrm{e}^{\pi}-2-4I,$$

故原式 $=\frac{1}{5}(\mathrm{e}^{\pi}-2)$.

例 4.37(习题 4.2 A8)　求函数 $f(x)=\int_0^{x^2}(2-t)\mathrm{e}^{-t}\mathrm{d}t$ 的极值.

解　$f'(x)=2x(2-x^2)\mathrm{e}^{-x^2}$,令 $f'(x)=0$,解得 $x=0,x=\pm\sqrt{2}$.
当 $x\in(-\infty,-\sqrt{2})$ 时,$f'(x)>0$;当 $x\in(-\sqrt{2},0)$ 时,$f'(x)<0$;
当 $x\in(0,\sqrt{2})$ 时,$f'(x)>0$;当 $x\in(\sqrt{2},+\infty)$ 时,$f'(x)<0$.
故 $x=0$ 是极小值点,极小值为 0;$x=\pm\sqrt{2}$ 是极大值点,极大值为

$$f(\pm\sqrt{2})=\int_0^2(2-t)\mathrm{e}^{-t}\mathrm{d}t=\int_0^2(t-2)\mathrm{d}\mathrm{e}^{-t}$$

$$=(t-2)\mathrm{e}^{-t}\Big|_0^2-\int_0^2\mathrm{e}^{-t}\mathrm{d}t=1+\mathrm{e}^{-2}.$$

例 4.38(习题 4.2 B1)　设 $f(x)$ 在[0,1]上连续,且满足 $f(x)=x\int_0^1 f(t)\mathrm{d}t-1$,求 $f(x)$.

解 设$\int_0^1 f(t)\mathrm{d}t = I$，则 $f(x) = Ix - 1$.

两边在[0,1]上积分，得$\int_0^1 f(x)\mathrm{d}x = I\int_0^1 x\mathrm{d}x - \int_0^1 \mathrm{d}x$，即 $I = \frac{1}{2}I - 1, I = -2$.

故 $f(x) = -2x - 1$.

例 4.39(习题 4.2 B3) 设 $f(x)$ 在$(-\infty, +\infty)$上连续，并满足

$$\int_0^x f(x-u)\mathrm{e}^u \mathrm{d}u = \sin x, x \in (-\infty, +\infty),$$

求 $f(x)$.

解 令 $x - u = t$，则 $u = x - t, \mathrm{d}u = -\mathrm{d}t$.

$$\int_0^x f(x-u)\mathrm{e}^u \mathrm{d}u = -\int_x^0 f(t)\mathrm{e}^{x-t}\mathrm{d}t = \mathrm{e}^x \int_0^x f(t)\mathrm{e}^{-t}\mathrm{d}t = \sin x,$$

于是

$$\int_0^x f(t)\mathrm{e}^{-t}\mathrm{d}t = \mathrm{e}^{-x}\sin x,$$

两边求导，得

$$f(x)\mathrm{e}^{-x} = \mathrm{e}^{-x}(\cos x - \sin x),$$

于是

$$f(x) = \cos x - \sin x.$$

例 4.40(习题 4.2 B6) 设 $f(x) = \begin{cases} \frac{1}{2}\sin x, 0 \leqslant x \leqslant \pi, \\ 0, x < 0 \text{或} x > \pi, \end{cases}$ 求 $F(x) = \int_0^x f(t)\mathrm{d}t$ 在$(-\infty, +\infty)$内的表达式.

解 当 $x < 0$ 时，$F(x) = \int_0^x 0\mathrm{d}t = 0$；

当 $0 \leqslant x \leqslant \pi$ 时，$F(x) = \int_0^x \frac{1}{2}\sin t\mathrm{d}t = \frac{1}{2} - \frac{1}{2}\cos x$；

当 $x > \pi$ 时，$F(x) = \int_0^\pi \frac{1}{2}\sin t\mathrm{d}t + \int_\pi^x 0\mathrm{d}t = 1$.

于是

$$F(x)=\begin{cases}0,x<0;\\ \dfrac{1}{2}-\dfrac{1}{2}\cos x,0\leqslant x\leqslant \pi;\\ 1,x>\pi.\end{cases}$$

例 4.41(习题 4.3 A1(3)) 求$\int_0^{+\infty}\dfrac{1}{\sqrt{x}(1+x)}dx$.

解 令$\sqrt{x}=t$,则 $x=t^2$,$dx=2tdt$.

原式 $=2\int_0^{+\infty}\dfrac{t}{t(1+t^2)}dt=2\arctan t\Big|_0^{+\infty}=\pi$.

例 4.42(习题 4.3 B2) 求$\int_0^1\dfrac{x^2\arcsin x}{\sqrt{1-x^2}}dx$.

解 令 $x=\sin t$,则 $dx=\cos t dt$.

$$\text{原式}=\int_0^{\frac{\pi}{2}}\frac{t\sin^2 t\cos t}{\cos t}dt=\int_0^{\frac{\pi}{2}}t\sin^2 t dt=\int_0^{\frac{\pi}{2}}\left(\frac{t}{2}-\frac{t\cos 2t}{2}\right)dt$$

$$=\frac{t^2}{4}\Big|_0^{\frac{\pi}{2}}-\frac{1}{4}\int_0^{\frac{\pi}{2}}td\sin 2t=\frac{\pi^2}{16}-\frac{t\sin 2t}{4}\Big|_0^{\frac{\pi}{2}}+\frac{1}{4}\int_0^{\frac{\pi}{2}}\sin 2t dt$$

$$=\frac{\pi^2}{16}-\frac{\cos 2t}{8}\Big|_0^{\frac{\pi}{2}}=\frac{\pi^2}{16}+\frac{1}{4}.$$

例 4.43 求$\int_1^{+\infty}\dfrac{\ln x}{(1+x)^2}dx$.

解
$$\text{原式}=-\int_1^{+\infty}\ln x d\frac{1}{1+x}=-\frac{\ln x}{1+x}\Big|_1^{+\infty}+\int_1^{+\infty}\frac{1}{x(1+x)}dx$$

$$=0+\ln\frac{x}{1+x}\Big|_1^{+\infty}=-\ln\frac{1}{2}=\ln 2.$$

例 4.44(习题 4.3 A3) 讨论反常积分$\int_2^{+\infty}\dfrac{1}{x(\ln x)^p}dx$ 的敛散性.

解 当 $p=1$ 时,$\int_2^{+\infty}\dfrac{1}{x\ln x}dx=\int_2^{+\infty}\dfrac{1}{\ln x}d\ln x=\ln\ln x\Big|_2^{+\infty}=+\infty$.

当 $p\neq 1$ 时,$\int_2^{+\infty}\dfrac{1}{x(\ln x)^p}dx=\int_2^{+\infty}\dfrac{1}{(\ln x)^p}d\ln x=\dfrac{(\ln x)^{1-p}}{1-p}\Big|_2^{+\infty}$

$$=\begin{cases}\dfrac{(\ln 2)^{1-p}}{p-1},p>1,\\ +\infty,p<1.\end{cases}$$

故当 $p>1$，反常积分收敛；当 $p\leqslant 1$ 时，反常积分发散.

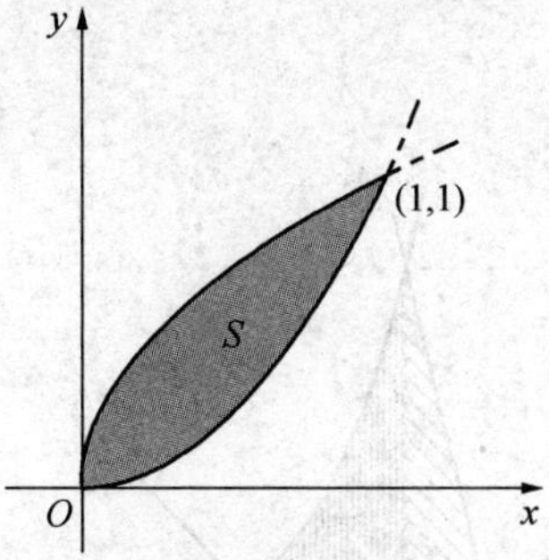

图 4.1

例 4.45(习题 4.4 A3)　求由曲线 $y=x^2$ 与 $x=y^2$ 所围成的图形的面积.

解　两曲线的交点为(0,0)，(1,1). 故所求面积为

$$S=\int_0^1(\sqrt{x}-x^2)\mathrm{d}x=\frac{2}{3}x^{\frac{3}{2}}-\frac{x^3}{3}\Big|_0^1=\frac{1}{3}.$$

例 4.46(习题 4.4 A4)　求由曲线 $y=x^2$，$y=\dfrac{x^2}{4}$ 与直线 $y=1$ 所围成的图形的面积.

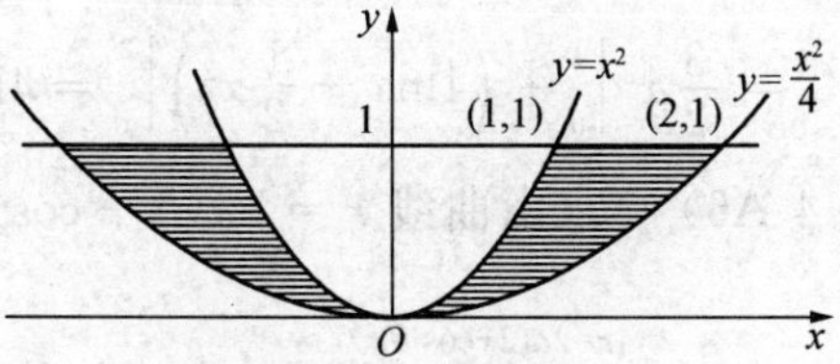

图 4.2

解　如图 4.2 所示，两曲线在第一象限内交点为(1,1)，(2,1). 在第一象限内图形的面积为

$$S=\int_0^1(2\sqrt{y}-\sqrt{y})\mathrm{d}y=\frac{2}{3}y^{\frac{3}{2}}\Big|_0^1=\frac{2}{3}.$$

故所求面积为$\dfrac{4}{3}$.

例 4.47　求由曲线 $y=\frac{4}{x}$ 与直线 $y=x$ 及 $y=4x$ 在第一象限中围成的平面图形的面积.

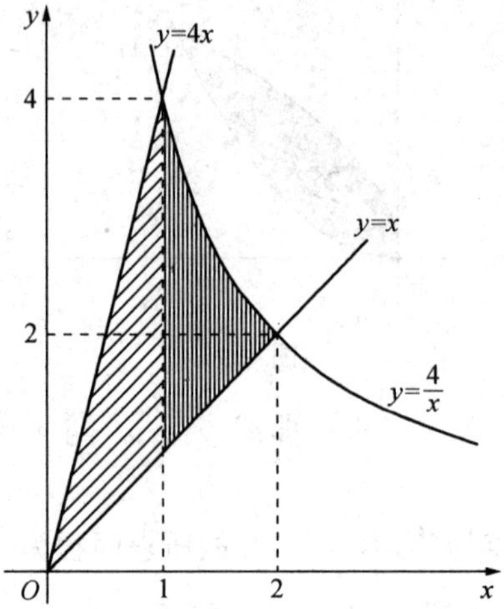

图 4.3

解　如图 4.3 所示,

$$S=\int_0^1(4x-x)\mathrm{d}x+\int_1^2\left(\frac{4}{x}-x\right)\mathrm{d}x$$

$$=\frac{3}{2}x^2\Big|_0^1+\left(4\ln x-\frac{1}{2}x^2\right)\Big|_1^2=4\ln 2.$$

例 4.48(习题 4.4 A6)　求由曲线 $r=2a(2+\cos\theta)$ 所围成的图形的面积.

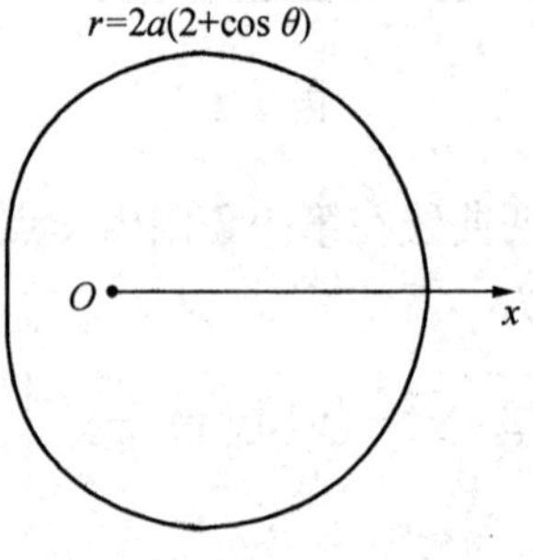

图 4.4

解　该图形关于极轴对称，故只需计算极轴上方的面积 A_1，如图 4.4 所示，

$$
\begin{aligned}
A_1 &= \frac{1}{2}\int_0^{\pi} 4a^2(2+\cos\theta)^2\mathrm{d}\theta \\
&= 2a^2\int_0^{\pi}(4+4\cos\theta+\cos^2\theta)\mathrm{d}\theta \\
&= 2a^2\left(4\pi+4\int_0^{\pi}\cos\theta\mathrm{d}\theta+\frac{1}{2}\int_0^{\pi}(1+\cos2\theta)\mathrm{d}\theta\right) \\
&= 2a^2\left(4\pi+4\sin\theta\Big|_0^{\pi}+\frac{1}{2}\pi+\frac{1}{4}\sin2\theta\Big|_0^{\pi}\right) \\
&= 9\pi a^2.
\end{aligned}
$$

故所求面积为 $18\pi a^2$.

例 4.49（习题 4.4 A8）　求由曲线 $y=x^3$ 与直线 $x=2, y=0$ 所围图形绕 y 轴旋转一周形成的立体体积.

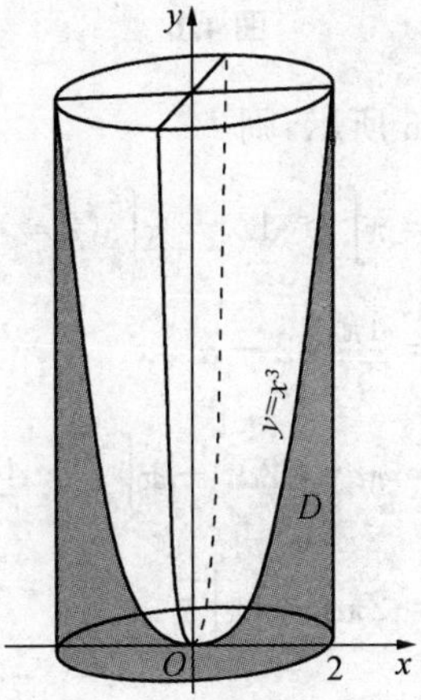

图 4.5

解　$V_y=\pi\int_0^8(2^2-(\sqrt[3]{y})^2)\mathrm{d}y=32\pi-\pi\int_0^8 y^{\frac{2}{3}}\mathrm{d}y$

$$
=32\pi-\pi\cdot\frac{3}{5}y^{\frac{5}{3}}\Big|_0^8=\frac{64}{5}\pi.
$$

例 4.50　设 D_1 是由抛物线 $y=2x^2$ 和直线 $x=a, x=2, y=0$ 所围成

的平面区域;D_2 是由抛物线 $y=2x^2$ 和直线 $y=0, x=a$ 所围成的平面区域,其中 $0<a<2$. 试求 D_1 绕 x 轴旋转而成的旋转体体积 V_1;D_2 绕 y 轴旋转而成的旋转体体积 V_2.

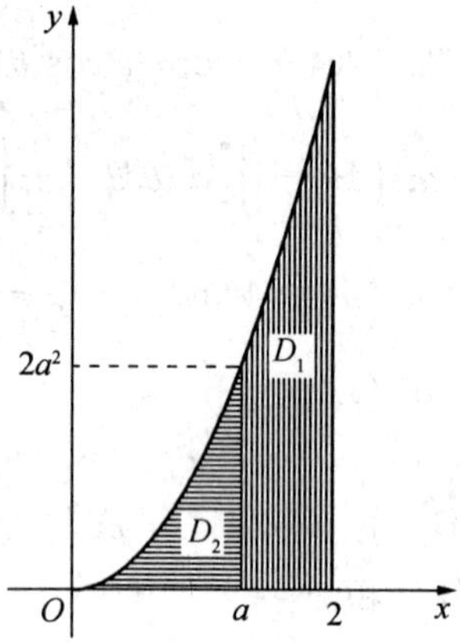

图 4.6

解 D_1 与 D_2 如图 4.6 所示,则

$$V_1=\pi\int_a^2 y^2\,\mathrm{d}x=\pi\int_a^2(2x^2)^2\,\mathrm{d}x$$

$$=\frac{4\pi}{5}(32-a^5).$$

$$V_2=\pi a^2\cdot 2a^2-\pi\int_0^{2a^2}x^2\,\mathrm{d}y$$

$$=2\pi a^4-\pi\int_0^{2a^2}\frac{y}{2}\,\mathrm{d}y$$

$$=2\pi a^4-\pi a^4=\pi a^4.$$

例 4.51 过点(0,1)作曲线 $L: y=\ln x$ 的切线,切点为 A,又切线与 x 轴交于 B 点,区域 D 由 L 与直线 AB 围成. 求区域 D 的面积及 D 绕 x 轴旋转一周所得旋转体的体积.

解 设切点 A 的坐标为(x_1, y_1),则切线方程为

$$y-y_1=\frac{1}{x_1}(x-x_1),$$

将点(0,1)代入,得 $x_1=\mathrm{e}^2, y_1=2$.

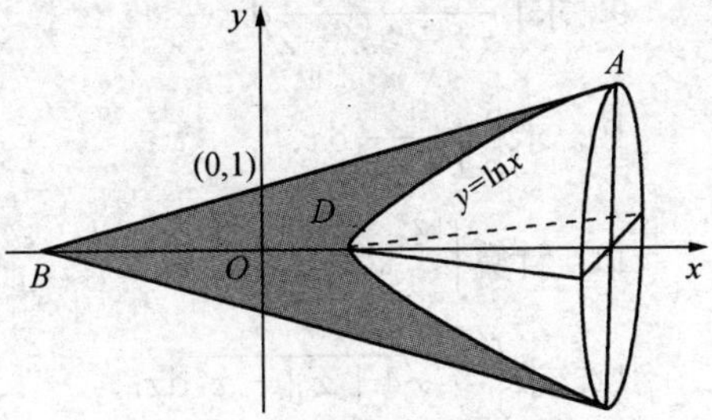

图 4.7

所求面积为

$$S=\int_1^{\mathrm{e}^2}\ln x\mathrm{d}x-\frac{1}{2}(\mathrm{e}^2-1)\cdot 2$$

$$=x\ln x\Big|_1^{\mathrm{e}^2}-\int_1^{\mathrm{e}^2}\mathrm{d}x-\mathrm{e}^2+1$$

$$=2\mathrm{e}^2-\mathrm{e}^2+1-\mathrm{e}^2+1=2.$$

所求体积为

$$V=\pi\int_1^{\mathrm{e}^2}\ln^2 x\mathrm{d}x-\frac{\pi}{3}(\mathrm{e}^2-1)\cdot 4$$

$$=\pi(x\ln^2 x-2x\ln x+2x)\Big|_1^{\mathrm{e}^2}-\frac{4\pi}{3}(\mathrm{e}^2-1)$$

$$=\frac{2\pi}{3}(\mathrm{e}^2-1).$$

4.3　复习题

1. 求$\int\frac{1}{x\sqrt{1-\ln^2 x}}\mathrm{d}x$.

2. 求$\int\frac{1}{x(x^3+3)}\mathrm{d}x$.

3. 求$\int\frac{1}{\mathrm{e}^x-\mathrm{e}^{-x}}\mathrm{d}x$.

4. 求$\int\frac{1}{x\sqrt{4-x^2}}\mathrm{d}x$.

5. 求$\int\frac{1}{(x^2+a^2)^{\frac{3}{2}}}\mathrm{d}x$.

6. 求$\int\frac{\ln\sin x}{\sin^2 x}\mathrm{d}x$.

7. 求$\int\frac{(x+1)\mathrm{e}^x}{(x+2)^2}\mathrm{d}x$.

8. 已知$\frac{\sin x}{x}$是函数 $f(x)$ 的一个原函数,求$\int x^3 f'(x)\mathrm{d}x$.

9. 求$\int \frac{x}{x^3-3x+2}\mathrm{d}x$.

10. 求$\int \frac{1}{x+x^9}\mathrm{d}x$.

11. 计算$\int_0^{\ln 2} \sqrt{1-\mathrm{e}^{-2x}}\mathrm{d}x$.

12. 求$\int_{-2}^{2} \sqrt{4|x|-x^2}\mathrm{d}x$.

13. 求$\int_{-1}^{1} (|x|+x)\mathrm{e}^{-|x|}\mathrm{d}x$.

14. 求$\int_{-1}^{1} (x+\sqrt{1-x^2})^2\mathrm{d}x$.

15. 设$f(x)=\begin{cases}1+x^2, x\leqslant 0,\\ \mathrm{e}^{-x}, x>0,\end{cases}$求$\int_1^3 f(x-2)\mathrm{d}x$.

16. 求极限$\lim\limits_{x\to 0}\frac{\left(\int_0^x \mathrm{e}^{t^2}\mathrm{d}t\right)^2}{\int_0^x t\mathrm{e}^{2t^2}\mathrm{d}t}$.

17. 设$F(x)=\int_0^x f(t-x)\mathrm{d}t$,求$F'(x)$.

18. 设$f(x)=\int_0^x \frac{\sin t}{\pi-t}\mathrm{d}t$,求$\int_0^{\pi} f(x)\mathrm{d}x$.

19. 设$f(x)=\frac{1}{1+x^2}+\sqrt{1-x^2}\int_0^1 f(x)\mathrm{d}x$,求$f(x)$.

20. 求函数$f(x)=\int_{\mathrm{e}}^{x}\frac{\ln t}{t^2-2t+1}\mathrm{d}t$在$[\mathrm{e},\mathrm{e}^2]$上的最大值.

21. 求$\int_2^{+\infty} \frac{1}{x\sqrt{x-1}}\mathrm{d}x$.

22. 求$\int_1^{+\infty} \frac{\arctan x}{x^2}\mathrm{d}x$.

23. 求$\int_0^{+\infty} \frac{1}{(1+x^2)^2}\mathrm{d}x$.

24. 求$\int_2^{+\infty} \frac{1}{(x+7)\sqrt{x-2}}\mathrm{d}x$.

25. 判断$\int_1^2 \frac{1}{(x-1)^{\alpha}}\mathrm{d}x(\alpha>0)$的敛散性.

26. 设曲线L_1：$y=1-x^2(0\leqslant x\leqslant 1)$，$x$轴和$y$轴所围区域被曲线$L_2$：$y=ax^2(a>0)$分为面积相等的两部分，试确定$a$的值.

27. 在第一象限内求曲线$y=-x^2+1$上的一点，使过该点的切线与所给曲线及两坐标轴所围成图形的面积最小，并求此最小面积.

28. 求曲线$y=\sin x, x\in\left[0,\frac{\pi}{2}\right]$，$y=1$及$x=0$所围成的平面图形绕$x$轴旋转一周所形成的旋转体的体积.

29. 已知圆$(x-b)^2+y^2=a^2$，其中$b>a>0$，求此圆绕y轴旋转一周所形成的旋转体的体积.

30. 设某种商品每天生产x单位时固定成本为 20 元，边际成本函数为$C'(x)=0.4x+2$(元/单元)，求总成本函数$C(x)$. 如果这种商品规定的销售单价为 18 元，且产品可以全部售出，求总利润函数$L(x)$，并问每天生产多少单位时才能获得最大利润？

第5章 向量代数与空间解析几何

5.1 主要内容

5.1.1 空间直角坐标系

(1) 过空间 $\mathbf{R}^3$ 一点 O，按右手法则作三条相互垂直的数轴：Ox 轴(横轴)，Oy 轴(纵轴)，Oz 轴(立轴)，O 称为坐标原点. 空间 $\mathbf{R}^3$ 中两点 $P(x_1, y_1, z_1)$与 $Q(x_2, y_2, z_2)$之间的距离为：$\sqrt{(x_1-x_2)^2+(y_1-y_2)^2+(z_1-z_2)^2}$.

(2) 三个坐标面：xOy 平面，yOz 平面，zOx 平面将空间 $\mathbf{R}^3$ 分成八个象限：记为象限Ⅰ，Ⅱ，Ⅲ，Ⅳ，Ⅴ，Ⅵ，Ⅶ，Ⅷ.

5.1.2 向量的基本概念

(1) 既有大小又有方向的量称为向量. 通常用起点为 M，终点为 N 的有向线段$\overrightarrow{MN}$来表示向量，有向线段$\overrightarrow{MN}$的长度表示向量的大小，记作$|\overrightarrow{MN}|$，称为向量的模. 模为 0 的向量称为零向量，零向量没有确定的方向，记为 $\mathbf{0}$. 模为 1 的向量称为单位向量. 除用有向线段表示向量外，也常用 $\boldsymbol{a}, \boldsymbol{b}, \boldsymbol{c}$ 等来表示向量.

(2) 在空间直角坐标系 $O-xyz$ 中，将向量 $\boldsymbol{a}$ 平移，使得向量 $\boldsymbol{a}$ 的起点移到坐标原点 O，设向量 $\boldsymbol{a}$ 的终点为 P，则$\overrightarrow{OP}=\boldsymbol{a}$，称$\overrightarrow{OP}$为向量$\boldsymbol{a}$ 的向径. 若点 P 的坐标为(a_1, a_2, a_3)，则向量 $\boldsymbol{a}=(a_1, a_2, a_3)$，称为向量 $\boldsymbol{a}$ 的坐标表示，且$|\boldsymbol{a}|=\sqrt{a_1^2+a_2^2+a_3^2}$.

(3) 在空间直角坐标系 $O-xyz$ 中，将两个非零向量 $\boldsymbol{a}$ 和 $\boldsymbol{b}$ 平移，使得它们的起点移到坐标原点 O，终点分别为 A, B，$\overrightarrow{OA}=\boldsymbol{a}$，$\overrightarrow{OB}=\boldsymbol{b}$，定义 $\theta=\angle AOB$ $(0\leqslant\theta\leqslant\pi)$为向量 $\boldsymbol{a}$ 与 $\boldsymbol{b}$ 的夹角，记为$\langle\boldsymbol{a},\boldsymbol{b}\rangle$或$\langle\boldsymbol{b},\boldsymbol{a}\rangle$.

(4) 向量的方向角与方向余弦：

在空间直角坐标系 $O-xyz$ 中，设非零向量 $\boldsymbol{a}=(a_1, a_2, a_3)$与 Ox, Oy, Oz

轴正向的夹角分别为α,β,γ,称为向量$\boldsymbol{a}$的方向角(如图5.1所示),这里$0\leqslant\alpha,\beta,\gamma\leqslant\pi$.

易知$\cos\alpha=\dfrac{a_1}{|\boldsymbol{a}|},\cos\beta=\dfrac{a_2}{|\boldsymbol{a}|},\cos\gamma=\dfrac{a_3}{|\boldsymbol{a}|}$,我们称$\cos\alpha,\cos\beta,\cos\gamma$为向量$\boldsymbol{a}$的方向余弦.非零向量$\boldsymbol{a}$的方向可用其方向角或者方向余弦唯一确定.

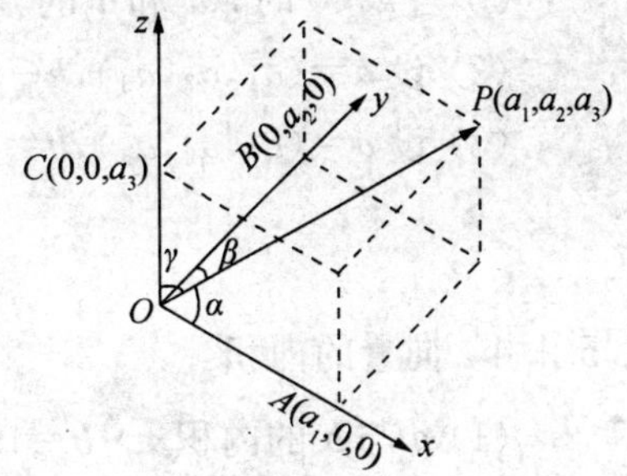

图 5.1

(5) 基向量:$\boldsymbol{i}=(1,0,0),\boldsymbol{j}=(0,1,0),\boldsymbol{k}=(0,0,1)$.设非零向量$\boldsymbol{a}$的方向角为$\alpha,\beta,\gamma$,则与$\boldsymbol{a}$同方向的单位向量$\boldsymbol{a}^\circ=(\cos\alpha,\cos\beta,\cos\gamma)$.设向量$\boldsymbol{a}=(a_1,a_2,a_3)$,则$\boldsymbol{a}=a_1\boldsymbol{i}+a_2\boldsymbol{j}+a_3\boldsymbol{k}$,称为向量$\boldsymbol{a}$的代数表示.

(6) 向量在数轴$\boldsymbol{u}$上的射影:

向量$\overrightarrow{MN}$在数轴$\boldsymbol{u}$上的射影$\mathrm{Prj}_{\boldsymbol{u}}\overrightarrow{MN}=|\overrightarrow{MN}|\cos\langle\boldsymbol{u},\overrightarrow{MN}\rangle$,向量$\boldsymbol{a}$在向量$\boldsymbol{b}$上的射影$\mathrm{Prj}_{\boldsymbol{b}}\boldsymbol{a}=|\boldsymbol{a}|\cos\langle\boldsymbol{a},\boldsymbol{b}\rangle$.

5.1.3　向量的线性运算

1. 向量的加法

向量的加法符合平行四边形法则(如图5.2所示)或者三角形法则(如图5.3所示).

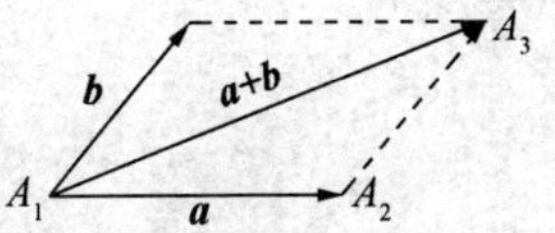

图 5.2

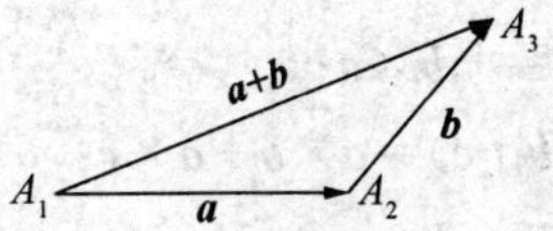

图 5.3

(1) 设$\boldsymbol{a}=(a_1,a_2,a_3),\boldsymbol{b}=(b_1,b_2,b_3)$,则$\boldsymbol{a}+\boldsymbol{b}=(a_1+b_1,a_2+b_2,a_3+b_3)$.

(2) 空间$\mathbf{R}^3$中任意三点A,B,C,都有$\overrightarrow{AB}+\overrightarrow{BC}=\overrightarrow{AC}$.

2. 向量的数乘

(1) 设k是实数,$\boldsymbol{a}$是向量.定义向量的数乘$k\boldsymbol{a}$如下:

① 当$k>0$时,$k\boldsymbol{a}$和$\boldsymbol{a}$方向相同,模$|k\boldsymbol{a}|=k|\boldsymbol{a}|$;

② 当$k=0$时,$k\boldsymbol{a}$为零向量;

③ 当 $k<0$ 时,$k\boldsymbol{a}$ 和 $\boldsymbol{a}$ 的方向相反,模 $|k\boldsymbol{a}|=|k||\boldsymbol{a}|$.

(2) 设 $\boldsymbol{a}=(a_1,a_2,a_3)$,$k\in\mathbf{R}$,则 $k\boldsymbol{a}=(ka_1,ka_2,ka_3)$.

(3) 设 $\boldsymbol{a}=(a_1,a_2,a_3)$,$\boldsymbol{b}=(b_1,b_2,b_3)$,则 $\boldsymbol{a}/\!/\boldsymbol{b}$ 当且仅当

$$\frac{a_1}{b_1}=\frac{a_2}{b_2}=\frac{a_3}{b_3}. \tag{5.1}$$

5.1.4 向量的内积

(1) $\boldsymbol{a}$ 与 $\boldsymbol{b}$ 的内积 $\boldsymbol{a}\cdot\boldsymbol{b}=|\boldsymbol{a}||\boldsymbol{b}|\cos\langle\boldsymbol{a},\boldsymbol{b}\rangle$.

(2) 如果 $\boldsymbol{a}\cdot\boldsymbol{b}=0$,则称向量 $\boldsymbol{a}$ 和 $\boldsymbol{b}$ 垂直,记为 $\boldsymbol{a}\perp\boldsymbol{b}$.

(3) 内积的性质:设 $\boldsymbol{a},\boldsymbol{b},\boldsymbol{c}$ 是三个向量,$\lambda,\mu\in\mathbf{R}$,则

① $\boldsymbol{a}\cdot\boldsymbol{b}=\boldsymbol{b}\cdot\boldsymbol{a}$;

② $\boldsymbol{a}\cdot(\boldsymbol{b}+\boldsymbol{c})=\boldsymbol{a}\cdot\boldsymbol{b}+\boldsymbol{a}\cdot\boldsymbol{c}$;

③ $(\lambda\boldsymbol{a})\cdot(\mu\boldsymbol{b})=(\lambda\mu)\boldsymbol{a}\cdot\boldsymbol{b}$;

④ $\boldsymbol{a}\cdot\boldsymbol{a}=|\boldsymbol{a}|^2\geqslant 0$,等号成立当且仅当 $\boldsymbol{a}=\boldsymbol{0}$.

(4) 设 $\boldsymbol{a}=(a_1,a_2,a_3)$,$\boldsymbol{b}=(b_1,b_2,b_3)$,则 $\boldsymbol{a}\cdot\boldsymbol{b}=a_1b_1+a_2b_2+a_3b_3$.

5.1.5 向量的外积

(1) $\boldsymbol{a}$ 与 $\boldsymbol{b}$ 的外积 $\boldsymbol{a}\times\boldsymbol{b}=|\boldsymbol{a}||\boldsymbol{b}|\sin\langle\boldsymbol{a},\boldsymbol{b}\rangle\boldsymbol{n}^\circ$,其中 $\boldsymbol{n}^\circ$ 为同时垂直于 $\boldsymbol{a},\boldsymbol{b}$ 的单位向量,且 $\boldsymbol{a},\boldsymbol{b},\boldsymbol{n}^\circ$ 符合右手法则.

(2) $|\boldsymbol{a}\times\boldsymbol{b}|$ 等于以 $\boldsymbol{a},\boldsymbol{b}$ 为邻边的平行四边形的面积.

(3) 外积的性质:设 $\boldsymbol{a},\boldsymbol{b},\boldsymbol{c}$ 是三个向量,$\lambda,\mu\in\mathbf{R}$,则

① $\boldsymbol{a}\times\boldsymbol{b}=-\boldsymbol{b}\times\boldsymbol{a}$;

② $\boldsymbol{a}\times(\boldsymbol{b}+\boldsymbol{c})=\boldsymbol{a}\times\boldsymbol{b}+\boldsymbol{a}\times\boldsymbol{c}$;

③ $(\lambda\boldsymbol{a})\times(\mu\boldsymbol{b})=(\lambda\mu)\boldsymbol{a}\times\boldsymbol{b}$;

④ $\boldsymbol{a}\times\boldsymbol{a}=\boldsymbol{0}$.

(4) 设 $\boldsymbol{a}=(a_1,a_2,a_3)$,$\boldsymbol{b}=(b_1,b_2,b_3)$,则

$$\boldsymbol{a}\times\boldsymbol{b}=\left(\begin{vmatrix}a_2 & a_3\\ b_2 & b_3\end{vmatrix},\begin{vmatrix}a_3 & a_1\\ b_3 & b_1\end{vmatrix},\begin{vmatrix}a_1 & a_2\\ b_1 & b_2\end{vmatrix}\right).$$

*5.1.6 向量的混合积

(1) $\boldsymbol{a},\boldsymbol{b},\boldsymbol{c}$ 的混合积 $[\boldsymbol{a},\boldsymbol{b},\boldsymbol{c}]=(\boldsymbol{a}\times\boldsymbol{b})\cdot\boldsymbol{c}$.

(2) $[\boldsymbol{a},\boldsymbol{b},\boldsymbol{c}]$的绝对值等于以向量 $\boldsymbol{a},\boldsymbol{b},\boldsymbol{c}$ 为邻边的平行六面体的体积 V.

(3) 向量 $\boldsymbol{a},\boldsymbol{b},\boldsymbol{c}$ 共面当且仅当$[\boldsymbol{a},\boldsymbol{b},\boldsymbol{c}]=0$.

(4) 混合积的性质:设有向量 $\boldsymbol{a},\boldsymbol{b},\boldsymbol{c},\boldsymbol{d},\lambda,\mu\in\mathbf{R}$,则

① $[\boldsymbol{a},\boldsymbol{b},\boldsymbol{c}]=\boldsymbol{a}\cdot(\boldsymbol{b}\times\boldsymbol{c})$;

② $[\boldsymbol{a},\boldsymbol{b},\boldsymbol{c}]=[\boldsymbol{b},\boldsymbol{c},\boldsymbol{a}]=[\boldsymbol{c},\boldsymbol{a},\boldsymbol{b}]$;

③ $[\boldsymbol{a},\boldsymbol{c},\boldsymbol{b}]=[\boldsymbol{c},\boldsymbol{b},\boldsymbol{a}]=[\boldsymbol{b},\boldsymbol{a},\boldsymbol{c}]=-[\boldsymbol{a},\boldsymbol{b},\boldsymbol{c}]$;

④ $[\lambda\boldsymbol{a}+\mu\boldsymbol{b},\boldsymbol{c},\boldsymbol{d}]=\lambda[\boldsymbol{a},\boldsymbol{c},\boldsymbol{d}]+\mu[\boldsymbol{b},\boldsymbol{c},\boldsymbol{d}]$.

(5) 设 $\boldsymbol{a}=(a_1,a_2,a_3),\boldsymbol{b}=(b_1,b_2,b_3),\boldsymbol{c}=(c_1,c_2,c_3)$,则

$$[\boldsymbol{a},\boldsymbol{b},\boldsymbol{c}]=\begin{vmatrix} a_1 & a_2 & a_3 \\ b_1 & b_2 & b_3 \\ c_1 & c_2 & c_3 \end{vmatrix}.$$

5.1.7　平面的方程

(1) 点法式方程:通过点 $P_0(x_0,y_0,z_0)$,法向量为 $\boldsymbol{n}=(A,B,C)$的平面方程为 $A(x-x_0)+B(y-y_0)+C(z-z_0)=0$.

(2) 一般式方程:$Ax+By+Cz+D=0(A^2+B^2+C^2\neq0)$.

(3) 三点式方程:通过空间不共线的三点 $P_i(x_i,y_i,z_i)(i=1,2,3)$的平面 Π 的方程为 $\begin{vmatrix} x-x_1 & y-y_1 & z-z_1 \\ x_2-x_1 & y_2-y_1 & z_2-z_1 \\ x_3-x_1 & y_3-y_1 & z_3-z_1 \end{vmatrix}=0$.

(4) 截距式方程:通过三点 $A(a,0,0),B(0,b,0),C(0,0,c)(abc\neq0)$的平面 Π 的方程为$\dfrac{x}{a}+\dfrac{y}{b}+\dfrac{z}{c}=1$.

(5) 平面外一点到平面的距离:点 $P(x_0,y_0,z_0)$到平面 Π:$Ax+By+Cz+D=0$ 的距离为 $d=\dfrac{|Ax_0+By_0+Cz_0+D|}{\sqrt{A^2+B^2+C^2}}$.

(6) 平面与平面的位置关系:给定空间平面 Π_1 和 Π_2,其法向量分别为 $\boldsymbol{n}_1$ 和 $\boldsymbol{n}_2$,令 $\theta=\langle\boldsymbol{n}_1,\boldsymbol{n}_2\rangle$,定义平面 Π_1 和 Π_2 的夹角 $\varphi=\begin{cases}\theta,当\ 0\leqslant\theta\leqslant\dfrac{\pi}{2},\\ \pi-\theta,当\dfrac{\pi}{2}<\theta\leqslant\pi.\end{cases}$

$\Pi_1 /\!/ \Pi_2$ 当且仅当 $\boldsymbol{n}_1 /\!/ \boldsymbol{n}_2$;$\Pi_1 \perp \Pi_2$ 当且仅当 $\boldsymbol{n}_1 \perp \boldsymbol{n}_2$.

5.1.8 直线的方程

(1) 点向式方程(也称为标准式方程):通过点 $P_0(x_0, y_0, z_0)$,方向向量为 $\boldsymbol{l}=(m,n,p)$ 的直线 L 的方程为 $\dfrac{x-x_0}{m}=\dfrac{y-y_0}{n}=\dfrac{z-z_0}{p}$.

(2) 参数式方程:通过点 $P_0(x_0, y_0, z_0)$,方向向量为 $\boldsymbol{l}=(m,n,p)$ 的直线 L 的(参数式)方程为 $\begin{cases} x=x_0+mt, \\ y=y_0+nt, \ t\in\mathbf{R}. \\ z=z_0+pt, \end{cases}$

(3) 一般式方程:两张平面的交线 $\begin{cases} A_1x+B_1y+C_1z+D_1=0, \\ A_2x+B_2y+C_2z+D_2=0 \end{cases}$ 称为直线 L 的一般式方程,其中 $\boldsymbol{n}_1=(A_1, B_1, C_1)$ 和 $\boldsymbol{n}_2=(A_2, B_2, C_2)$ 不共线.

(4) 直线外一点到直线的距离:设直线 L 过点 $P_0(x_0, y_0, z_0)$,方向向量为 $\boldsymbol{l}=(m,n,p)$,则点 $P(x,y,z)$ 到直线 L 的距离为 $d=\dfrac{|\overrightarrow{P_0P}\times\boldsymbol{l}|}{|\boldsymbol{l}|}$.

(5) 直线与直线的位置关系:给定两条直线 L_1 和 L_2,它们的方向向量分别为 $\boldsymbol{l}_1$ 和 $\boldsymbol{l}_2$. 令 $\theta=\langle\boldsymbol{l}_1, \boldsymbol{l}_2\rangle$,定义直线 L_1 与 L_2 的夹角 $\varphi=\begin{cases} \theta, 当\ 0\leqslant\theta\leqslant\dfrac{\pi}{2}, \\ \pi-\theta, 当\dfrac{\pi}{2}<\theta\leqslant\pi. \end{cases}$

$L_1 /\!/ L_2$ 当且仅当 $\boldsymbol{l}_1 /\!/ \boldsymbol{l}_2$;$L_1 \perp L_2$ 当且仅当 $\boldsymbol{l}_1 \perp \boldsymbol{l}_2$.

*(6) 两条相交或平行的直线称为共面直线,两条不共面的直线称为异面直线.

① 直线 L_1 和 L_2 共面当且仅当 $[\overrightarrow{M_1M_2}, \boldsymbol{l}_1, \boldsymbol{l}_2]=0$,其中 $M_1\in L_1$,$M_2\in L_2$,$\boldsymbol{l}_1$ 和 $\boldsymbol{l}_2$ 分别为直线 L_1 和 L_2 的方向向量.

② 两异面直线的公垂线和距离:与两条异面直线都垂直且相交的直线称为这两条异面直线的公垂线. 两条异面直线的公垂线在两条异面直线间的线段的长度称为这两条异面直线的距离.

③ 设两条异面直线 L_1 和 L_2 的方程为点向式方程,则两条异面直线 L_1 与

L_2 的距离为 $d=\dfrac{|[\overrightarrow{P_1P_2},\boldsymbol{l}_1,\boldsymbol{l}_2]|}{|\boldsymbol{l}_1\times\boldsymbol{l}_2|}$，其公垂线 L 的方程为$\begin{cases}[\overrightarrow{P_1P},\boldsymbol{l}_1,\boldsymbol{l}]=0,\\ [\overrightarrow{P_2P},\boldsymbol{l}_2,\boldsymbol{l}]=0,\end{cases}$其中 $P=P(x,y,z)$，$P_i=P_i(x_i,y_i,z_i)\in L_i$，$\boldsymbol{l}_i=(m_i,n_i,p_i)(i=1,2)$，$\boldsymbol{l}=\boldsymbol{l}_1\times\boldsymbol{l}_2$.

5.1.9 直线与平面的位置关系

给定一条直线 $L:\dfrac{x-x_0}{m}=\dfrac{y-y_0}{n}=\dfrac{z-z_0}{p}$和一个平面 $\Pi:Ax+By+Cz+D=0$，则直线 L 与平面 Π 有且仅有三种位置关系：平行，相交，在内.

定义直线 L 与 Π 的夹角 $\varphi=\left|\dfrac{\pi}{2}-\theta\right|$，其中 $\theta=\langle\boldsymbol{l},\boldsymbol{n}\rangle$. 直线 L 与平面 Π 的夹角 φ 可由公式求出：$\sin\varphi=|\cos\theta|=\dfrac{|\boldsymbol{n}\cdot\boldsymbol{l}|}{|\boldsymbol{n}||\boldsymbol{l}|}=\dfrac{|mA+nB+pC|}{\sqrt{A^2+B^2+C^2}\cdot\sqrt{m^2+n^2+p^2}}$.

(1) 当 $\varphi=\dfrac{\pi}{2}$ 时，$L\perp\Pi$，当 $\varphi=0$ 时，$L/\!/\Pi$ 或 $L\subset\Pi$.

(2) 当 $0\leqslant\varphi<\dfrac{\pi}{2}$ 时，过直线 L 且垂直于平面 Π 的平面有且仅有一个，记为 Π'，称为直线 L 的射影平面，$\Pi\cap\Pi'=L'$ 称为直线 L 在平面 Π 上的射影(直线).

5.1.10 空间曲面与空间曲线

关于 x,y,z 的二次方程 $F(x,y,z)=0$ 所表示的空间图形称为二次曲面，(空间)两张曲面的交线称为空间曲线.

(1) 球面：以点 $A(x_0,y_0,z_0)$ 为球心，R 为半径的球面 Σ 的标准式方程为

$$(x-x_0)^2+(y-y_0)^2+(z-z_0)^2=R^2.$$

(2) 柱面：以曲线 $\Gamma:\begin{cases}F(x,y,z)=0,\\ H(x,y,z)=0\end{cases}$ 为准线，母线的方向向量为 $\boldsymbol{l}=(m,n,p)$ 的柱面 Σ 的参数式方程为

$$\begin{cases}F(x-mt,y-nt,z-pt)=0,\\ H(x-mt,y-nt,z-pt)=0.\end{cases}$$

① 以 xOy 平面上的曲线 $\gamma:\begin{cases}f(x,y)=0,\\ z=0\end{cases}$ 为准线，母线的方向向量为 $\boldsymbol{l}=(m,n,p)(p\neq0)$ 的柱面 Σ 的方程为 $f\left(x-\dfrac{m}{p}z,y-\dfrac{n}{p}z\right)=0$. 特别地，方程

$f(x,y)=0$ 的图像是母线平行于 Oz 轴的柱面;方程 $g(y,z)=0$ 的图像是母线平行于 Ox 轴的柱面;方程 $h(x,z)=0$ 的图像是母线平行于 Oy 轴的柱面.

② 从 Γ 的一般式方程:$\begin{cases}F(x,y,z)=0,\\H(x,y,z)=0\end{cases}$ 中消去变量 z 后得到方程 $f(x,y)=0$,它的图像是母线平行于 Oz 轴的柱面. 以 Γ 为准线,母线平行于 Oz 轴的柱面 Σ:$f(x,y)=0$ 称为 Γ 关于坐标平面 xOy 的投影柱面. 投影柱面 Σ 与坐标平面 xOy 的交线 γ_{xy}:$\begin{cases}f(x,y)=0,\\z=0\end{cases}$ 称为 Γ 在坐标平面 xOy 上的投影曲线,简称为投影.

(3) 锥面:以 $M_0(x_0,y_0,z_0)$ 为顶点,以曲线 Γ:$\begin{cases}F(x,y,z)=0,\\H(x,y,z)=0\end{cases}$ 为准线的锥面 Σ 的参数式方程为 $\begin{cases}F(x_0+t(x-x_0),y_0+t(y-y_0),z_0+t(z-z_0))=0,\\H(x_0+t(x-x_0),y_0+t(y-y_0),z_0+t(z-z_0))=0.\end{cases}$

(4) 旋转曲面:yOz 平面上的曲线 Γ:$\begin{cases}f(y,z)=0,\\x=0\end{cases}$ 绕 Oz 轴(或 Oy 轴)旋转所生成的旋转曲面 Σ 的方程为

$$f(\pm\sqrt{x^2+y^2},z)=0(\text{或 } f(y,\pm\sqrt{x^2+z^2})=0).$$

(5) 常见的二次曲面的标准式方程:

① 椭球面:$\frac{x^2}{a^2}+\frac{y^2}{b^2}+\frac{z^2}{c^2}=1$.

② 单叶双曲面:$\frac{x^2}{a^2}+\frac{y^2}{b^2}-\frac{z^2}{c^2}=1$.

③ 双叶双曲面:$\frac{x^2}{a^2}+\frac{y^2}{b^2}-\frac{z^2}{c^2}=-1$.

④ 二次锥面:$\frac{x^2}{a^2}+\frac{y^2}{b^2}-\frac{z^2}{c^2}=0$.

⑤ 椭圆抛物面:$z=\frac{x^2}{a^2}+\frac{y^2}{b^2}$.

⑥ 双曲抛物面:$z=-\frac{x^2}{a^2}+\frac{y^2}{b^2}$.

⑦ 椭圆柱面：$\frac{x^2}{a^2}+\frac{y^2}{b^2}=1$.

⑧ 双曲柱面：$\frac{x^2}{a^2}-\frac{y^2}{b^2}=1$.

⑨ 抛物柱面：$y^2=2px$.

5.2 习题解析

例5.1(习题5.1 A2) 求点 $P(x,y,z)$ 关于坐标轴 Ox,Oy,Oz 对称的点的坐标.

解 设点 $P(x,y,z)$ 关于 Ox 轴对称的点为 $Q(x_1,y_1,z_1)$，则

$$x+x_1=2x,\ y+y_1=0,\ z+z_1=0,$$

解之，得 $x_1=x,y_1=-y,z_1=-z$. 故点 $P(x,y,z)$ 关于 Ox 轴对称的点的坐标为 $(x,-y,-z)$.

同理点 $P(x,y,z)$ 关于 Oy,Oz 轴对称的点的坐标分别为 $(-x,y,-z)$，$(-x,-y,z)$.

例5.2(习题5.1 A3) 求到点 $F_1(-1,0,0)$ 和点 $F_2(1,0,0)$ 的距离之和为4的点 P 的轨迹方程.

解 设点 $P(x,y,z)$，由题设可得 $|PF_1|+|PF_2|=4$，即

$$\sqrt{(x+1)^2+(y-0)^2+(z-0)^2}+\sqrt{(x-1)^2+(y-0)^2+(z-0)^2}=4,$$

移项并两边同时平方，得

$$(x+1)^2+y^2+z^2=16-8\sqrt{(x-1)^2+y^2+z^2}+(x-1)^2+y^2+z^2,$$

化简，得

$$2\sqrt{(x-1)^2+y^2+z^2}=4-x,$$

两边同时平方并整理，得

$$\frac{x^2}{4}+\frac{y^2}{3}+\frac{z^2}{3}=1.$$

例5.3(习题5.1 A5) 求向量 $\boldsymbol{a}=-\boldsymbol{i}+2\boldsymbol{j}+\boldsymbol{k}$ 的模、单位向量、方向余弦和方向角.

解 向量 $\boldsymbol{a}$ 的模 $|\boldsymbol{a}|=\sqrt{(-1)^2+2^2+1^2}=\sqrt{6}$.

向量 $\boldsymbol{a}$ 的单位向量 $\boldsymbol{a}^\circ=\frac{\boldsymbol{a}}{|\boldsymbol{a}|}=\frac{-1}{\sqrt{6}}\boldsymbol{i}+\frac{2}{\sqrt{6}}\boldsymbol{j}+\frac{1}{\sqrt{6}}\boldsymbol{k}$.

向量 $\boldsymbol{a}$ 的方向余弦为 $\frac{-1}{\sqrt{6}},\frac{2}{\sqrt{6}},\frac{1}{\sqrt{6}}$.

向量 $\boldsymbol{a}$ 的方向角为 $\arccos\frac{-1}{\sqrt{6}},\arccos\frac{2}{\sqrt{6}},\arccos\frac{1}{\sqrt{6}}$.

例 5.4(习题 5.1 A7)　设 $\boldsymbol{a},\boldsymbol{b},\boldsymbol{c}$ 两两垂直，且模分别为 2,3,5，求 $|\boldsymbol{a}-2\boldsymbol{b}+3\boldsymbol{c}|$.

解

$$\begin{aligned}|\boldsymbol{a}-2\boldsymbol{b}+3\boldsymbol{c}|&=\sqrt{(\boldsymbol{a}-2\boldsymbol{b}+3\boldsymbol{c})\cdot(\boldsymbol{a}-2\boldsymbol{b}+3\boldsymbol{c})}\\&=\sqrt{\boldsymbol{a}\cdot\boldsymbol{a}+(-2)^2\boldsymbol{b}\cdot\boldsymbol{b}+3^2\boldsymbol{c}\cdot\boldsymbol{c}-4\boldsymbol{a}\cdot\boldsymbol{b}+6\boldsymbol{a}\cdot\boldsymbol{c}-12\boldsymbol{b}\cdot\boldsymbol{c}}\\&=\sqrt{4+36+225}=\sqrt{265}.\end{aligned}$$

例 5.5(习题 5.1 A8)　设 $\boldsymbol{a}=(2,0,1),\boldsymbol{b}=(1,-2,1),\boldsymbol{c}=(2,3,5)$，求：
(1) $(\boldsymbol{b}\cdot\boldsymbol{c})\boldsymbol{a}-(\boldsymbol{c}\cdot\boldsymbol{a})\boldsymbol{b}$；(2) $(\boldsymbol{a}+\boldsymbol{b})\times(\boldsymbol{b}-\boldsymbol{c})$；(3) $(\boldsymbol{a}\times\boldsymbol{b})\cdot\boldsymbol{c}$.

解　(1)

$$\begin{aligned}&(\boldsymbol{b}\cdot\boldsymbol{c})\boldsymbol{a}-(\boldsymbol{c}\cdot\boldsymbol{a})\boldsymbol{b}\\&=[1\times2+(-2)\times3+1\times5](2,0,1)-(2\times2+3\times0+5\times1)(1,-2,1)\\&=(2,0,1)-9(1,-2,1)=(-7,18,-8);\end{aligned}$$

(2)

$$\begin{aligned}(\boldsymbol{a}+\boldsymbol{b})\times(\boldsymbol{b}-\boldsymbol{c})&=(3,-2,2)\times(-1,-5,-4)\\&=\left(\begin{vmatrix}-2&2\\-5&-4\end{vmatrix},\begin{vmatrix}2&3\\-4&-1\end{vmatrix},\begin{vmatrix}3&-2\\-1&-5\end{vmatrix}\right)\\&=(18,10,-17);\end{aligned}$$

(3)

$$(\boldsymbol{a}\times\boldsymbol{b})\cdot\boldsymbol{c}=\begin{vmatrix}2&0&1\\1&-2&1\\2&3&5\end{vmatrix}=-19.$$

例 5.6　设向量 $\boldsymbol{a}=(1,-2,2),\boldsymbol{b}=(1,1,z)$，试问 z 为何值时，向量 $\boldsymbol{a},\boldsymbol{b}$ 的夹角最大？并求出最大值.

解　$\cos\langle\boldsymbol{a},\boldsymbol{b}\rangle=\frac{\boldsymbol{a}\cdot\boldsymbol{b}}{|\boldsymbol{a}|\cdot|\boldsymbol{b}|}=\frac{-1+2z}{3\sqrt{2+z^2}}=f(z)$. 令 $f'(z)=0$，即 $\frac{4+z}{3(2+z^2)^{\frac{3}{2}}}=0$，从而 $z=-4$ 是 $f(z)$ 的唯一驻点，且 $f'(z)\begin{cases}<0,z<-4,\\>0,z>-4,\end{cases}$ 因此

$f(z)\geqslant f(-4)=-\frac{1}{\sqrt{2}}$. 故当 $z=-4$ 时，向量 $\boldsymbol{a},\boldsymbol{b}$ 的夹角最大，且最大值为$\frac{3\pi}{4}$.

例 5.7　已知向量 $\boldsymbol{a},\boldsymbol{b},|\boldsymbol{a}|=1,|\boldsymbol{b}|=2$，若对任意单位向量 $\boldsymbol{e}$，均有 $|\boldsymbol{a}\cdot\boldsymbol{e}|+|\boldsymbol{b}\cdot\boldsymbol{e}|\leqslant\sqrt{6}$，求 $\boldsymbol{a}\cdot\boldsymbol{b}$ 的最大值.

解　记与 $\boldsymbol{a}+\boldsymbol{b}$ 的夹角为 θ 的单位向量为 $\boldsymbol{e}_\theta$. 一方面

$$(\boldsymbol{a}+\boldsymbol{b})\cdot\boldsymbol{e}_\theta=\boldsymbol{a}\cdot\boldsymbol{e}_\theta+\boldsymbol{b}\cdot\boldsymbol{e}_\theta\leqslant|\boldsymbol{a}\cdot\boldsymbol{e}_\theta|+|\boldsymbol{b}\cdot\boldsymbol{e}_\theta|\leqslant\sqrt{6},$$

另一方面，

$$\begin{aligned}(\boldsymbol{a}+\boldsymbol{b})\cdot\boldsymbol{e}_\theta&=|\boldsymbol{a}+\boldsymbol{b}|\cos\theta\\&=\sqrt{|\boldsymbol{a}|^2+|\boldsymbol{b}|^2+2\boldsymbol{a}\cdot\boldsymbol{b}}\cos\theta\\&=\sqrt{5+2\boldsymbol{a}\cdot\boldsymbol{b}}\cos\theta,\end{aligned}$$

所以

$$\sqrt{5+2\boldsymbol{a}\cdot\boldsymbol{b}}\cos\theta\leqslant\sqrt{6},\ \forall\theta\in[0,\pi],$$

故 $\boldsymbol{a}\cdot\boldsymbol{b}\leqslant\frac{1}{2}$. 当 $\boldsymbol{a}\cdot\boldsymbol{b}=\frac{1}{2}$ 时，因为 $\langle\boldsymbol{a},\boldsymbol{b}\rangle=\arccos\frac{1}{4}$，所以 $\boldsymbol{a}\cdot\boldsymbol{e}_0+\boldsymbol{b}\cdot\boldsymbol{e}_0\leqslant|\boldsymbol{a}\cdot\boldsymbol{e}_0|+|\boldsymbol{b}\cdot\boldsymbol{e}_0|\leqslant\sqrt{6}$中等号成立，因此 $\boldsymbol{a}\cdot\boldsymbol{b}$ 的最大值为$\frac{1}{2}$.

例 5.8　在边长为 1 的正六边形 $ABCDEF$ 中，记以 A 为起点，其余顶点为终点的向量分别为 $\boldsymbol{a}_1,\boldsymbol{a}_2,\boldsymbol{a}_3,\boldsymbol{a}_4,\boldsymbol{a}_5$；以 D 为起点，其余顶点为终点的向量分别为 $\boldsymbol{d}_1,\boldsymbol{d}_2,\boldsymbol{d}_3,\boldsymbol{d}_4,\boldsymbol{d}_5$. 若 m,M 分别为$(\boldsymbol{a}_i+\boldsymbol{a}_j+\boldsymbol{a}_k)\cdot(\boldsymbol{d}_r+\boldsymbol{d}_s+\boldsymbol{d}_t)$的最小值、最大值，其中$\{i,j,k\}\subseteq\{1,2,3,4,5\}$，$\{r,s,t\}\subseteq\{1,2,3,4,5\}$，则 m,M 满足(　　).

(A) $m=0,M>0$；(B) $m<0,M>0$；(C) $m<0,M=0$；(D) $m<0,M<0$.

解　应选(D). 因为 $\boldsymbol{a}_1,\boldsymbol{a}_2,\boldsymbol{a}_3,\boldsymbol{a}_4,\boldsymbol{a}_5$ 中的任何三个向量的和向量(记为 $\boldsymbol{a}$)与向量$\overrightarrow{AD}$的夹角小于$\frac{\pi}{4}$，而 $\boldsymbol{d}_1,\boldsymbol{d}_2,\boldsymbol{d}_3,\boldsymbol{d}_4,\boldsymbol{d}_5$ 的任何三个向量的和向量(记为 $\boldsymbol{d}$)与向量$\overrightarrow{DA}$的夹角也小于$\frac{\pi}{4}$，从而向量 $\boldsymbol{a}$ 与向量 $\boldsymbol{d}$ 的夹角大于$\frac{\pi}{2}$. 因此 $\boldsymbol{a}\cdot\boldsymbol{d}<0$. 故选(D).

例 5.9　如图 5.4 所示：四个棱长为 1 的正方体排成一个正四棱柱，AB 是一条侧棱，$P_i(i=1,2,\cdots,8)$是上底面上其余的八个点，则$\overrightarrow{AB}\cdot\overrightarrow{AP_i}(i=1,$

2,…,8)的不同值的个数为(　　).

(A) 1;　　(B) 2;

(C) 4;　　(D) 8.

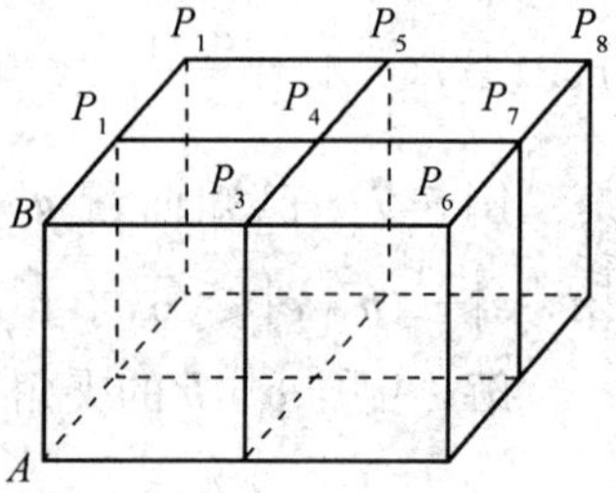

图 5.4

解　应选(A). 因为$\overrightarrow{AB}\cdot\overrightarrow{AP_i}=|\overrightarrow{AB}|\cdot|AP_i|\cdot\cos\angle BAP_i=|\overrightarrow{AB}|^2$, $i=1,2,\cdots,8$. 故选(A).

例 5.10　已知空间四点分别为$A(1,0,0)$, $B(0,2,0)$, $C(0,0,3)$, $P(1,2,3)$.

(1) 求$\triangle ABC$的面积;(2) 求四面体$P-ABC$的体积.

解　(1) 由向量积的几何意义,可知

$$S_{ABC}=\frac{1}{2}|\overrightarrow{AB}||\overrightarrow{AC}|\sin A=\frac{1}{2}|\overrightarrow{AB}\times\overrightarrow{AC}|.$$

因为$\overrightarrow{AB}=(-1,2,0)$, $\overrightarrow{AC}=(-1,0,3)$,所以

$$\overrightarrow{AB}\times\overrightarrow{AC}=\left(\begin{vmatrix}2&0\\0&3\end{vmatrix},\begin{vmatrix}0&-1\\3&-1\end{vmatrix},\begin{vmatrix}-1&2\\-1&0\end{vmatrix}\right)=(6,3,2).$$

故$\triangle ABC$的面积为

$$S_{ABC}=\frac{1}{2}\sqrt{6^2+3^2+2^2}=\frac{7}{2}.$$

(2) 由混合积的几何意义,可知

$$V_{P\text{-}ABC}=\frac{1}{6}|[\overrightarrow{PA},\overrightarrow{PB},\overrightarrow{PC}]|.$$

因为

$$[\overrightarrow{PA},\overrightarrow{PB},\overrightarrow{PC}]=\begin{vmatrix}0&2&3\\1&0&3\\1&2&0\end{vmatrix}=12,$$

所以四面体$P-ABC$的体积为$V_{P\text{-}ABC}=2$.

例 5.11　证明:以$\boldsymbol{a},\boldsymbol{b},\boldsymbol{c}$为邻边的四面体的体积$V$等于以$\boldsymbol{a},\boldsymbol{b},\boldsymbol{c}$为邻边的平行六面体的体积$V_0$的$\frac{1}{6}$倍.

证　如图 5.5 所示. 设O是以$\boldsymbol{a},\boldsymbol{b},\boldsymbol{c}$为邻边的平行六面体$ABCD$-$A_1B_1C_1D_1$的对角线$AC_1$的中点. 易知五面体$O-ABCD$的体积等于四面体

A_1-BDA 的体积 V；五面体 $O-AA_1D_1D$ 的体积等于四面体 B-DA_1A 的体积 V；五面体 $O-ABB_1A_1$ 的体积等于四面体 D-A_1BA 的体积 V. 故上述三个五面体的体积相等. 易知五面体 $O-A_1B_1C_1D_1$ 与五面体 $O-ABCD$ 的体积相等，五面体 $O-BB_1C_1C$ 与五面体 $O-AA_1D_1D$ 的体积相等，五面体 $O-CC_1D_1D$ 与五面体 $O-AA_1B_1B$ 的体积相等，显然平行六面体 $ABCD$-$A_1B_1C_1D_1$ 的体积 V_0 等于六个五面体的体积之和. 所以 $V=\frac{1}{6}V_0$.

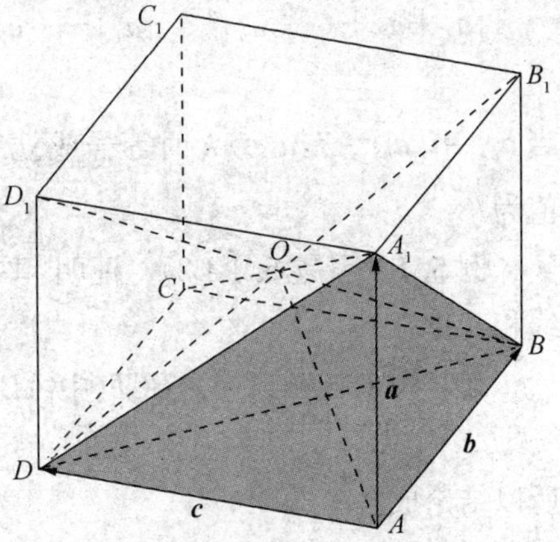

图 5.5

例 5.12　设 $\lambda,\mu,\nu\in\mathbf{R}$，证明：三向量 $\lambda\boldsymbol{a}-\mu\boldsymbol{b},\mu\boldsymbol{b}-\nu\boldsymbol{c},\nu\boldsymbol{c}-\lambda\boldsymbol{a}$ 共面.

证　方法一　因为 $(\lambda\boldsymbol{a}-\mu\boldsymbol{b})+(\mu\boldsymbol{b}-\nu\boldsymbol{c})+(\nu\boldsymbol{c}-\lambda\boldsymbol{a})=\boldsymbol{0}$，所以三向量 $\lambda\boldsymbol{a}-\mu\boldsymbol{b},\mu\boldsymbol{b}-\nu\boldsymbol{c},\nu\boldsymbol{c}-\lambda\boldsymbol{a}$ 共面.

方法二　因为

$$\begin{aligned}&[\lambda\boldsymbol{a}-\mu\boldsymbol{b},\mu\boldsymbol{b}-\nu\boldsymbol{c},\nu\boldsymbol{c}-\lambda\boldsymbol{a}]\\=&[\lambda\boldsymbol{a}-\nu\boldsymbol{c}+(\nu\boldsymbol{c}-\mu\boldsymbol{b}),\mu\boldsymbol{b}-\nu\boldsymbol{c},\nu\boldsymbol{c}-\lambda\boldsymbol{a}]\\=&[\lambda\boldsymbol{a}-\nu\boldsymbol{c},\mu\boldsymbol{b}-\nu\boldsymbol{c},\nu\boldsymbol{c}-\lambda\boldsymbol{a}]+[\nu\boldsymbol{c}-\mu\boldsymbol{b},\mu\boldsymbol{b}-\nu\boldsymbol{c},\nu\boldsymbol{c}-\lambda\boldsymbol{a}]=0.\end{aligned}$$

所以三向量 $\lambda\boldsymbol{a}-\mu\boldsymbol{b},\mu\boldsymbol{b}-\nu\boldsymbol{c},\nu\boldsymbol{c}-\lambda\boldsymbol{a}$ 共面.

例 5.13(习题 5.1 B1)　设 $\boldsymbol{a}_k(k=1,2,\cdots,n)$ 是两两垂直的 $n(n\geqslant 3)$ 个模都不超过 1 的三维向量，求向量 $\boldsymbol{a}_1+\boldsymbol{a}_2+\cdots+\boldsymbol{a}_n$ 的模的最大值.

解　设三维向量 $\boldsymbol{a}_n(n=1,2,3)$ 是两两垂直的非零向量，$\boldsymbol{a}$ 是与 $\boldsymbol{a}_n(n=1,2,3)$ 都垂直的向量，因为 $\boldsymbol{a}_3/\!/(\boldsymbol{a}_1\times\boldsymbol{a}_2)$，$\boldsymbol{a}/\!/(\boldsymbol{a}_1\times\boldsymbol{a}_2)$，所以 $\boldsymbol{a}/\!/\boldsymbol{a}_3$，即 $\boldsymbol{a}=\lambda\boldsymbol{a}_3$. 又因为

$$0=\boldsymbol{a}\cdot\boldsymbol{a}_3=\lambda\boldsymbol{a}_3\cdot\boldsymbol{a}_3=\lambda|\boldsymbol{a}_3|^2,$$

所以 $\lambda=0$，因此 $\boldsymbol{a}=\boldsymbol{0}$. 这说明 n 个两两垂直的三维向量中至多只有三个非零向量. 故

$$|\boldsymbol{a}_1+\boldsymbol{a}_2+\cdots+\boldsymbol{a}_n|^2=|\boldsymbol{a}_1|^2+|\boldsymbol{a}_2|^2+\cdots+|\boldsymbol{a}_n|^2$$
$$=|\boldsymbol{a}_{k_1}|^2+|\boldsymbol{a}_{k_2}|^2+|\boldsymbol{a}_{k_3}|^2\leqslant 3\quad(1\leqslant k_1<k_2<k_3\leqslant n).$$

当 $\boldsymbol{a}_{k_1}=\boldsymbol{i},\boldsymbol{a}_{k_2}=\boldsymbol{j},\boldsymbol{a}_{k_3}=\boldsymbol{k}$ 时等号成立. 所以向量 $\boldsymbol{a}_1+\boldsymbol{a}_2+\cdots+\boldsymbol{a}_n$ 的模的最大值为$\sqrt{3}$.

例 5.14(习题 5.1 B2)　证明:平行四边形是菱形的充分必要条件是对角线相互垂直.

证　设平行四边形 $ABCD$ 中 $AB/\!/CD$. 因为

$$\overrightarrow{AC}\cdot\overrightarrow{BD}=(\overrightarrow{AB}+\overrightarrow{AD})\cdot(\overrightarrow{AD}-\overrightarrow{AB})=|\overrightarrow{AD}|^2-|\overrightarrow{AB}|^2,$$

所以结论成立.

例 5.15(习题 5.1 B3)　平面上等边三角形三个顶点的坐标能否都为有理数?

解　设 xOy 平面上$\triangle ABC$ 的三顶点分别为 $A(x_1,y_1,0)$,$B(x_2,y_2,0)$,$C(x_3,y_3,0)$.

$$\overrightarrow{AB}\times\overrightarrow{AC}=\left(0,0,\begin{vmatrix}x_2-x_1 & y_2-y_1\\ x_3-x_1 & y_3-y_1\end{vmatrix}\right)=\left(0,0,\begin{vmatrix}x_1 & y_1 & 1\\ x_2 & y_2 & 1\\ x_3 & y_3 & 1\end{vmatrix}\right).$$

所以 $2S_{ABC}$ 等于行列式 $\begin{vmatrix}x_1 & y_1 & 1\\ x_2 & y_2 & 1\\ x_3 & y_3 & 1\end{vmatrix}$ 的绝对值. 这说明当$\triangle ABC$ 的三顶点坐标$(x_k,y_k,0)(k=1,2,3)$都是有理数时,其面积为有理数. 另一方面,等边三角形 ABC 的三顶点坐标$(x_k,y_k,0)(k=1,2,3)$都是有理数时,其面积

$$S_{ABC}=\frac{1}{2}|AB|^2\sin\frac{\pi}{3}=\frac{\sqrt{3}}{4}[(x_2-x_1)^2+(y_2-y_1)^2]$$

为无理数. 所以平面上等边三角形三个顶点的坐标不能都为有理数.

例 5.16　用向量的运算证明梯形两腰中点的连线平行于上、下底边,且等于上、下底边长度和的一半(如图 5.6 所示).

证　因为

$$\overrightarrow{EF}=\overrightarrow{EA}+\overrightarrow{AB}+\overrightarrow{BF}=\overrightarrow{ED}+\overrightarrow{DC}+\overrightarrow{CF},$$

所以

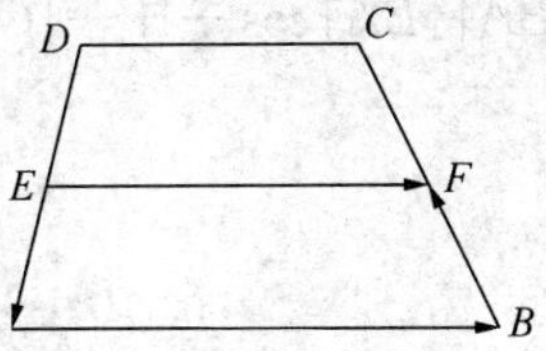

图 5.6

$$2\overrightarrow{EF}=\overrightarrow{AB}+\overrightarrow{DC}+\overrightarrow{EA}+\overrightarrow{ED}+\overrightarrow{BF}+\overrightarrow{CF}$$
$$=\overrightarrow{AB}+\overrightarrow{DC}.$$

所以$\overrightarrow{EF}$平行于上、下底边且等于$\frac{1}{2}(\overrightarrow{AB}+\overrightarrow{DC})$.

例 5.17　在四边形 $ABCD$ 中，$\overrightarrow{AB}=\boldsymbol{i}-2\boldsymbol{k}$，$\overrightarrow{CD}=3\boldsymbol{i}+2\boldsymbol{j}+6\boldsymbol{k}$，$E,F$ 分别为对角线 AC,BD 的中点. 求$\overrightarrow{EF}$.

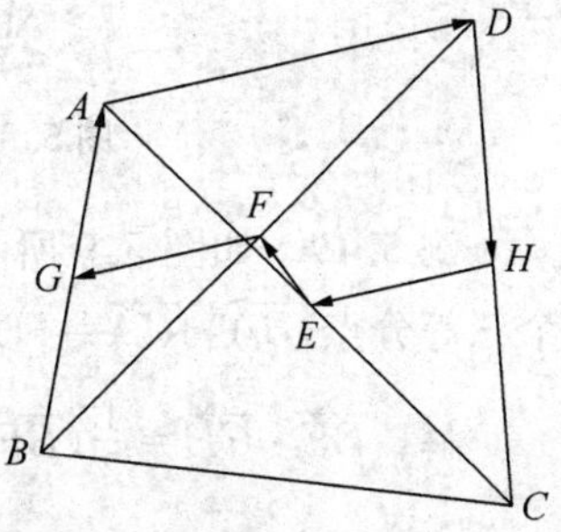

图 5.7

解　取线段 AB 的中点 G，线段 CD 的中点 H，如图 5.7 所示. 因为

$$\overrightarrow{EF}+\overrightarrow{FG}+\frac{1}{2}\overrightarrow{BA}+\overrightarrow{AD}+\frac{1}{2}\overrightarrow{DC}+\overrightarrow{HE}=\boldsymbol{0}.$$

注意到$\overrightarrow{FG}=\frac{1}{2}\overrightarrow{DA}=\overrightarrow{HE}$，所以

$$\overrightarrow{EF}=\frac{1}{2}\overrightarrow{AB}+\frac{1}{2}\overrightarrow{CD}$$
$$=\frac{1}{2}(\boldsymbol{i}-2\boldsymbol{k})+\frac{1}{2}(3\boldsymbol{i}+2\boldsymbol{j}+6\boldsymbol{k})$$
$$=2\boldsymbol{i}+\boldsymbol{j}+2\boldsymbol{k}.$$

例 5.18　已知$\triangle ABC$ 是边长为 1 的等边三角形，点 D,E 分别是边 AB，BC 的中点，连接 DE 并延长到点 F，使得 $DE=2EF$（如图 5.8 所示），求$\overrightarrow{AF}\cdot\overrightarrow{BC}$的值.

解　$\overrightarrow{AF}\cdot\overrightarrow{BC}=(\overrightarrow{AD}+\overrightarrow{DF})\cdot\overrightarrow{BC}=\left(\frac{1}{2}\overrightarrow{AB}+\frac{3}{4}\overrightarrow{AC}\right)\cdot\overrightarrow{BC}$

$$=-\frac{1}{2}\overrightarrow{BA}\cdot\overrightarrow{BC}+\frac{3}{4}\overrightarrow{CA}\cdot\overrightarrow{CB}$$

$$=-\frac{1}{2}|\overrightarrow{BA}||\overrightarrow{BA}|\cos\frac{\pi}{3}+\frac{3}{4}|\overrightarrow{CA}||\overrightarrow{CB}|\cos\frac{\pi}{3}=\frac{1}{8}.$$

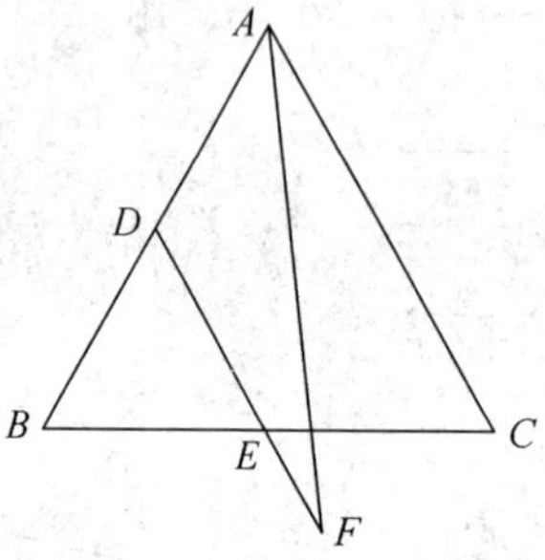

图 5.8

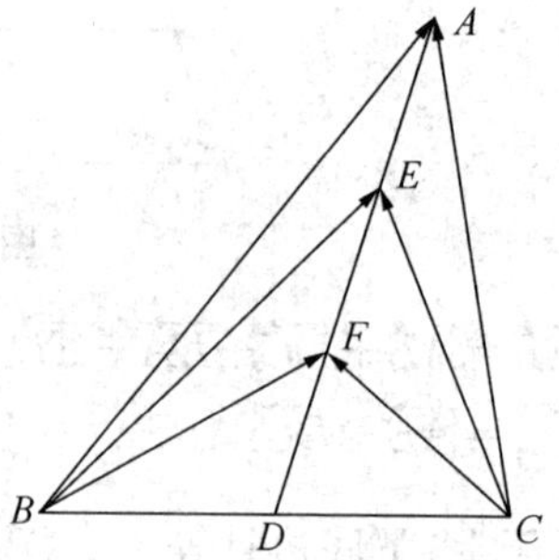

图 5.9

例 5.19　如图 5.9 所示，在$\triangle ABC$中，D是BC的中点，E,F是AD上两个三等分点，$\overrightarrow{BA}\cdot\overrightarrow{CA}=4$，$\overrightarrow{BF}\cdot\overrightarrow{CF}=-1$，求$\overrightarrow{BE}\cdot\overrightarrow{CE}$的值.

解　$\overrightarrow{BE}\cdot\overrightarrow{CE}=\frac{1}{2}(\overrightarrow{BF}+\overrightarrow{BA})\cdot\frac{1}{2}(\overrightarrow{CF}+\overrightarrow{CA})$

$$=\frac{1}{4}(3+\overrightarrow{CF}\cdot\overrightarrow{BA}+\overrightarrow{BF}\cdot\overrightarrow{CA})$$

$$=\frac{1}{4}\left[3+\frac{1}{3}(\overrightarrow{CA}+\overrightarrow{CB})\cdot\overrightarrow{BA}+\frac{1}{3}(\overrightarrow{BA}+\overrightarrow{BC})\cdot\overrightarrow{CA}\right]$$

$$=\frac{1}{4}\left(\frac{17}{3}-\frac{\overrightarrow{BC}^2}{3}\right).$$

下面计算$\overrightarrow{BC}^2$. 一方面，

$$\begin{aligned}\overrightarrow{BC}^2&=(\overrightarrow{BF}+\overrightarrow{FC})^2=\overrightarrow{BF}^2+\overrightarrow{FC}^2+2\overrightarrow{BF}\cdot\overrightarrow{FC}\\&=\left[\frac{1}{3}(\overrightarrow{BC}+\overrightarrow{BA})\right]^2+\left[\frac{1}{3}(\overrightarrow{CA}+\overrightarrow{CB})\right]^2+2\\&=\frac{2\overrightarrow{BC}^2}{9}+\frac{2\overrightarrow{BC}\cdot(\overrightarrow{BA}+\overrightarrow{AC})}{9}+\frac{\overrightarrow{BA}^2}{9}+\frac{\overrightarrow{AC}^2}{9}+2,\end{aligned}$$

即
$$5\overrightarrow{BC}^2=\overrightarrow{BA}^2+\overrightarrow{AC}^2+18;$$

另一方面，
$$\begin{aligned}\overrightarrow{BC}^2&=(\overrightarrow{BA}+\overrightarrow{AC})^2\\&=\overrightarrow{BA}^2+\overrightarrow{AC}^2+2\overrightarrow{BA}\cdot\overrightarrow{AC}\\&=\overrightarrow{BA}^2+\overrightarrow{AC}^2-8,\end{aligned}$$

所以$\overrightarrow{BC}^2=\frac{13}{2}$，得$\overrightarrow{BE}\cdot\overrightarrow{CE}=\frac{7}{8}$.

例 5.20　设 O 是平面上正 n 边形 $A_1A_2\cdots A_n$ 的中心(如图 5.10 所示).

(1) 证明:$\overrightarrow{OA_1}+\overrightarrow{OA_2}+\cdots+\overrightarrow{OA_n}=\mathbf{0}$;

(2) 设 P 是空间任一点，证明:$\overrightarrow{PA_1}+\overrightarrow{PA_2}+\cdots+\overrightarrow{PA_n}=n\overrightarrow{PO}$.

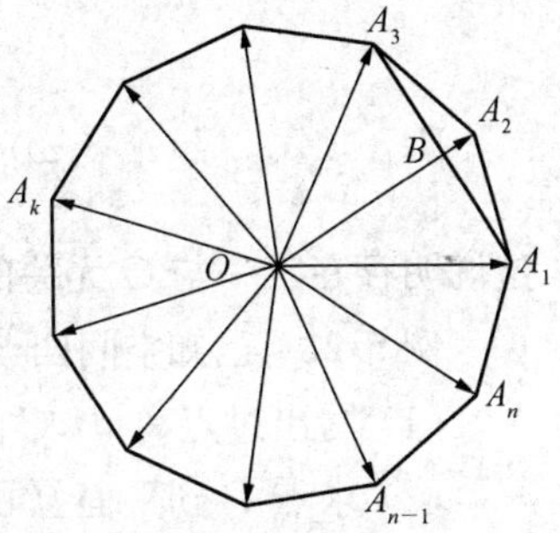

图 5.10

证　(1) 设 $\lambda\in\mathbf{R}$,

$\overrightarrow{OA_1}+\overrightarrow{OA_3}=\lambda\overrightarrow{OA_2},\overrightarrow{OA_2}+\overrightarrow{OA_4}=\lambda\overrightarrow{OA_3}$,

……

$\overrightarrow{OA_{n-1}}+\overrightarrow{OA_1}=\lambda\overrightarrow{OA_n},\overrightarrow{OA_n}+\overrightarrow{OA_2}=\lambda\overrightarrow{OA_1}$,

以上各式相加，得

$$2(\overrightarrow{OA_1}+\overrightarrow{OA_2}+\cdots+\overrightarrow{OA_n})=\lambda(\overrightarrow{OA_1}+\overrightarrow{OA_2}+\cdots+\overrightarrow{OA_n}),$$

即

$$(\lambda-2)(\overrightarrow{OA_1}+\overrightarrow{OA_2}+\cdots+\overrightarrow{OA_n})=\mathbf{0}.$$

设 A_1A_3 与 OA_2 相交于 B. 因为$\overrightarrow{OA_1}+\overrightarrow{OA_3}=2\overrightarrow{OB}=\lambda\overrightarrow{OA_2}$，且 B 与 A_2 不重合，所以 $\lambda\neq2$，所以

$$\overrightarrow{OA_1}+\overrightarrow{OA_2}+\cdots+\overrightarrow{OA_n}=\mathbf{0}.$$

(2) 因为

$$(\overrightarrow{OP}+\overrightarrow{PA_1})+(\overrightarrow{OP}+\overrightarrow{PA_2})+\cdots+(\overrightarrow{OP}+\overrightarrow{PA_n})=\overrightarrow{OA_1}+\overrightarrow{OA_2}+\cdots+\overrightarrow{OA_n}=\mathbf{0},$$

所以

$$\overrightarrow{PA_1}+\overrightarrow{PA_2}+\cdots+\overrightarrow{PA_n}=n\overrightarrow{PO}.$$

例 5.21　在 $\mathbf{R}^3$ 空间中，给定 n 个点 $A_1,A_2,\cdots,A_n$ 和 n 个实数 $\lambda_1,\lambda_2,\cdots,\lambda_n$，且 $\sum\limits_{k=1}^{n}\lambda_k\neq0$. 证明:对任意的点 Q，存在唯一的与 Q 无关的点 P，满足

$$\sum_{k=1}^{n}\lambda_k\overrightarrow{QA_k}=\Big(\sum_{k=1}^{n}\lambda_k\Big)\overrightarrow{QP}.$$

证　记 $\lambda=\sum\limits_{k=1}^{n}\lambda_k$. 设 $A_k(a_k,b_k,c_k)(k=1,2,\cdots,n)$，$Q(x,y,z)$，$P(u,v,w)$. 依题设，得

$$\left(\sum_{k=1}^{n}\lambda_k a_k-\lambda x,\sum_{k=1}^{n}\lambda_k b_k-\lambda y,\sum_{k=1}^{n}\lambda_k c_k-\lambda z\right)=(\lambda u-\lambda x,\lambda v-\lambda y,\lambda w-\lambda z),$$

所以

$$(u,v,w)=\left(\frac{\sum_{k=1}^{n}\lambda_k a_k}{\lambda},\frac{\sum_{k=1}^{n}\lambda_k b_k}{\lambda},\frac{\sum_{k=1}^{n}\lambda_k c_k}{\lambda}\right).$$

这说明存在唯一与 Q 无关的点 P 满足题设条件.

例 5.22 已知空间四点分别为 $A(1,0,0)$,$B(0,2,0)$,$C(0,0,3)$,$P(1,2,3)$.

(1) 写出过点 A,B,C 的平面 Π 的方程;

(2) 求点 P 到平面 Π 的距离.

解 (1) 因为平面 Π 的法向量

$$\boldsymbol{n}=\overrightarrow{AB}\times\overrightarrow{AC}=\left(\begin{vmatrix}2&0\\0&3\end{vmatrix},\begin{vmatrix}0&-1\\3&-1\end{vmatrix},\begin{vmatrix}-1&2\\-1&0\end{vmatrix}\right)=(6,3,2),$$

所以平面 Π 的点法式方程为

$$6(x-1)+3(y-0)+2(z-0)=0,$$

即

$$6x+3y+2z-6=0.$$

(2) 点 P 到平面 Π 的距离:

$$d=\frac{|6\times1+3\times2+2\times3-6|}{\sqrt{6^2+3^2+2^2}}=\frac{12}{7}.$$

例 5.23(习题 5.2 A2) 求过点 $P(3,5,7)$ 且在三个坐标轴上的截距都相等的平面 Π 的方程.

解 设平面 Π 在坐标轴上的截距为 a,由题设可设其方程为 $\frac{x}{a}+\frac{y}{a}+\frac{z}{a}=1$,因为点 $P(3,5,7)$ 在平面 Π 上,所以 $\frac{3+5+7}{a}=1$,解得 $a=15$. 因此平面 Π 的方程为

$$x+y+z-15=0.$$

例 5.24(习题 5.2 A5) 已知坐标原点 O 到平面 Π:$\frac{x}{a}+\frac{y}{b}+\frac{z}{c}=1$ 的距离为 p,证明:$\frac{1}{p^2}=\frac{1}{a^2}+\frac{1}{b^2}+\frac{1}{c^2}$.

解　因为点 O 到平面 Π：$\frac{x}{a}+\frac{y}{b}+\frac{z}{c}=1$ 的距离：

$$p=\frac{\left|\frac{0}{a}+\frac{0}{b}+\frac{0}{c}-1\right|}{\sqrt{\left(\frac{1}{a}\right)^2+\left(\frac{1}{b}\right)^2+\left(\frac{1}{c}\right)^2}},$$

所以

$$\frac{1}{p^2}=\frac{1}{a^2}+\frac{1}{b^2}+\frac{1}{c^2}.$$

例 5.25(习题 5.2 A7)　将直线 L 的一般式方程 $\begin{cases}3x-4y+z-1=0,\\10x-4y-3z+22=0\end{cases}$ 化为点向式方程和参数式方程.

解　首先，求 L 上的一点 $P_0(x_0,y_0,z_0)$. 为此，不妨取 $y_0=0$，代入直线 L 的方程，得

$$\begin{cases}3x+z-1=0,\\10x-3z+22=0,\end{cases}$$

解之，得 $x_0=-1,z_0=4$. 因此 $P_0(-1,0,4)$ 是直线 L 上的一点.

其次，求 L 的方向向量 $\boldsymbol{l}$. 因为 $\boldsymbol{l}$ 与两个平面的法向量 $\boldsymbol{n}_1=(3,-4,1)$ 和 $\boldsymbol{n}_2=(10,-4,-3)$ 都垂直，因此可以取

$$\boldsymbol{l}=\boldsymbol{n}_1\times\boldsymbol{n}_2=\left(\begin{vmatrix}-4 & 1\\-4 & -3\end{vmatrix},\begin{vmatrix}1 & 3\\-3 & 10\end{vmatrix},\begin{vmatrix}3 & -4\\10 & -4\end{vmatrix}\right)=(16,19,28).$$

于是 L 的点向式方程为

$$\frac{x+1}{16}=\frac{y-0}{19}=\frac{z-4}{28},$$

L 的参数式方程为

$$x=-1+16t,y=19t,z=4+28t,t\in\mathbf{R}.$$

例 5.26(习题 5.2 A8)　求点 $P(3,-1,2)$ 到直线 L：$\begin{cases}x+y-z-1=0,\\2x-y+z-4=0\end{cases}$ 的距离.

解　首先，求 L 上的一点 $P_0(x_0,y_0,z_0)$. 为此，不妨取 $y_0=0$，代入直线 L 的方程，得

$$\begin{cases}x-z-1=0,\\2x+z-4=0,\end{cases}$$

解之,得 $x_0=\frac{5}{3}$,$z_0=\frac{2}{3}$. 因此 $P_0\left(\frac{5}{3},0,\frac{2}{3}\right)$是直线 L 上的一点.

其次,求 L 的方向向量 $\boldsymbol{l}$,因为 $\boldsymbol{l}$ 与两个平面的法向量 $\boldsymbol{n}_1=(1,1,-1)$,$\boldsymbol{n}_2=(2,-1,1)$都垂直,且 $\boldsymbol{n}_1\times\boldsymbol{n}_2=-3(0,1,1)$,所以可取 $\boldsymbol{l}=(0,1,1)$.

最后,点 $P(3,-1,2)$到直线 L 的距离:

$$d=\frac{|\overrightarrow{P_0P}\times\boldsymbol{l}|}{|\boldsymbol{l}|}=\frac{\left|\left(\frac{4}{3},-1,\frac{4}{3}\right)\times(0,1,1)\right|}{\sqrt{0^2+1^2+1^2}}$$

$$=\frac{\sqrt{\left(-\frac{7}{3}\right)^2+\left(-\frac{4}{3}\right)^2+\left(\frac{4}{3}\right)^2}}{\sqrt{2}}=\frac{3}{\sqrt{2}}.$$

例 5.27(习题 5.2 B1) 求直线 L:$\begin{cases}x+y-2z+1=0,\\2x-3y+z=0\end{cases}$在平面 Π:$2x+y+2z+3=0$ 上的射影(直线)L'的方程.

解 首先求直线 L 与平面 Π 的交点 $P(x_0,y_0,z_0)$. 解方程组:

$$\begin{cases}x+y-2z+1=0,\\2x-3y+z=0,\\2x+y+2z+3=0,\end{cases}$$

得 $x_0=-\frac{22}{25}$, $y_0=-\frac{17}{25}$, $z_0=-\frac{7}{25}$. 即直线 L 与平面 Π 的交点为 $P\left(-\frac{22}{25},-\frac{17}{25},-\frac{7}{25}\right)$.

其次,求投影平面 Π'的法向量 $\boldsymbol{n}$. 因为 $\boldsymbol{n}$ 既垂直于平面 Π 的法向量 $\boldsymbol{n}_1=(2,1,2)$,又垂直于直线 L 的方向向量 $\boldsymbol{l}$,故可取 $\boldsymbol{l}=-\frac{1}{5}((1,1,-2)\times(2,-3,1))=(1,1,1)$,从而可取 $\boldsymbol{n}=(2,1,2)\times(1,1,1)=(-1,0,1)$. 因此投影平面 Π'的方程为

$$-\left(x+\frac{22}{25}\right)+0\left(y+\frac{17}{25}\right)+\left(z+\frac{7}{25}\right)=0,$$

即

$$5x-5z+3=0.$$

且 L 在平面 Π 上的射影 L' 的方程为

$$\begin{cases}5x-5z+3=0,\\2x+y+2z+3=0.\end{cases}$$

例 5.28(习题 5.2 B2)　求直线 L_1：$\dfrac{x-1}{1}=\dfrac{y-0}{-4}=\dfrac{z+3}{1}$ 与直线 L_2：$\dfrac{x-0}{2}=\dfrac{y+2}{-2}=\dfrac{z-0}{-1}$ 的夹角 φ.

解　直线 L_1 的方向向量 $\boldsymbol{l}_1=(1,-4,1)$ 与直线 L_2 的方向向量 $\boldsymbol{l}_2=(2,-2,-1)$ 的夹角：

$$\theta=\arccos\frac{\boldsymbol{l}_1\cdot\boldsymbol{l}_2}{|\boldsymbol{l}_1||\boldsymbol{l}_2|}=\arccos\frac{1}{\sqrt{2}}=\frac{\pi}{4}.$$

因为 $\theta<\dfrac{\pi}{2}$，故直线 L_1 与 L_2 的夹角为 $\varphi=\dfrac{\pi}{4}$.

例 5.29(习题 5.2 B3)　判断下列直线与平面的位置关系：

(1) $\dfrac{x+3}{-2}=\dfrac{y+4}{-7}=\dfrac{z-0}{3}$ 与 $4x-2y-2z-3=0$；

(2) $\dfrac{x-2}{3}=\dfrac{y+2}{1}=\dfrac{z-3}{-4}$ 与 $x+y+z-3=0$.

解　(1) 因为 $(-2,-7,3)\cdot(4,-2,-2)=0$ 且 $4\times(-3)-2\times(-4)-2\times0-3=-7\neq0$，所以直线与平面平行.

(2) 因为 $(3,1,-4)\cdot(1,1,1)=0$ 且 $1\times2+1\times(-2)+1\times3-3=0$，所以直线在平面内.

例 5.30(习题 5.2 B4*)　求两异面直线 L_1：$\dfrac{x-3}{2}=\dfrac{y-0}{1}=\dfrac{z-1}{0}$ 和 L_2：$\dfrac{x+1}{1}=\dfrac{y-2}{0}=\dfrac{z-0}{1}$ 间的距离和公垂线 L 的方程.

解　记 $P_1(3,0,1)$，$P_2(-1,2,0)$，$\boldsymbol{l}_1=(2,1,0)$，$\boldsymbol{l}_2=(1,0,1)$. $\boldsymbol{l}=\boldsymbol{l}_1\times\boldsymbol{l}_2=(1,-2,-1)$. 设点 $P(x,y,z)$ 是公垂线 L 上任一点，则三向量 $\overrightarrow{P_1P}$，$\boldsymbol{l}_1$，$\boldsymbol{l}$ 共面，记此平面为 Π_1，同理三向量 $\overrightarrow{P_2P}$，$\boldsymbol{l}_2$，$\boldsymbol{l}$ 共面，记此平面为 Π_2，于是所求公垂线就是平面 Π_1 和 Π_2 的交线，由三向量共面的充分必要条件即得 L 的方程：

$$\begin{cases}[\overrightarrow{P_1P},\boldsymbol{l}_1,\boldsymbol{l}]=0,\\ [\overrightarrow{P_2P},\boldsymbol{l}_2,\boldsymbol{l}]=0,\end{cases}$$

即

$$\begin{cases}x-2y+5z-8=0,\\ x+y-z-1=0.\end{cases}$$

直线 L_1 与 L_2 的距离:

$$d=|\mathrm{Prj}_{l}\overrightarrow{P_1P_2}|=\frac{|\overrightarrow{P_1P_2}\cdot\boldsymbol{l}|}{|\boldsymbol{l}|}=\frac{|(-4,2,-1)\cdot(1,-2,-1)|}{\sqrt{1^2+(-2)^2+(-1)^2}}=\frac{7}{\sqrt{6}}.$$

例 5.31(习题 5.2 B5*)　求过点 $P(2,-3,5)$且与两直线 L_1: $\frac{x}{1}=\frac{y-5}{3}=\frac{z+3}{2}$和 L_2: $\frac{x}{1}=\frac{y+7}{4}=\frac{z-13}{5}$都相交的直线 L 的方程.

解　记 $P_1(0,5,-3)$, $\boldsymbol{l}_1=(1,3,2)$, $P_2(0,-7,13)$, $\boldsymbol{l}_2=(1,4,5)$. 因为 $P\notin L_1$, $P\notin L_2$,所以通过直线 L_1 和点 P 的平面 Π_1 的法向量 $\boldsymbol{n}_1=\overrightarrow{PP_1}\times\boldsymbol{l}_1=(-2,8,-8)\times(1,3,2)=2(20,-2,-7)$,因此平面 Π_1 的方程为

$$20x-2y-7z-11=0.$$

同理可得通过直线 L_2 和点 P 的平面 Π_2 的方程为

$$26x-9y+2z-89=0.$$

故所求直线 L 的方程为

$$\begin{cases}20x-2y-7z-11=0,\\ 26x-9y+2z-89=0.\end{cases}$$

例 5.32　已知平面 Π 通过 Ox 轴,且点 $P(2,1,-1)$到平面 Π 的距离为 $\sqrt{2}$. 试求平面 Π 的方程.

解　设所求平面 Π 的法向量为 $\boldsymbol{n}=(A,B,C)$(A,B,C 不同时为零),则由题设可得 $\boldsymbol{n}\cdot\boldsymbol{i}=0$,即 $A=0$,于是 $\boldsymbol{n}=(0,B,C)$,注意到 Ox 轴在平面 Π 上,所以平面 Π 通过原点,故平面 Π 的方程为 $By+Cz=0$. 又因为点 $P(2,1,-1)$到平面 Π 的距离为$\sqrt{2}$,所以$\frac{|B-C|}{\sqrt{B^2+C^2}}=\sqrt{2}$,即$(B+C)^2=0$,注意到 B,C 不同时为 0,今取 $B=1$,则 $C=-1$,于是所求平面 Π 的方程为 $y-z=0$.

例 5.33　证明:三个平面 $\Pi_1: x-cy-bz=0$;$\Pi_2: cx-y+az=0$;$\Pi_3: bx+ay-z=0$ 经过同一条直线的充分必要条件是 $a^2+b^2+c^2+2abc=1$,其中 a,b,c 为常数.

证　令 $\boldsymbol{n}_i$ 表示 $\Pi_i(i=1,2,3)$ 的法向量. 因为三个平面 Π_1,Π_2,Π_3 都经过坐标原点 O,所以三个平面 Π_1,Π_2,Π_3 经过同一条直线当且仅当 $\boldsymbol{n}_1,\boldsymbol{n}_2,\boldsymbol{n}_3$ 共面,当且仅当 $\begin{vmatrix} 1 & -c & -b \\ c & -1 & a \\ b & a & -1 \end{vmatrix}=0$,当且仅当 $a^2+b^2+c^2+2abc=1$.

例 5.34　求经过两个平面 $\Pi_1: x+5y+z=0$ 与 $\Pi_2: x-z+4=0$ 的交线 L,且与平面 $\Pi_3: x-4y-8z+12=0$ 的夹角为 $\frac{\pi}{4}$ 的平面 Π 的方程.

解　易知直线 L 过点 $P(-2,0,2)$,其方向向量为 $\boldsymbol{l}=(1,5,1)\times(1,0,-1)=-(5,-2,5)$. 记平面 Π_3 的法向量 $\boldsymbol{n}_3=(1,-4,-8)$,设所求平面 Π 的法向量为 $\boldsymbol{n}=(A,B,C)$(A,B,C 不同时为零),由题设,得

$$\boldsymbol{n}\cdot\boldsymbol{l}=5A-2B+5C=0, \tag{1}$$

$$\cos\langle\boldsymbol{n},\boldsymbol{n}_3\rangle=\frac{A-4B-8C}{\sqrt{A^2+B^2+C^2}\sqrt{1^2+(-4)^2+(-8)^2}}=\pm\frac{1}{\sqrt{2}}, \tag{2}$$

将(1)中 $C=\frac{2B}{5}-A$ 代入(2),化简,得

$$B(B-20A)=0,$$

因为 A,B,C 不同时为零,故当 $B=0$ 时,可取 $\boldsymbol{n}=(1,0,-1)$;当 $B\neq0$ 时,可取 $\boldsymbol{n}=(1,20,7)$. 由此可得所求平面 Π 的方程为

$$(x+2)+0(y-0)-(z-2)=0 \text{ 或 } (x+2)+20(y-0)+7(z-2)=0,$$

即

$$x-z+4=0 \text{ 或 } x+20y+7z-12=0.$$

例 5.35　判断两条直线 $L_1: x-1=\frac{y+1}{2}=\frac{z}{-1}$ 和 $L_2: \frac{x}{2}=y-1=z+1$ 的位置关系,并求出 L_1 和 L_2 的夹角 φ.

解　**方法一**　显然直线 L_1 与直线 L_2 不平行. 将直线 L_1 的参数式方程 $x=1+t,y=-1+2t,z=-t$ 代入直线 L_2 的方程,得

$$\frac{1+t}{2}=-2+2t=1-t,$$

这个方程组无解,所以直线 L_1 与 L_2 是两条异面直线.

方法二　记 $P_1(1,-1,0)$, $P_2(0,1,-1)$, $\boldsymbol{l}_1=(1,2,-1)$, $\boldsymbol{l}_2=(2,1,1)$,因为

$$[\overrightarrow{P_1P_2},\boldsymbol{l}_1,\boldsymbol{l}_2]=\begin{vmatrix}-1 & 2 & -1\\ 1 & 2 & -1\\ 2 & 1 & 1\end{vmatrix}=-6\neq 0,$$

所以直线 L_1 与 L_2 是两条异面直线.

又 $\theta=\arccos\dfrac{\boldsymbol{l}_1\cdot\boldsymbol{l}_2}{|\boldsymbol{l}_1||\boldsymbol{l}_2|}=\arccos\dfrac{1}{2}=\dfrac{\pi}{3}<\dfrac{\pi}{2}$,所以 $\varphi=\dfrac{\pi}{3}$.

例 5.36　已知平面 Π: $x+y+z-12=0$ 上的直线 L 与直线 L_1: $\dfrac{x-3}{1}=\dfrac{y+1}{2}=\dfrac{z+2}{3}$ 垂直相交,试求直线 L 的方程.

解　方法一　将直线 L_1 的参数式方程: $\begin{cases}x=3+t,\\ y=-1+2t,\\ z=-2+3t\end{cases}$ 代入平面 Π 的方程,得 $t=2$. 因此直线 L_1 与平面 Π 的交点为 $P(5,3,4)$. 由题设知直线 L 的方向向量 $\boldsymbol{l}$ 与平面 Π 的法向量 $\boldsymbol{n}=(1,1,1)$ 及直线 L_1 的方向向量 $\boldsymbol{l}_1=(1,2,3)$ 都垂直,所以可取

$$\boldsymbol{l}=\boldsymbol{n}\times\boldsymbol{l}_1=(1,-2,1),$$

故 L 的方程为

$$\frac{x-5}{1}=\frac{y-3}{-2}=\frac{z-4}{1}.$$

方法二　同方法一求得直线 L_1 与平面 Π 的交点为 $P(5,3,4)$. 注意到直线 L 是平面 Π 与过点 P 且以直线 L_1 的方向向量 $\boldsymbol{l}_1=(1,2,3)$ 为法向量的平面 Π_1: $x+2y+3z-23=0$ 的交线,故 L 的方程为

$$\begin{cases}x+y+z-12=0,\\ x+2y+3z-23=0.\end{cases}$$

例 5.37　如图 5.11 所示. 在四棱锥 P-$ABCD$ 中, $AD/\!/BC$, $\angle ADC=\angle PAB=90^\circ$, $BC=CD=\dfrac{1}{2}AD$. E 为边 AD 的中点,异面直线 PA 与 CD 所成

的角为 90°.

(1) 在平面 PAB 内找一点 M，使得直线 CM//平面 PBE，并说明理由；

(2) 若二面角 P-CD-A 的大小为 45°，求直线 PA 与平面 PCE 所成角的正弦值.

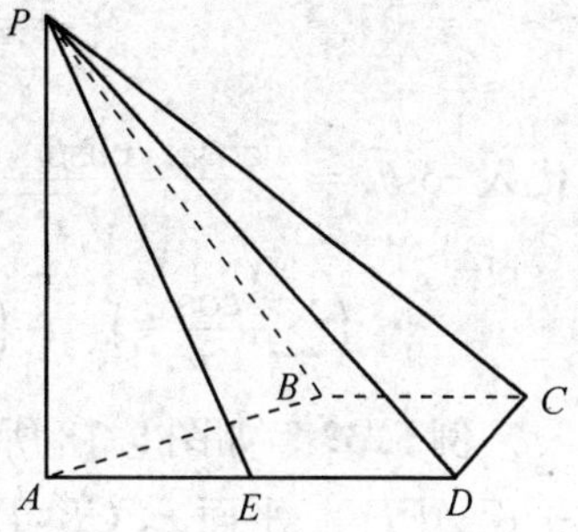

图 5.11

解　(1) 如图 5.12 所示. AB 的延长线与 DC 的延长线相交于点 M，由题设可知四边形 $EDCB$ 是平行四边形，所以 CM// BE，因此 CM //平面 PBE. 点 M 即为所求.

(2) 不妨设 $BC=CD=\frac{1}{2}AD=1$. 以 A 为原点，AP 为 z 轴正向，AD 为 y 轴正向，x 轴正向向前建立空间直角坐标系(如图 5.12 所示). 于是 $A(0,0,0)$，$P(0,0,2)$，$E(0,1,0)$，$C(-1,2,0)$，设平面 PCE 的法向量为 $\boldsymbol{n}$，因为 $\begin{cases}\boldsymbol{n}\cdot\overrightarrow{PC}=0,\\ \boldsymbol{n}\cdot\overrightarrow{PE}=0,\end{cases}$ 所以可取 $\boldsymbol{n}=\overrightarrow{PC}\times\overrightarrow{PE}=-(2,2,1)$. 因此直线 PA 与平面 PCE 所成角的正弦值为 $\left|\dfrac{\overrightarrow{PA}\cdot\boldsymbol{n}}{|\overrightarrow{PA}|\cdot\boldsymbol{n}}\right|=\dfrac{1}{3}$.

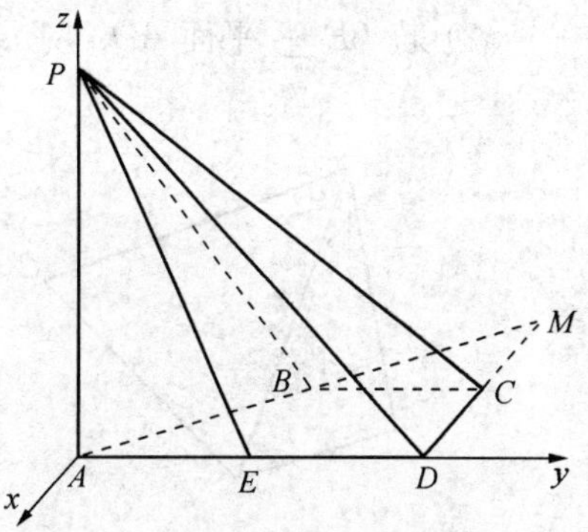

图 5.12

例 5.38　设 n 个平面 $\Pi_k(k=1,2,\cdots,n)$ 都不通过原点 O，过原点 O 的直线 L 与平面 Π_k 的交点为 $A_k(k=1,2,\cdots,n)$. 求直线 L 上满足方程 $\dfrac{n}{|OM|}=\displaystyle\sum_{k=1}^{n}\frac{1}{|OA_k|}$ 的点 M 的轨迹方程.

解　设点 $M(x,y,z)$，平面 Π_k 的方程为

$$\cos\alpha_k x+\cos\beta_k y+\cos\gamma_k z-p_k=0(p_k>0,k=1,2,\cdots,n),$$

Π_k 的法向量 $\boldsymbol{n}_k=(\cos\alpha_k,\cos\beta_k,\cos\gamma_k)$ 与直线 L 的方向向量 $\boldsymbol{l}=(x,y,z)$ 的夹角为 $\theta_k(k=1,2,\cdots,n)$. 由题设，得

$$\frac{n}{\sqrt{x^2+y^2+z^2}}=\sum_{k=1}^{n}\frac{\cos\theta_k}{p_k},$$

代入 $\cos\theta_k=\frac{(\cos\alpha_k,\cos\beta_k,\cos\gamma_k)\cdot(x,y,z)}{\sqrt{x^2+y^2+z^2}}(k=1,2,\cdots,n)$,得

$$\left(\sum_{k=1}^{n}\frac{\cos\alpha_k}{p_k}\right)x+\left(\sum_{k=1}^{n}\frac{\cos\beta_k}{p_k}\right)y+\left(\sum_{k=1}^{n}\frac{\cos\gamma_k}{p_k}\right)z-n=0.$$

例 5.39　如图 5.13 所示. 在四棱锥 $A\text{-}EFCB$ 中,$\triangle AEF$ 为等边三角形,平面 $AEF\perp$ 平面 $EFCB$,$EF\parallel BC$,$BC=4$,$EF=2a$,$\angle EBC=\angle FCB=60°$,$O$ 为 EF 的中点.

(1) 求二面角 $F\text{-}AE\text{-}B$ 的余弦值;

(2) 若 $BE\perp$ 平面 AOC,求 a 的值.

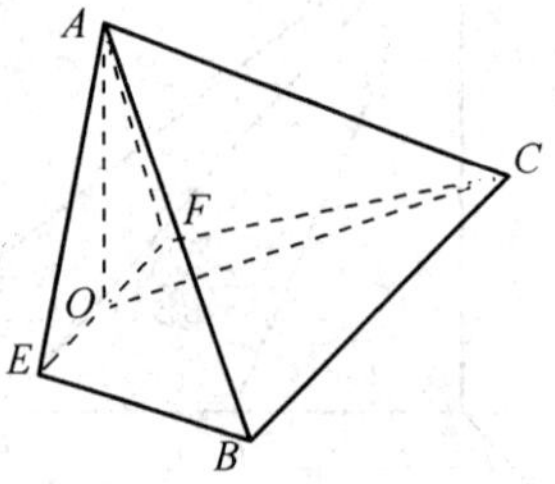

图 5.13

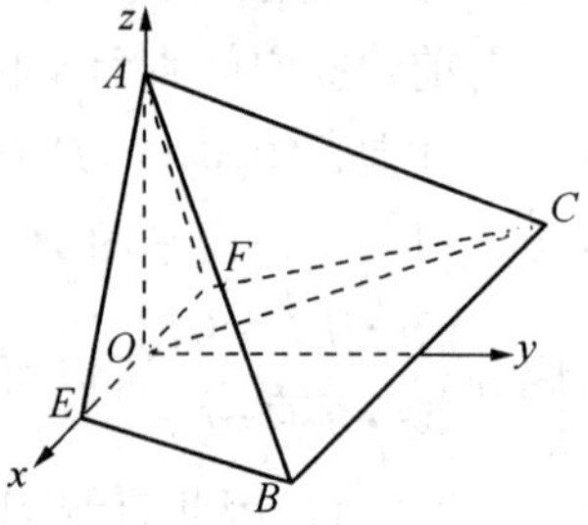

图 5.14

解　(1) 如图 5.14 所示. 建立空间直角坐标系,则 $F(-a,0,0)$,$A(0,0,\sqrt{3}a)$,$E(a,0,0)$,$B(2,\sqrt{3}(2-a),0)$,且平面 FAE 的法向量为 $\boldsymbol{n}_1=(0,1,0)$,设平面 BAE 的法向量为 $\boldsymbol{n}_2$,因为$\begin{cases}\boldsymbol{n}_2\cdot\overrightarrow{BA}=0,\\ \boldsymbol{n}_2\cdot\overrightarrow{BE}=0,\end{cases}$所以可取 $\boldsymbol{n}_2=\overrightarrow{BA}\times\overrightarrow{BE}=\sqrt{3}a(a-2)(\sqrt{3},-1,1)$[①]. 因此二面角 $F\text{-}AE\text{-}B$ 的余弦值为$\frac{\boldsymbol{n}_1\cdot\boldsymbol{n}_2}{|\boldsymbol{n}_1||\boldsymbol{n}_2|}=-\frac{\sqrt{5}}{5}$.

(2) 由(1),$C(-2,\sqrt{3}(2-a),0)$,因为 $BE\perp$ 平面 AOC,所以$\overrightarrow{BE}\cdot\overrightarrow{OC}=$

---

① 注意一个取内侧法向量,一个取外侧法向量. 起点在封闭曲面上,方向指向封闭曲面内(外)的法向量称为封闭曲面的内(外)侧法向量.

0,解得 $a=\dfrac{4}{3}$ 或 $a=2$. 由(1) 知 $0<a<2$,因此符合题意的 $a=\dfrac{4}{3}$.

例 5.40　证明:垂直平分立方体 Ω 的对角线的平面 Π 与立方体六面的交线是一个正六边形.

证　如图 5.15 所示. 建立空间直角坐标系. 不失一般性,设立方体 Ω 对角线的两个端点为 $O(0,0,0)$,$B_1(a,a,a)$,这里 $a>0$,则平面 Π 的方程为

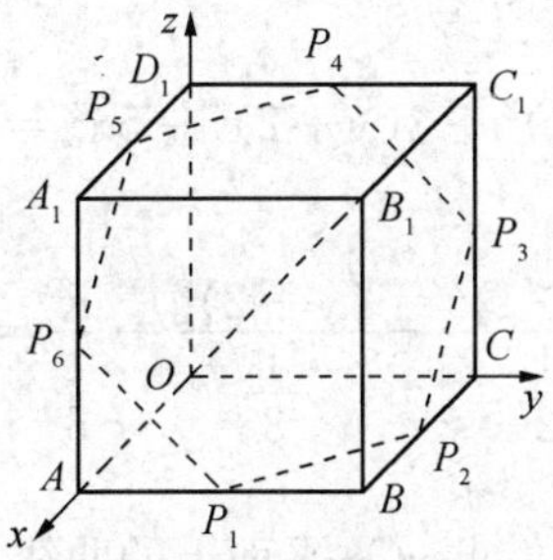

图 5.15

$$x+y+z-\frac{3a}{2}=0.$$

平面 Π 与棱 $AB,BC,CC_1,C_1D_1,D_1A_1,A_1A$ 的交点坐标分别为

$$P_1\left(a,\frac{a}{2},0\right),P_2\left(\frac{a}{2},a,0\right),P_3\left(0,a,\frac{a}{2}\right),$$

$$P_4\left(0,\frac{a}{2},a\right),P_5\left(\frac{a}{2},0,a\right),P_6\left(a,0,\frac{a}{2}\right).$$

在六边形 $P_1P_2\cdots P_6$ 中,$P_1P_2=P_2P_3=\cdots=P_6P_1=\dfrac{a}{\sqrt{2}}$,所以六边形 $P_1P_2\cdots P_6$ 是正六边形.

例 5.41(习题 5.3 A1)　求内切于平面 Π:$x+2y-2z=1$ 与三个坐标平面所围的四面体 Ω 的球面 Σ 的方程.

解　设球心 $A(x_0,y_0,z_0)$,则

$$|x_0|=|y_0|=|z_0|=\frac{|x_0+2y_0-2z_0-1|}{\sqrt{1^2+2^2+(-2)^2}},$$

因为平面 Π 在坐标轴 Ox,Oy,Oz 上的截距分别是 $1,\dfrac{1}{2},-\dfrac{1}{2}$,所以点 A 在第

Ⅷ 象限,因此 $x_0=y_0=-z_0=\dfrac{|5x_0-1|}{3}$,解得 $x_0=\dfrac{1}{8}$ 或 $x_0=\dfrac{1}{2}$.注意到 $x_0=y_0<\dfrac{1}{2}$,知 $x_0=\dfrac{1}{2}$ 不合题意,舍去.故球面 Σ 的方程为

$$\left(x-\frac{1}{8}\right)^2+\left(y-\frac{1}{8}\right)^2+\left(z+\frac{1}{8}\right)^2=\frac{1}{64}.$$

例 5.42(习题 5.3 A2) 将曲面 Σ 的方程 $2x^2+3y^2+5z^2-4x+12y+13=0$ 化为标准式方程.

解 配方,得 $2(x-1)^2+3(y+2)^2+5z^2=1$,故曲面 Σ 的标准式方程为

$$\frac{(x-1)^2}{\frac{1}{2}}+\frac{(y+2)^2}{\frac{1}{3}}+\frac{z^2}{\frac{1}{5}}=1.$$

例 5.43(习题 5.3 A4) 求 yOz 平面上的曲线 Γ:$\begin{cases}2y^2-3z^2=1,\\x=0\end{cases}$ 分别绕 Oy 轴和 Oz 轴旋转所生成的旋转曲面 Σ_y 和 Σ_z 的方程.并指出曲面 Σ_y 和 Σ_z 的名称.

解 设点 $P(x,y,z)$ 是旋转曲面 Σ_y 上任一点,过点 P 作平面 Π 垂直于 Oy 轴,平面 Π 与 Oy 轴和曲线 Γ 的交点分别为 $M(0,y,0)$ 和 $N(0,y,z_0)$,点 P 在所求旋转曲面 Σ_y 上当且仅当 $|MP|=|MN|$,注意到 $|MP|=\sqrt{x^2+z^2}$,$|MN|=|z_0|$ 和 $N\in\Gamma$,故旋转曲面 Σ_y 的方程为

$$2y^2-3(\pm\sqrt{x^2+z^2})^2=1,$$

即

$$\Sigma_y:2y^2-3(x^2+z^2)=1.$$

同理可得旋转曲面 Σ_z 的方程为

$$2(x^2+y^2)-3z^2=1.$$

Σ_y 是双叶双曲面.Σ_z 是单叶双曲面.

例 5.44(习题 5.3 B1(1)) 求曲线 Γ:$\begin{cases}x^2+y^2+z^2=2a^2(a>0),\\z=\sqrt{x^2+y^2}\end{cases}$ 在坐标平面上的投影的方程.

解　由 Γ 的两个方程消去 z，得到 Γ 关于 xOy 平面的投影柱面的方程为

$$x^2+y^2=a^2.$$

因此 Γ 在 xOy 平面上的投影的方程为

$$\gamma_{xy}:\begin{cases}x^2+y^2=a^2,\\ z=0.\end{cases}$$

同理可得 Γ 在 yOz 平面和 xOz 平面上的投影的方程分别为

$$\gamma_{yz}:\begin{cases}z=a(|y|\leqslant a),\\ x=0;\end{cases}\qquad \gamma_{xz}:\begin{cases}z=a(|x|\leqslant a),\\ y=0.\end{cases}$$

例5.45　(1) 求通过原点 $O(0,0,0)$ 与圆 $\Gamma_1:\begin{cases}x^2+y^2+z^2=25,\\ 2x-3y+5z-5=0\end{cases}$ 的球面 Σ_1 的方程.

(2) 求通过点 $A(5,2,-3)$ 与圆 $\Gamma_2:\begin{cases}x^2+y^2+z^2-2x+3y-6z-29=0,\\ 5x-7y+3z-3=0\end{cases}$ 的球面 Σ_2 的方程.

解　(1) 将原点 O 的坐标代入通过圆 Γ_1 的球面方程

$$\Sigma_\lambda:x^2+y^2+z^2-25+\lambda(2x-3y+5z-5)=0,$$

得 $\lambda=-5$. 故球面 Σ_1 的方程为

$$x^2+y^2+z^2-10x+15y-25z=0.$$

(2) 将点 $A(5,2,-3)$ 的坐标代入通过圆 Γ_2 的球面方程

$$\Sigma_\mu:x^2+y^2+z^2-2x+3y-6z-29+\mu(5x-7y+3z-3)=0,$$

得 $\mu=23$. 故球面 Σ_2 的方程为

$$x^2+y^2+z^2+113x-158y+63z-98=0.$$

例5.46　已知空间 $\mathbf{R}^3$ 中四点 $A(1,2,7)$，$B(4,3,3)$，$C(5,-1,6)$，$D(\sqrt{7},\sqrt{7},0)$，求过四点 A,B,C,D 的球面 Σ 的方程.

解　设球心 $O(u,v,w)$，则 O 在线段 AB，AC，AD 的垂直平分面上，而 AB 的垂直平分面过 AB 的中点 $\left(\frac{5}{2},\frac{5}{2},5\right)$，且其法向量可取 $\overrightarrow{AB}=(3,1,-4)$，故 AB 的垂直平分面的方程为

$$3\left(x-\frac{5}{2}\right)+\left(y-\frac{5}{2}\right)-4(z-5)=0,$$

同理 AC,AD 的垂直平分面的方程分别为

$$4(x-3)-3\left(y-\frac{1}{2}\right)-\left(z-\frac{13}{2}\right)=0,$$

$$(\sqrt{7}-1)\left(x-\frac{\sqrt{7}+1}{2}\right)+(\sqrt{7}-2)\left(y-\frac{\sqrt{7}+2}{2}\right)-7\left(z-\frac{7}{2}\right)=0.$$

故 u,v,w 满足方程组

$$\begin{cases}3\left(u-\frac{5}{2}\right)+\left(v-\frac{5}{2}\right)-4(w-5)=0,\\ 4(u-3)-3\left(v-\frac{1}{2}\right)-\left(w-\frac{13}{2}\right)=0,\\ (\sqrt{7}-1)\left(u-\frac{\sqrt{7}+1}{2}\right)+(\sqrt{7}-2)\left(v-\frac{\sqrt{7}+2}{2}\right)-7\left(w-\frac{7}{2}\right)=0,\end{cases}$$

即

$$\begin{cases}3u+v-4w=-10,\\ 4u-3v-w=4,\\ (\sqrt{7}-1)u+(\sqrt{7}-2)v-7w=-20.\end{cases}$$

解之,得 $(u,v,w)=(1,-1,3)$. 又因为 $(\sqrt{7}-1)^2+(\sqrt{7}+1)^2+(0-3)^2=25$,所以球面 Σ 的方程为

$$(x-1)^2+(y+1)^2+(z-3)^2=25.$$

例 5.47 设 P 是球 Ω 内一定点,A,B,C 是球面上的三个动点,$\angle APB=\angle BPC=\angle CPA=\frac{\pi}{2}$. 以 PA,PB,PC 为棱作平行六面体,设与 P 相对的顶点为 Q,求点 Q 的轨迹.

解 设球 Ω 的球心为 O,半径为 r,$|\overrightarrow{OP}|=p$. 因为 $\overrightarrow{OA}=\overrightarrow{OP}+\overrightarrow{PA}$,所以

$$r^2=p^2+2\overrightarrow{OP}\cdot\overrightarrow{PA}+|\overrightarrow{PA}|^2,$$

同理可得

$$r^2=p^2+2\overrightarrow{OP}\cdot\overrightarrow{PB}+|\overrightarrow{PB}|^2,$$
$$r^2=p^2+2\overrightarrow{OP}\cdot\overrightarrow{PC}+|\overrightarrow{PC}|^2,$$

三式相加,得

$$2\overrightarrow{OP}\cdot(\overrightarrow{PA}+\overrightarrow{PB}+\overrightarrow{PC})+|\overrightarrow{PA}|^2+|\overrightarrow{PB}|^2+|\overrightarrow{PC}|^2=3(r^2-p^2),$$

又因为$\overrightarrow{OQ}=\overrightarrow{OP}+\overrightarrow{PA}+\overrightarrow{PB}+\overrightarrow{PC}$,且$\overrightarrow{PA}\cdot\overrightarrow{PB}=\overrightarrow{PB}\cdot\overrightarrow{PC}=\overrightarrow{PC}\cdot\overrightarrow{PA}=0$,所以$|OQ|^2=p^2+|\overrightarrow{PA}|^2+|\overrightarrow{PB}|^2+|\overrightarrow{PC}|^2+2\overrightarrow{OP}\cdot(\overrightarrow{PA}+\overrightarrow{PB}+\overrightarrow{PC})=3r^2-2p^2$.这说明点$Q$的轨迹是一球面,其方程为

$$x^2+y^2+z^2=3r^2-2p^2.$$

例 5.48　一条直线与yOz平面,xOz平面,xOy平面的交点分别为A,B,C,当直线变动时,直线上的三个定点A,B,C也分别在坐标平面上变动,此外,直线上第四点P到三点A,B,C的距离分别为a,b,c.求该直线按照保持点A,B,C分别在坐标平面上移动时,点P的轨迹.

解　由题设条件,设$P(x,y,z)$,$A(0,y_A,z_A)$,$B(x_B,0,z_B)$,$C(x_C,y_C,0)$,直线的方向向量$\boldsymbol{l}=(\cos\alpha,\cos\beta,\cos\gamma)$,则

$$\begin{cases}\dfrac{x-0}{\cos\alpha}=\dfrac{y-y_A}{\cos\beta}=\dfrac{z-z_A}{\cos\gamma}=\pm a,\\[2ex]\dfrac{x-x_B}{\cos\alpha}=\dfrac{y-0}{\cos\beta}=\dfrac{z-z_B}{\cos\gamma}=\pm b,\\[2ex]\dfrac{x-x_C}{\cos\alpha}=\dfrac{y-y_C}{\cos\beta}=\dfrac{z-0}{\cos\gamma}=\pm c,\end{cases}$$

因为$\cos^2\alpha+\cos^2\beta+\cos^2\gamma=1$,故

$$\frac{x^2}{a^2}+\frac{y^2}{b^2}+\frac{z^2}{c^2}=1.$$

这说明点P的轨迹是一个椭球面.

例 5.49　从坐标原点O按方向$\boldsymbol{e}=(\cos\alpha,\cos\beta,\cos\gamma)$所引射线$OP$与椭球面$\dfrac{x^2}{a^2}+\dfrac{y^2}{b^2}+\dfrac{z^2}{c^2}=1$交于点$P$,记$OP=p$.证明:

$$\frac{1}{p^2}=\frac{\cos^2\alpha}{a^2}+\frac{\cos^2\beta}{b^2}+\frac{\cos^2\gamma}{c^2}.$$

证　将OP的参数式方程$\begin{cases}x=t\cos\alpha,\\y=t\cos\beta,\\z=t\cos\gamma\end{cases}$$(t>0)$代入椭球面方程,得

$$\frac{\cos^2\alpha}{a^2}+\frac{\cos^2\beta}{b^2}+\frac{\cos^2\gamma}{c^2}=\frac{1}{t^2}.$$

注意到 $p=t$,故

$$\frac{1}{p^2}=\frac{\cos^2\alpha}{a^2}+\frac{\cos^2\beta}{b^2}+\frac{\cos^2\gamma}{c^2}.$$

例 5.50 求椭球面 $\Sigma:\frac{x^2}{25}+\frac{y^2}{16}+\frac{z^2}{9}=1$ 被点 $A(2,1,1)$ 所平分的弦.

解 设所求弦所在直线的参数式方程为$\begin{cases}x=2+mt,\\ y=1+nt,\\ z=1+pt,\end{cases}$代入 Σ 的方程,得

$$\left(\frac{m^2}{25}+\frac{n^2}{16}+\frac{p^2}{9}\right)t^2+\left(\frac{4m}{25}+\frac{2n}{16}+\frac{2p}{9}\right)t+\left(\frac{4}{25}+\frac{1}{16}+\frac{1}{9}-1\right)=0.$$

由题设,上述关于 t 的一元二次方程的两根 t_1,t_2 满足 $t_1+t_2=0$,再由韦达定理,得

$$\frac{2m}{25}+\frac{n}{16}+\frac{p}{9}=0.$$

于是在平面

$$\Pi:\frac{2}{25}(x-2)+\frac{1}{16}(y-1)+\frac{1}{9}(z-1)=0$$

上通过点 A 的直线所在的弦都满足要求.

例 5.51 求母线与三坐标轴成等角且与单位球面 $\Sigma_1:x^2+y^2+z^2=1$ 相切的柱面 Σ 的方程.

解 设 $P(x,y,z)$ 是空间 $\mathbf{R}^3$ 中的点,而 $P_0(x_0,y_0,z_0)$ 是准线上的点,则

$$\begin{cases}x_0^2+y_0^2+z_0^2=1,\\ x_0+y_0+z_0=0.\end{cases}$$

因为 $P(x,y,z)\in\Sigma$ 当且仅当 $\overrightarrow{P_0P}\,/\!/\,\boldsymbol{l}$,这里 $\boldsymbol{l}=(1,1,1)$,所以

$$x-x_0=y-y_0=z-z_0=t.$$

因此 Σ 的参数式方程为

$$\Sigma:\begin{cases}(x-t)^2+(y-t)^2+(z-t)^2=1,\\ x+y+z=3t,\end{cases}(t\in\mathbf{R})$$

消去参数 t,得

$$\Sigma:3(x^2+y^2+z^2-1)-(x+y+z)^2=0.$$

例 5.52 平面 $\Pi:x-3y+z=0$ 与圆锥面 $\Sigma:x^2-5y^2+z^2=0$ 相交于

两条直线,求这两条直线的夹角.

解　设平面 $\Pi: x-3y+z=0$ 与圆锥面 $\Sigma: x^2-5y^2+z^2=0$ 相交的两条直线分别为 L_1 和 L_2. 将 $z=3y-x$ 代入 Σ 的方程 $x^2-5y^2+z^2=0$,消去 z,得直线 L_1 和 L_2 关于 xOy 平面的投影平面 Σ' 的方程为

$$x^2-3xy+2y^2=0,$$

即

$$(x-2y)(x-y)=0,$$

因此直线 L_1 与 L_2 的方程分别为

$$L_1:\begin{cases}x-2y=0,\\x-3y+z=0\end{cases};\quad L_2:\begin{cases}x-y=0,\\x-3y+z=0.\end{cases}$$

从而直线 L_1 与 L_2 的方向向量分别为

$$\boldsymbol{l}_1=(1,-2,0)\times(1,-3,1)=-(2,1,1),$$
$$\boldsymbol{l}_2=(1,-1,0)\times(1,-3,1)=-(1,1,2),$$

且
$$\theta=\arccos\frac{\boldsymbol{l}_1\cdot\boldsymbol{l}_2}{|\boldsymbol{l}_1||\boldsymbol{l}_2|}=\arccos\frac{5}{6}<\frac{\pi}{2},$$

故直线 L_1 与 L_2 的夹角为 $\varphi=\arccos\dfrac{5}{6}$.

例 5.53　写出曲线 $\Gamma:\begin{cases}x^2+2y^2+3z^2=1,\\x+y+z=0\end{cases}$ 的参数式方程.

解　消去 x,得

$$3y^2+2yz+4z^2=1,$$

配方,得

$$\left(\frac{1}{2}y+2z\right)^2+\frac{11}{4}y^2=1,$$

于是 Γ 在 yOz 平面上的投影

$$\gamma_{yz}:\begin{cases}\left(\dfrac{1}{2}y+2z\right)^2+\dfrac{11}{4}y^2=1,\\x=0,\end{cases}$$

其参数式方程为

$$\begin{cases} x=0, \\ \frac{1}{2}y+2z=\cos\theta, \theta\in[0,2\pi]. \\ \sqrt{\frac{11}{4}}y=\sin\theta, \end{cases}$$

即

$$\begin{cases} x=0, \\ y=\frac{2}{\sqrt{11}}\sin\theta, \\ z=\frac{1}{2}\cos\theta-\frac{1}{2\sqrt{11}}\sin\theta, \end{cases} \quad \theta\in[0,2\pi].$$

故 Γ 的参数式方程为

$$\begin{cases} x=-\frac{1}{2}\cos\theta-\frac{3}{2\sqrt{11}}\sin\theta, \\ y=\frac{2}{\sqrt{11}}\sin\theta, \\ z=\frac{1}{2}\cos\theta-\frac{1}{2\sqrt{11}}\sin\theta, \end{cases} \quad \theta\in[0,2\pi].$$

例 5.54 (1) 求经过 Ox 轴的平面 Π，使得其与单叶双曲面 $\frac{x^2}{4}+y^2-z^2=1$ 的交线为一个圆；

(2) 设曲线 Γ: $\begin{cases} 6xy+z^2=1, \\ y=Ax+B \end{cases}$ 是圆，求常数 A.

解 (1) 因为双曲面截得 Ox 轴与 Oy 轴的线段的长度分别为 4，2，且平面 Π 经过 Ox 轴，所以平面 Π 被双曲面截得的圆 Γ 的直径为 4. 因此设 Π 的方程为 $z=By$，将 $z=By$ 代入双曲面的方程，得 Γ 关于 xOy 平面的投影柱面 Σ 的方程为 $\frac{x^2}{4}+(1-B^2)y^2=1$，且 Γ 在 xOy 平面上的投影是椭圆，由此可得 Γ

的参数式方程为$\begin{cases} x = 2\cos\theta, \\ y = \dfrac{1}{\sqrt{1-B^2}}\sin\theta, \\ z = \dfrac{B}{\sqrt{1-B^2}}\sin\theta, \end{cases}$ $(0 \leqslant \theta \leqslant 2\pi)$，因为 $x^2 + y^2 + z^2 = 4$，所以 $B = \pm\sqrt{\dfrac{3}{5}}$，因此平面 Π 的方程为

$$\sqrt{3}y \pm \sqrt{5}z = 0.$$

(2) 如果 $A = 0$，将 $y = B$ 代入曲面 $6xy + z^2 = 1$，得 Γ 在 xOz 平面上的投影为

$$\gamma_{xz}: \begin{cases} z^2 = 1 - 6Bx, \\ y = 0, \end{cases}$$

① 若 $B = 0$，则 γ_{xz} 是 xOz 平面上的两点；

② 若 $B \neq 0$，则 Γ 在 xOz 平面上的投影 γ_{xz} 是(部分) 抛物线.

因为圆在坐标平面上的投影是椭圆或线段，所以 $A \neq 0$. 将 $y = Ax + B$ 代入曲面的方程 $6xy + z^2 = 1$，得 Γ 在 xOz 平面上的投影为

$$\gamma_{xz}: \begin{cases} 6A\left(x^2 + \dfrac{B}{A}x\right) + z^2 = 1, \\ y = 0. \end{cases}$$

因为 γ_{xz} 是椭圆，所以 $A > 0$，即

$$\gamma_{xz}: \begin{cases} \dfrac{\left(x + \dfrac{B}{2A}\right)^2}{\left(\sqrt{\dfrac{2A+3B^2}{12A^2}}\right)^2} + \dfrac{z^2}{\left(\sqrt{\dfrac{2A+3B^2}{2A}}\right)^2} = 1, \\ y = 0, \end{cases}$$

因此 Γ 的参数式方程为$\begin{cases} x + \dfrac{B}{2A} = \sqrt{\dfrac{2A+3B^2}{12A^2}}\cos\theta, \\ y - \dfrac{B}{2} = \sqrt{\dfrac{2A+3B^2}{12}}\cos\theta, \\ z = \sqrt{\dfrac{2A+3B^2}{2A}}\sin\theta, \end{cases}$ $(0 \leqslant \theta \leqslant 2\pi)$，因为 Γ 是

圆,所以

$$\frac{2A+3B^2}{12A^2}+\frac{2A+3B^2}{12}=\frac{2A+3B^2}{2A},$$

解得 $A=3\pm2\sqrt{2}$. 经检验,$A=3+2\sqrt{2}$ 或 $A=3-2\sqrt{2}$ 都合题意,因此 $A=3+2\sqrt{2}$ 或 $A=3-2\sqrt{2}$.

例 5.55 (1) 画出曲线 $\Gamma_1:\begin{cases}x^2+y^2=2z,\\x^2+y^2+z^2=3\end{cases}$ 的图形.

(2) 画出曲线 $\Gamma_2:\begin{cases}x^2+y^2=ax,\\x^2+y^2+z^2=a^2(z\geqslant0),\end{cases}$ Γ_2 在 xOy 平面和 xOz 平面上的投影的图形.

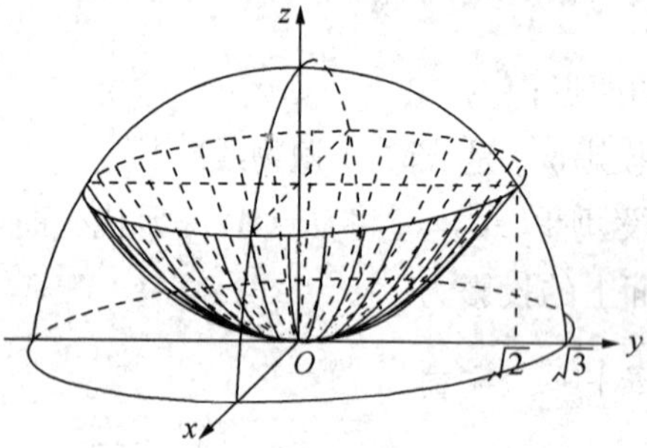

图 5.16

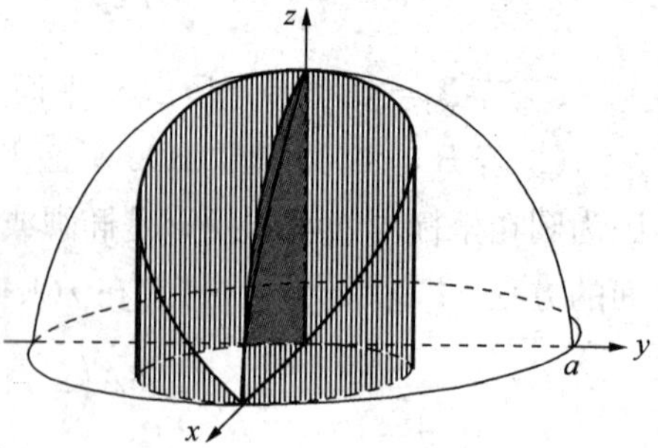

图 5.17

解 (1) Γ_1 如图 5.16 所示.

(2) Γ_2 在 xOy 平面和 xOz 平面上的投影分别为

$$\gamma_{xy}:\begin{cases}x^2+y^2=ax,\\z=0;\end{cases}\qquad\gamma_{xz}:\begin{cases}z^2=a(a-x),\\y=0.\end{cases}$$

$\Gamma_2,\gamma_{xy},\gamma_{xz}$ 的图形如图 5.17 所示.

5.3 复习题

1. 设 $\boldsymbol{a}=(1,2,3),\boldsymbol{b}=(2,3,5)$,求与 $\boldsymbol{a},\boldsymbol{b}$ 都正交的单位向量 $\boldsymbol{c}^{\circ}$.

2. 已知线段 AB 被点 $C(5,2,0)$ 和点 $D(1,2,3)$ 三等分,试求该线段两端点的坐标.

3. 设 $|\boldsymbol{a}|=1, |\boldsymbol{b}|=2, \langle\boldsymbol{a},\boldsymbol{b}\rangle=\dfrac{\pi}{3}, \boldsymbol{c}=3\boldsymbol{a}+2\boldsymbol{b}, \boldsymbol{d}=\boldsymbol{a}+\lambda\boldsymbol{b}$,试问 λ 为何值时,向量 $\boldsymbol{c}$ 与向量 $\boldsymbol{d}$ 垂直?

4. 设 $\lambda\in\mathbf{R}$,将向量 $\boldsymbol{a},\boldsymbol{b},\lambda\boldsymbol{a}+(1-\lambda)\boldsymbol{b}$ 平移,使得它们的起点移到同一点,证明:这三个向量的终点共线.

5. 设向量 $\boldsymbol{e}_1,\boldsymbol{e}_2,\boldsymbol{e}_3$ 不共面,且 $\boldsymbol{a}\cdot\boldsymbol{e}_k=\boldsymbol{b}\cdot\boldsymbol{e}_k(k=1,2,3)$,证明:$\boldsymbol{a}=\boldsymbol{b}$.

6. 设 $\boldsymbol{a},\boldsymbol{b},\boldsymbol{c}$ 是三个三维向量.

(1) 证明:$|\boldsymbol{a}\times\boldsymbol{b}|^2\leqslant|\boldsymbol{a}|^2\cdot|\boldsymbol{b}|^2$,并指出等号成立的条件.

(2) 若 $\boldsymbol{a}+\boldsymbol{b}+\boldsymbol{c}=\boldsymbol{0}$,证明:$\boldsymbol{a}\times\boldsymbol{b}=\boldsymbol{b}\times\boldsymbol{c}=\boldsymbol{c}\times\boldsymbol{a}$,并指出其几何意义.

(3) 若 $\boldsymbol{a}\times\boldsymbol{b}=\boldsymbol{c}\times\boldsymbol{d},\boldsymbol{a}\times\boldsymbol{c}=\boldsymbol{b}\times\boldsymbol{d}$,证明:$\boldsymbol{a}-\boldsymbol{d}$ 与 $\boldsymbol{b}-\boldsymbol{c}$ 共线.

7. 设 $\boldsymbol{a}=(2,0,1),\boldsymbol{b}=(1,-2,1),\boldsymbol{c}=(2,3,5)$,求:

(1) $(\boldsymbol{b}\cdot\boldsymbol{c})\boldsymbol{a}-(\boldsymbol{c}\cdot\boldsymbol{a})\boldsymbol{b}$;

(2) $(\boldsymbol{a}+\boldsymbol{b})\times(\boldsymbol{b}-\boldsymbol{c})$;

(3) $(\boldsymbol{a}\times\boldsymbol{b})\cdot\boldsymbol{c}$.

8. 设 $A(1,3,-2),B(2,-3,5),C(0,1,-2),D(1,-3,4)$,求:

(1) 三角形 ABC 的面积;

(2) 四面体 $ABCD$ 的体积.

9. 已知三角形的三个顶点 $A(a,b,c),B(b,c,a),C(c,a,b)$,证明:$\triangle ABC$ 是正三角形.

10. 用向量运算证明正弦定理:在 $\triangle ABC$ 中,三内角 A,B,C 的对边长分别为 a,b,c,则 $\dfrac{a}{\sin A}=\dfrac{b}{\sin B}=\dfrac{c}{\sin C}$.

11. 设 $\boldsymbol{a},\boldsymbol{b},\boldsymbol{c}$ 是三个三维非零向量,证明:$[\boldsymbol{a}+\boldsymbol{b},\boldsymbol{b}+\boldsymbol{c},\boldsymbol{c}+\boldsymbol{a}]=2[\boldsymbol{a},\boldsymbol{b},\boldsymbol{c}]$.

12. 设 $\boldsymbol{u}=u_1\boldsymbol{a}+u_2\boldsymbol{b}+u_3\boldsymbol{c},\boldsymbol{v}=v_1\boldsymbol{a}+v_2\boldsymbol{b}+v_3\boldsymbol{c},\boldsymbol{w}=w_1\boldsymbol{a}+w_2\boldsymbol{b}+w_3\boldsymbol{c}$,

证明:$[\boldsymbol{u},\boldsymbol{v},\boldsymbol{w}]=\begin{vmatrix} u_1 & u_2 & u_3 \\ v_1 & v_2 & v_3 \\ w_1 & w_2 & w_3 \end{vmatrix}[\boldsymbol{a},\boldsymbol{b},\boldsymbol{c}]$.

13. 求与原点 O 的距离为 $\dfrac{6}{7}$,且在坐标轴 Ox,Oy,Oz 上的截距之比为

$1:-2:3$ 的平面 Π 的方程.

14. 求通过直线 $L:\begin{cases}x+y+z-12=0,\\4x+y-2z-15=0,\end{cases}$ 且与直线 $\frac{x}{1}=\frac{y}{2}=\frac{z+1}{-2}$ 平行的平面 Π 的方程.

15. 已知四面体 $OABC$ 的三个面与坐标平面重合,A,B,C 分别在 Ox,Oy,Oz 轴上,且 $AB=5,BC=6,CA=\sqrt{29}$,求面 ABC 所在平面 Π 的方程.

16. 求通过点 $P(2,3,1)$ 且与直线 $L_1:\frac{x+1}{2}=\frac{y}{-1}=\frac{z-2}{3}$ 垂直相交的直线 L 的方程.

17. 在空间 $\mathbf{R}^3$ 中,直线 $L:x=y=z$ 与平面 $\Pi:z=x-y$ 的夹角 $\varphi=$ ________.

18. 在空间 $\mathbf{R}^3$ 中,平面 $\Pi_1:z=x+2y$ 与平面 $\Pi_2:z=2x-y$ 的夹角 $\theta=$ ________.

19. 点 $P(1,1,1)$ 到直线 $L:x+1=y+2=z-3$ 的距离为________.

20. 设直线 L 过点 $P(3,7,-8)$,且与直线 $L_1:x=\frac{y}{2}=\frac{-z}{3}$ 及直线 $L_2:\frac{x-1}{2}=y+2=z-3$ 都相交,求直线 L 与直线 L_1 及直线 L 与直线 L_2 的交点.

21. 求过点 $P(1,2,3)$,且与平面 $\Pi_1:x+2z-1=0$ 及平面 $\Pi_2:y-3z-2=0$ 都平行的直线 L 的方程.

22. 在 $\mathbf{R}^3$ 中,求与直线 $L_1:x-1=y-2=z-3$ 及直线 $L_2:x=2y=3z$ 都垂直相交的直线 L 的方程.

23. 已知直线 L 在平面 $\Pi:x+y+z=1$ 内,且与直线 $L_1:\begin{cases}y=1,\\z=-1\end{cases}$ 垂直相交,求 L 的方程.

24. 在 $\mathbf{R}^3$ 中,设两异面直线 L_1 与 L_2 的夹角为 $\frac{\pi}{3}$,点 P 是 $\mathbf{R}^3$ 中的一个定点,则过点 P 且与 L_1 和 L_2 的夹角都成 $\frac{\pi}{4}$ 的平面有几个?

25. 求过直线 $L:\begin{cases}2x+y-3z+2=0,\\5x+5y-4z+3=0\end{cases}$ 的两个相互垂直的平面 Π_1 和

Π_2，使其中一个平面通过点 $P(4,-3,1)$.

26. 求与直线 L_1：$\dfrac{x-1}{3}=\dfrac{y+4}{6}=\dfrac{z-6}{4}$ 和 L_2：$\dfrac{x-4}{2}=\dfrac{y+3}{1}=\dfrac{z-2}{6}$ 分别相切于点 $A(1,-4,6)$ 和点 $B(4,-3,2)$ 的球面 Σ 的方程.

27. 求直线 $\dfrac{x}{\alpha}=\dfrac{y-\beta}{0}=\dfrac{z}{1}$ 绕 Oz 轴旋转一周所得旋转曲面 Σ 的方程，并指出曲面 Σ 的名称.

28. 空间曲面 $z=2-\sqrt{x^2+y^2}$ 是由曲线________绕 Oz 轴旋转一周所得.

29. 球面 $x^2+y^2+z^2=1$ 与平面 $x+z=a(-1<a<1)$ 的交线在坐标平面 xOy 上的投影的方程为________.

30. 在空间直角坐标系 $O\text{-}xyz$ 中，曲面 $\dfrac{x^2}{a^2}-\dfrac{y^2}{b^2}+\dfrac{z}{c}=1$ 是________.

31. 空间曲线 $\begin{cases}x^2+y^2=1,\\ z=x^2\end{cases}$ 在 yOz 平面上的投影的方程为________.

32. 求经过 Ox 轴，且与椭圆柱面 $\dfrac{x^2}{4}+\dfrac{y^2}{3}=1$ 的交线是圆的平面方程.

33. 求曲线 Γ：$\begin{cases}x+y+z=1,\\ z=xy\end{cases}$ 在 xOy 平面，yOz 平面，zOx 平面上的投影的方程.

34. 已知空间曲线 Γ：$\begin{cases}x^2+y^2-z^2=-1,\\ x+\lambda z-1=0.\end{cases}$ 问 λ 为何值时，Γ 分别是椭圆，双曲线，抛物线？

35. 求到一定点的距离与到一定平面（定点不在定平面上）的距离之比为常数 $k(k>0)$ 的点的轨迹曲面 Σ 的方程，并指出曲面 Σ 的名称.

第 6 章　多元函数微分学

6.1　主要内容

6.1.1　二元函数的极限

设函数 $f(x,y)$ 在平面区域 D 上有定义，点 $P_0(x_0,y_0)\in D\cup\partial D$，$A$ 为常数，若 $\forall\varepsilon>0$，$\exists\delta>0$，使得当 $P(x,y)\in\mathring{U}(P_0,\delta)\cap D$ 时，恒有

$$|f(x,y)-A|<\varepsilon,$$

则称函数 $f(x,y)$ 当 $P(x,y)\to P_0(x_0,y_0)$ 时以 A 为极限，记作

$$\lim_{(x,y)\to(x_0,y_0)} f(x,y)=A.$$

为了区别于一元函数的极限，我们称二元函数的极限为二重极限.

6.1.2　二元函数的连续性

设 D 是 xOy 平面上的区域，二元函数 $f(x,y)$ 在 D 上有定义，$P_0(x_0,y_0)\in D$，若

$$\lim_{(x,y)\to(x_0,y_0)} f(x,y)=f(x_0,y_0),$$

则称函数 $f(x,y)$ 在点 $P_0(x_0,y_0)$ 处连续. 若函数 $f(x,y)$ 在区域 D 上每一点处均连续，则称函数 $f(x,y)$ 为 D 上的连续函数.

6.1.3　偏导数的基本概念

设函数 $z=f(x,y)$ 在点 $P_0(x_0,y_0)$ 的某邻域内有定义，若

$$\lim_{\Delta x\to 0}\frac{f(x_0+\Delta x,y_0)-f(x_0,y_0)}{\Delta x}$$

存在，则称该极限为函数 $z=f(x,y)$ 在 $P_0(x_0,y_0)$ 处对 x 的偏导数，记为 $\frac{\partial f}{\partial x}\Big|_{(x_0,y_0)}$ 或 $f'_x(x_0,y_0)$.

同理，若

$$\lim_{\Delta y\to 0}\frac{f(x_0,y_0+\Delta y)-f(x_0,y_0)}{\Delta y}$$

存在，则称该极限为函数 $z=f(x,y)$ 在 $P_0(x_0,y_0)$ 处对 y 的偏导数，$\frac{\partial f}{\partial y}\Big|_{(x_0,y_0)}$ 或 $f'_y(x_0,y_0)$.

在几何上，$f'_x(x_0,y_0)$ 表示曲线 $\begin{cases} z=f(x,y), \\ y=y_0 \end{cases}$ 在点 $M(x_0,y_0,f(x_0,y_0))$ 处的切线对 x 轴的斜率. 类似的，$f'_y(x_0,y_0)$ 表示曲线 $\begin{cases} z=f(x,y), \\ x=x_0 \end{cases}$ 在点 $M(x_0,y_0,f(x_0,y_0))$ 处的切线对 y 轴的斜率.

6.1.4　高阶偏导数

当函数 $z=f(x,y)$ 的偏导数 $f'_x(x,y)$，$f'_y(x,y)$ 作为 (x,y) 的函数偏导数仍存在时，称它们是 $z=f(x,y)$ 的二阶偏导数. 根据对变量求导次序不同，有下列四个二阶偏导数：

$$\frac{\partial f'_x(x,y)}{\partial x}=f''_{xx}(x,y)=\frac{\partial^2 f}{\partial x^2},\frac{\partial f'_x(x,y)}{\partial y}=f''_{xy}(x,y)=\frac{\partial^2 f}{\partial x\partial y},$$

$$\frac{\partial f'_y(x,y)}{\partial x}=f''_{yx}(x,y)=\frac{\partial^2 f}{\partial y\partial x},\frac{\partial f'_y(x,y)}{\partial y}=f''_{yy}(x,y)=\frac{\partial^2 f}{\partial y^2},$$

其中 $f''_{xy}(x,y)$ 和 $f''_{yx}(x,y)$ 称为二阶混合偏导数. 类似的，可得三阶及三阶以上的偏导数. 二阶及二阶以上偏导数统称为高阶偏导数.

如果函数 $z=f(x,y)$ 的两个二阶混合偏导数 $f''_{xy}(x,y)$ 和 $f''_{yx}(x,y)$ 均在 (x_0,y_0) 处连续，则混合偏导数与求偏导次序无关，即 $f''_{xy}(x_0,y_0)=f''_{yx}(x_0,y_0)$.

6.1.5　全微分的基本概念

设函数 $z=f(x,y)$ 在点 $P(x_0,y_0)$ 的某邻域内有定义，如果存在

$A(x_0,y_0)$,$B(x_0,y_0)$,使得全增量

$$\Delta z = f(x_0+\Delta x, y_0+\Delta y) - f(x_0,y_0)$$

可以表示为

$$\Delta z = A(x_0,y_0)\Delta x + B(x_0,y_0)\Delta y + o(\sqrt{\Delta x^2+\Delta y^2}),$$

则称函数 $z=f(x,y)$ 在点 $P(x_0,y_0)$ 处可微分.

如果函数 $z=f(x,y)$ 在点 $P_0(x_0,y_0)$ 处可微分,则该函数在点 $P_0(x_0,y_0)$ 处的偏导数 $f'_x(x_0,y_0)$ 和 $f'_y(x_0,y_0)$ 存在,且 $f'_x(x_0,y_0)=A(x_0,y_0)$,$f'_y(x_0,y_0)=B(x_0,y_0)$. 称

$$\mathrm{d}f\,|_{(x_0,y_0)} = f'_x(x_0,y_0)\Delta x + f'_y(x_0,y_0)\Delta y = f'_x(x_0,y_0)\mathrm{d}x + f'_y(x_0,y_0)\mathrm{d}y$$

为函数 $z=f(x,y)$ 在点 $P_0(x_0,y_0)$ 处的全微分.

6.1.6 连续、可偏导与可微的关系

如果函数 $z=f(x,y)$ 在点 $P_0(x_0,y_0)$ 处可微分,则函数 $z=f(x,y)$ 在该点处连续.

如果函数 $z=f(x,y)$ 在点 $P_0(x_0,y_0)$ 处可微分,则函数 $z=f(x,y)$ 在该点处的偏导数 $f'_x(x_0,y_0)$ 和 $f'_y(x_0,y_0)$ 存在.

函数 $z=f(x,y)$ 在点 $P_0(x_0,y_0)$ 处连续与偏导数存在这两个概念间没有因果关系.

6.1.7 多元复合函数的偏导数

设函数 $u=u(x,y)$,$v=v(x,y)$ 在点 (x,y) 处偏导数存在,函数 $f(u,v)$ 在对应的点 (u,v) 处可微,则复合函数 $z(x,y)=f(u(x,y),v(x,y))$ 在点 (x,y) 处偏导数存在,且有

$$\frac{\partial z}{\partial x} = \left(\frac{\partial f}{\partial u}\frac{\partial u}{\partial x} + \frac{\partial f}{\partial v}\frac{\partial v}{\partial x}\right)\bigg|_{\substack{u=u(x,y)\\ v=v(x,y)}},$$

$$\frac{\partial z}{\partial y} = \left(\frac{\partial f}{\partial u}\frac{\partial u}{\partial y} + \frac{\partial f}{\partial v}\frac{\partial v}{\partial y}\right)\bigg|_{\substack{u=u(x,y)\\ v=v(x,y)}}.$$

注 设函数 $u=u(x)$,$v=v(x)$ 在点 x 处导数存在,函数 $f(u,v)$ 在对应的

点(u,v)处可微，则复合函数$z(x)=f(u(x),v(x))$在点x处导数存在，且有

$$\frac{dz}{dx}=\frac{\partial z}{\partial u}\frac{du}{dx}+\frac{\partial z}{\partial v}\frac{dv}{dx},$$

称为全导数.

6.1.8 隐函数的偏导数

(1) 设$P_0(x_0,y_0)$是函数$F(x,y)$定义域内的点，函数$F(x,y)$在$P_0(x_0,y_0)$的某邻域内有连续偏导数，$F(x_0,y_0)=0$，$\frac{\partial F}{\partial y}\big|_{(x_0,y_0)}\neq 0$，则存在唯一的函数$y=y(x)$，使得$y_0=y(x_0)$，$F(x,y(x))=0$，且$y=y(x)$在$x_0$的某邻域内具有连续的导数，且

$$y'(x)=-\frac{F'_x(x,y)}{F'_y(x,y)}\bigg|_{y=y(x)}.$$

(2) 设$P_0(x_0,y_0,z_0)$是函数$F(x,y,z)$定义域内的点，函数$F(x,y,z)$在$P_0(x_0,y_0,z_0)$的某邻域内有连续偏导数，$F(x_0,y_0,z_0)=0$，$\frac{\partial F}{\partial z}\big|_{(x_0,y_0,z_0)}\neq 0$，则存在唯一的函数$z=z(x,y)$，使得$z_0=z(x_0,y_0)$，$F(x,y,z(x,y))=0$，且$z=z(x,y)$在$(x_0,y_0)$的某邻域内具有连续的偏导数，且

$$\frac{\partial z}{\partial x}=-\frac{F'_x(x,y,z)}{F'_z(x,y,z)}\bigg|_{z=z(x,y)},\quad \frac{\partial z}{\partial y}=-\frac{F'_y(x,y,z)}{F'_z(x,y,z)}\bigg|_{z=z(x,y)}.$$

6.1.9 二元函数的极值

(1) 极值的必要条件：设函数$z=f(x,y)$在点$P_0(x_0,y_0)$处取得极值，且偏导数存在，则$f'_x(x_0,y_0)=0$，$f'_y(x_0,y_0)=0$.

(2) 极值的充分条件：设函数$z=f(x,y)$在点$P_0(x_0,y_0)$的某邻域内具有连续的二阶偏导数，且$f'_x(x_0,y_0)=0$，$f'_y(x_0,y_0)=0$. 记

$$A=f''_{xx}(x_0,y_0),B=f''_{xy}(x_0,y_0),C=f''_{yy}(x_0,y_0).$$

① 若$\Delta=B^2-AC<0$，$A>0$，则$f(x,y)$在点$P_0(x_0,y_0)$处取得极小值$f(x_0,y_0)$；

② 若$\Delta=B^2-AC<0$，$A<0$，则$f(x,y)$在点$P_0(x_0,y_0)$处取得极大值$f(x_0,y_0)$；

③ 若 $\Delta=B^2-AC>0$,则 $f(x,y)$在点 $P_0(x_0,y_0)$处不取极值.

6.1.10 条件极值

求函数 $z=f(x,y)$满足约束条件 $\varphi(x,y)=0$ 的最大值或最小值,称为条件极值问题.求解条件极值问题常用拉格朗日乘数法,步骤为:

第一步:构造拉格朗日函数:

$$L(x,y,\lambda)=f(x,y)+\lambda\varphi(x,y),$$

第二步:求函数 $L(x,y,\lambda)$的驻点,即求方程组:

$$\begin{cases}L'_x=f'_x(x,y)+\lambda\varphi'_x(x,y)=0,\\L'_y=f'_y(x,y)+\lambda\varphi'_y(x,y)=0,\\L'_\lambda=\varphi(x,y)=0\end{cases}$$

的解 $P_0(x_0,y_0,\lambda_0)$.

第三步:根据问题的物理或几何意义下结论.

6.1.11 最值

如果函数 $f(x,y)$在闭区域 D 上连续,则 $f(x,y)$在 D 上一定有最大值与最小值.最大值与最小值统称为**最值**.设 $f(x,y)$在 D 的内部可微,则 $f(x,y)$在 D 的内部的极值只能在驻点处取得;而函数 $f(x,y)$在 D 的边界上的极值可应用拉格朗日乘数法求得可疑条件极值点.记 $f(x,y)$在 D 的内部的驻点为 $P_1(x_1,y_1),\cdots,P_m(x_m,y_m)$,$f(x,y)$在 D 的边界上的可疑条件极值点为 $P_{m+1}(x_{m+1},y_{m+1}),\cdots,P_n(x_n,y_n)$,则 $f(x,y)$在 D 上的最大值与最小值分别为

$$\max_{(x,y)\in D}f(x,y)=\max\{f(x_1,y_1),\cdots,f(x_n,y_n)\},$$

$$\min_{(x,y)\in D}f(x,y)=\min\{f(x_1,y_1),\cdots,f(x_n,y_n)\}.$$

6.2 习题解析

例 6.1(习题 6.1 A3) 求下列极限:

(1) $\lim\limits_{(x,y)\to(0,2)}\dfrac{\ln(x+e^{xy})}{x}$; (2) $\lim\limits_{(x,y)\to(0,0)}(x+y)\sin\dfrac{1}{x}\cos\dfrac{1}{y}$;

(3) $\lim\limits_{(x,y)\to(0,0)}\dfrac{2-\sqrt{xy+4}}{xy}$；　　(4) $\lim\limits_{(x,y)\to(\infty,2)}\left(1-\dfrac{y}{x}\right)^x$.

解 (1) 因为当$(x,y)\to(0,2)$时，$\ln(x+e^{xy})=\ln(1+(x+e^{xy}-1))\sim x+e^{xy}-1$ 和 $e^{xy}-1\sim xy$，所以

$$\lim_{(x,y)\to(0,2)}\frac{\ln(x+e^{xy})}{x}=\lim_{(x,y)\to(0,2)}\frac{x+e^{xy}-1}{x}=1+\lim_{(x,y)\to(0,2)}\frac{e^{xy}-1}{x}=1+\lim_{y\to2}y=3;$$

(2) 因为$\left|\sin\dfrac{1}{x}\cos\dfrac{1}{y}\right|\leqslant1$，且当$(x,y)\to0$ 时，$x+y\to0$，所以

$$\lim_{(x,y)\to(0,0)}(x+y)\sin\frac{1}{x}\cos\frac{1}{y}=0;$$

(3) 令 $t=xy$，则

$$\lim_{(x,y)\to(0,0)}\frac{2-\sqrt{xy+4}}{xy}=\lim_{t\to0}\frac{2-\sqrt{t+4}}{t}=-\lim_{t\to0}\frac{1}{2+\sqrt{t+4}}=-\frac{1}{4};$$

(4) $$\lim_{(x,y)\to(\infty,2)}\left(1-\frac{y}{x}\right)^x=\lim_{(x,y)\to(\infty,2)}\left[\left(1-\frac{y}{x}\right)^{-\frac{x}{y}}\right]^{-y}=e^{-2}.$$

例 6.2(习题 6.1 B1)　证明：极限 $\lim\limits_{(x,y)\to(0,0)}\dfrac{x^2y}{x^4+y^2}$不存在.

解 沿着直线 $y=kx$，$(x,y)\to(0,0)$时，

$$\lim_{\substack{y=kx\\x\to0}}\frac{x^2y}{x^4+y^2}=\lim_{x\to0}\frac{kx^3}{x^4+k^2x^2}=0;$$

当沿着直线 $y=x^2$，$(x,y)\to(0,0)$时，

$$\lim_{\substack{y=x^2\\x\to0}}\frac{x^2y}{x^4+y^2}=\lim_{x\to0}\frac{x^4}{x^4+x^4}=\frac{1}{2}.$$

即当(x,y)沿着不同路径趋于$(0,0)$时，函数 $f(x,y)=\dfrac{x^2y}{x^4+y^2}$有不同的变化趋势，所以 $\lim\limits_{(x,y)\to(0,0)}\dfrac{x^2y}{x^4+y^2}$不存在.

例 6.3(习题 6.1 A4)　判断函数

$$f(x,y)=\begin{cases}\dfrac{x^3+y^3}{x^2+y^2}, & (x,y)\neq(0,0);\\ 0, & (x,y)=(0,0)\end{cases}$$

在点(0,0)处的连续性.

解 令 $x=\rho\cos\theta, y=\rho\sin\theta$,则 $(x,y)\to(0,0)\Leftrightarrow\rho\to0^+$,所以

$$\lim_{(x,y)\to(0,0)} f(x,y)=\lim_{(x,y)\to(0,0)}\frac{x^3+y^3}{x^2+y^2}=\lim_{\rho\to0^+}\rho(\cos^3\theta+\sin^3\theta)=0=f(0,0),$$

所以 $f(x,y)$ 在点(0,0)处连续.

例 6.4(习题 6.1 B2) 设

$$f(x,y)=\begin{cases}\dfrac{\sin(x^2+y^2)}{x^2+y^2}, & (x,y)\neq(0,0);\\ a, & (x,y)=(0,0).\end{cases}$$

问当 a 为何值时,$f(x,y)$ 在点(0,0)处连续?

解 令 $x^2+y^2=t$,则

$$\lim_{(x,y)\to(0,0)} f(x,y)=\lim_{(x,y)\to(0,0)}\frac{\sin(x^2+y^2)}{x^2+y^2}=\lim_{t\to0^+}\frac{\sin t}{t}=1,$$

所以当 $a=1$ 时,$f(x,y)$ 在点(0,0)处连续.

例 6.5(习题 6.2 A2) 设 $f(x,y)=(y-1)\arcsin\sqrt{\dfrac{x}{y}}$,求 $f'_x(x,1)$ 和 $f'_y(1,4)$.

解 记 $\varphi(x)=f(x,1)$,则 $\varphi(x)=0$,所以 $f'_x(x,1)=\varphi'(x)=0$;

记 $\psi(y)=f(1,y)$,则 $\psi(y)=(y-1)\arcsin\sqrt{\dfrac{1}{y}}$,所以

$$f'_y(1,4)=\psi'(4)=\left[\arcsin\sqrt{\frac{1}{y}}-(y-1)\frac{1}{\sqrt{1-\frac{1}{y}}}\cdot\frac{1}{2}y^{-\frac{3}{2}}\right]\Big|_{y=4}=\frac{\pi}{6}-\frac{\sqrt{3}}{8}.$$

例 6.6 设函数 $f(x,y)=\mathrm{e}^{\sqrt{x^2+y^4}}$,判断 $f(x,y)$ 在点(0,0)处的偏导数 $f'_x(0,0)$ 和 $f'_y(0,0)$ 是否都存在.

解 由于

$$\lim_{x\to0}\frac{f(x,0)-f(0,0)}{x}=\lim_{x\to0}\frac{\mathrm{e}^{\sqrt{x^2}}-1}{x}=\lim_{x\to0}\frac{|x|}{x}$$

不存在,所以 $f'_x(0,0)$ 不存在;

由于

$$\lim_{y\to0}\frac{f(0,y)-f(0,0)}{y}=\lim_{y\to0}\frac{e^{\sqrt{y^4}}-1}{y}=\lim_{y\to0}\frac{y^2}{y}=0,$$

所以 $f'_y(0,0)=0$.

例 6.7　设函数 $f(x,y)$为可微函数,且对任意的(x,y),都有$\frac{\partial f(x,y)}{\partial x}>0$,$\frac{\partial f(x,y)}{\partial y}<0$,则使 $f(x_1,y_1)>f(x_2,y_2)$成立的一个充分条件是(　　).

(A) $x_1>x_2,y_1<y_2$　　(B) $x_1>x_2,y_1>y_2$

(C) $x_1<x_2,y_1<y_2$　　(D) $x_1<x_2,y_1>y_2$

解　应选(A).由于$\frac{\partial f(x,y)}{\partial x}>0$,所以 y 取常数 $y_i(i=1,2)$时,$f(x,y_i)$是 x 的严格单调增函数,所以当 $x_1>x_2$ 时,$f(x_1,y_1)>f(x_2,y_1)$;又由于$\frac{\partial f(x,y)}{\partial y}<0$,所以 x 取常数 $x_i(i=1,2)$时,$f(x_i,y)$是 y 的严格单调减函数,所以当 $y_1<y_2$ 时,$f(x_2,y_1)>f(x_2,y_2)$.于是当 $x_1>x_2,y_1<y_2$ 时,$f(x_1,y_1)>f(x_2,y_2)$.

例 6.8(习题 6.2 B1/习题 6.3 B1)　设函数

$$f(x,y)=\begin{cases}(x-y)\arctan\dfrac{1}{x^2+y^2}, & (x,y)\neq(0,0);\\ 0, & (x,y)=(0,0),\end{cases}$$

求 $f(x,y)$在点$(0,0)$处的偏导数 $f'_x(0,0)$和 $f'_y(0,0)$,并判断 $f(x,y)$在点$(0,0)$处是否可微;若可微,求出其全微分.

解　由偏导数定义得

$$f'_x(0,0)=\lim_{x\to0}\frac{f(x,0)-f(0,0)}{x}=\lim_{x\to0}\arctan\frac{1}{x^2}=\frac{\pi}{2}.$$

同理

$$f'_y(0,0)=\lim_{y\to0}\frac{f(0,y)-f(0,0)}{y}=-\lim_{y\to0}\arctan\frac{1}{y^2}=-\frac{\pi}{2}.$$

令 $x=\rho\cos\theta,y=\rho\sin\theta$,可得

$$\lim_{(x,y)\to(0,0)}\frac{[f(x,y)-f(0,0)]-[f'_x(0,0)x+f'_y(0,0)y]}{\sqrt{x^2+y^2}}$$

$$=\lim_{(x,y)\to(0,0)}\frac{(x-y)\left[\arctan\frac{1}{x^2+y^2}-\frac{\pi}{2}\right]}{\sqrt{x^2+y^2}}$$

$$=\lim_{\rho\to 0^+}(\cos\theta-\sin\theta)\left[\arctan\frac{1}{\rho^2}-\frac{\pi}{2}\right]$$

$$=0,$$

所以 $f(x,y)$ 在点 $(0,0)$ 处可微,且全微分 $\mathrm{d}f(0,0)=\frac{\pi}{2}\mathrm{d}x-\frac{\pi}{2}\mathrm{d}y$.

例 6.9 二元函数 $f(x,y)$ 在点 $(0,0)$ 处可微的一个充分条件是(　　).

(A) $\lim\limits_{(x,y)\to(0,0)}(f(x,y)-f(0,0))=0$

(B) $\lim\limits_{x\to 0}\frac{f(x,0)-f(0,0)}{x}=0$,且 $\lim\limits_{y\to 0}\frac{f(0,y)-f(0,0)}{y}=0$

(C) $\lim\limits_{(x,y)\to(0,0)}\frac{f(x,y)-f(0,0)}{\sqrt{x^2+y^2}}=0$

(D) $\lim\limits_{x\to 0}(f'_x(x,0)-f'_x(0,0))=0$,且 $\lim\limits_{y\to 0}(f'_y(0,y)-f'_y(0,0))=0$

解 应选(C).

(A) 错误. $\lim\limits_{(x,y)\to(0,0)}(f(x,y)-f(0,0))=0$ 只表明 $f(x,y)$ 在点 $(0,0)$ 处连续.

(B) 错误. $\lim\limits_{x\to 0}\frac{f(x,0)-f(0,0)}{x}=0$ 和 $\lim\limits_{y\to 0}\frac{f(0,y)-f(0,0)}{y}=0$ 只表明 $f'_x(0,0)=0$ 和 $f'_y(0,0)=0$.

(C) 正确. 取 $y=0$,由 $\lim\limits_{(x,y)\to(0,0)}\frac{f(x,y)-f(0,0)}{\sqrt{x^2+y^2}}=0$,得 $\lim\limits_{x\to 0}\frac{f(x,0)-f(0,0)}{\sqrt{x^2}}=0$,所以

$$f'_x(0,0)=\lim_{x\to 0}\frac{f(x,0)-f(0,0)}{x}=\lim_{x\to 0}\frac{f(x,0)-f(0,0)}{\sqrt{x^2}}\frac{\sqrt{x^2}}{x}=0.$$

同理,$f'_y(0,0)=0$. 从而

$$\lim_{(x,y)\to(0,0)}\frac{[f(x,y)-f(0,0)]-[f'_x(0,0)x+f'_y(0,0)y]}{\sqrt{x^2+y^2}}$$

$$=\lim_{(x,y)\to(0,0)}\frac{f(x,y)-f(0,0)}{\sqrt{x^2+y^2}}=0,$$

所以

$$f(x,y)=f(0,0)+f'_x(0,0)x+f'_y(0,0)y+o(\sqrt{x^2+y^2}),$$

于是 $f(x,y)$ 在点 $(0,0)$ 处可微.

(D) 错误. 反例：$f(x,y)=\begin{cases}\dfrac{xy}{x^2+y^2}, & (x,y)\neq(0,0),\\ 0, & (x,y)=(0,0)\end{cases}$ 满足 $\lim\limits_{x\to0}(f'_x(x,0)-f'_x(0,0))=0$ 和 $\lim\limits_{y\to0}(f'_y(0,y)-f'_y(0,0))=0$，但 $f(x,y)$ 在点 $(0,0)$ 处不可微.

综上所述，应选(C).

例 6.10　如果函数 $f(x,y)$ 在点 $(0,0)$ 处连续，那么下列命题正确的是(　　).

(A) 若极限 $\lim\limits_{(x,y)\to(0,0)}\dfrac{f(x,y)}{|x|+|y|}$ 存在，则函数 $f(x,y)$ 在点 $(0,0)$ 处可微

(B) 若极限 $\lim\limits_{(x,y)\to(0,0)}\dfrac{f(x,y)}{x^2+y^2}$ 存在，则函数 $f(x,y)$ 在点 $(0,0)$ 处可微

(C) 若函数 $f(x,y)$ 在点 $(0,0)$ 处可微，则极限 $\lim\limits_{(x,y)\to(0,0)}\dfrac{f(x,y)}{|x|+|y|}$ 存在

(D) 若函数 $f(x,y)$ 在点 $(0,0)$ 处可微，则极限 $\lim\limits_{(x,y)\to(0,0)}\dfrac{f(x,y)}{x^2+y^2}$ 存在

解　应选(B).

(A) 错误. 反例：$f(x,y)=|x|+|y|$.

(B) 正确. 因为 $f(x,y)$ 在点 $(0,0)$ 处连续，所以

$$f(0,0)=\lim_{(x,y)\to(0,0)}f(x,y)=\lim_{(x,y)\to(0,0)}\frac{f(x,y)}{x^2+y^2}(x^2+y^2)=0.$$

又

$$f'_x(0,0)=\lim_{x\to0}\frac{f(x,0)-f(0,0)}{x}=\lim_{x\to0}\frac{f(x,0)}{x^2+0^2}x=0.$$

同理，$f'_y(0,0)=0$. 从而

$$\lim_{(x,y)\to(0,0)}\frac{[f(x,y)-f(0,0)]-[f'_x(0,0)x+f'_y(0,0)y]}{\sqrt{x^2+y^2}}$$

$$=\lim_{(x,y)\to(0,0)}\frac{f(x,y)}{x^2+y^2}\sqrt{x^2+y^2}=0,$$

所以

$$f(x,y)=f(0,0)+f'_x(0,0)x+f'_y(0,0)y+o(\sqrt{x^2+y^2}),$$

于是 $f(x,y)$ 在点 $(0,0)$ 处可微.

(C)和(D)都错误. 反例: $f(x,y)=1$.

例 6.11(习题 6.2 A1) 求下列函数的一阶偏导数:

(1) $z=\ln(x+\sqrt{x^2+y^2})$; (2) $z=\arctan\dfrac{x}{y}$;

(3) $u=x^{y^z}$; (4) $z=\tan(x^y)$.

解 (1) $z'_x=\dfrac{1}{x+\sqrt{x^2+y^2}}\left(1+\dfrac{x}{\sqrt{x^2+y^2}}\right)=\dfrac{1}{\sqrt{x^2+y^2}}$,

$$z'_y=\frac{y}{(x+\sqrt{x^2+y^2})\sqrt{x^2+y^2}};$$

(2) $z'_x=\dfrac{1}{1+\left(\dfrac{x}{y}\right)^2}\dfrac{1}{y}=\dfrac{y}{x^2+y^2}$,

$$z'_y=\frac{1}{1+\left(\dfrac{x}{y}\right)^2}\left(-\frac{x}{y^2}\right)=-\frac{x}{x^2+y^2};$$

(3) $u'_x=y^z x^{y^z-1}$, $u'_y=x^{y^z}\ln x\cdot zy^{z-1}=x^{y^z}zy^{z-1}\ln x$, $u'_z=x^{y^z}y^z\ln x\ln y$;

(4) $z'_x=\dfrac{1}{\cos^2(x^y)}yx^{y-1}$, $z'_y=\dfrac{1}{\cos^2(x^y)}x^y\ln x$.

例 6.12(习题 6.2 B2) 求证:三元函数 $w=\dfrac{1}{\sqrt{x^2+y^2+z^2}}$ 满足方程

$$\frac{\partial^2 w}{\partial x^2}+\frac{\partial^2 w}{\partial y^2}+\frac{\partial^2 w}{\partial z^2}=0.$$

解 记 $r=\sqrt{x^2+y^2+z^2}$,于是 $w=\dfrac{1}{r}$,所以

$$\frac{\partial w}{\partial x}=-\frac{1}{r^3}x,\ \frac{\partial w}{\partial y}=-\frac{1}{r^3}y,\ \frac{\partial w}{\partial z}=-\frac{1}{r^3}z,$$

从而

$$\frac{\partial^2 w}{\partial x^2}=\frac{3x^2}{r^5}-\frac{1}{r^3},\ \frac{\partial^2 w}{\partial y^2}=\frac{3y^2}{r^5}-\frac{1}{r^3},\ \frac{\partial^2 w}{\partial z^2}=\frac{3z^2}{r^5}-\frac{1}{r^3},$$

得$\dfrac{\partial^2 w}{\partial x^2}+\dfrac{\partial^2 w}{\partial y^2}+\dfrac{\partial^2 w}{\partial z^2}=0$.

例 6.13(习题 6.3 A1)　求下列函数的全微分:

(1) $f(x,y)=\ln(x^2-y^2)$;　　(2) $u=\ln x+\arcsin y+z^x$.

解　(1) 由于 $f'_x=\dfrac{2x}{x^2-y^2}, f'_y=-\dfrac{2y}{x^2-y^2}$,所以

$$df(x,y)=\frac{2}{x^2-y^2}(xdx-ydy);$$

(2) 由于 $u'_x=\dfrac{1}{x}+z^x\ln z, u'_y=\dfrac{1}{\sqrt{1-y^2}}, u'_z=xz^{x-1}$,所以

$$du=\left(\frac{1}{x}+z^x\ln z\right)dx+\frac{1}{\sqrt{1-y^2}}dy+xz^{x-1}dz.$$

例 6.14(习题 6.3 A2)　求函数 $z=xy^2$ 在点(2,1)处的全增量和全微分.

解　全增量为

$$\begin{aligned}\Delta z(2,1)&=z(2+\Delta x,1+\Delta y)-z(2,1)\\&=(2+\Delta x)(1+\Delta y)^2-2\cdot 1^2\\&=\Delta x+4\Delta y+2\Delta y^2+\Delta x\Delta y^2,\end{aligned}$$

因此全微分为 $dz=dx+4dy$.

例 6.15　设连续函数 $z=f(x,y)$ 满足 $\lim\limits_{\substack{x\to 0\\y\to 1}}\dfrac{f(x,y)-2x+y-2}{\sqrt{x^2+(y-1)^2}}=0$,求 $dz|_{(0,1)}$.

解　因为 $z=f(x,y)$ 是连续函数,且 $\lim\limits_{\substack{x\to 0\\y\to 1}}\dfrac{f(x,y)-2x+y-2}{\sqrt{x^2+(y-1)^2}}=0$,所以

$$\lim_{\substack{x\to 0\\y\to 1}}[f(x,y)-2x+y-2]=0,$$

于是 $\lim\limits_{\substack{x\to 0\\y\to 1}}f(x,y)=f(0,1)=1$. 进一步,可知 $z=f(x,y)$ 在(0,1)处的全增量

$$\Delta f=f(x,y)-f(0,1)=2x-(y-1)+o(\sqrt{x^2+(y-1)^2}),$$

所以 $dz|_{(0,1)}=2dx-dy$.

例 6.16　已知函数 $z=f(x,y)$ 的全微分为

$$dz=(e^x y+\sin y)dx+(e^x+x\cos y+y)dy,$$

求 $f(x,y)$.

解 由于 $dz=f'_x(x,y)dx+f'_y(x,y)dy$,所以

$$f'_x(x,y)=e^x y+\sin y, f'_y(x,y)=e^x+x\cos y+y.$$

由 $f'_x(x,y)=e^x y+\sin y$ 可得 $f(x,y)=e^x y+x\sin y+\varphi(y)$. 又 $f'_y(x,y)=e^x+x\cos y+y$,所以 $\varphi'(y)=y$,可得 $\varphi(y)=\frac{1}{2}y^2+C$. 因此

$$f(x,y)=e^x y+x\sin y+\frac{1}{2}y^2+C.$$

例 6.17(习题 6.3 B2) 利用全微分计算$2.98^{3.05}$的近似值.

解 设函数 $f(x,y)=x^y$,则在 $x=2.98,y=3.05$ 处的函数值 $f(2.98,3.05)=2.98^{3.05}$. 取 $x_0=3,y_0=3,\Delta x=-0.02,\Delta y=0.05$,于是

$$f(x_0,y_0)=f(3,3)=3^3=27,$$
$$f'_x(x_0,y_0)=f'_x(3,3)=yx^{y-1}|_{x=3,y=3}=27,$$
$$f'_y(x_0,y_0)=f'_y(3,3)=x^y\ln x|_{x=3,y=3}=27\ln 3,$$

所以

$$\begin{aligned}(2.98)^{3.05}&=f(2.98,3.05)=f(x_0+\Delta x,y_0+\Delta y)\\&\approx f(x_0,y_0)+f'_x(x_0,y_0)\Delta x+f'_y(x_0,y_0)\Delta y\\&=27+27\times(-0.02)+27\ln 3\times 0.05\approx 27.94.\end{aligned}$$

例 6.18(习题 6.4 A1) 设 $z=\arctan\frac{u}{v},u=1+x^2,v=2+x^2$,求$\frac{dz}{dx}$.

解 应用全导数公式得

$$\begin{aligned}\frac{dz}{dx}&=\frac{\partial z}{\partial u}\frac{du}{dx}+\frac{\partial z}{\partial v}\frac{dv}{dx}\\&=\frac{1}{1+\left(\frac{u}{v}\right)^2}\frac{1}{v}\cdot 2x+\frac{1}{1+\left(\frac{u}{v}\right)^2}\left(-\frac{u}{v^2}\right)\cdot 2x\\&=\frac{2x}{5+6x^2+2x^4}.\end{aligned}$$

例 6.19(习题 6.4 A2) 设 $z=u\ln v,u=\frac{y}{x},v=2x-3y$,求$\frac{\partial z}{\partial x},\frac{\partial z}{\partial y}$.

解 应用链锁法则得

$$\frac{\partial z}{\partial x}=\frac{\partial z}{\partial u}\frac{\partial u}{\partial x}+\frac{\partial z}{\partial v}\frac{\partial v}{\partial x}=-\frac{y}{x^2}\ln v+2\frac{u}{v}=-\frac{y}{x^2}\ln(2x-3y)+2\frac{y}{x(2x-3y)},$$

$$\frac{\partial z}{\partial y}=\frac{\partial z}{\partial u}\frac{\partial u}{\partial y}+\frac{\partial z}{\partial v}\frac{\partial v}{\partial y}=\frac{1}{x}\ln v-3\frac{u}{v}=\frac{1}{x}\ln(2x-3y)-3\frac{y}{x(2x-3y)}.$$

例 6.20（习题 6.4 A4）　设 $z=f\left(xy+\frac{y}{x}\right)$，$f$ 具有连续的导数，求$\frac{\partial z}{\partial x},\frac{\partial z}{\partial y}$.

解　记 $u=xy+\frac{y}{x}$，所以

$$\frac{\partial z}{\partial x}=f'(u)\frac{\partial u}{\partial x}=f'(u)\left(y-\frac{y}{x^2}\right),$$

$$\frac{\partial z}{\partial y}=f'(u)\frac{\partial u}{\partial y}=f'(u)\left(x+\frac{1}{x}\right).$$

例 6.21（习题 6.4 A6）　设 $z=f\left(xy,\frac{y}{x}\right)$，$f$ 具有连续的偏导数，求$\frac{\partial z}{\partial x},\frac{\partial z}{\partial y}$.

解　应用链锁法则得

$$\frac{\partial z}{\partial x}=f_1'\cdot y+f_2'\cdot\left(-\frac{y}{x^2}\right)=yf_1'-\frac{y}{x^2}f_2',$$

$$\frac{\partial z}{\partial y}=f_1'\cdot x+f_2'\cdot\frac{1}{x}=xf_1'+\frac{1}{x}f_2'.$$

例 6.22（习题 6.4 A7）　设 $z=(x^2+y^2)^{xy}$，求 $y\frac{\partial z}{\partial x}-x\frac{\partial z}{\partial y}$.

解　记 $u=x^2+y^2$，$v=xy$，则 $z=u^v$，从而

$$\frac{\partial z}{\partial x}=\frac{\partial z}{\partial u}\frac{\partial u}{\partial x}+\frac{\partial z}{\partial v}\frac{\partial v}{\partial x}=vu^{v-1}\cdot 2x+u^v\ln u\cdot y,$$

$$\frac{\partial z}{\partial y}=\frac{\partial z}{\partial u}\frac{\partial u}{\partial y}+\frac{\partial z}{\partial v}\frac{\partial v}{\partial y}=vu^{v-1}\cdot 2y+u^v\ln u\cdot x,$$

所以

$$y\frac{\partial z}{\partial x}-x\frac{\partial z}{\partial y}=(y^2-x^2)u^v\ln u=(y^2-x^2)(x^2+y^2)^{xy}\ln(x^2+y^2).$$

例 6.23（习题 6.4 A8）　设 $z=f(x+y,x-y)$，f 具有连续的二阶偏导

数,求$\frac{\partial z}{\partial x}$,$\frac{\partial^2 z}{\partial x\partial y}$.

解 利用链锁法则得

$$\frac{\partial z}{\partial x}=f'_1(x+y,x-y)+f'_2(x+y,x-y)=f'_1+f'_2,$$

所以

$$\frac{\partial^2 z}{\partial x\partial y}=\frac{\partial\left(\frac{\partial z}{\partial x}\right)}{\partial y}=\frac{\partial(f'_1)}{\partial y}+\frac{\partial(f'_2)}{\partial y}=f''_{11}-f''_{12}+f''_{21}-f''_{22}.$$

又由 f 具有连续的二阶偏导数得 $f''_{12}=f''_{21}$,所以

$$\frac{\partial^2 z}{\partial x\partial y}=f''_{11}-f''_{22}.$$

例 6.24(习题 6.4 A9) 设 $z=f(xy,x^2+y^2)$,f 具有连续的二阶偏导数,求$\frac{\partial^2 z}{\partial x^2}$.

解 利用链锁法则得

$$\frac{\partial z}{\partial x}=yf'_1(xy,x^2+y^2)+2xf'_2(xy,x^2+y^2)=yf'_1+2xf'_2,$$

所以

$$\begin{aligned}\frac{\partial^2 z}{\partial x^2}&=\frac{\partial\left(\frac{\partial z}{\partial x}\right)}{\partial x}=y\,\frac{\partial(f'_1)}{\partial x}+2f'_2+2x\,\frac{\partial(f'_2)}{\partial x}\\&=y(yf''_{11}+2xf''_{12})+2f'_2+2x(yf''_{21}+2xf''_{22}).\end{aligned}$$

又由 f 具有连续的二阶偏导数得 $f''_{12}=f''_{21}$,所以

$$\frac{\partial^2 z}{\partial x^2}=y^2f''_{11}+4xyf''_{12}+4x^2f''_{22}+2f'_2.$$

例 6.25(习题 6.4 A10) 设函数 $y=y(x)$由方程 $\sin y+\mathrm{e}^x-xy^2=0$ 确定,求$\frac{\mathrm{d}y}{\mathrm{d}x}$.

解 记 $F(x,y)=\sin y+\mathrm{e}^x-xy^2$,应用隐函数求导公式得

$$\frac{\mathrm{d}y}{\mathrm{d}x}=-\frac{F'_x}{F'_y}=\frac{y^2-\mathrm{e}^x}{\cos y-2xy}.$$

例 6.26(习题 6.4 A11) 设函数 $z=z(x,y)$由方程$(z+y)^x=xy$ 确定,

求$\left.\frac{\partial z}{\partial x}\right|_{(1,2)}$.

解 记$F(x,y,z)=(z+y)^x-xy$,应用隐函数求偏导公式得

$$\frac{\partial z}{\partial x}=-\frac{F'_x}{F'_z}=-\frac{(z+y)^x\ln(z+y)-y}{x\ (z+y)^{x-1}},$$

又由方程$(z+y)^x=xy$得$x=1,y=2$时$z=0$,所以

$$\left.\frac{\partial z}{\partial x}\right|_{(1,2)}=2(1-\ln 2).$$

例 6.27(习题 6.4 A12) 设函数$z=z(x,y)$由方程$\mathrm{e}^{x+2y+3z}+xyz=1$确定,求$\mathrm{d}z|_{(0,0)}$.

解 **方法一** 利用微分法则求微分得

$$\begin{aligned}\mathrm{d}(\mathrm{e}^{x+2y+3z}+xyz)&=\mathrm{d}(\mathrm{e}^{x+2y+3z})+\mathrm{d}(xyz)\\&=\mathrm{e}^{x+2y+3z}(\mathrm{d}x+2\mathrm{d}y+3\mathrm{d}z)+yz\mathrm{d}x+xz\mathrm{d}y+xy\mathrm{d}z\\&=(\mathrm{e}^{x+2y+3z}+yz)\mathrm{d}x+(2\mathrm{e}^{x+2y+3z}+xz)\mathrm{d}y+(3\mathrm{e}^{x+2y+3z}\\&\quad+xy)\mathrm{d}z=0.\end{aligned}$$

又当$x=0,y=0$时,由$\mathrm{e}^{x+2y+3z}+xyz=1$得$z=0$,所以

$$\mathrm{d}z|_{(0,0)}=-\frac{1}{3}(\mathrm{d}x+2\mathrm{d}y).$$

方法二 记$F(x,y,z)=\mathrm{e}^{x+2y+3z}+xyz-1$,应用隐函数求偏导公式得

$$\frac{\partial z}{\partial x}=-\frac{F'_x}{F'_z}=-\frac{\mathrm{e}^{x+2y+3z}+yz}{3\mathrm{e}^{x+2y+3z}+xy},$$

$$\frac{\partial z}{\partial y}=-\frac{F'_y}{F'_z}=-\frac{2\mathrm{e}^{x+2y+3z}+xz}{3\mathrm{e}^{x+2y+3z}+xy}.$$

又当$x=0,y=0$时,由$\mathrm{e}^{x+2y+3z}+xyz=1$得$z=0$,于是

$$\left.\frac{\partial z}{\partial x}\right|_{(0,0)}=-\frac{1}{3},\left.\frac{\partial z}{\partial y}\right|_{(0,0)}=-\frac{2}{3},$$

所以

$$\mathrm{d}z|_{(0,0)}=-\frac{1}{3}(\mathrm{d}x+2\mathrm{d}y).$$

例 6.28(习题 6.4 B1) 设$u=f(x,xy,xyz)$,f具有连续的二阶偏导数,试求$\frac{\partial u}{\partial x},\frac{\partial u}{\partial y},\frac{\partial u}{\partial z},\frac{\partial^2 u}{\partial x\partial z}$.

解 应用链锁法则得

$$\frac{\partial u}{\partial x}=f'_1+yf'_2+yzf'_3,$$

$$\frac{\partial u}{\partial y}=xf'_2+xzf'_3,$$

$$\frac{\partial u}{\partial z}=xyf'_3,$$

$$\frac{\partial^2 u}{\partial x\partial z}=\frac{\partial\left(\frac{\partial u}{\partial x}\right)}{\partial z}=\frac{\partial(f'_1)}{\partial z}+y\frac{\partial(f'_2)}{\partial z}+yz\frac{\partial(f'_3)}{\partial z}+yf'_3$$
$$=xyf_{13}''+xy^2f_{23}''+xy^2zf_{33}''+yf'_3.$$

例 6.29(习题 6.4 B2) 设函数 $f(u)$具有二阶连续导数,$z=f(\mathrm{e}^x\cos y)$满足

$$\frac{\partial^2 z}{\partial x^2}+\frac{\partial^2 z}{\partial y^2}=(4z+\mathrm{e}^x\cos y)\mathrm{e}^{2x},$$

试将方程转化为含 $f(u)$及其导数的方程.

解 记 $u=\mathrm{e}^x\cos y$,有 $z=f(u)$,应用链锁法则得

$$\frac{\partial z}{\partial x}=f'(u)\mathrm{e}^x\cos y,\frac{\partial z}{\partial y}=-f'(u)\mathrm{e}^x\sin y,$$

所以

$$\frac{\partial^2 z}{\partial x^2}=f''(u)(\mathrm{e}^x\cos y)^2+f'(u)\mathrm{e}^x\cos y,$$

$$\frac{\partial^2 z}{\partial y^2}=f''(u)(\mathrm{e}^x\sin y)^2-f'(u)\mathrm{e}^x\cos y,$$

代入$\frac{\partial^2 z}{\partial x^2}+\frac{\partial^2 z}{\partial y^2}=(4z+\mathrm{e}^x\cos y)\mathrm{e}^{2x}$,得含 $f(u)$及其导数的方程为

$$f''(u)-4f(u)=u.$$

例 6.30 设 $z=z(x,y)$是由方程 $x^2+y^2-z=\varphi(x+y+z)$所确定的函数,其中 φ 具有二阶导数,且 $\varphi'\neq-1$.

(1) 求 $\mathrm{d}z$;(2) 记 $u(x,y)=\frac{1}{x-y}\left(\frac{\partial z}{\partial x}-\frac{\partial z}{\partial y}\right)$,求$\frac{\partial u}{\partial x}$.

解 (1) 方程 $x^2+y^2-z=\varphi(x+y+z)$两端同时求微分得

$$2x\mathrm{d}x+2y\mathrm{d}y-\mathrm{d}z=\varphi'\cdot(\mathrm{d}x+\mathrm{d}y+\mathrm{d}z),$$

整理得

$$\mathrm{d}z=\frac{1}{1+\varphi'}[(2x-\varphi')\mathrm{d}x+(2y-\varphi')\mathrm{d}y];$$

(2) 由(1) 得

$$\frac{\partial z}{\partial x}=\frac{2x-\varphi'}{1+\varphi'},\frac{\partial z}{\partial y}=\frac{2y-\varphi'}{1+\varphi'},$$

于是

$$u(x,y)=\frac{2}{1+\varphi'},$$

所以

$$\begin{aligned}\frac{\partial u}{\partial x}&=-\frac{2}{(1+\varphi')^2}\varphi''\cdot\left(1+\frac{\partial z}{\partial x}\right)\\&=-\frac{2}{(1+\varphi')^2}\varphi''\cdot\left(1+\frac{2x-\varphi'}{1+\varphi'}\right)\\&=-\frac{2(1+2x)\varphi''}{(1+\varphi')^3}.\end{aligned}$$

例 6.31(习题 6.4 B3)　设 $z=z(x)$ 由 $z=f(x,y)$，$x=y+\varphi(y)$(其中 $\varphi'(y)\neq-1$)确定，求全导数$\frac{\mathrm{d}z}{\mathrm{d}x}$.

解　记 $F(x,y)=x-y-\varphi(y)$，应用隐函数求导公式，$x=y+\varphi(y)$所确定函数 $y=y(x)$的导数为

$$y'(x)=-\frac{F'_x}{F'_y}=\frac{1}{1+\varphi'},$$

所以 $z(x)=f(x,y(x))$的全导数为

$$\frac{\mathrm{d}z}{\mathrm{d}x}=f'_1+f'_2\cdot y'(x)=f'_1+\frac{1}{1+\varphi'}f'_2.$$

例 6.32(习题 6.4 B4)　设 $z=z(x,y)$由 $f(x-az,y-bz)=0$ 确定，函数 f 满足隐函数存在的定理条件，求 $a\frac{\partial z}{\partial x}+b\frac{\partial z}{\partial y}$.

解　记 $G(x,y,z)=f(x-az,y-bz)$，应用链锁法则与隐函数求偏导公式得

$$\frac{\partial z}{\partial x}=-\frac{G'_x}{G'_z}=-\frac{f'_1}{-af'_1-bf'_2}=\frac{f'_1}{af'_1+bf'_2},$$

$$\frac{\partial z}{\partial y}=-\frac{G'_y}{G'_z}=-\frac{f'_2}{-af'_1-bf'_2}=\frac{f'_2}{af'_1+bf'_2},$$

所以 $a\frac{\partial z}{\partial x}+b\frac{\partial z}{\partial y}=1$.

例 6.33(习题 6.4 B5) 设 $z=z(x,y)$ 由方程 $e^z-xyz=0$ 确定,求 $\frac{\partial^2 z}{\partial x^2}$.

解 记 $F(x,y,z)=e^z-xyz$,应用隐函数求偏导公式得

$$\frac{\partial z}{\partial x}=-\frac{F'_x}{F'_z}=\frac{yz}{e^z-xy}=\frac{z}{x(z-1)},$$

所以

$$\frac{\partial^2 z}{\partial x^2}=\frac{y(e^z-xy)z'_x-yz(e^z z'_x-y)}{(e^z-xy)^2}=\frac{z^2-2z+2}{x^2\,(1-z)^3}z.$$

例 6.34 求函数 $f(x,y)=x^2(2+y^2)+y\ln y$ 的极值.

解 由

$$\begin{cases}f'_x=2x(2+y^2)=0,\\ f'_y=2x^2y+\ln y+1=0,\end{cases}$$

解得 $f(x,y)$ 的驻点为 $P_0(0,e^{-1})$.

又

$$f''_{xx}=2(2+y^2),f''_{xy}=4xy,f''_{yy}=2x^2+\frac{1}{y},$$

于是

$$A=f''_{xx}(0,e^{-1})=2(2+e^{-2})>0,B=f''_{xy}(0,e^{-1})=0,C=f''_{yy}(0,e^{-1})=e,$$

所以 $\Delta=B^2-AC=-2e(2+e^{-2})<0$. 因此 $f(x,y)$ 在 $P_0(0,e^{-1})$ 处取极小值 $f(0,e^{-1})=-e^{-1}$.

例 6.35(习题 6.5 A2) 求函数 $f(x,y)=xy+\frac{50}{x}+\frac{20}{y}(x>0,y>0)$ 的极值.

解 由

$$\begin{cases}f'_x=y-\frac{50}{x^2}=0,\\ f'_y=x-\frac{20}{y^2}=0,\end{cases}$$

解得 $f(x,y)$ 的驻点为 $P_0(5,2)$.

又

$$f''_{xx}=\frac{100}{x^3},f''_{xy}=1,f''_{yy}=\frac{40}{y^3},$$

于是

$$A=f''_{xx}(5,2)=\frac{4}{5}>0,B=f''_{xy}(5,2)=1,C=f''_{yy}(5,2)=5,$$

所以 $\Delta=B^2-AC=-3<0$. 因此 $f(x,y)$ 在 $P_0(5,2)$ 处取极小值 $f(5,2)=30$.

例 6.36　求函数 $f(x,y)=(1+e^x)\cos y-xe^x$ 的极值.

解　由

$$\begin{cases}f'_x=e^x(\cos y-1-x)=0,\\f'_y=-(1+e^x)\sin y=0,\end{cases}$$

解得 $f(x,y)$ 的驻点为 $P_n((-1)^n-1,n\pi)(n\in\mathbf{Z})$.

又

$$f''_{xx}=e^x(\cos y-x-2),f''_{xy}=-e^x\sin y,f''_{yy}=-(1+e^x)\cos y,$$

于是

$$A_n=f''_{xx}(P_n)=-e^{(-1)^n-1},B_n=f''_{xy}(P_n)=0,$$

$$C_n=f''_{yy}(P_n)=(-1)^{n+1}(1+e^{(-1)^n-1}),$$

所以 $\Delta_n=B_n^2-A_nC_n=(-1)^{n+1}(1+e^{(-1)^n-1})e^{(-1)^n-1}$.

当 $n=2k(k\in\mathbf{Z})$ 时，$\Delta_n=\Delta_{2k}<0,A_n=A_{2k}<0$，因此 $f(x,y)$ 在 $P_{2k}(x_{2k},y_{2k})$ 处取极大值 $f(0,2k\pi)=2$.

当 $n=2k+1$ 时，$\Delta_n=\Delta_{2k+1}>0$，所以 $f(x,y)$ 在 $P_{2k+1}(x_{2k+1},y_{2k+1})$ 处不取极值.

例 6.37　设函数 $f(x)$ 具有二阶连续导数，则函数 $z=f(x)\ln f(y)$ 在点 $(0,0)$ 处取得极小值的一个充分条件是(　　).

(A) $f(0)>1,f''(0)>0$　　(B) $f(0)>1,f''(0)<0$

(C) $f(0)<1,f''(0)>0$　　(D) $f(0)<1,f''(0)<0$

解　应选(A). 由极值的必要条件得

$$\left.\frac{\partial z}{\partial x}\right|_{(0,0)}=f'(0)\ln f(0)=0,\left.\frac{\partial z}{\partial y}\right|_{(0,0)}=f(0)\frac{f'(0)}{f(0)}=f'(0)=0,$$

又

$$A=\left.\frac{\partial^2 z}{\partial x^2}\right|_{(0,0)}=f''(0)\ln f(0),B=\frac{(f'(0))^2}{f(0)}=0,$$

$$C=\frac{f''(0)f(0)-(f'(0))^2}{f(0)}=f''(0),$$

由极小值的充分条件 $\Delta=B^2-AC<0,A>0$ 可得 $f(0)>1,f''(0)>0$,所以选(A).

例 6.38 设函数 $z=z(x,y)$ 是由方程

$$x^2-6xy+10y^2-2yz-z^2+18=0$$

确定的函数,试求 $z=z(x,y)$ 的极值.

解 令 $F(x,y,z)=x^2-6xy+10y^2-2yz-z^2+18$,由

$$\begin{cases}\dfrac{\partial z}{\partial x}=-\dfrac{F'_x}{F'_z}=-\dfrac{2x-6y}{-2y-2z}=\dfrac{x-3y}{y+z}=0,\\[2mm] \dfrac{\partial z}{\partial y}=-\dfrac{F'_y}{F'_z}=-\dfrac{-6x+20y-2z}{-2y-2z}=\dfrac{-3x+10y-z}{y+z}=0\end{cases}$$

和原方程 $x^2-6xy+10y^2-2yz-z^2+18=0$,解得驻点 $P_1(9,3)$ 和 $P_2(-9,-3)$,相应函数值 $z(9,3)=3,z(-9,-3)=-3$.

再求二阶偏导数得

$$\frac{\partial^2 z}{\partial x^2}=\frac{1}{(y+z)^2}\left[y+z-(x-3y)\frac{\partial z}{\partial x}\right],$$

$$\frac{\partial^2 z}{\partial x\partial y}=\frac{1}{(y+z)^2}\left[-3(y+z)-(x-3y)\left(1+\frac{\partial z}{\partial y}\right)\right],$$

$$\frac{\partial^2 z}{\partial y^2}=\frac{1}{(y+2)^2}\left[\left(10-\frac{\partial z}{\partial y}\right)(y+z)-(-3x+10y-z)\left(1+\frac{\partial z}{\partial y}\right)\right].$$

在驻点 $P_1(9,3)$ 处,$A_1=\left.\dfrac{\partial^2 z}{\partial x^2}\right|_{(9,3)}=\dfrac{1}{6}>0,B_1=\left.\dfrac{\partial^2 z}{\partial x\partial y}\right|_{(9,3)}=-\dfrac{1}{2},C_1=\left.\dfrac{\partial^2 z}{\partial y^2}\right|_{(9,3)}=\dfrac{5}{3}$,因此 $\Delta=B_1^2-A_1C_1=-\dfrac{1}{36}<0$,所以 $z=z(x,y)$ 在 $P_1(9,3)$ 处取极小值 $z(9,3)=3$.

在驻点 $P_2(-9,-3)$ 处,$A_2=\left.\dfrac{\partial^2 z}{\partial x^2}\right|_{(-9,-3)}=-\dfrac{1}{6}<0,B_2=\left.\dfrac{\partial^2 z}{\partial x\partial y}\right|_{(-9,-3)}=\dfrac{1}{2},C_2=\left.\dfrac{\partial^2 z}{\partial y^2}\right|_{(-9,-3)}=-\dfrac{5}{3}$,因此 $\Delta=B_2^2-A_2C_2=-\dfrac{1}{36}<0$,所以 $z=z(x,y)$ 在

$P_2(-9,-3)$处取极大值$z(-9,-3)=-3$.

例 6.39(习题 6.5 A3)　求函数$z=6-4x-y$满足约束条件$2x^2+y^2=1$的条件极值.

解　应用拉格朗日乘数法,令

$$L=6-4x-y-\lambda(2x^2+y^2-1),$$

由

$$\begin{cases}L'_x=-4-4\lambda x=0,\\ L'_y=-1-2\lambda y=0,\\ L'_\lambda=2x^2+y^2-1=0,\end{cases}$$

解得驻点$P_1\left(\frac{2}{3},\frac{1}{3},-\frac{3}{2}\right)$和$P_2\left(-\frac{2}{3},-\frac{1}{3},\frac{3}{2}\right)$. 由于二元函数在椭圆上有最小值和最大值,所以所求的条件极小值为$z\left(\frac{2}{3},\frac{1}{3}\right)=3$;条件极大值为$z\left(-\frac{2}{3},-\frac{1}{3}\right)=9$.

例 6.40(习题 6.5 A4)　求函数$u=xy^2z^3$满足约束条件$x+y+z=12(x>0,y>0,z>0)$的条件极值.

解　应用拉格朗日乘数法,令

$$L=xy^2z^3-\lambda(x+y+z-12),$$

由

$$\begin{cases}L'_x=y^2z^3-\lambda=0,\\ L'_y=2xyz^3-\lambda=0,\\ L'_z=3xy^2z^2-\lambda=0,\\ L'_\lambda=x+y+z-12=0,\end{cases}$$

解得驻点$P_0(2,4,6)$. 又$x\to 0$(或$y\to 0,z\to 0$)时,$u\to 0$,所以$u(2,4,6)=6\,912$为所求条件极大值.

例 6.41　设$f(x,y)$和$\varphi(x,y)$均为可微函数,且$\varphi'_y(x,y)\neq 0$,已知(x_0,y_0)是$f(x,y)$在约束条件$\varphi(x,y)=0$下的一个极值点,下列选项正确的是(　　).

(A) 若$f'_x(x_0,y_0)=0$,则$f'_y(x_0,y_0)=0$

(B) 若 $f'_x(x_0,y_0)=0$,则 $f'_y(x_0,y_0)\neq 0$

(C) 若 $f'_x(x_0,y_0)\neq 0$,则 $f'_y(x_0,y_0)=0$

(D) 若 $f'_x(x_0,y_0)\neq 0$,则 $f'_y(x_0,y_0)\neq 0$

解 应选(D). 由条件极值的充分条件知,(x_0,y_0)满足

$$\begin{cases}f'_x(x_0,y_0)+\lambda\varphi'_x(x_0,y_0)=0,\\ f'_y(x_0,y_0)+\lambda\varphi'_y(x_0,y_0)=0.\end{cases}$$

若 $f'_x(x_0,y_0)\neq 0$ 可知 $\lambda\neq 0$,又 $\varphi'_y(x,y)\neq 0$,所以 $f'_y(x_0,y_0)\neq 0$.

例 6.42(习题 6.5 A5) 求函数 $z=x^2-2xy$ 在椭圆区域 $D=\{(x,y)\mid 2x^2+y^2\leqslant 6\}$上的最大值和最小值.

解 在区域 D 的内部 $D\backslash\partial D=\{(x,y)\mid 2x^2+y^2<6\}$上,由

$$\begin{cases}f'_x=2x-2y=0,\\ f'_y=-2x=0,\end{cases}$$

得函数 $f(x,y)$的驻点 $P_1(0,0)$.

再求 $f(x,y)=x^2-2xy$ 在 D 的边界$\partial D=\{(x,y)\mid 2x^2+y^2=6\}$上的可疑条件极值点. 令

$$L(x,y,\lambda)=x^2-2xy+\lambda(2x^2+y^2-6),$$

由方程组

$$\begin{cases}L'_x=2x-2y+4\lambda x=0,\\ L'_y=-2x+2\lambda y=0,\\ L'_\lambda=2x^2+y^2-6=0,\end{cases}$$

得可疑条件极值点 $P_2(1,2)$,$P_3(-1,-2)$,$P_4(\sqrt{2},-\sqrt{2})$,$P_5(-\sqrt{2},\sqrt{2})$.

由于 $f(P_1)=f(0,0)=0$,$f(P_2)=f(1,2)=-3$,$f(P_3)=f(-1,-2)=-3$,$f(P_4)=f(\sqrt{2},-\sqrt{2})=6$,$f(P_5)=f(-\sqrt{2},\sqrt{2})=6$,所以

$$\max_{(x,y)\in D}f(x,y)=6,$$

$$\min_{(x,y)\in D}f(x,y)=-3.$$

例 6.43(习题 6.5 A6) 某厂家生产的一种产品同时在两个市场销售,售价分别为 p_1 和 p_2,销售量分别为 q_1 和 q_2,需求函数分别为

$$q_1=24-0.2p_1,\ q_2=10-0.05p_2,$$

总成本函数为

$$C=35+40(q_1+q_2),$$

试问:厂家如何确定两个市场的售价才能使获得的总利润最大? 最大利润为多少?

解　利润函数为

$$\begin{aligned}L&=R-C=p_1q_1+p_2q_2-35-40(q_1+q_2)\\&=p_1(24-0.2p_1)+p_2(10-0.05p_2)-\\&\quad 35-40(34-0.2p_1-0.05p_2)\\&=-0.2p_1^2+32p_1-0.05p_2^2+12p_2-1\,395.\end{aligned}$$

由

$$\begin{cases}L_1'=-0.4p_1+32=0,\\L_2'=-0.1p_2+12=0,\end{cases}$$

得利润函数唯一驻点为 $M(80,120)$.

又 $A=-0.4<0,B=0,C=-0.1,\Delta=B^2-AC=-0.04<0$,所以利润函数在驻点 $M(80,120)$处取极大值. 又 $M(80,120)$是利润函数的唯一驻点,因此定价 $p_1=80,p_2=120$ 能使总利润最大,最大利润为 605.

例 6.44(习题 6.5 B1)　求函数 $u=xy+2yz$ 在约束条件 $x^2+y^2+z^2=10$ 下的最大值和最小值.

解　应用拉格朗日乘数法,令

$$L=xy+2yz+\lambda(x^2+y^2+z^2-10),$$

由

$$\begin{cases}L_x'=y+2\lambda x=0,\\L_y'=x+2z+2\lambda y=0,\\L_z'=2y+2\lambda z=0,\\L_\lambda'=x^2+y^2+z^2-10=0,\end{cases}$$

解得驻点 $P_1(1,\sqrt{5},2),P_2(1,-\sqrt{5},2),P_3(-1,\sqrt{5},-2),P_4(-1,-\sqrt{5},-2),P_5(-2\sqrt{2},0,\sqrt{2}),P_6(2\sqrt{2},0,-\sqrt{2})$.

由于 $f(P_1)=5\sqrt{5},f(P_2)=-5\sqrt{5},f(P_3)=-5\sqrt{5},f(P_4)=5\sqrt{5},f(P_5)=0,f(P_6)=0$,所以所求最大值和最小值分别为

$$\max\{f(P_1),f(P_2),f(P_3),f(P_4),f(P_5),f(P_6)\}=5\sqrt{5},$$

$$\min\{f(P_1),f(P_2),f(P_3),f(P_4),f(P_5),f(P_6)\}=-5\sqrt{5}.$$

例 6.45 已知函数 $f(u,v)$ 具有二阶连续偏导数，$f(1,1)=2$ 是 $f(u,v)$ 的极值，$z=f(x+y,f(x,y))$. 求 $\left.\dfrac{\partial^2 z}{\partial x\partial y}\right|_{(1,1)}$.

解 应用链锁法则，得

$$\frac{\partial z}{\partial x}=f'_1(x+y,f(x,y))+f'_2(x+y,f(x,y))\cdot f'_1(x,y),$$

$$\begin{aligned}\frac{\partial^2 z}{\partial x\partial y}=&f''_{11}(x+y,f(x,y))+f''_{12}(x+y,f(x,y))\cdot f'_2(x,y)+\\&(f''_{21}(x+y,f(x,y))+f''_{22}(x+y,f(x,y))\cdot f'_2(x,y))\cdot\\&f'_1(x,y)+f'_2(x+y,f(x,y))\cdot f''_{12}(x,y),\end{aligned}$$

又由 $f(1,1)=2$ 是 $f(u,v)$ 的极值得 $f'_1(1,1)=0,f'_2(1,1)=0$，从而

$$\left.\frac{\partial^2 z}{\partial x\partial y}\right|_{(1,1)}=f''_{11}(2,2)+f'_2(2,2)f''_{12}(1,1).$$

6.3 复习题

1. 求下列极限：

(1) $\displaystyle\lim_{(x,y)\to(+\infty,+\infty)}\left(\frac{xy}{x^2+y^2}\right)^{x+y}$；　　(2) $\displaystyle\lim_{(x,y)\to(+\infty,0)}\left(1-\frac{1}{x}\right)^{\frac{x^2}{x+y}}$.

2. 求极限 $\displaystyle\lim_{(x,y)\to(0,0)}(x^2+y^2)^{\arcsin(xy)}$.

3. 设

$$f(x,y)=\begin{cases}(x-y)\sin\dfrac{1}{\sqrt{x^2+y^2}}, & (x,y)\neq(0,0),\\ 0, & (x,y)=(0,0).\end{cases}$$

(1) 判断 $f(x,y)$ 在 $(0,0)$ 处是否连续.

(2) 判断 $f(x,y)$ 在 $(0,0)$ 处关于 x 和关于 y 的偏导数是否存在.

(3) 判断 $f(x,y)$ 在 $(0,0)$ 处是否可微.

4. 设 $z=x^3e^y+(x-2)\arctan\dfrac{y}{x}$，求 $z'_x(2,0),z'_y(2,0)$.

5. 设 $z=xy+ye^{\frac{x}{y}}$，求证：$x\dfrac{\partial z}{\partial x}+y\dfrac{\partial z}{\partial y}=xy+z$.

6. 已知函数 $f(x,y)=\dfrac{e^x}{x-y}$，则(　　).

(A) $f'_x-f'_y=0$　　(B) $f'_x+f'_y=0$

(C) $f'_x-f'_y=f$　　(D) $f'_x+f'_y=f$

7. 求函数 $z=(x^2+y^2)e^{-\arctan\frac{x}{y}}$ 的全微分.

8. 设函数 $z=\left(1+\dfrac{x}{y}\right)e^{\frac{x}{y}}$，求 $dz|_{(1,1)}$.

9. 设函数 $f(u)$ 可微，$f'(0)=\dfrac{1}{2}$，$z=f(4x^2-y^2)$，求 $dz|_{(1,2)}$.

10. 设函数 $z=x^3f\left(\dfrac{y}{x^2}\right)$，$f$ 可导，求$\dfrac{\partial z}{\partial x},\dfrac{\partial z}{\partial y}$.

11. 设函数 $z=f(x,y)$ 在点$(1,1)$处可微，且 $f(1,1)=1$，$\left.\dfrac{\partial f}{\partial x}\right|_{(1,1)}=2$，$\left.\dfrac{\partial f}{\partial y}\right|_{(1,1)}=3$，$\varphi(x)=f(x,f(x,x))$，求$\left.\dfrac{d}{dx}\varphi^3(x)\right|_{x=1}$.

12. 设函数 $z=f(xy,x^2+y^2)$，$y=\varphi(x)$，f,φ 均可微，求$\dfrac{dz}{dx}$.

13. 设 $f(u)$ 具有二阶连续导数，且 $g(x,y)=f\left(\dfrac{y}{x}\right)+yf\left(\dfrac{x}{y}\right)$，求 $x^2\dfrac{\partial^2 g}{\partial x^2}-y^2\dfrac{\partial^2 g}{\partial y^2}$.

14. 设函数 $f(u,v)$ 具有二阶连续偏导数，$z=f(x,xy)$，求$\dfrac{\partial^2 z}{\partial x\partial y}$.

15. 设函数 $z=f\left(xy,\dfrac{x}{y}\right)+g\left(\dfrac{y}{x}\right)$，其中 f 具有二阶连续偏导数，g 具有二阶连续导数，求$\dfrac{\partial^2 z}{\partial x\partial y}$.

16. 设函数 $z=z(x,y)$ 由方程 $z=e^{2x-3z}+2y$ 确定，求 $3\dfrac{\partial z}{\partial x}+\dfrac{\partial z}{\partial y}$.

17. 设函数 $z=z(x,y)$ 由方程 $f(x,x+y,x+y+z)=0$ 确定，f 具有一阶连续偏导数且 $f'_3\neq 0$，求 dz.

18. 设函数 $z=z(x,y)$ 由方程 $z+e^z=xy$ 确定,求$\frac{\partial^2 z}{\partial x\partial y}$.

19. 设 $f''_{xx}(x,y)=1$,$f'_x(0,y)=y$,$f(0,y)=y^2$,求 $f(x,y)$.

20. 求二元函数 $f(x,y)=xe^{-\frac{x^2+y^2}{2}}$ 的极值.

21. 求空间中点$\left(1,1,\frac{1}{2}\right)$到曲面 $z=x^2+y^2$ 的最短距离.

22. 现用 a 万元的资金投资某个地区的两个项目,投入的资金分别为 x,y,并预计总收益为 $R(x,y)=x^\alpha y^\beta$,其中 α,β 为常数,且 $0<\alpha<1$,$0<\beta<1$,试问如何使用这批资金才能使投资的总收益最大?

23. 已知函数 $z=f(x,y)$ 的全微分 $dz=2xdx-2ydy$,且 $f(1,1)=2$. 求 $f(x,y)$在椭圆区域 $D=\{(x,y)\mid x^2+\frac{y^2}{4}\leqslant 1\}$上的最大值和最小值.

24. 求函数 $z=x^2+y^2-xy+x+y$ 在区域 $D=\{(x,y)\mid x\leqslant 0,y\leqslant 0,x+y\geqslant -3\}$上的最大值和最小值.

第 7 章　二重积分

7.1　主要内容

7.1.1　二重积分的概念和性质

1. 二重积分的定义

设 $D \subset \mathbf{R}^2$ 为有界闭区域，函数 $f(x,y)$ 在 D 上有定义. 将 D 任意地分割为 n 个小区域 D_k，记 D_k 的面积为 $\Delta\sigma_k(k=1,2,\cdots,n)$，设 $\lambda = \max\limits_{1\leqslant k\leqslant n}\{d_k \mid d_k$ 为 D_k 之直径$\}$. 在每个 D_k 上任取一点 (ξ_k,η_k)，作和式 $\sum\limits_{k=1}^{n} f(\xi_k,\eta_k)\Delta\sigma_k$（称为积分和或黎曼和）. 若 $\lambda \to 0^+$ 时，上述和式存在有限极限，且与 D 的分割无关，与 D_k 上点 (ξ_k,η_k) 的选取无关，则称此极限（值）为函数 $f(x,y)$ 在区域 D 上的二重积分，记为

$$\iint\limits_D f(x,y)\mathrm{d}\sigma = \lim_{\lambda\to 0}\sum_{k=1}^{n} f(\xi_k,\eta_k)\Delta\sigma_k.$$

并称 $f(x,y)$ 为被积函数，D 为积分区域，$\mathrm{d}\sigma$ 为面积微元.

2. 二重积分的几何意义

已知曲面 $\Sigma: z = f(x,y)\,(f(x,y) \geqslant 0)$ 位于上半空间，记 Σ 在 xOy 平面上的投影区域为 D，则二重积分 $\iint\limits_D f(x,y)\mathrm{d}\sigma$ 表示以曲面 $\Sigma: z = f(x,y)$ 为顶，以 D 为底的曲顶柱体的体积；当 $f(x,y) < 0$ 时，二重积分 $\iint\limits_D f(x,y)\mathrm{d}\sigma$ 表示曲顶柱体体积的负值；当 $f(x,y)$ 在 D 上某些部分为正，而在其余部分为负时，二重积分 $\iint\limits_D f(x,y)\mathrm{d}\sigma$ 表示曲顶柱体体积的代数和. 特别的，当 $f(x,y)=1$ 时，二重积分 $\iint\limits_D \mathrm{d}\sigma$ 就等于区域 D 的面积.

3. 二重积分的性质

设 $D\subset\mathbf{R}^2$ 为有界闭区域，并设以下各式中的被积函数 $f(x,y),g(x,y)$ 在 D 上均可积，则

(1) $\iint\limits_D kf(x,y)\mathrm{d}\sigma=k\iint\limits_D f(x,y)\mathrm{d}\sigma,k\in\mathbf{R}$；

(2) $\iint\limits_D[f(x,y)\pm g(x,y)]\mathrm{d}\sigma=\iint\limits_D f(x,y)\mathrm{d}\sigma\pm\iint\limits_D g(x,y)\mathrm{d}\sigma$；

(3) 用逐段光滑的曲线将区域 D 分割为两个小区域 D_1 和 D_2，则

$$\iint\limits_D f(x,y)\mathrm{d}\sigma=\iint\limits_{D_1} f(x,y)\mathrm{d}\sigma+\iint\limits_{D_2} f(x,y)\mathrm{d}\sigma;$$

(4) 对称性质：① 设区域 D 关于直线 $x=0$ 对称：若函数 $f(x,y)$ 关于 x 是奇函数①，则 $\iint\limits_D f(x,y)\mathrm{d}\sigma=0$；若函数 $f(x,y)$ 关于 x 是偶函数②，则 $\iint\limits_D f(x,y)\mathrm{d}\sigma=2\iint\limits_{D_+} f(x,y)\mathrm{d}\sigma$，其中 D_+ 是 D 中 $x\geqslant 0$ 的部分. ② 设区域 D 关于直线 $y=0$ 对称：若函数 $f(x,y)$ 关于 y 是奇函数，则 $\iint\limits_D f(x,y)\mathrm{d}\sigma=0$；若函数 $f(x,y)$ 关于 y 是偶函数，则 $\iint\limits_D f(x,y)\mathrm{d}\sigma=2\iint\limits_{D_+} f(x,y)\mathrm{d}\sigma$，其中 D_+ 是 D 中 $y\geqslant 0$ 的部分；

(5) 如果 $\forall(x,y)\in D$，都有 $f(x,y)\leqslant g(x,y)$，则

$$\iint\limits_D f(x,y)\mathrm{d}\sigma\leqslant\iint\limits_D g(x,y)\mathrm{d}\sigma;$$

(6) 设函数 $f(x,y)$ 在区域 D 上的最大值与最小值分别为 M 和 m，则

$$m\sigma(D)\leqslant\iint\limits_D f(x,y)\mathrm{d}\sigma\leqslant M\sigma(D),$$

其中 $\sigma(D)$ 表示 D 的面积；

(7) $\left|\iint\limits_D f(x,y)\mathrm{d}\sigma\right|\leqslant\iint\limits_D|f(x,y)|\mathrm{d}\sigma$；

(8)（二重积分中值定理）设 $D\subset\mathbf{R}^2$ 为有界闭区域，函数 $f,g:D\to\mathbf{R}$ 连

---

① $f(-x,y)=-f(x,y)$.

② $f(-x,y)=f(x,y)$.

续,且 $g(x,y)$ 在 D 上不变号,即 $\forall (x,y)\in D, g(x,y)\geqslant 0$(或 $\leqslant 0$),则 $\exists(\xi,\eta)\in D$,使得

$$\iint_D f(x,y)g(x,y)\mathrm{d}\sigma = f(\xi,\eta)\iint_D g(x,y)\mathrm{d}\sigma.$$

7.1.2　二重积分的计算

1. 累次积分法

设区域 $D=\{(x,y)\in\mathbf{R}^2 \mid \varphi_1(x)\leqslant y\leqslant\varphi_2(x), a\leqslant x\leqslant b\}$,其中 $\varphi_1(x)$, $\varphi_2(x)$ 在区间 $[a,b]$ 上连续(如图7.1所示),此时,称 D 为 x 型区域. 函数 $f(x,y)$ 在区域 D 上连续,则

$$\iint_D f(x,y)\mathrm{d}\sigma = \int_a^b\left(\int_{\varphi_1(x)}^{\varphi_2(x)} f(x,y)\mathrm{d}y\right)\mathrm{d}x = \int_a^b \mathrm{d}x\int_{\varphi_1(x)}^{\varphi_2(x)} f(x,y)\mathrm{d}y. \tag{7.1}$$

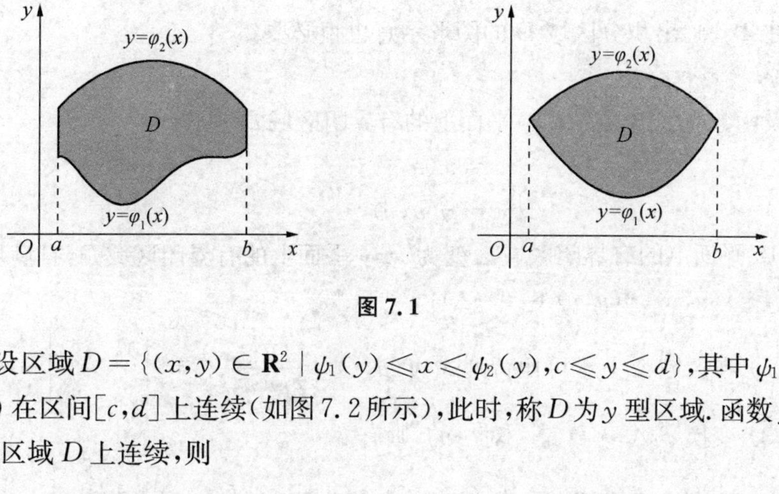

图 7.1

设区域 $D=\{(x,y)\in\mathbf{R}^2 \mid \psi_1(y)\leqslant x\leqslant\psi_2(y), c\leqslant y\leqslant d\}$,其中 $\psi_1(y)$, $\psi_2(y)$ 在区间 $[c,d]$ 上连续(如图7.2所示),此时,称 D 为 y 型区域. 函数 $f(x,y)$ 在区域 D 上连续,则

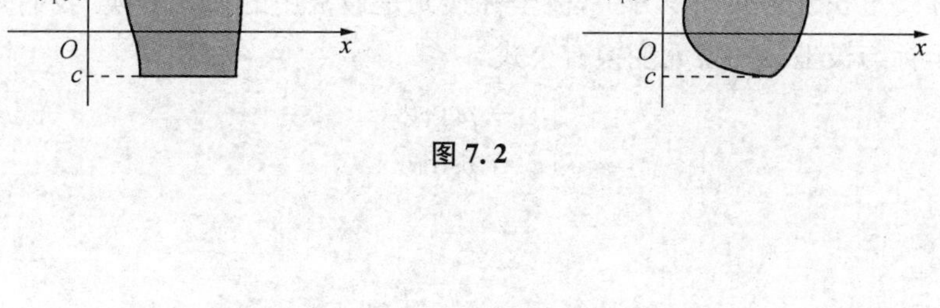

图 7.2

$$\iint_D f(x,y)\mathrm{d}\sigma = \int_c^d \left(\int_{\psi_1(y)}^{\psi_2(y)} f(x,y)\mathrm{d}x\right)\mathrm{d}y = \int_c^d \mathrm{d}y\int_{\psi_1(y)}^{\psi_2(y)} f(x,y)\mathrm{d}x. \qquad (7.2)$$

注 1 (7.1) 式右端的积分称为先对 y 后对 x 的累次积分;(7.2) 式右端的积分称为先对 x 后对 y 的累次积分.

注 2 对于不满足上述条件的积分区域 D,我们总可以把 D 分割为若干 x 型区域和 y 型区域之并,使得在每个小区域上可以适用上述计算公式(7.1)或(7.2).将这些小区域上的二重积分分别计算出来,然后利用二重积分对积分区域的可加性,相加即可.

注 3 计算二重积分时,无论是先对 y 后对 x 积分,还是先对 x 后对 y 积分,都有一个原则:越是先积的越应简单易积,否则一开始就麻烦,积分难以进行,且后积分的积分上、下限都必定是确定的常数,先积分的积分上、下限的确定原则见下节习题解析.

注 4 画出积分区域 D 的图形示意也很必要.

2. 换元积分法

设函数 $f(x,y)$ 在 xOy 平面上的有界闭区域 D 上连续,变换

$$\varphi:\begin{cases} x = x(u,v), \\ y = y(u,v), \end{cases} (u,v)\in\Delta$$

将 uOv 平面上的有界闭区域 Δ 变为 xOy 平面上的有界闭区域 D,且满足

(1) $x(u,v), y(u,v) \in C^1(\Delta)$;

(2) 在区域 Δ 上雅可比行列式:$J(u,v) = \dfrac{D(x,y)}{D(u,v)} = \begin{vmatrix} x_u & x_v \\ y_u & y_v \end{vmatrix} \neq 0$;

(3) 变换 $\varphi:\Delta \to D$ 是一对一的,则有

$$\iint_D f(x,y)\mathrm{d}x\mathrm{d}y = \iint_\Delta f(x(u,v),y(u,v))\,|\,J(u,v)\,|\,\mathrm{d}u\mathrm{d}v, \qquad (7.3)$$

其中 $|\,J(u,v)\,|\,\mathrm{d}u\mathrm{d}v$ 称为曲线坐标下的面积微元.

3. 极坐标换元法

在二重积分的换元积分中,极坐标换元是最常用的换元变换. 我们知道,直角坐标与极坐标的换元变换有公式

$$\begin{cases} x = \rho\cos\theta, \\ y = \rho\sin\theta, \end{cases}$$

此时

$$J(\rho,\theta)=\frac{D(x,y)}{D(\rho,\theta)}=\begin{vmatrix}\cos\theta & -\rho\sin\theta\\ \sin\theta & \rho\cos\theta\end{vmatrix}=\rho.$$

因此

$$\iint_D f(x,y)\mathrm{d}x\mathrm{d}y=\iint_\Delta f(\rho\cos\theta,\rho\sin\theta)\rho\mathrm{d}\rho\mathrm{d}\theta. \tag{7.4}$$

其中Δ是在极坐标变换下原积分区域D所对应的区域，$\rho\mathrm{d}\rho\mathrm{d}\theta$称为极坐标下的面积微元.

在具体计算时，还需将公式(7.4)右端的二重积分化为极坐标下的累次积分.

(1) 极点$O\notin D$. 设有界闭区域D夹在射线$\theta=\alpha$和射线$\theta=\beta$之间($\alpha<\beta$)，这两条射线将D的边界曲线分为两部分$\rho=\rho_1(\theta)$和$\rho=\rho_2(\theta)$(如图7.3所示)，此时区域D在极坐标下的不等式组表示为

$$\Delta=\{(\rho,\theta)\mid\rho_1(\theta)\leqslant\rho\leqslant\rho_2(\theta),\alpha\leqslant\theta\leqslant\beta\},$$

于是

$$\iint_\Delta f(\rho\cos\theta,\rho\sin\theta)\rho\mathrm{d}\rho\mathrm{d}\theta=\int_\alpha^\beta\mathrm{d}\theta\int_{\rho_1(\theta)}^{\rho_2(\theta)}f(\rho\cos\theta,\rho\sin\theta)\rho\mathrm{d}\rho.$$

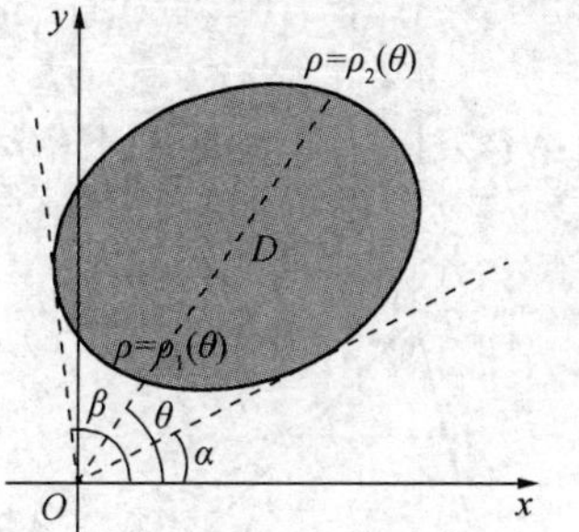

图7.3

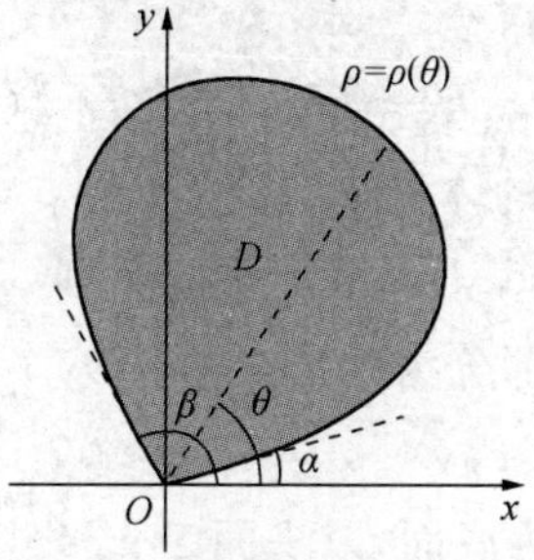

图7.4

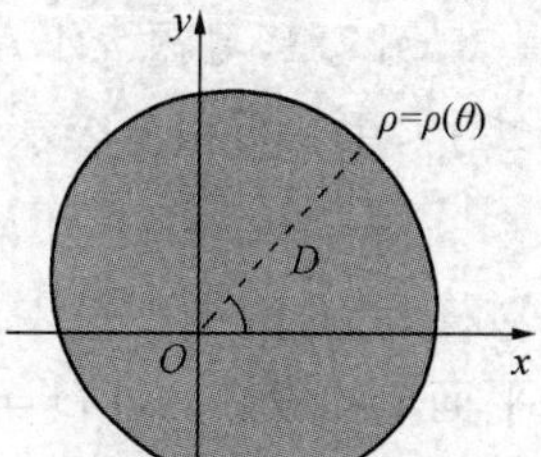

图7.5

(2) 极点$O\in\partial O$，即极点O是区域D的边界点. 设有界闭区域D夹在射线$\theta=\alpha$和射线$\theta=\beta$之间($\alpha<\beta$)，D的边界曲线为$\rho=\rho(\theta)$(如图7.4所示)，这是情形(1)中$\rho_1(\theta)=0$的特殊情形，此时区域D在极坐标下的不等式组表示为

$$\Delta=\{(\rho,\theta)\mid 0\leqslant\rho\leqslant\rho(\theta),\alpha\leqslant\theta\leqslant\beta\},$$

于是

$$\iint_{\Delta} f(\rho\cos\theta,\rho\sin\theta)\rho\mathrm{d}\rho\mathrm{d}\theta=\int_{\alpha}^{\beta}\mathrm{d}\theta\int_{0}^{\rho(\theta)} f(\rho\cos\theta,\rho\sin\theta)\rho\mathrm{d}\rho.$$

(3) 极点 $O\in D^{\circ}$,即极点 O 是区域 D 的内点. 设有界闭区域 D 的边界曲线为 $\rho=\rho(\theta)$(如图 7.5 所示),这是情形(2) 中 $\alpha=0,\beta=2\pi$ 的特殊情形,此时区域 D 在极坐标下的不等式组表示为

$$\Delta=\{(\rho,\theta)\mid 0\leqslant\rho\leqslant\rho(\theta),0\leqslant\theta\leqslant 2\pi\},$$

于是

$$\iint_{\Delta} f(\rho\cos\theta,\rho\sin\theta)\rho\mathrm{d}\rho\mathrm{d}\theta=\int_{0}^{2\pi}\mathrm{d}\theta\int_{0}^{\rho(\theta)} f(\rho\cos\theta,\rho\sin\theta)\rho\mathrm{d}\rho.$$

一般来说,当二重积分 $\iint\limits_{D} f(x,y)\mathrm{d}x\mathrm{d}y$ 的积分区域 D 是圆形区域或者是圆形区域的一部分,或者积分区域 D 的边界曲线用极坐标方程表示比较方便,且被积函数 $f(x,y)$ 用极坐标表示比较简单,特别是含有 x^2+y^2 的式子时,可考虑用极坐标变换来计算.

7.2　习题解析

例 7.1(习题 7.1 A1)　设空间区域 $\Omega=\{(x,y,z)\mid |x|+|y|+|z|\leqslant 1\}$,用二重积分表示 Ω 的体积.

解　因为 Ω 关于 xOy, yOz, xOz 平面分别对称. 记 Ω 在第一象限的部分为 Ω_1, Ω_1 在 xOy 平面上的投影区域 $D=\{(x,y)\mid x\geqslant 0,y\geqslant 0,x+y\leqslant 1\}$,则 Ω_1 是以 D 为底面,以平面 $\Sigma: z=1-x-y((x,y)\in D)$ 为顶面的四面体(如图 7.6 所示). 由二重积分的几何意义,得

$$V(\Omega)=8V(\Omega_1)=8\iint_{D}(1-x-y)\mathrm{d}\sigma.$$

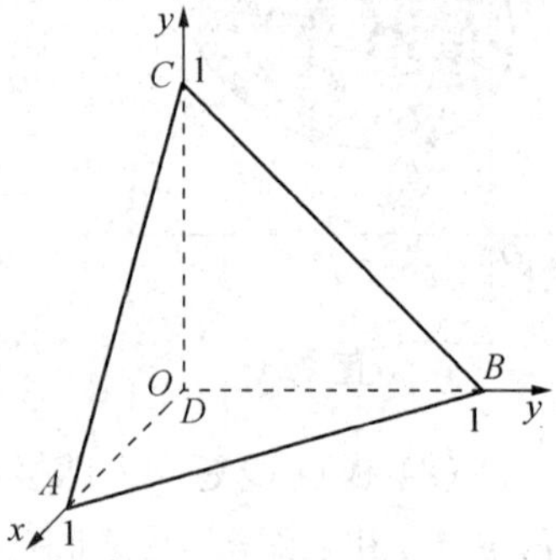

图 7.6

例 7.2(习题 7.1 A2)　设空间区域 Ω 是由

三个坐标平面和球面 $x^2+y^2+z^2=1$ 所围成的位于第一象限的部分区域，平面 $x+y+z=1$ 将 Ω 分成两部分 $\Omega_1=\{(x,y,z)\in\mathbf{R}^3 \mid x\geqslant 0, y\geqslant 0, z\geqslant 0, x+y+z\leqslant 1\}$ 和 $\Omega_2=\{(x,y,z)\in\mathbf{R}^3 \mid 0\leqslant x\leqslant 1, 0\leqslant y\leqslant\sqrt{1-x^2}, \max\{1-x-y,0\}\leqslant z\leqslant\sqrt{1-x^2-y^2}\}$，用二重积分表示 Ω,Ω_1,Ω_2 的体积.

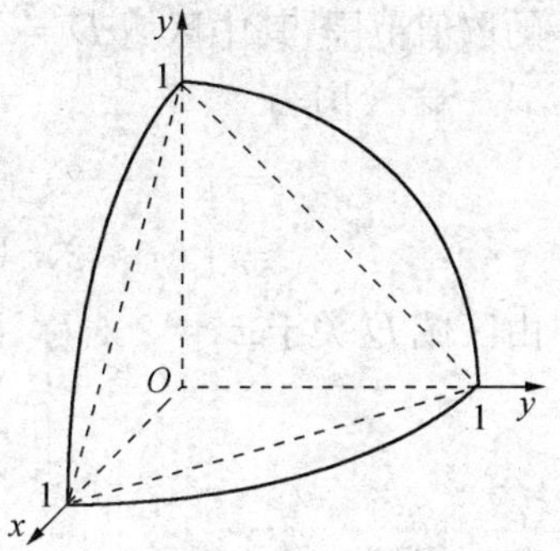

图 7.7

解　Ω 在 xOy 平面上的投影区域 $D=\{(x,y)\mid x\geqslant 0, y\geqslant 0, x^2+y^2\leqslant 1\}$，$\Omega$ 是以 D 为底面，以球面 $\Sigma: z=\sqrt{1-x^2-y^2}\ ((x,y)\in D)$ 为顶面的曲顶柱体（如图 7.7 所示）. 由二重积分的几何意义，得

$$V(\Omega)=\iint_D \sqrt{1-x^2-y^2}\,\mathrm{d}\sigma.$$

同理可得

$$V(\Omega_1)=\iint_{D_1}(1-x-y)\,\mathrm{d}\sigma,$$

其中 $D_1=\{(x,y)\mid x\geqslant 0, y\geqslant 0, x+y\leqslant 1\}$.

$$V(\Omega_2)=V(\Omega)-V(\Omega_1)=\iint_D \sqrt{1-x^2-y^2}\,\mathrm{d}\sigma-\iint_{D_1}(1-x-y)\,\mathrm{d}\sigma.$$

例 7.3（习题 7.1 B1）　利用二重积分的性质和几何意义求积分 $\iint_D (ax+by^3+c)\,\mathrm{d}\sigma$ 的值，其中区域 $D=\left\{(x,y)\,\middle|\,\dfrac{x^2}{a^2}+\dfrac{y^2}{b^2}\leqslant 1, a,b>0\right\}$.

解　因为积分区域 D 关于 $x=0$ 对称，ax 关于 x 是奇函数，所以 $\iint_D ax\,\mathrm{d}\sigma=0$. 同理可得 $\iint_D by^3\,\mathrm{d}\sigma=0$. 因此

$$\iint_D (ax+by^3+c)\,\mathrm{d}\sigma=c\iint_D \mathrm{d}\sigma=cS(D)=\pi abc.$$

例 7.4（习题 7.1 B2）　利用二重积分的性质，估计二重积分 $\iint_D (x+y)^2\,\mathrm{d}\sigma$

的取值范围,其中区域 $D=\{(x,y)\mid(x-2)^2+(y+1)^2\leqslant 1\}$.

解 因为

$$(x+y)^2=[(x-2)+(y+1)+1]^2$$
$$=[(x-2)^2+(y+1)^2+1]+[2(x-2)(y+2)+2(y+1)],$$

由区域 D 关于 $x=2$ 对称,函数 $2(x-2)(y+2)$ 关于 $x=2$ 是奇函数,得

$$\iint_D 2(x-2)(y+2)\mathrm{d}\sigma=0,$$

同理可得

$$\iint_D 2(y+1)\mathrm{d}\sigma=0.$$

于是

$$\iint_D (x+y)^2\mathrm{d}\sigma=\iint_D [(x-2)^2+(y+1)^2+1]\mathrm{d}\sigma.$$

又因为在区域 D 上,$1\leqslant(x-2)^2+(y+1)^2+1\leqslant 2$,所以

$$\iint_D \mathrm{d}\sigma\leqslant\iint_D [(x-2)^2+(y+1)^2+1]\mathrm{d}\sigma\leqslant 2\iint_D \mathrm{d}\sigma,$$

而 $\iint_D \mathrm{d}\sigma=\pi$,故

$$\pi\leqslant\iint_D (x+y)^2\mathrm{d}\sigma\leqslant 2\pi.$$

例 7.5(习题 7.1 B3) 设 $f(x,y)$ 在区域 $D=\{(x,y)\mid x^2+y^2\leqslant 1,y\geqslant 0\}$ 上连续,且 $\iint_D \sqrt{1-x^2-y^2}f(x,y)\mathrm{d}\sigma=1$. 证明:$\exists(\xi,\eta)\in D$,使得 $|f(\xi,\eta)|\geqslant\dfrac{3}{\pi}$.

证 因为 $|f(x,y)|$,$g(x,y)=\sqrt{1-x^2-y^2}$ 在 D 上连续,且 $g(x,y)$ 在 D 上大于等于零,由二重积分中值定理,$\exists(\xi,\eta)\in D$,使得

$$\iint_D \sqrt{1-x^2-y^2}\,|f(x,y)|\,\mathrm{d}\sigma=|f(\xi,\eta)|\iint_D \sqrt{1-x^2-y^2}\mathrm{d}\sigma.$$

由二重积分的几何意义可得

$$\iint_D \sqrt{1-x^2-y^2}\,d\sigma=\frac{\pi}{3}.$$

由题设和二重积分的性质可得

$$\iint_D \sqrt{1-x^2-y^2}\,|f(x,y)|\,d\sigma \geqslant \left|\iint_D \sqrt{1-x^2-y^2}f(x,y)\,d\sigma\right|=1.$$

故 $|f(\xi,\eta)|\geqslant\dfrac{3}{\pi}$.

例 7.6(习题 7.1 B4)　设区域 $D=\{(x,y)\mid |x|+|y|\leqslant 10\}$,证明:

$$49<\iint_D \frac{25}{100+\sin^2x+\sin^2y}\,d\sigma<50.$$

证　因为 $100\leqslant 100+\sin^2x+\sin^2y\leqslant\left(10+\dfrac{\sin^2x}{10}\right)\left(10+\dfrac{\sin^2y}{10}\right)\leqslant\left(10+\dfrac{1}{10}\right)^2$,且等号仅在区域 $D=\{(x,y)\mid |x|+|y|\leqslant 10\}$ 上的有限个点处取得,而函数 $\dfrac{25}{100+\sin^2x+\sin^2y}$ 在区域 D 上连续,所以

$$\frac{25}{\left(10+\frac{1}{10}\right)^2}\iint_D d\sigma<\iint_D \frac{25}{100+\sin^2x+\sin^2y}\,d\sigma<\frac{25}{100}\iint_D d\sigma.$$

因为区域 D 是边长为 $10\sqrt{2}$ 的正方形,所以 $\iint_D d\sigma=200$. 又因为

$$\frac{25}{\left(10+\frac{1}{10}\right)^2}\iint_D d\sigma-49=\frac{25\times 200}{\left(10+\frac{1}{10}\right)^2}-49=\frac{500\,000-499\,849}{10\,201}>0,$$

所以

$$49<\iint_D \frac{25}{100+\sin^2x+\sin^2y}\,d\sigma<50.$$

例 7.7　设区域 D 是由曲线 $x=-\dfrac{\pi}{2}$, $y=\sin x\left(-\dfrac{\pi}{2}\leqslant x\leqslant\dfrac{\pi}{2}\right)$, $y=1$ 所围成的有界闭区域,$f(x)$ 是连续函数,计算积分 $\iint_D x[y+y^3f(x^2+y^2)]\,d\sigma$.

解　用曲线 $y=-\sin x\left(-\dfrac{\pi}{2}\leqslant x\leqslant 0\right)$ 将区域 D 分成两个小区域 $D_1=$

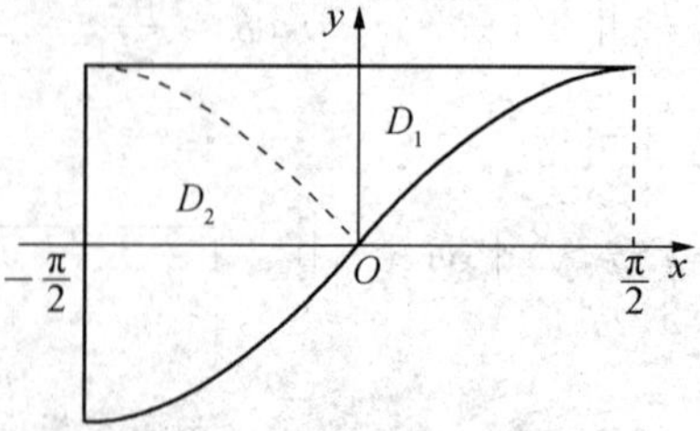

图 7.8

$\{(x,y)\mid -\arcsin y\leqslant x\leqslant \arcsin y,0\leqslant y\leqslant 1\}$ 和 $D_2=\{(x,y)\mid -\frac{\pi}{2}\leqslant x\leqslant 0,\sin x\leqslant y\leqslant -\sin x\}$(如图 7.8 所示),则 D_1 关于 $x=0$ 对称,D_2 关于 $y=0$ 对称,函数 $g(x,y)=x[y+y^3f(x^2+y^2)]$ 在 D_1 上关于 x 是奇函数,在 D_2 上关于 y 是奇函数,因此

$$\iint\limits_{D_1} g(x,y)\mathrm{d}\sigma=0,\iint\limits_{D_2} g(x,y)\mathrm{d}\sigma=0,$$

所以

$$\iint\limits_{D} g(x,y)\mathrm{d}\sigma=\iint\limits_{D_1} g(x,y)\mathrm{d}\sigma+\iint\limits_{D_2} g(x,y)\mathrm{d}\sigma=0.$$

例 7.8(习题 7.2 A1)　计算下列累次积分:

(1) $\int_0^1\mathrm{d}x\int_0^1(x-2y)\mathrm{d}y$;(2) $\int_0^1\mathrm{d}y\int_0^y\frac{xy^2}{(1+x^2)^2}\mathrm{d}x$.

解　(1) $$\int_0^1\mathrm{d}x\int_0^1(x-2y)\mathrm{d}y=\int_0^1(xy-y^2)\Big|_{y=0}^{y=1}\mathrm{d}x$$
$$=\int_0^1(x-1)\mathrm{d}(x-1)$$
$$=\frac{(x-1)^2}{2}\Big|_0^1=-\frac{1}{2}.$$

(2) $$\int_0^1\mathrm{d}y\int_0^y\frac{xy^2}{(1+x^2)^2}\mathrm{d}x=-\frac{1}{2}\int_0^1\frac{y^2}{1+x^2}\Big|_{x=0}^{x=y}\mathrm{d}y$$
$$=\frac{1}{2}\int_0^1\left(y^2-1+\frac{1}{1+y^2}\right)\mathrm{d}y$$
$$=\frac{1}{2}\left(\frac{y^3}{3}-y+\arctan y\right)\Big|_0^1=-\frac{1}{3}+\frac{\pi}{8}.$$

例 7.9(习题 7.2 A2)　计算二重积分$\iint\limits_D(x^2-3xy)\mathrm{d}x\mathrm{d}y$,其中积分区域$D$是由曲线$xy=1$和直线$x=1,x=2,y=3$所围成的有界闭区域.

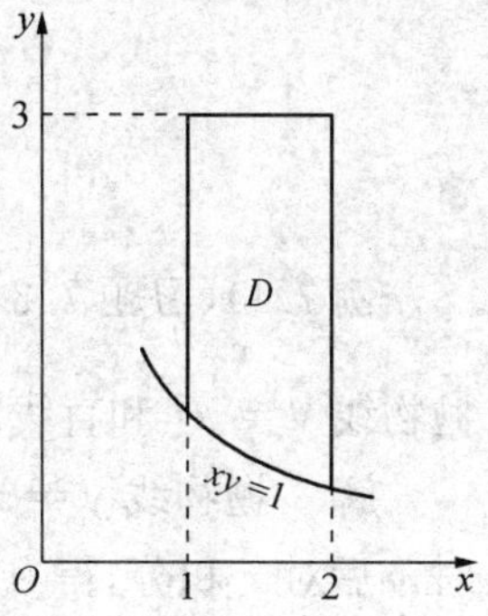

图 7.9

解　积分区域D如图 7.9 所示.先对y后对x积分,得

$$\iint\limits_D(x^2-3xy)\mathrm{d}x\mathrm{d}y=\int_1^2\mathrm{d}x\int_{\frac{1}{x}}^3(x^2-3xy)\mathrm{d}y$$

$$=\int_0^1\left(x^2y-\frac{3}{2}xy^2\right)\Big|_{y=\frac{1}{x}}^{y=3}\mathrm{d}y$$

$$=\int_1^2\left(3x^2-\frac{29}{2}x+\frac{3}{2x}\right)\mathrm{d}x$$

$$=\left(x^3-\frac{29}{4}x^2+\frac{3}{2}\ln x\right)\Big|_1^2$$

$$=-\frac{59}{4}+\frac{3}{2}\ln 2.$$

例 7.10(习题 7.2 A3)　计算二重积分$\iint\limits_D[x^2+\sin(xy)]\mathrm{d}x\mathrm{d}y$,其中积分区域$D$是由直线$|x|+|y|=1$所围成的有界闭区域.

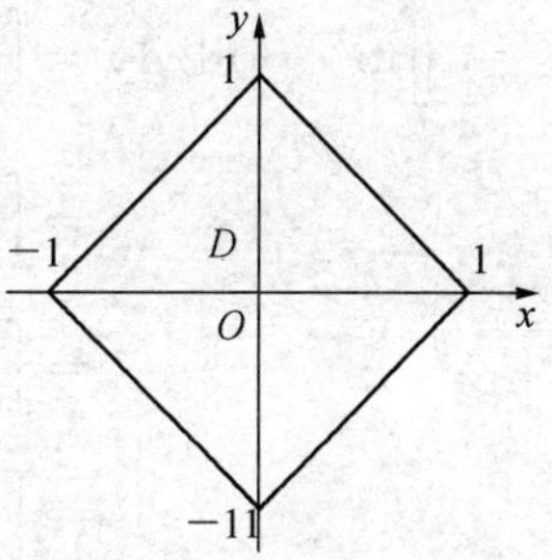

图 7.10

解　积分区域D如图 7.10 所示.因为D关于$x=0,y=0$分别对称,$\sin(xy)$关于x是奇函数,x^2关于x是偶函数,关于y也是偶函数,所以$\iint\limits_D\sin(xy)\mathrm{d}x\mathrm{d}y=0$.故

$$\iint\limits_D[x^2+\sin(xy)]\mathrm{d}x\mathrm{d}y=\iint\limits_D x^2\mathrm{d}x\mathrm{d}y$$

$$=4\iint\limits_{\substack{x,y\geqslant 0\\x+y\leqslant 1}}x^2\mathrm{d}x\mathrm{d}y$$

$$=4\int_0^1x^2\mathrm{d}x\int_0^{1-x}\mathrm{d}y$$

$$= 4\int_0^1 (x^2 - x^3)\mathrm{d}x$$

$$= 4\left(\frac{1}{3}x^3 - \frac{1}{4}x^4\right)\Big|_0^1 = \frac{1}{3}.$$

例 7.11(习题 7.2 A4) 计算二重积分$\iint\limits_D x^2 y\mathrm{d}x\mathrm{d}y$,其中积分区域 D 是由抛物线 $y = x^2$ 和直线 $x + y = 2$ 所围成的有界闭区域.

解 抛物线 $y = x^2$ 和直线 $x + y = 2$ 的交点为 $A(-2,4)$ 和 $B(1,1)$. 先对 y 后对 x 积分,得

$$\iint\limits_D x^2 y\mathrm{d}x\mathrm{d}y = \int_{-2}^1 x^2\mathrm{d}x\int_{x^2}^{2-x} y\mathrm{d}y = \frac{1}{2}\int_{-2}^1 (4x^2 - 4x^3 + x^4 - x^6)\mathrm{d}x = \frac{531}{70}.$$

例7.12(习题7.2 A5) 计算二重积分$\iint\limits_D (x+y)\mathrm{d}x\mathrm{d}y$,其中积分区域$D$是由曲线 $y = \mathrm{e}^x$ 和直线 $x = 1, y = 1$ 所围成的有界闭区域.

解 积分区域 D 如图 7.11 所示.

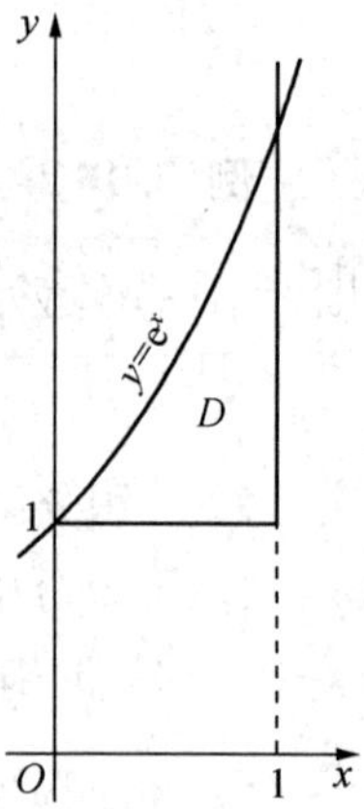

图 7.11

方法一 先对 y 后对 x 积分,得

$$\iint\limits_D (x + y)\mathrm{d}x\mathrm{d}y = \int_0^1 \mathrm{d}x\int_1^{\mathrm{e}^x} (x + y)\mathrm{d}y$$

$$= \int_0^1 \left(xy + \frac{y^2}{2}\right)\Big|_{y=1}^{y=\mathrm{e}^x} \mathrm{d}x$$

$$= \int_0^1 \left(x\mathrm{e}^x + \frac{\mathrm{e}^{2x}}{2} - x - \frac{1}{2}\right)\mathrm{d}x$$

$$= \left[(x-1)\mathrm{e}^x + \frac{\mathrm{e}^{2x}}{4} - \frac{x^2}{2} - \frac{x}{2}\right]\Big|_0^1$$

$$= \frac{\mathrm{e}^2 - 1}{4}.$$

方法二 先对 x 后对 y 积分,得

$$\iint\limits_D (x + y)\mathrm{d}x\mathrm{d}y = \int_1^{\mathrm{e}} \mathrm{d}y\int_{\ln y}^1 (x + y)\mathrm{d}x$$

$$= \int_1^{\mathrm{e}} \left(\frac{x^2}{2} + yx\right)\Big|_{x=\ln y}^{x=1} \mathrm{d}y$$

$$= \int_1^{\mathrm{e}} \left(\frac{1}{2} + y - \frac{\ln^2 y}{2} - y\ln y\right)\mathrm{d}y$$

$$= \frac{1}{2}\left[y + y^2 - y(\ln^2 y - 2\ln y + 2) - y^2\left(\ln y - \frac{1}{2}\right)\right]\Bigg|_1^{e}$$

$$= \frac{e^2 - 1}{4}.$$

例 7.13(习题 7.2 B1)　计算二重积分 $\iint\limits_D \sqrt{1-y^2}\,dx\,dy$,其中积分区域 D 是由半圆周 $x^2+y^2=1(y\geqslant 0)$ 和直线 $y=|x|$ 所围成的有界闭区域.

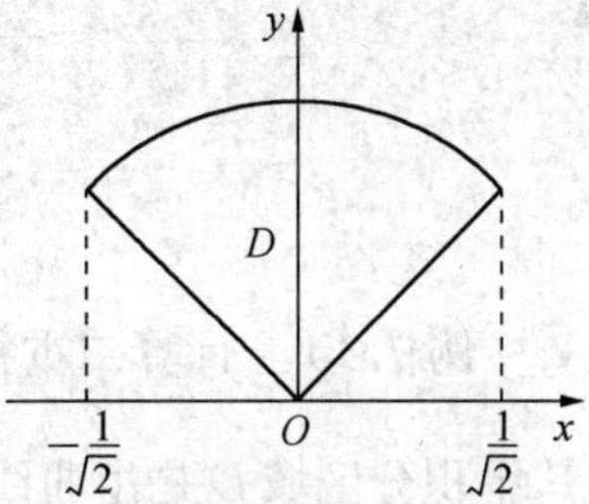

图 7.12

解　积分区域 D 如图 7.12 所示. 因为 D 关于 $x=0$ 对称,$\sqrt{1-y^2}$ 关于 x 是偶函数,所以

$$\iint\limits_D \sqrt{1-y^2}\,dx\,dy = 2\iint\limits_{D_+} \sqrt{1-y^2}\,dx\,dy,$$

其中 D_+ 是 D 在第一象限的部分.

方法一　先对 y 后对 x 积分,得

$$\iint\limits_D \sqrt{1-y^2}\,dx\,dy = 2\int_0^{\frac{1}{\sqrt{2}}} dx\int_x^{\sqrt{1-x^2}} \sqrt{1-y^2}\,dy$$

$$= \int_0^{\frac{1}{\sqrt{2}}} \left(y\sqrt{1-y^2} + \arcsin y\right)\Bigg|_{y=x}^{y=\sqrt{1-x^2}} dx$$

$$= \int_0^{\frac{1}{\sqrt{2}}} \left(\arcsin\sqrt{1-x^2} - \arcsin x\right) dx$$

$$= x\arcsin\sqrt{1-x^2}\Bigg|_0^{\frac{1}{\sqrt{2}}} + \int_0^{\frac{1}{\sqrt{2}}} \frac{x}{\sqrt{1-x^2}}dx -$$

$$x\arcsin x\Bigg|_0^{\frac{1}{\sqrt{2}}} + \int_0^{\frac{1}{\sqrt{2}}} \frac{x}{\sqrt{1-x^2}}dx$$

$$= -2\sqrt{1-x^2}\Bigg|_0^{\frac{1}{\sqrt{2}}} = 2-\sqrt{2}.$$

方法二　先对 x 后对 y 积分,得

$$\iint\limits_D \sqrt{1-y^2}\,dx\,dy = 2\left(\int_0^{\frac{1}{\sqrt{2}}} \sqrt{1-y^2}\,dy\int_0^y dx + \int_{\frac{1}{\sqrt{2}}}^1 \sqrt{1-y^2}\,dy\int_0^{\sqrt{1-y^2}} dx\right)$$

$$=2\left[\int_0^{\frac{1}{\sqrt{2}}} y\sqrt{1-y^2}\,\mathrm{d}y+\int_{\frac{1}{\sqrt{2}}}^1(1-y^2)\mathrm{d}y\right]$$

$$=-\int_0^{\frac{1}{\sqrt{2}}}\sqrt{1-y^2}\,\mathrm{d}(1-y^2)+2\int_{\frac{1}{\sqrt{2}}}^1(1-y^2)\mathrm{d}y$$

$$=-\frac{2}{3}(1-y^2)^{\frac{3}{2}}\Big|_0^{\frac{1}{\sqrt{2}}}+2\left(y-\frac{y^3}{3}\right)\Big|_{\frac{1}{\sqrt{2}}}^1$$

$$=\frac{2}{3}-\frac{1}{3\sqrt{2}}+\frac{4}{3}-\frac{5}{3\sqrt{2}}=2-\sqrt{2}.$$

例 7.14 计算二重积分$\iint\limits_D(x\mid y\mid+xy)\mathrm{d}x\mathrm{d}y$，其中积分区域$D$是由曲线$5y=x^2-6,y^2=x$所围成的有界闭区域.

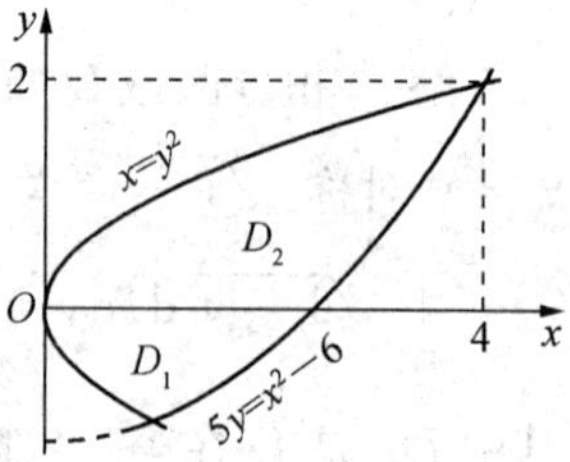

图 7.13

解 由$5y=y^4-6$，得$(y^4-1)-5(y+1)=0$，即$(y+1)(y-2)(y^2+y+3)=0$，解得两曲线的交点坐标为$(1,-1)$和$(4,2)$. 令$f(x,y)=x\mid y\mid+xy$，积分区域$D=D_1\cup D_2$(如图 7.13 所示)，则

$$\iint\limits_D(x\mid y\mid+xy)\mathrm{d}x\mathrm{d}y=\iint\limits_{D_1}f(x,y)\mathrm{d}x\mathrm{d}y+\iint\limits_{D_2}f(x,y)\mathrm{d}x\mathrm{d}y$$

$$=2\int_0^2 y\mathrm{d}y\int_{y^2}^{\sqrt{5y+6}}x\mathrm{d}x$$

$$=\int_0^2 yx^2\Big|_{x=y^2}^{x=\sqrt{5y+6}}\mathrm{d}y$$

$$=\left(\frac{5y^3}{3}+3y^2-\frac{y^6}{6}\right)\Big|_0^2=\frac{44}{3}.$$

例 7.15(习题 7.2 B2) 计算二重积分$\iint\limits_D y^2\mathrm{d}x\mathrm{d}y$，其中积分区域$D$是由旋轮线$\begin{cases}x=a(t-\sin t),\\ y=a(1-\cos t)\end{cases}(a>0,0\leqslant t\leqslant 2\pi)$的一拱和直线$y=0$所围成的有界闭区域(如图 7.14 所示).

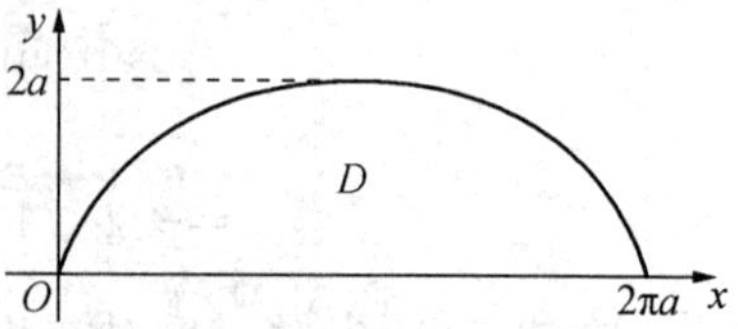

图 7.14

解　设旋轮线的直角坐标方程为 $y=y(x)(0\leqslant x\leqslant 2\pi a)$. 先对 y 后对 x 积分，并令 $x=a(t-\sin t)$，$y(x)=a(1-\cos t)$，则

$$\begin{aligned}\iint\limits_D y^2\mathrm{d}x\mathrm{d}y&=\int_0^{2\pi a}\mathrm{d}x\int_0^{y(x)}y^2\mathrm{d}y=\frac{1}{3}\int_0^{2\pi a}y^3(x)\mathrm{d}x\\&=\frac{a^4}{3}\int_0^{2\pi}(1-\cos t)^4\mathrm{d}t=\frac{a^4}{3}\int_{-\pi}^{\pi}2^4\sin^8\frac{t}{2}\mathrm{d}t\\&=\frac{2^6a^4}{3}\int_0^{\frac{\pi}{2}}\sin^8u\mathrm{d}u=\frac{2^6a^4}{3}\cdot\frac{7!!}{8!!}\cdot\frac{\pi}{2}=\frac{35\pi a^4}{12}.\end{aligned}$$

例 7.16　设区域 $D=\{(x,y)\mid |x|\leqslant\frac{a}{2},|y|\leqslant\frac{a}{2}\}$，其中 $a>0$，证明

$$\iint\limits_D f(x-y)\mathrm{d}x\mathrm{d}y=\int_{-a}^{a}f(t)(a-|t|)\mathrm{d}t.$$

证

$$\begin{aligned}\iint\limits_D f(x-y)\mathrm{d}x\mathrm{d}y&=\int_{-\frac{a}{2}}^{\frac{a}{2}}\mathrm{d}x\int_{-\frac{a}{2}}^{\frac{a}{2}}f(x-y)\mathrm{d}y\\&\xlongequal{x-y=t}\int_{-\frac{a}{2}}^{\frac{a}{2}}\mathrm{d}x\int_{x-\frac{a}{2}}^{x+\frac{a}{2}}f(t)\mathrm{d}t\\&=\int_{-a}^{0}f(t)\mathrm{d}t\int_{-\frac{a}{2}}^{t+\frac{a}{2}}\mathrm{d}x+\int_0^a f(t)\mathrm{d}t\int_{t-\frac{a}{2}}^{\frac{a}{2}}\mathrm{d}x\\&=\int_{-a}^{0}(t+a)f(t)\mathrm{d}t+\int_0^a(a-t)f(t)\mathrm{d}t\\&=\int_{-a}^{0}(a-|t|)f(t)\mathrm{d}t+\int_0^a(a-|t|)f(t)\mathrm{d}t\\&=\int_{-a}^{a}f(t)(a-|t|)\mathrm{d}t.\end{aligned}$$

例 7.17（习题 7.2 B3(2)）　交换累次积分 $\int_{\frac{1}{8}}^{\frac{1}{2}}\mathrm{d}x\int_{\frac{1}{2}}^{x^{\frac{1}{3}}}f(x,y)\mathrm{d}y+\int_{\frac{1}{2}}^{1}\mathrm{d}x\int_{x}^{x^{\frac{1}{3}}}f(x,y)\mathrm{d}y$ 的积分次序.

解　按如下方法画出累次积分 $\int_{\frac{1}{8}}^{\frac{1}{2}}\mathrm{d}x\int_{\frac{1}{2}}^{x^{\frac{1}{3}}}f(x,y)\mathrm{d}y+\int_{\frac{1}{2}}^{1}\mathrm{d}x\int_{x}^{x^{\frac{1}{3}}}f(x,y)\mathrm{d}y$ 所对应的二重积分的积分区域 D 的图形.

首先，画出累次积分 $\int_{\frac{1}{8}}^{\frac{1}{2}}\mathrm{d}x\int_{\frac{1}{2}}^{x^{\frac{1}{3}}}f(x,y)\mathrm{d}y$ 所对应的二重积分的积分区域

D_1 的图形：

第一步：画出直线 $x=\frac{1}{8}, x=\frac{1}{2}$；

第二步：画出直线 $y=\frac{1}{2}$，曲线 $y=x^{\frac{1}{3}}\left(\frac{1}{8}\leqslant x\leqslant\frac{1}{2}\right)$；

其次，在画出区域 D_1 的坐标系内按画出区域 D_1 的方法画出累次积分 $\int_{\frac{1}{2}}^{1}\mathrm{d}x\int_{x}^{x^{\frac{1}{3}}} f(x,y)\mathrm{d}y$ 所对应的二重积分的积分区域 D_2 的图形，则 $D=D_1\cup D_2$（如图 7.15 所示）. 故

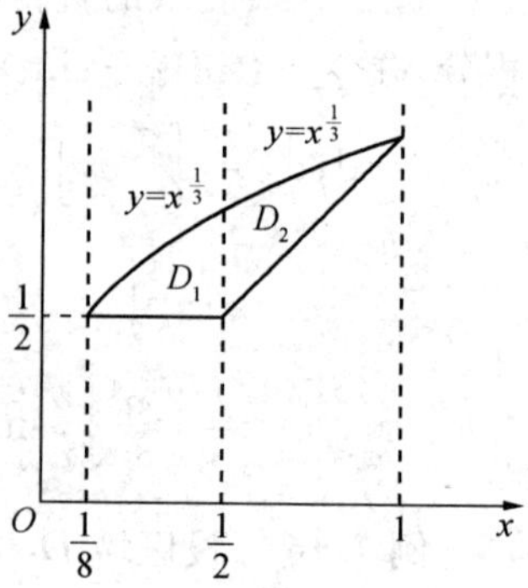

图 7.15

$$
\begin{aligned}
&\int_{\frac{1}{8}}^{\frac{1}{2}}\mathrm{d}x\int_{\frac{1}{2}}^{x^{\frac{1}{3}}} f(x,y)\mathrm{d}y+\int_{\frac{1}{2}}^{1}\mathrm{d}x\int_{x}^{x^{\frac{1}{3}}} f(x,y)\mathrm{d}y \\
=&\iint_{D} f(x,y)\mathrm{d}x\mathrm{d}y \\
=&\int_{\frac{1}{2}}^{1}\mathrm{d}y\int_{y^3}^{y} f(x,y)\mathrm{d}x.
\end{aligned}
$$

例 7.18 交换下列累次积分的积分次序：

(1) $I=\int_0^{\frac{a}{\sqrt{1+a^2}}}\mathrm{d}x\int_0^{ax} f(x,y)\mathrm{d}y+\int_{\frac{a}{\sqrt{1+a^2}}}^{a}\mathrm{d}x\int_0^{\sqrt{a^2-x^2}} f(x,y)\mathrm{d}y$；

(2) $I=\int_0^1\mathrm{d}y\int_{\sqrt{1-y^2}}^{y+2} f(x,y)\mathrm{d}x$.

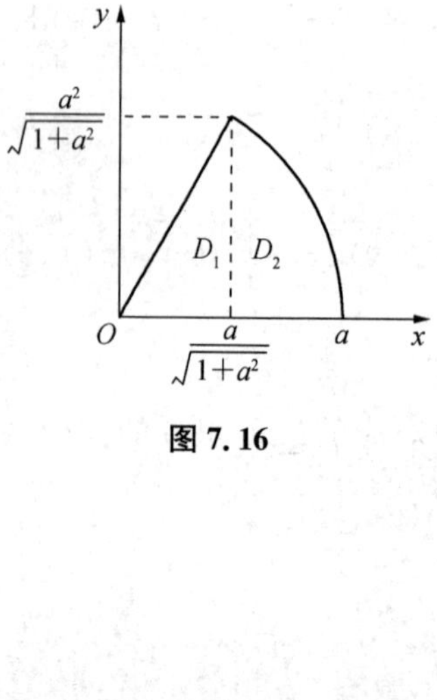

图 7.16

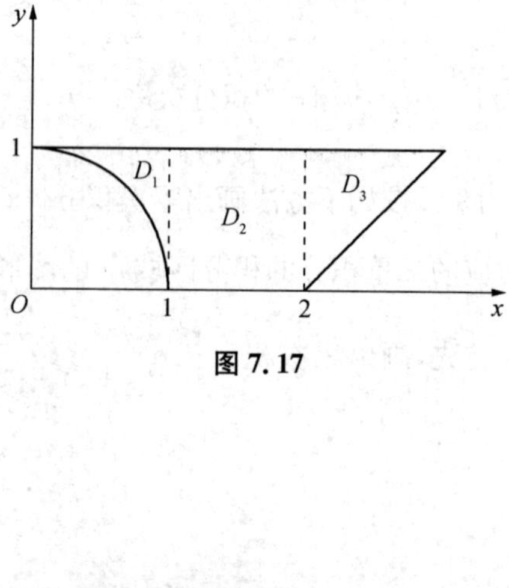

图 7.17

解　(1) 累次积分所对应的二重积分的积分区域 $D=D_1\cup D_2$ 如图7.16所示，

$$D=\left\{(x,y)\left|0\leqslant x\leqslant\frac{a}{\sqrt{1+a^2}},0\leqslant y\leqslant ax\right.\right\}\cup$$

$$\left\{(x,y)\left|\frac{a}{\sqrt{1+a^2}}\leqslant x\leqslant a,0\leqslant y\leqslant\sqrt{a^2-x^2}\right.\right\}$$

$$=\left\{(x,y)\left|\frac{y}{a}\leqslant x\leqslant\sqrt{a^2-y^2},0\leqslant y\leqslant\frac{a^2}{\sqrt{1+a^2}}\right.\right\},$$

故
$$I=\int_0^{\frac{a^2}{\sqrt{1+a^2}}}\mathrm{d}y\int_{\frac{y}{a}}^{\sqrt{a^2-y^2}}f(x,y)\mathrm{d}x.$$

(2) 累次积分所对应的二重积分的积分区域 $D=D_1\cup D_2\cup D_3$ 如图7.17所示，因此

$$I=\int_0^1\mathrm{d}x\int_{\sqrt{1-x^2}}^1 f(x,y)\mathrm{d}y+\int_1^2\mathrm{d}x\int_0^1 f(x,y)\mathrm{d}y+\int_2^3\mathrm{d}x\int_{x-2}^1 f(x,y)\mathrm{d}y.$$

例 7.19(习题 7.2 B4)　计算累次积分 $\int_0^1\mathrm{d}y\int_y^1\frac{3y}{\sqrt{3+x^3}}\mathrm{d}x$.

解　先对 x 后对 y 积分难以进行，交换累次积分的积分次序，得

$$\int_0^1\mathrm{d}y\int_y^1\frac{3y}{\sqrt{3+x^3}}\mathrm{d}x=3\int_0^1\frac{\mathrm{d}x}{\sqrt{3+x^3}}\int_0^x y\mathrm{d}y=\frac{3}{2}\int_0^1\frac{x^2}{\sqrt{3+x^3}}\mathrm{d}x$$

$$=\sqrt{3+x^3}\Big|_0^1=2-\sqrt{3}.$$

例 7.20(柯西-施瓦茨不等式)　设 $f(x),g(x)$ 是 $[a,b]$ 上的连续函数，证明：

$$\left(\int_a^b f(x)g(x)\mathrm{d}x\right)^2\leqslant\int_a^b f^2(x)\mathrm{d}x\int_a^b g^2(x)\mathrm{d}x.$$

证　设 $D=\{(x,y)\mid a\leqslant x\leqslant b,a\leqslant y\leqslant b\}$，因为 $f(x),g(x)$ 是 $[a,b]$ 上的连续函数，所以 $f(x)g(y)-f(y)g(x)$ 是 D 上的连续函数，且 $[f(x)g(y)-f(y)g(x)]^2\geqslant 0,\forall(x,y)\in D$，所以

$$\iint_D[f(x)g(y)-f(y)g(x)]^2\mathrm{d}x\mathrm{d}y\geqslant 0,$$

即

$$\iint\limits_{D}[f^2(x)g^2(y)+f^2(y)g^2(x)]\mathrm{d}x\mathrm{d}y \geqslant 2\iint\limits_{D}f(x)g(x)f(y)g(y)\mathrm{d}x\mathrm{d}y,$$

上式写成累次积分即得柯西－施瓦茨不等式

$$\left(\int_a^b f(x)g(x)\mathrm{d}x\right)^2 \leqslant \int_a^b f^2(x)\mathrm{d}x\int_a^b g^2(x)\mathrm{d}x.$$

例 7.21　设 $f(x)$ 在$[a,b]$上连续且大于零,证明:

$$\int_a^b f(x)\mathrm{d}x\int_a^b \frac{\mathrm{d}x}{f(x)} \geqslant (b-a)^2.$$

证　**方法一**　设 $D=\{(x,y)\mid a\leqslant x\leqslant b, a\leqslant y\leqslant b\}$,因为 $f(x)$ 在$[a,b]$上连续且大于零,所以$\dfrac{f(x)}{f(y)},\dfrac{f(y)}{f(x)}$都是在 D 上连续且大于零的函数,所以

$$\begin{aligned}\int_a^b f(x)\mathrm{d}x\int_a^b \frac{\mathrm{d}x}{f(x)} &= \int_a^b f(x)\mathrm{d}x\int_a^b \frac{\mathrm{d}y}{f(y)} = \int_a^b f(y)\mathrm{d}y\int_a^b \frac{\mathrm{d}x}{f(x)}\\ &= \frac{1}{2}\iint\limits_{D}\left[\frac{f(x)}{f(y)}+\frac{f(y)}{f(x)}\right]\mathrm{d}x\mathrm{d}y\\ &\geqslant \iint\limits_{D}\sqrt{\frac{f(x)}{f(y)}\cdot\frac{f(y)}{f(x)}}\mathrm{d}x\mathrm{d}y = (b-a)^2.\end{aligned}$$

方法二　因为 $f(x)$ 在$[a,b]$上连续且大于零,由柯西－施瓦茨不等式,得

$$\begin{aligned}\int_a^b f(x)\mathrm{d}x\int_a^b \frac{\mathrm{d}x}{f(x)} &= \int_a^b \sqrt{f(x)}^2\mathrm{d}x\int_a^b \frac{1}{\sqrt{f(x)}^2}\mathrm{d}x\\ &\geqslant \left(\int_a^b \sqrt{f(x)}\cdot\frac{1}{\sqrt{f(x)}}\mathrm{d}x\right)^2 = (b-a)^2.\end{aligned}$$

例 7.22(习题 7.3 A1(2))　将积分 $I=\iint\limits_{D}f(x,y)\mathrm{d}x\mathrm{d}y$ 化为极坐标系下的累次积分,其中积分区域 D 是由直线 $x=0,x=a,y=0,y=a$ 所围成的有界闭区域($a>0$).

解　令$\begin{cases}x=\rho\cos\theta,\\ y=\rho\sin\theta,\end{cases}$则 $J(\rho,\theta)=\dfrac{D(x,y)}{D(\rho,\theta)}=\begin{vmatrix}\cos\theta & -\rho\sin\theta\\ \sin\theta & \rho\cos\theta\end{vmatrix}=\rho.$

方法一　先对 ρ 后对 θ 积分,则 $\Delta=\Delta_1\cup\Delta_2\cup\Delta_3$,其中 $\Delta_1=$

$\left\{(\rho,\theta)\middle|0\leqslant\theta\leqslant\frac{\pi}{2},0\leqslant\rho\leqslant a\right\}$，$\Delta_2=\left\{(\rho,\theta)\middle|0\leqslant\theta\leqslant\frac{\pi}{4},a\leqslant\rho\leqslant a\sec\theta\right\}$，

$\Delta_3=\left\{(\rho,\theta)\middle|\frac{\pi}{4}\leqslant\theta\leqslant\frac{\pi}{2},a\leqslant\rho\leqslant a\csc\theta\right\}$，故

$$I=\int_0^{\frac{\pi}{2}}\mathrm{d}\theta\int_a^b f(\rho\cos\theta,\rho\sin\theta)\rho\mathrm{d}\rho+\int_0^{\frac{\pi}{4}}\mathrm{d}\theta\int_a^{a\sec\theta}f(\rho\cos\theta,\rho\sin\theta)\rho\mathrm{d}\rho+$$
$$\int_{\frac{\pi}{4}}^{\frac{\pi}{2}}\mathrm{d}\theta\int_a^{a\csc\theta}f(\rho\cos\theta,\rho\sin\theta)\rho\mathrm{d}\rho.$$

方法二　如果先对 θ 后对 ρ 积分，则 $\Delta=\Delta_1\cup\Delta_2$，其中

$$\Delta_1=\left\{(\rho,\theta)\middle|0\leqslant\rho\leqslant a,0\leqslant\theta\leqslant\frac{\pi}{2}\right\},$$

$$\Delta_2=\left\{(\rho,\theta)\middle|a\leqslant\rho\leqslant\sqrt{2}a,\arccos\frac{a}{\rho}\leqslant\theta\leqslant\arcsin\frac{a}{\rho}\right\},$$

故　$$I=\int_0^a\rho\mathrm{d}\rho\int_0^{\frac{\pi}{2}}f(\rho\cos\theta,\rho\sin\theta)\mathrm{d}\theta+\int_a^{\sqrt{2}a}\rho\mathrm{d}\rho\int_{\arccos\frac{a}{\rho}}^{\arcsin\frac{a}{\rho}}f(\rho\cos\theta,\rho\sin\theta)\mathrm{d}\theta.$$

例 7.23（习题 7.3 A2）　计算 $\iint\limits_D\sqrt{x^2+y^2}\,\mathrm{d}x\mathrm{d}y$，其中积分区域 D 是由圆弧 $x^2+y^2=R^2(x\geqslant0,y\geqslant0)$，圆弧 $x^2+y^2=Rx(y\geqslant0)$ 和直线 $x=0$ 所围成的有界闭区域.

解　变换为极坐标计算：令 $\begin{cases}x=\rho\cos\theta,\\y=\rho\sin\theta,\end{cases}$ 则 $J(\rho,\theta)=\rho$，且区域 D 变为 $\Delta=\left\{(\rho,\theta)\middle|0\leqslant\theta\leqslant\frac{\pi}{2},R\cos\theta\leqslant\rho\leqslant R\right\}$（如图 7.18 所示）. 故

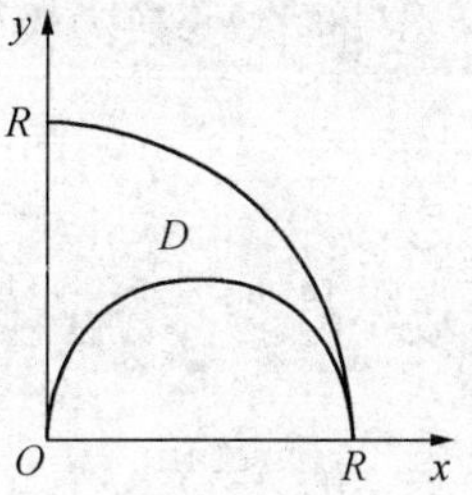

图 7.18

$$\iint\limits_D\sqrt{x^2+y^2}\,\mathrm{d}x\mathrm{d}y=\iint\limits_\Delta\rho\mid J(\rho,\theta)\mid\mathrm{d}\rho\mathrm{d}\theta$$
$$=\int_0^{\frac{\pi}{2}}\mathrm{d}\theta\int_{R\cos\theta}^R\rho^2\mathrm{d}\rho$$
$$=\frac{R^3}{3}\int_0^{\frac{\pi}{2}}(1-\cos^3\theta)\mathrm{d}\theta$$
$$=\frac{R^3}{3}\left(\theta-\sin\theta+\frac{\sin^3\theta}{3}\right)\Big|_0^{\frac{\pi}{2}}$$

$$=\left(\frac{\pi}{6}-\frac{2}{9}\right)R^3.$$

例 7.24(习题7.3 A3) 计算积分$\iint\limits_D \arctan\frac{y}{x}\mathrm{d}x\mathrm{d}y$,其中积分区域$D$是由圆弧$x^2+y^2=1(x\geqslant 0,y\geqslant 0)$,圆弧$x^2+y^2=3(y\geqslant 0)$和直线$y=0,y=\sqrt{3}x$所围成的有界闭区域.

解 变换为极坐标计算:令$\begin{cases}x=\rho\cos\theta,\\ y=\rho\sin\theta,\end{cases}$则$J(\rho,\theta)=\rho$,且区域$D$变为

$$\Delta=\left\{(\rho,\theta)\,\middle|\,0\leqslant\theta\leqslant\frac{\pi}{3},1\leqslant\rho\leqslant\sqrt{3}\right\}.$$

故

$$\iint\limits_D \arctan\frac{y}{x}\mathrm{d}x\mathrm{d}y=\iint\limits_\Delta \theta\,|\,J(\rho,\theta)\,|\,\mathrm{d}\rho\mathrm{d}\theta=\int_0^{\frac{\pi}{3}}\theta\mathrm{d}\theta\int_1^{\sqrt{3}}\rho\mathrm{d}\rho=\frac{\theta^2}{2}\Big|_0^{\frac{\pi}{3}}\cdot\frac{\rho^2}{2}\Big|_1^{\sqrt{3}}=\frac{\pi^2}{18}.$$

例 7.25(习题7.3 A4) 计算二重积分$\iint\limits_D \dfrac{\arctan\sqrt{\dfrac{1-x^2-y^2}{1+x^2+y^2}}}{\sqrt{1-(x^2+y^2)^2}}\mathrm{d}x\mathrm{d}y$,其中积分区域$D=\left\{(x,y)\,\middle|\,x^2+y^2\leqslant\frac{1}{2}\right\}$.

解 变换为极坐标计算:令$\begin{cases}x=\rho\cos\theta,\\ y=\rho\sin\theta,\end{cases}$则$J(\rho,\theta)=\rho$,且区域$D$变为

$$\Delta=\left\{(\rho,\theta)\,\middle|\,0\leqslant\theta\leqslant 2\pi,0\leqslant\rho\leqslant\frac{1}{\sqrt{2}}\right\}.$$

故

$$\begin{aligned}\iint\limits_D \frac{\arctan\sqrt{\dfrac{1-x^2-y^2}{1+x^2+y^2}}}{\sqrt{1-(x^2+y^2)^2}}\mathrm{d}x\mathrm{d}y&=\iint\limits_\Delta \frac{\arctan\sqrt{\dfrac{1-\rho^2}{1+\rho^2}}}{\sqrt{1-\rho^4}}\,|\,J(\rho,\theta)\,|\,\mathrm{d}\rho\mathrm{d}\theta\\ &=\int_0^{2\pi}\mathrm{d}\theta\int_0^{\frac{1}{\sqrt{2}}}\frac{\arctan\sqrt{\dfrac{1-\rho^2}{1+\rho^2}}}{\sqrt{1-\rho^4}}\rho\mathrm{d}\rho\\ &=\pi\int_0^{\frac{1}{2}}\frac{\arctan\sqrt{\dfrac{1-u}{1+u}}}{\sqrt{1-u^2}}\mathrm{d}u\xlongequal{u=\cos t}\pi\int_{\frac{\pi}{3}}^{\frac{\pi}{2}}\frac{t}{2}\mathrm{d}t\end{aligned}$$

$$=\frac{\pi t^2}{4}\Big|_{\frac{\pi}{3}}^{\frac{\pi}{2}}=\frac{5\pi^3}{144}.$$

例 7.26（习题7.3 A7）　计算二重积分$\iint\limits_D |y+\sqrt{3}x|\,\mathrm{d}x\mathrm{d}y$,其中积分区域

$$D=\{(x,y)\mid x^2+y^2\leqslant 1\}.$$

解　方法一

$$\iint\limits_D |y+\sqrt{3}x|\,\mathrm{d}x\mathrm{d}y$$

$$=2\iint\limits_{\substack{x^2+y^2\leqslant 1\\ \sqrt{3}x+y\geqslant 0}}(\sqrt{3}x+y)\mathrm{d}x\mathrm{d}y$$

$$=2\int_{-\frac{\sqrt{3}}{2}}^{\frac{\sqrt{3}}{2}}\mathrm{d}y\int_{-\frac{y}{\sqrt{3}}}^{\sqrt{1-y^2}}(y+\sqrt{3}x)\mathrm{d}x+2\int_{-\frac{1}{2}}^{\frac{1}{2}}\mathrm{d}x\int_{\frac{\sqrt{3}}{2}}^{\sqrt{1-x^2}}(y+\sqrt{3}x)\mathrm{d}y$$

$$=\frac{1}{\sqrt{3}}\int_{-\frac{\sqrt{3}}{2}}^{\frac{\sqrt{3}}{2}}(y+\sqrt{3}x)^2\Big|_{x=-\frac{y}{\sqrt{3}}}^{x=\sqrt{1-y^2}}\mathrm{d}y+\int_{-\frac{1}{2}}^{\frac{1}{2}}(y+\sqrt{3}x)^2\Big|_{y=\frac{\sqrt{3}}{2}}^{y=\sqrt{1-x^2}}\mathrm{d}x$$

$$=\frac{2}{\sqrt{3}}\int_0^{\frac{\sqrt{3}}{2}}(3-2y^2)\mathrm{d}y+2\int_0^{\frac{1}{2}}\left(\frac{1}{4}-x^2\right)\mathrm{d}x$$

$$=\frac{5}{2}+\frac{1}{6}=\frac{8}{3}.$$

方法二　变换为极坐标计算：令$\begin{cases}x=\rho\cos\theta,\\ y=\rho\sin\theta,\end{cases}$则$J(\rho,\theta)=\rho$,且区域$D$变为

$$\Delta=\{(\rho,\theta)\mid 0\leqslant\theta\leqslant 2\pi,0\leqslant\rho\leqslant 1\}.$$

于是

$$\begin{aligned}\iint\limits_D |y+\sqrt{3}x|\,\mathrm{d}x\mathrm{d}y&=\iint\limits_\Delta |\rho\sin\theta+\sqrt{3}\rho\cos\theta|\,|J(\rho,\theta)|\,\mathrm{d}\rho\mathrm{d}\theta\\&=\int_0^{2\pi}|\sqrt{3}\cos\theta+\sin\theta|\,\mathrm{d}\theta\int_0^1\rho^2\mathrm{d}\rho\\&=\frac{2}{3}\int_0^{2\pi}\left|\sin\left(\theta+\frac{\pi}{3}\right)\right|\mathrm{d}\theta\\&=\frac{2}{3}\int_{\frac{\pi}{3}}^{2\pi+\frac{\pi}{3}}|\sin t|\,\mathrm{d}t=\frac{2}{3}\int_{-\pi}^{\pi}|\sin t|\,\mathrm{d}t\end{aligned}$$

$$= \frac{4}{3}\int_0^{\pi} \sin t \mathrm{d}t = \frac{8}{3}.$$

方法三 令$\begin{cases}\sqrt{3}x + y = u,\\ x - \sqrt{3}y = v,\end{cases}$则

$$J(u,v) = \frac{D(x,y)}{D(u,v)} = \frac{1}{\frac{D(u,v)}{D(x,y)}} = \frac{1}{\begin{vmatrix}\sqrt{3} & 1\\ 1 & -\sqrt{3}\end{vmatrix}} = -\frac{1}{4},$$

且区域 D 变为

$$\Delta = \{(u,v) \mid u^2 + v^2 \leqslant 4\}.$$

于是

$$\iint_D |y + \sqrt{3}x| \mathrm{d}x\mathrm{d}y = \iint_\Delta |u| |J(u,v)| \mathrm{d}u\mathrm{d}v = \int_0^2 u\mathrm{d}u\int_0^{\sqrt{4-u^2}} \mathrm{d}v$$

$$= -\frac{1}{2} \cdot \frac{2}{3}(4 - u^2)^{\frac{3}{2}}\Big|_0^2 = \frac{8}{3}.$$

例 7.27(习题 7.3 A8) 计算二重积分$\iint\limits_D \left(\frac{x^2}{a^2} + \frac{y^2}{b^2}\right)\mathrm{d}x\mathrm{d}y$,其中积分区域

$$D = \left\{(x,y) \middle| \frac{x^2}{a^2} + \frac{y^2}{b^2} \leqslant 1, y \geqslant x, y \geqslant 0\right\}.$$

解 变换为广义极坐标计算:令$\begin{cases}x = a\rho\cos\theta,\\ y = b\rho\sin\theta,\end{cases}$则 $J(\rho,\theta) = ab\rho$,且区域 D 变为

$$\Delta = \left\{(\rho,\theta) \middle| \frac{\pi}{4} \leqslant \theta \leqslant \pi, 0 \leqslant \rho \leqslant 1\right\}.$$

故

$$\iint_D \left(\frac{x^2}{a^2} + \frac{y^2}{b^2}\right)\mathrm{d}x\mathrm{d}y = \iint_\Delta \rho^2 |J(\rho,\theta)| \mathrm{d}\rho\mathrm{d}\theta = ab\int_{\frac{\pi}{4}}^{\pi} \mathrm{d}\theta\int_0^1 \rho^3 \mathrm{d}\rho = \frac{3\pi ab}{16}.$$

例 7.28(习题 7.3 B1) 计算积分$\iint\limits_D |x^2 + y^2 - 1| \mathrm{d}x\mathrm{d}y$,其中积分区域 D 是由直线 $x = 0, x = 1, y = 0, y = 1$ 所围成的有界闭区域.

解 令 $D_1 = \{(x,y) \mid x \geqslant 0, y \geqslant 0, x^2 + y^2 \leqslant 1\}$,则

$$\begin{aligned}
&\iint_D |x^2+y^2-1|\,\mathrm{d}x\mathrm{d}y \\
&=\iint_D (x^2+y^2-1)\mathrm{d}x\mathrm{d}y+2\iint_{D_1}[1-(x^2+y^2)]\mathrm{d}x\mathrm{d}y \\
&=\int_0^1\mathrm{d}x\int_0^1(x^2+y^2-1)\mathrm{d}y+2\int_0^{\frac{\pi}{2}}\mathrm{d}\theta\int_0^1(1-\rho^2)\rho\mathrm{d}\rho \\
&=\int_0^1\left(x^2y+\frac{y^3}{3}-y\right)\Bigg|_{y=0}^{y=1}\mathrm{d}x+2\int_0^{\frac{\pi}{2}}\left(\frac{\rho^2}{2}-\frac{\rho^4}{4}\right)\Bigg|_{\rho=0}^{\rho=1}\mathrm{d}\theta \\
&=\int_0^1\left(x^2-\frac{2}{3}\right)\mathrm{d}x+\frac{1}{2}\int_0^{\frac{\pi}{2}}\mathrm{d}\theta=-\frac{1}{3}+\frac{\pi}{4}.
\end{aligned}$$

例 7.29（习题 7.3 B2）　计算二重积分$\iint_D\sqrt{a^2-x^2-y^2}\,\mathrm{d}x\mathrm{d}y$，其中积分区域

$$D=\{(x,y)\mid(x^2+y^2)^2\leqslant a^2(x^2-y^2)\}.$$

解　因为函数$\sqrt{a^2-x^2-y^2}$关于x和y都是偶函数，积分区域D关于$x=0$和$y=0$分别对称，所以$\iint_D\sqrt{a^2-x^2-y^2}\,\mathrm{d}x\mathrm{d}y=4\iint_{D_1}\sqrt{a^2-x^2-y^2}\,\mathrm{d}x\mathrm{d}y$，其中区域$D_1$是区域$D$在第一象限的部分区域.

又因为区域D_1的边界曲线用极坐标方程表示比较方便，且被积函数用极坐标表示比较简单，所以我们变换为极坐标来计算：把极坐标变换$\begin{cases}x=\rho\cos\theta,\\ y=\rho\sin\theta\end{cases}$代入区域$D_1$的直角坐标表达式，得

$$\rho^2\leqslant a^2\cos2\theta,$$

由此可得$0\leqslant\theta\leqslant\frac{\pi}{4}$，$0\leqslant\rho\leqslant a\sqrt{\cos2\theta}$，即区域$D_1$变为

$$\Delta_1=\left\{(\rho,\theta)\,\middle|\,0\leqslant\theta\leqslant\frac{\pi}{4},0\leqslant\rho\leqslant a\sqrt{\cos2\theta}\right\},$$

且$J(\rho,\theta)=\rho$. 故

$$\begin{aligned}
\iint_D\sqrt{a^2-x^2-y^2}\,\mathrm{d}x\mathrm{d}y&=4\iint_{\Delta_1}\sqrt{a^2-\rho^2}\,|J(\rho,\theta)|\,\mathrm{d}\rho\mathrm{d}\theta \\
&=4\int_0^{\frac{\pi}{4}}\mathrm{d}\theta\int_0^{a\sqrt{\cos2\theta}}(a^2-\rho^2)^{\frac{1}{2}}\rho\mathrm{d}\rho
\end{aligned}$$

$$=-\frac{4}{3}\int_0^{\frac{\pi}{4}}(a^2-\rho^2)^{\frac{3}{2}}\Big|_{\rho=0}^{\rho=a\sqrt{\cos2\theta}}\mathrm{d}\theta$$

$$=a^3\int_0^{\frac{\pi}{4}}\left(\frac{4}{3}-\frac{8\sqrt{2}}{3}\sin^3\theta\right)\mathrm{d}\theta$$

$$=a^3\left(\frac{\pi}{3}+\frac{20}{9}-\frac{16\sqrt{2}}{9}\right).$$

例 7.30(习题 7.3 B3) 计算积分$\iint\limits_D(x^2+y^2-1)\mathrm{d}x\mathrm{d}y$,其中积分区域 D 是由曲线$\frac{x^2}{a^2}+\frac{y^2}{b^2}=1(x\geqslant0)$ 和 $x=0$ 所围成的有界闭区域.

解 变换为广义极坐标计算:令$\begin{cases}x=a\rho\cos\theta,\\y=b\rho\sin\theta,\end{cases}$则 $J(\rho,\theta)=ab\rho$,且区域 D 变为

$$\Delta=\left\{(\rho,\theta)\,\middle|\,-\frac{\pi}{2}\leqslant\theta\leqslant\frac{\pi}{2},0\leqslant\rho\leqslant1\right\}.$$

故

$$\iint\limits_D(x^2+y^2-1)\mathrm{d}x\mathrm{d}y=\iint\limits_\Delta[\rho^2(a^2\cos^2\theta+b^2\sin^2\theta)-1]\mid J(\rho,\theta)\mid\mathrm{d}\rho\mathrm{d}\theta$$

$$=\int_{-\frac{\pi}{2}}^{\frac{\pi}{2}}\mathrm{d}\theta\int_0^1[\rho^2(a^2\cos^2\theta+b^2\sin^2\theta)-1]\rho\mathrm{d}\rho$$

$$=\frac{1}{4}\int_{-\frac{\pi}{2}}^{\frac{\pi}{2}}(a^2\cos^2\theta+b^2\sin^2\theta-2)\mathrm{d}\theta$$

$$=\frac{1}{2}\int_0^{\frac{\pi}{2}}\left(a^2\cdot\frac{1+\cos2\theta}{2}+b^2\cdot\frac{1-\cos2\theta}{2}-2\right)\mathrm{d}\theta$$

$$=\frac{1}{4}\int_0^{\frac{\pi}{2}}[a^2+b^2-4+(a^2-b^2)\cos2\theta]\mathrm{d}\theta$$

$$=\frac{\pi}{8}(a^2+b^2-4).$$

例 7.31(习题 7.3 B4) 计算积分$\iint\limits_D\cos\left(\frac{x-y}{x+y}\right)\mathrm{d}x\mathrm{d}y$,其中积分区域 D 是由直线 $x=0,y=0,x+y=1$ 所围成的有界闭区域.

方法一 变换为极坐标计算:令$\begin{cases}x=\rho\cos\theta,\\y=\rho\sin\theta,\end{cases}$则 $J(\rho,\theta)=\rho$,且区域 D 变

为

$$\Delta=\left\{(\rho,\theta)\,\middle|\,0\leqslant\theta\leqslant\frac{\pi}{2},0\leqslant\rho\leqslant\frac{1}{\cos\theta+\sin\theta}\right\}.$$

故

$$\begin{aligned}\iint_D\cos\left(\frac{x-y}{x+y}\right)\mathrm{d}x\mathrm{d}y&=\iint_\Delta\cos\left(\frac{\cos\theta-\sin\theta}{\cos\theta+\sin\theta}\right)|J(\rho,\theta)|\,\mathrm{d}\rho\mathrm{d}\theta\\&=\int_0^{\frac{\pi}{2}}\cos\left(\frac{\cos\theta-\sin\theta}{\cos\theta+\sin\theta}\right)\mathrm{d}\theta\int_0^{\frac{1}{\cos\theta+\sin\theta}}\rho\mathrm{d}\rho\\&=\frac{1}{2}\int_0^{\frac{\pi}{2}}\cos\left(\frac{\cos\theta-\sin\theta}{\cos\theta+\sin\theta}\right)\left(\frac{1}{\cos\theta+\sin\theta}\right)^2\mathrm{d}\theta\\&=-\frac{1}{4}\int_0^{\frac{\pi}{2}}\cos\left(\frac{\cos\theta-\sin\theta}{\cos\theta+\sin\theta}\right)\mathrm{d}\left(\frac{\cos\theta-\sin\theta}{\cos\theta+\sin\theta}\right)\\&=-\frac{1}{4}\sin\left(\frac{\cos\theta-\sin\theta}{\cos\theta+\sin\theta}\right)\Bigg|_0^{\frac{\pi}{2}}=\frac{\sin1}{2}.\end{aligned}$$

方法二　令$\begin{cases}u=\dfrac{x-y}{x+y},\\v=x+y,\end{cases}$则雅可比行列式

$$J(u,v)=\frac{D(x,y)}{D(u,v)}=\frac{1}{\dfrac{D(u,v)}{D(x,y)}}=\frac{1}{\begin{vmatrix}\dfrac{2y}{(x+y)^2}&\dfrac{-2x}{(x+y)^2}\\1&1\end{vmatrix}}=\frac{v}{2},$$

且区域 D 变为

$$\Delta=\{(u,v)\,|-1\leqslant u\leqslant1,0\leqslant v\leqslant1\}^{①}.$$

故

$$\begin{aligned}\iint_D\cos\left(\frac{x-y}{x+y}\right)\mathrm{d}x\mathrm{d}y&=\iint_\Delta\cos u\,|J(u,v)|\,\mathrm{d}u\mathrm{d}v=\frac{1}{2}\int_{-1}^1\cos u\mathrm{d}u\int_0^1v\mathrm{d}v\\&=\int_0^1\cos u\cdot\frac{v^2}{2}\Bigg|_{v=0}^{v=1}\mathrm{d}u=\frac{1}{2}\sin u\Bigg|_0^1=\frac{\sin1}{2}.\end{aligned}$$

例 7.32(习题 7.3 B5)　已知 $f(x)$ 是区间$[0,2]$上的连续函数,证明:

① $x=0$ 对应 $u=-1$,$y=0$ 对应 $u=1$,$x+y=1$ 对应 $v=1$,再由 $x,y\geqslant0$,得 $v\geqslant0$.

$$\int_0^1\int_0^1 f(x+y)\mathrm{d}x\mathrm{d}y=\int_0^1 t[f(t)+f(2-t)]\mathrm{d}t.$$

证　方法一

$$\begin{aligned}\int_0^1\int_0^1 f(x+y)\mathrm{d}x\mathrm{d}y&=\int_0^1\mathrm{d}x\int_x^{x+1}f(t)\mathrm{d}t\\&=\int_0^1 f(t)\mathrm{d}t\int_0^t\mathrm{d}x+\int_1^2 f(t)\mathrm{d}t\int_{t-1}^1\mathrm{d}x\\&=\int_0^1 tf(t)\mathrm{d}t+\int_1^2(2-t)f(t)\mathrm{d}t\\&=\int_0^1 tf(t)\mathrm{d}t+\int_0^1 uf(2-u)\mathrm{d}u\\&=\int_0^1 t[f(t)+f(2-t)]\mathrm{d}t.\end{aligned}$$

方法二

$$\begin{aligned}&\int_0^1\int_0^1 f(x+y)\mathrm{d}x\mathrm{d}y\\&=\int_0^1\mathrm{d}x\int_x^{x+1}f(t)\mathrm{d}t\\&=x\int_x^{x+1}f(t)\mathrm{d}t\Big|_{x=0}^{x=1}-\int_0^1 x[f(x+1)-f(x)]\mathrm{d}x\\&=\int_1^2 f(t)\mathrm{d}t+\int_0^1 xf(x)\mathrm{d}x+\int_1^0(1-u)f(2-u)\mathrm{d}u\\&=\int_0^1 xf(x)\mathrm{d}x+\int_0^1 uf(2-u)\mathrm{d}u+\int_1^2 f(x)\mathrm{d}x-\int_0^1 f(2-u)\mathrm{d}u\\&=\int_0^1 u[f(u)+f(2-u)]\mathrm{d}u+\int_1^2 f(x)\mathrm{d}x-\int_1^2 f(t)\mathrm{d}t\\&=\int_0^1 u[f(u)+f(2-u)]\mathrm{d}u.\end{aligned}$$

例 7.33(习题 7.3 B6)　已知 $f(x)$ 为$[1,2]$上的连续函数,D 是由曲线 $xy=1,xy=2$ 和直线 $y=x,y=4x$ 所围成的有界闭区域，证明：$\iint\limits_D f(xy)\mathrm{d}x\mathrm{d}y=\ln 2\int_1^2 f(t)\mathrm{d}t.$

证　作变换:令$\begin{cases}t=xy,\\ s=\dfrac{y}{x},\end{cases}$则雅可比行列式

$$J(t,s)=\frac{D(x,y)}{D(t,s)}=\frac{1}{\frac{D(t,s)}{D(x,y)}}=\frac{1}{\begin{vmatrix} y & x \\ -\frac{y}{x^2} & \frac{1}{x}\end{vmatrix}}=\frac{1}{2s},$$

且区域 D 变为

$$\Delta=\{(t,s)\mid 1\leqslant t\leqslant 2,1\leqslant s\leqslant 4\}.$$

故

$$\iint_D f(xy)\mathrm{d}x\mathrm{d}y=\iint_\Delta f(t)\mid J(t,s)\mid \mathrm{d}t\mathrm{d}s=\frac{1}{2}\int_1^4\frac{\mathrm{d}s}{s}\int_1^2 f(t)\mathrm{d}t=\ln 2\int_1^2 f(t)\mathrm{d}t.$$

例 7.34　计算二重积分 $\iint\limits_{0\leqslant x\leqslant y\leqslant \pi}\ln\mid\sin(x-y)\mid\mathrm{d}x\mathrm{d}y$.

解　令 $\begin{cases}u=y-x,\\ v=x,\end{cases}$ 则 $J(u,v)=\frac{1}{\begin{vmatrix}-1 & 1\\ 1 & 0\end{vmatrix}}=-1$,且区域 D 变为

$$\Delta=\{(u,v)\mid 0\leqslant v\leqslant \pi-u,0\leqslant u\leqslant \pi\}.$$

故

$$\begin{aligned}\iint\limits_{0\leqslant x\leqslant y\leqslant \pi}\ln\mid\sin(x-y)\mid\mathrm{d}x\mathrm{d}y&=\iint_\Delta\ln\mid\sin(-u)\mid\mid J(u,v)\mid\mathrm{d}u\mathrm{d}v\\ &=\int_0^\pi\ln\sin u\mathrm{d}u\int_0^{\pi-u}\mathrm{d}v\\ &=\int_0^\pi(\pi-u)\ln\sin u\mathrm{d}u\xlongequal{\pi-u=t}\int_0^\pi t\ln\sin t\mathrm{d}t\\ &=\frac{1}{2}\int_0^\pi[(\pi-u)+u]\ln\sin u\mathrm{d}u\\ &=\frac{\pi}{2}\int_0^\pi\ln\sin u\mathrm{d}u\\ &=\frac{\pi}{2}\left(\int_0^{\frac{\pi}{2}}\ln\sin u\mathrm{d}u+\int_{\frac{\pi}{2}}^\pi\ln\sin u\mathrm{d}u\right)^{①}\\ &=\frac{\pi}{2}\int_0^{\frac{\pi}{2}}(\ln\sin u+\ln\cos u)\mathrm{d}u\end{aligned}$$

---

① 后一积分用 $u=\frac{\pi}{2}+u$ 换元.

$$= \frac{\pi}{2}\int_0^{\frac{\pi}{2}}(\ln\sin 2u - \ln 2)\mathrm{d}u$$

$$= \frac{\pi}{4}\int_0^{\pi}\ln\sin u\mathrm{d}u - \frac{\pi^2\ln 2}{4} = -\frac{\pi^2\ln 2}{2}.$$

例 7.35 计算二重积分 $\iint\limits_D |\sin(x-y)|\mathrm{d}x\mathrm{d}y$，其中区域 $D=\{(x,y)\mid 0\leqslant x\leqslant\pi, 0\leqslant y\leqslant 2\pi\}$.

解 令 $\begin{cases}u=x,\\ v=x-y,\end{cases}$ 则 $J(u,v)=\dfrac{1}{\begin{vmatrix}1 & 0\\ 1 & -1\end{vmatrix}}=-1$，且区域 D 变为

$$\Delta=\{(u,v)\mid 0\leqslant u\leqslant\pi, u-2\pi\leqslant v\leqslant u\}.$$

因此

$$\iint\limits_D |\sin(x-y)|\mathrm{d}x\mathrm{d}y = \iint\limits_\Delta |\sin v||J(u,v)|\mathrm{d}u\mathrm{d}v = \int_0^{\pi}\mathrm{d}u\int_{u-2\pi}^{u}|\sin v|\mathrm{d}v$$

$$= \int_0^{\pi}\mathrm{d}u\int_{-2\pi}^{0}|\sin v|\mathrm{d}v = 4\pi.$$

例 7.36 计算二重积分 $I=\iint\limits_D(\cos^2 x+\sin^2 y)\mathrm{d}x\mathrm{d}y$，其中积分区域 D 是由圆弧 $x^2+y^2=1(x\geqslant 0, y\geqslant 0)$ 和直线 $x=0, y=0$ 所围成的有界闭区域.

解 **方法一** $I=\dfrac{1}{2}\iint\limits_D(2+\cos 2x-\cos 2y)\mathrm{d}x\mathrm{d}y$

$$= \frac{\pi}{4} - \iint\limits_D \sin(x+y)\sin(x-y)\mathrm{d}x\mathrm{d}y$$

$$\xlongequal{\begin{cases}x+y=u\\ x-y=v\end{cases}} \frac{\pi}{4} - \iint\limits_{\substack{u^2+v^2\leqslant 2\\ -u\leqslant v\leqslant u}} \sin u\sin v|J(u,v)|\mathrm{d}u\mathrm{d}v$$

$$= \frac{\pi}{4} - \frac{1}{2}\iint\limits_{\substack{u^2+v^2\leqslant 2\\ -u\leqslant v\leqslant u}} \sin u\sin v\mathrm{d}u\mathrm{d}v = \frac{\pi}{4}.$$

方法二 $I \xlongequal{\begin{cases}x=y\\ y=x\end{cases}} \iint\limits_D(\cos^2 y+\sin^2 x)|J(y,x)|\mathrm{d}y\mathrm{d}x$

$$= \iint\limits_D(\sin^2 x+\cos^2 y)\mathrm{d}x\mathrm{d}y$$

$$=\frac{1}{2}\iint\limits_D(\cos^2x+\sin^2x+\cos^2y+\sin^2y)\mathrm{d}x\mathrm{d}y=\iint\limits_D\mathrm{d}x\mathrm{d}y=\frac{\pi}{4}.$$

例 7.37　计算二重积分 $I=\iint\limits_{x^2+y^2\leqslant1}\left|x^2+y^2+\frac{x-y}{\sqrt{2}}\right|\mathrm{d}x\mathrm{d}y$.

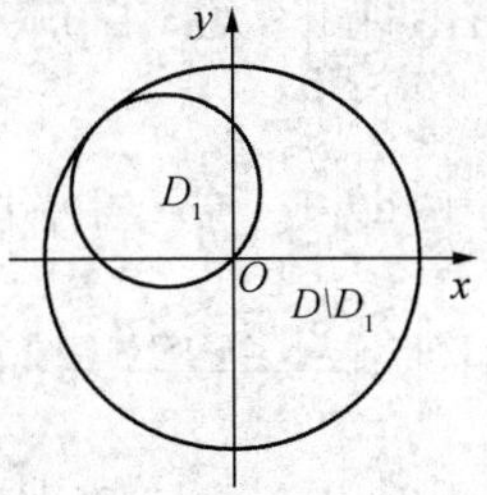

图 7.19

解　$I=\iint\limits_{D_1}\left[\frac{1}{4}-\left(x+\frac{1}{2\sqrt{2}}\right)^2-\left(y-\frac{1}{2\sqrt{2}}\right)^2\right]\mathrm{d}x\mathrm{d}y+$

$$\iint\limits_{D\backslash D_1}\left[\left(x+\frac{1}{2\sqrt{2}}\right)^2+\left(y-\frac{1}{2\sqrt{2}}\right)-\frac{1}{4}\right]\mathrm{d}x\mathrm{d}y$$

$$=2\iint\limits_{D_1}\left[\frac{1}{4}-\left(x+\frac{1}{2\sqrt{2}}\right)^2-\left(y-\frac{1}{2\sqrt{2}}\right)^2\right]\mathrm{d}x\mathrm{d}y+$$

$$\iint\limits_D\left(x^2+y^2+\frac{x-y}{\sqrt{2}}\right)\mathrm{d}x\mathrm{d}y①$$

$$=2\int_0^{2\pi}\mathrm{d}\theta\int_0^{\frac{1}{2}}\left(\frac{1}{4}-\rho^2\right)\rho\mathrm{d}\rho+\int_0^{2\pi}\mathrm{d}\theta\int_0^1\rho^3\mathrm{d}\rho$$

$$=\frac{9\pi}{16}.$$

例 7.38　计算二重积分 $\iint\limits_D|\sqrt{x^2+y^2}-1|\mathrm{d}x\mathrm{d}y$，其中积分区域

$$D=\{(x,y)\mid x^2+y^2\leqslant\sqrt{2}x,0\leqslant y\leqslant x\}.$$

解　记 $D=D_1\cup D_2$（如图 7.20 所示），其中 $D_1=\left\{(\rho,\theta)\,\middle|\,0\leqslant\rho\leqslant1,\right.$

---

① $\iint\limits_D\left(\frac{x-y}{2}\right)\mathrm{d}x\mathrm{d}y=0.$

$0 \leqslant \theta \leqslant \frac{\pi}{4}\Big\}$，$D_2=\left\{(\rho,\theta)\,\middle|\,1\leqslant\rho\leqslant\sqrt{2}\cos\theta,0\leqslant\theta\leqslant\frac{\pi}{4}\right\}$，则

$$\iint\limits_D \left|\sqrt{x^2+y^2}-1\right|\mathrm{d}x\mathrm{d}y$$

$$=2\iint\limits_{D_1}(1-\sqrt{x^2+y^2})\mathrm{d}x\mathrm{d}y+\iint\limits_{D}(\sqrt{x^2+y^2}-1)\mathrm{d}x\mathrm{d}y$$

$$=2\int_0^{\frac{\pi}{4}}\mathrm{d}\theta\int_0^1(1-\rho)\rho\mathrm{d}\rho+\int_0^{\frac{\pi}{4}}\mathrm{d}\theta\int_0^{\sqrt{2}\cos\theta}(\rho-1)\rho\mathrm{d}\rho$$

$$=2\theta\Big|_0^{\frac{\pi}{4}}\cdot\left(\frac{\rho^2}{2}-\frac{\rho^3}{3}\right)\Big|_0^1+\int_0^{\frac{\pi}{4}}\left(\frac{2\sqrt{2}\cos^3\theta}{3}-\cos^2\theta\right)\mathrm{d}\theta$$

$$=\frac{\pi}{12}+\left[\frac{2\sqrt{2}}{3}\left(\sin\theta-\frac{\sin^3\theta}{3}\right)-\frac{\theta}{2}+\frac{\sin 2\theta}{4}\right]\Big|_0^{\frac{\pi}{4}}$$

$$=\frac{11}{36}-\frac{\pi}{24}.$$

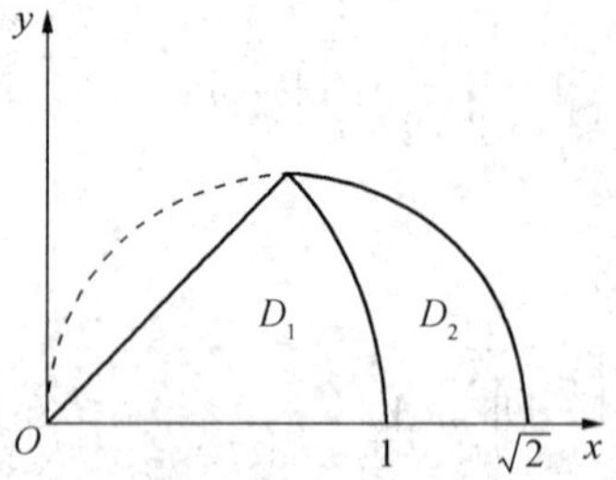

图 7.20

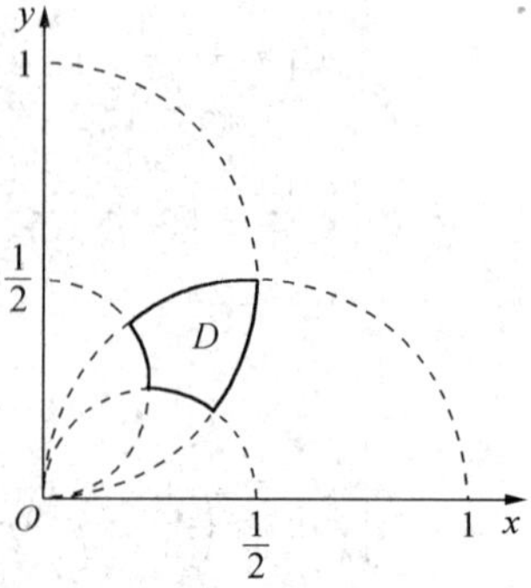

图 7.21

例 7.39 计算二重积分$\iint\limits_D\frac{\mathrm{d}x\mathrm{d}y}{xy}$，其中积分区域

$$D=\left\{(x,y)\,\middle|\,1\leqslant\frac{x}{x^2+y^2}\leqslant 2,1\leqslant\frac{y}{x^2+y^2}\leqslant 2\right\}.$$

解　方法一　将极坐标变换$\begin{cases}x=\rho\cos\theta,\\ y=\rho\sin\theta\end{cases}$代入区域$D$的直角坐标表达式$1\leqslant\frac{x}{x^2+y^2}$，$\frac{y}{x^2+y^2}\leqslant 2$，得到$\frac{1}{2}\cos\theta\leqslant\rho\leqslant\cos\theta$，$\frac{1}{2}\sin\theta\leqslant\rho\leqslant\sin\theta$，即区域

D 变为 $\Delta=\left\{(\rho,\theta)\,\middle|\,\frac{1}{2}\cos\theta\leqslant\rho\leqslant\cos\theta,\frac{1}{2}\sin\theta\leqslant\rho\leqslant\sin\theta\right\}$（如图7.21所示），且 $J(\rho,\theta)=\rho$. 故

$$\begin{aligned}\iint_D\frac{\mathrm{d}x\mathrm{d}y}{xy}&=\iint_\Delta\frac{1}{\rho^2\cos\theta\sin\theta}\mid J(\rho,\theta)\mid\mathrm{d}\rho\mathrm{d}\theta\\&=2\int_{\arctan\frac{1}{2}}^{\frac{\pi}{4}}\mathrm{d}\theta\int_{\frac{\cos\theta}{2}}^{\sin\theta}\frac{\rho\mathrm{d}\rho}{\rho^2\cos\theta\sin\theta}\\&=2\int_{\arctan\frac{1}{2}}^{\frac{\pi}{4}}\frac{\ln(2\tan\theta)}{\cos\theta\sin\theta}\mathrm{d}\theta\\&=2\int_{\arctan\frac{1}{2}}^{\frac{\pi}{4}}\frac{\ln(2\tan\theta)}{2\tan\theta}\mathrm{d}(2\tan\theta)\\&=\ln^2(2\tan\theta)\Big|_{\arctan\frac{1}{2}}^{\frac{\pi}{4}}=\ln^2 2.\end{aligned}$$

方法二　令 $\begin{cases}\dfrac{x}{x^2+y^2}=u,\\ \dfrac{y}{x^2+y^2}=v,\end{cases}$ 则 $\begin{cases}x=\dfrac{u}{u^2+v^2},\\ y=\dfrac{v}{u^2+v^2},\end{cases}$ 因此

$$J(u,v)=\begin{vmatrix}\dfrac{v^2-u^2}{(u^2+v^2)^2} & \dfrac{-2uv}{(u^2+v^2)^2}\\ \dfrac{-2vu}{(u^2+v^2)^2} & \dfrac{u^2-v^2}{(u^2+v^2)^2}\end{vmatrix}=-\frac{1}{(u^2+v^2)^2},$$

且区域 D 变为 $\Delta=\{(u,v)\mid 1\leqslant u\leqslant 2,1\leqslant v\leqslant 2\}$，$\dfrac{1}{xy}=\dfrac{(u^2+v^2)^2}{uv}$，所以

$$\iint_D\frac{\mathrm{d}x\mathrm{d}y}{xy}=\iint_\Delta\frac{(u^2+v^2)^2}{uv}\mid J(u,v)\mid\mathrm{d}u\mathrm{d}v=\int_1^2\frac{\mathrm{d}u}{u}\int_1^2\frac{\mathrm{d}v}{v}=\ln^2 2.$$

例7.40　计算二重积分 $\iint_D\dfrac{\mathrm{d}x\mathrm{d}y}{1-xy}$，其中积分区域

$$D=\{(x,y)\mid 0\leqslant x\leqslant 1,0\leqslant y\leqslant 1\}.$$

解　记 $\iint_D\dfrac{\mathrm{d}x\mathrm{d}y}{1-xy}=I$. 令 $\begin{cases}u=\dfrac{1}{2}(x+y),\\ v=\dfrac{1}{2}(x-y),\end{cases}$ 则 $J(u,v)=\dfrac{1}{\begin{vmatrix}\frac{1}{2} & \frac{1}{2}\\ \frac{1}{2} & -\frac{1}{2}\end{vmatrix}}=$

-2,且区域 D 变为

$$\Delta=\left\{(u,v)\,\middle|\,0\leqslant u\leqslant\frac{1}{2},-u\leqslant v\leqslant u\right\}\cup$$
$$\left\{(u,v)\,\middle|\,\frac{1}{2}\leqslant u\leqslant 1,u-1\leqslant v\leqslant 1-u\right\},$$

因此

$$\begin{aligned}I&=\iint\limits_{\Delta}\frac{1}{1-u^2+v^2}\mid J(u,v)\mid \mathrm{d}u\mathrm{d}v\\&=2\left[\int_0^{\frac{1}{2}}\mathrm{d}u\int_{-u}^{u}\frac{\mathrm{d}v}{1-u^2+v^2}+\int_{\frac{1}{2}}^{1}\mathrm{d}u\int_{u-1}^{1-u}\frac{\mathrm{d}v}{1-u^2+v^2}\right]\\&=2\left[\int_0^{\frac{1}{2}}\frac{1}{\sqrt{1-u^2}}\arctan\frac{v}{\sqrt{1-u^2}}\bigg|_{v=-u}^{v=u}\mathrm{d}u+\int_{\frac{1}{2}}^{1}\frac{1}{\sqrt{1-u^2}}\right.\\&\qquad\left.\arctan\frac{v}{\sqrt{1-u^2}}\bigg|_{v=u-1}^{v=1-u}\mathrm{d}u\right]\\&=4\left[\int_0^{\frac{1}{2}}\frac{1}{\sqrt{1-u^2}}\arctan\frac{u}{\sqrt{1-u^2}}\mathrm{d}u+\int_{\frac{1}{2}}^{1}\frac{1}{\sqrt{1-u^2}}\arctan\frac{1-u}{\sqrt{1-u^2}}\mathrm{d}u\right]^{①}\\&=4\left(\int_0^{\frac{\pi}{6}}\theta\mathrm{d}\theta+\int_0^{\frac{\pi}{3}}\frac{\theta}{2}\mathrm{d}\theta\right)=\frac{\pi^2}{6}.\end{aligned}$$

例 7.41 计算二重积分 $\iint\limits_{D}x^2y^2\mathrm{d}x\mathrm{d}y$,其中积分区域

$$D=\{(x,y)\mid(x-1)^2+(x-y)^2\leqslant 1\}.$$

解 令 $\begin{cases}x-1=u,\\x-y=v,\end{cases}$ 即 $\begin{cases}x=1+u,\\y=1+u-v,\end{cases}$ 则 $J(u,v)=-1$,且区域 D 变为 $\Delta=\{(u,v)\mid u^2+v^2\leqslant 1\}$. 故

$$\begin{aligned}\iint\limits_{D}x^2y^2\mathrm{d}x\mathrm{d}y&=\iint\limits_{\Delta}(1+u)^2(1+u-v)^2\mid J(u,v)\mid \mathrm{d}u\mathrm{d}v\\&=\iint\limits_{\Delta}[(1+u)^4-2(1+u)^3v+(1+u)^2v^2]\mathrm{d}u\mathrm{d}v\\&=\iint\limits_{\Delta}[1+6u^2+u^4+(1+u^2)v^2]\mathrm{d}u\mathrm{d}v\end{aligned}$$

---

① 前一积分用 $u=\sin\theta$ 换元,后一积分用 $u=\cos\theta$ 换元.

$$=\iint\limits_{\Delta}[1+5u^2+(1+u^2)(u^2+v^2)]\mathrm{d}u\mathrm{d}v$$

$$=\int_0^{2\pi}\mathrm{d}\theta\int_0^1(1+5\rho^2\cos^2\theta+\rho^2+\rho^4\cos^2\theta)\rho\mathrm{d}\rho$$

$$=\int_0^{2\pi}\left[\frac{\rho^2}{2}+\frac{5\rho^4\cos^2\theta}{4}+\frac{\rho^4}{4}+\frac{\rho^6\cos^2\theta}{6}\right]\Bigg|_{\rho=0}^{\rho=1}\mathrm{d}\theta$$

$$=\int_0^{2\pi}\left(\frac{3}{4}+\frac{17}{12}\cos^2\theta\right)\mathrm{d}\theta$$

$$=\left(\frac{35\theta}{24}+\frac{17\sin2\theta}{48}\right)\Bigg|_0^{2\pi}=\frac{35\pi}{12}.$$

例 7.42　计算二重积分$\iint\limits_{D}\frac{3x}{y^2+xy^3}\mathrm{d}x\mathrm{d}y$，其中积分区域 D 是由曲线 $xy=1$，$xy=3$，$y^2=x$，$y^2=3x$ 所围成的有界闭区域.

解　令$\begin{cases}xy=u,\\ \dfrac{y^2}{x}=v,\end{cases}$则 $J(u,v)=\dfrac{1}{3v}$，且区域 D 变为 $\Delta=\{(u,v)\mid 1\leqslant u\leqslant 3,1\leqslant v\leqslant 3\}$. 因此

$$\iint\limits_{D}\frac{3x}{y^2+xy^3}\mathrm{d}x\mathrm{d}y=\iint\limits_{\Delta}\frac{3}{(1+u)v}\mid J(u,v)\mid\mathrm{d}u\mathrm{d}v=\int_1^3\frac{\mathrm{d}u}{1+u}\int_1^3\frac{\mathrm{d}v}{v^2}=\frac{2\ln2}{3}.$$

例 7.43　计算二重积分$\iint\limits_{D}\sqrt{\sqrt{x}+\sqrt[3]{y}}\mathrm{d}x\mathrm{d}y$，其中积分区域 $D=\{(x,y)\mid \sqrt{x}+\sqrt[3]{y}\leqslant 1,x\geqslant 0,y\geqslant 0\}$.

解　作变换$\begin{cases}x=\rho^4\cos^4\theta,\\ y=\rho^6\sin^6\theta,\end{cases}$则

$$J(\rho,\theta)=\frac{D(x,y)}{D(\rho,\theta)}=\begin{vmatrix}4\rho^3\cos^4\theta & -4\rho^4\cos^3\theta\sin\theta\\ 6\rho^5\sin^6\theta & 6\rho^6\sin^5\theta\cos\theta\end{vmatrix}=24\rho^9\cos^3\theta\sin^5\theta,$$

且区域 D 变为 $\Delta=\left\{(\rho,\theta)\,\middle|\,0\leqslant\theta\leqslant\dfrac{\pi}{2},0\leqslant\rho\leqslant 1\right\}$，因此

$$\iint\limits_{D}\sqrt{\sqrt{x}+\sqrt[3]{y}}\mathrm{d}x\mathrm{d}y=\iint\limits_{\Delta}\rho\mid J(\rho,\theta)\mid\mathrm{d}\rho\mathrm{d}\theta$$

$$=24\int_0^{\frac{\pi}{2}}(\sin^5\theta-\sin^7\theta)\mathrm{d}\sin\theta\int_0^1\rho^{10}\mathrm{d}\rho=\frac{1}{11}.$$

例 7.44 计算二重积分 $\iint\limits_{\sqrt{x}+\sqrt{y}\leqslant 1}\sqrt[3]{\sqrt{x}+\sqrt{y}}\mathrm{d}x\mathrm{d}y$.

解 记 $D=\{(x,y)\mid\sqrt{x}+\sqrt{y}\leqslant 1\}$. 令$\begin{cases}x=\rho^4\cos^4\theta,\\ y=\rho^4\sin^4\theta,\end{cases}$则

$$J(\rho,\theta)=\begin{vmatrix}4\rho^3\cos^4\theta & -4\rho^4\cos^3\theta\sin\theta\\ 4\rho^3\sin^4\theta & 4\rho^4\sin^3\theta\cos\theta\end{vmatrix}=16\rho^7\sin^3\theta\cos^3\theta,$$

且积分区域 D 变为

$$\Delta=\left\{(\rho,\theta)\,\middle|\,0\leqslant\rho\leqslant 1,0\leqslant\theta\leqslant\frac{\pi}{2}\right\}.$$

因此

$$\iint\limits_{\sqrt{x}+\sqrt{y}\leqslant 1}\sqrt[3]{\sqrt{x}+\sqrt{y}}\mathrm{d}x\mathrm{d}y=\iint\limits_{\Delta}\rho^{\frac{2}{3}}\mid J(\rho,\theta)\mid\mathrm{d}\rho\mathrm{d}\theta=16\int_0^{\frac{\pi}{2}}\sin^3\theta\cos^3\theta\mathrm{d}\theta\int_0^1\rho^{\frac{23}{3}}\mathrm{d}\rho$$

$$=16\cdot\frac{3}{26}\cdot\left(\frac{\sin^4\theta}{4}-\frac{\sin^6\theta}{6}\right)\Bigg|_0^{\frac{\pi}{2}}=\frac{2}{13}.$$

例 7.45 计算二重积分$\iint\limits_{\mathbf{R}^2}\mathrm{e}^{-\frac{x^2-2\sigma xy+y^2}{2(1-\sigma^2)}}\mathrm{d}x\mathrm{d}y$,其中 $0\leqslant\sigma<1$.

解 令$\begin{cases}x=\dfrac{u+v}{\sqrt{2}},\\ y=\dfrac{u-v}{\sqrt{2}},\end{cases}$则 $J(u,v)=\begin{vmatrix}\dfrac{1}{\sqrt{2}} & \dfrac{1}{\sqrt{2}}\\ \dfrac{1}{\sqrt{2}} & -\dfrac{1}{\sqrt{2}}\end{vmatrix}=-1$,且 $u^2+v^2=x^2+y^2$,

这说明 xOy 平面上以原点为圆心,r 为半径的圆变为 uOv 平面上以原点为圆心,r 为半径的圆,即区域 $\mathbf{R}^2$ 变为 $\mathbf{R}^2$. 因此

$$\iint\limits_{\mathbf{R}^2}\mathrm{e}^{-\frac{x^2-2\sigma xy+y^2}{2(1-\sigma^2)}}\mathrm{d}x\mathrm{d}y=\iint\limits_{\mathbf{R}^2}\mathrm{e}^{-\frac{(1-\sigma)u^2+(1+\sigma)v^2}{2(1-\sigma^2)}}\mid J(u,v)\mid\mathrm{d}u\mathrm{d}v$$

$$=\iint\limits_{\mathbf{R}^2}\mathrm{e}^{-\left(\frac{u^2}{2(1+\sigma)}+\frac{v^2}{2(1-\sigma)}\right)}\mathrm{d}u\mathrm{d}v,$$

再令$\begin{cases}u=\sqrt{2(1+\sigma)}\rho\cos\theta,\\ v=\sqrt{2(1-\sigma)}\rho\sin\theta,\end{cases}$则 $J(\rho,\theta)=2\sqrt{1-\sigma^2}$,且 uOv 平面 $\mathbf{R}^2$ 变为

$$\Delta=\{(\rho,\theta)\mid 0\leqslant\rho\leqslant 2\pi,0\leqslant\rho<+\infty\},$$

从而

$$\iint\limits_{\mathbf{R}^2} e^{-\left(\frac{u^2}{2(1+\sigma)}+\frac{v^2}{2(1-\sigma)}\right)} du dv = \iint\limits_{\Delta} e^{-\rho^2} \mid J(\rho,\theta) \mid d\rho d\theta$$
$$= 2\sqrt{1-\sigma^2}\int_0^{2\pi} d\theta \int_0^{+\infty} e^{-\rho^2}\rho d\rho$$
$$= 4\pi\sqrt{1-\sigma^2}\left(-\frac{1}{2}\right)e^{-\rho^2}\Big|_{\rho=0}^{\rho=+\infty}$$
$$= 2\pi\sqrt{1-\sigma^2}.$$

例 7.46　计算曲线 $x^3-2xy+y^2=0$ 所围平面区域 D(如图 7.22 所示) 的面积.

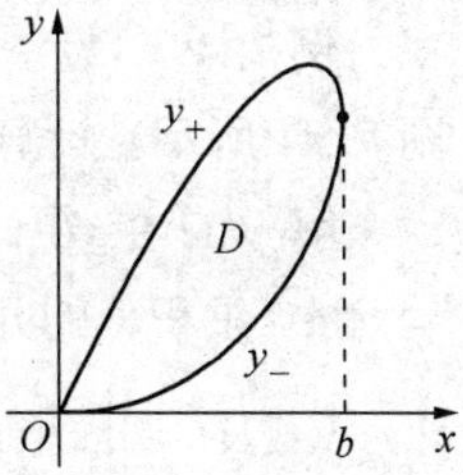

图 7.22

解　由二重积分的几何意义 $S(D)=\iint\limits_D dxdy=\int_a^b dx\int_{y_-(x)}^{y_+(x)} dy$. 因为 $y_-(x)=x-\sqrt{x^2-x^3}$, $y_+(x)=x+\sqrt{x^2-x^3}$, 因此 $x\leqslant 1$. 令 $y_-(x)=y_+(x)$, 得 $x=0,1$, 即 $a=0,b=1$. 故

$$S(D)=\int_0^1 dx\int_{y_-(x)}^{y_+(x)} dy = 2\int_0^1 \sqrt{x^2-x^3}dx$$
$$=4\int_0^1 t^2(1-t^2)dt=\frac{8}{15}.$$

例 7.47　求曲线 Γ: $(x^2+y^2)^2=2x^2$ 所围平面区域 D 的面积.

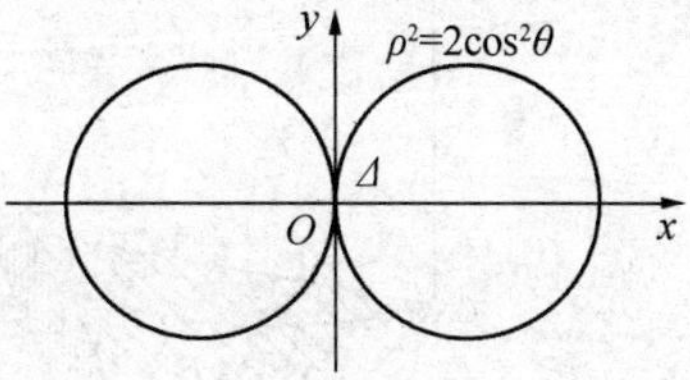

图 7.23

解　由二重积分的几何意义, $S(D)=\iint\limits_D dxdy$. 将 $\begin{cases} x=\rho\cos\theta, \\ y=\rho\sin\theta \end{cases}$ 代入区域 D 的边界曲线 Γ 的方程, 得 Γ: $\rho^2=2\cos^2\theta$, $J(\rho,\theta)=\rho$, 且区域 D 变为

$$\Delta=\left\{(\rho,\theta)\,\middle|\, -\sqrt{2}\cos\theta\leqslant\rho\leqslant\sqrt{2}\cos\theta, -\frac{\pi}{2}\leqslant\theta\leqslant\frac{\pi}{2}\right\}$$

(如图 7.23 所示). 故

$$S(D)=\iint\limits_{\Delta} \mid J(\rho,\theta) \mid d\rho d\theta = \int_{-\frac{\pi}{2}}^{\frac{\pi}{2}} d\theta\int_{-\sqrt{2}\cos\theta}^{\sqrt{2}\cos\theta}\rho d\rho$$

$$= \int_{-\frac{\pi}{2}}^{\frac{\pi}{2}} 2\cos^2\theta \mathrm{d}\theta = \pi.$$

例 7.48　计算曲线 $|\ln x| + |\ln y| = 1$ 所围平面区域 D 的面积.

解　$S(D) = \iint\limits_D \mathrm{d}x\mathrm{d}y \xlongequal{\begin{cases} u=\ln x \\ v=\ln y \end{cases}} \iint\limits_{|u|+|v|\leqslant 1} |J(u,v)| \mathrm{d}u\mathrm{d}v = \iint\limits_{|u|+|v|\leqslant 1} \mathrm{e}^{u+v}\mathrm{d}u\mathrm{d}v$

$\xlongequal{\begin{cases} u+v=t \\ u-v=s \end{cases}} \iint\limits_{\substack{-1\leqslant t\leqslant 1 \\ -1\leqslant s\leqslant 1}} |J(t,s)| \mathrm{d}t\mathrm{d}s = \dfrac{1}{2}\int_{-1}^{1} \mathrm{e}^t \mathrm{d}t \int_{-1}^{1} \mathrm{d}s = \mathrm{e} - \dfrac{1}{\mathrm{e}}.$

例 7.49　设三张曲面 $z = xy$, $x + y = 1$, $z = 0$ 所围的有界闭区域为 Ω(如图 7.24 所示),计算 Ω 的体积 $V(\Omega)$.

解　Ω 在 xOy 平面上的投影区域 $D = \{(x,y) \mid 0 \leqslant x \leqslant 1, 0 \leqslant y \leqslant 1 - x\}$. 由二重积分的几何意义

$$V(\Omega) = \iint\limits_D xy\,\mathrm{d}x\mathrm{d}y = \int_0^1 x\mathrm{d}x \int_0^{1-x} y\mathrm{d}y$$

$$= \frac{1}{2}\int_0^1 x(1-x)^2 \mathrm{d}x = \frac{1}{2}\left(\frac{x^2}{2} - \frac{2x^3}{3} + \frac{x^4}{4}\right)\Big|_0^1 = \frac{1}{24}.$$

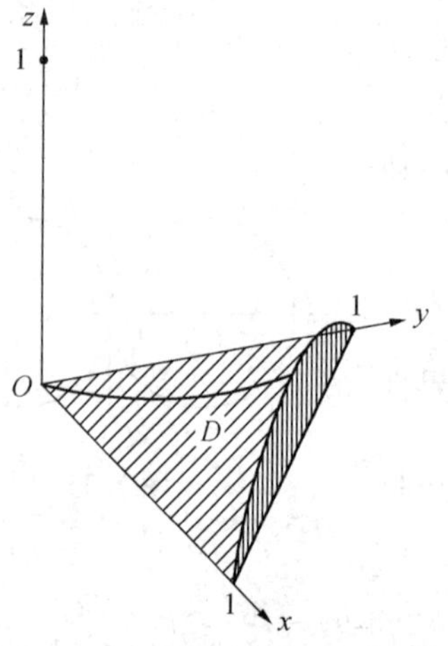

图 7.24

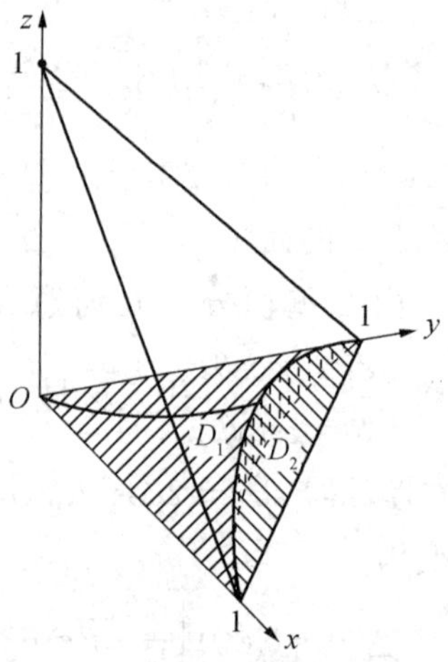

图 7.25

例 7.50　设三张曲面 $z = xy$, $x + y + z = 1$, $z = 0$ 所围的有界闭区域为 Ω(如图 7.25 所示),计算 Ω 的体积 $V(\Omega)$.

解　Ω在 xOy 平面上的投影区域 $D=D_1\cup D_2$，其中

$$D_1=\{(x,y)\mid x,y\geqslant 0,x+y+xy\leqslant 1\}$$
$$=\left\{(x,y)\middle|0\leqslant x\leqslant 1,0\leqslant y\leqslant \frac{1-x}{1+x}\right\}.$$
$$D_2=\{(x,y)\mid x,y\geqslant 0,1\leqslant x+y+xy,x+y\leqslant 1\}$$
$$=\left\{(x,y)\middle|0\leqslant x\leqslant 1,\frac{1-x}{1+x}\leqslant y\leqslant 1-x\right\}.$$

因此

$$V(\Omega)=\iint\limits_{D_1}xy\mathrm{d}x\mathrm{d}y+\iint\limits_{D_2}(1-x-y)\mathrm{d}x\mathrm{d}y$$
$$=\int_0^1\mathrm{d}x\int_0^{\frac{1-x}{1+x}}xy\mathrm{d}y+\int_0^1\mathrm{d}x\int_{\frac{1-x}{1+x}}^{1-x}(1-x-y)\mathrm{d}y$$
$$=\int_0^1\left[\frac{x(1-x)^2}{2(1+x)^2}+\frac{x^2(1-x)^2}{2(1+x)^2}\right]\mathrm{d}x$$
$$=\frac{1}{2}\int_0^1\left[(x-1)^2-(x+1)+4-\frac{4}{1+x}\right]\mathrm{d}x$$
$$=\frac{17}{12}-2\ln 2.$$

例 7.51　求由曲面 $z=\frac{1}{a}(x^2+y^2),y^2=4ax,x^2=\frac{a}{2}y,z=0(a>0)$ 所围立体Ω的体积.

解　易知Ω在 xOy 平面上的投影区域

$$D=\left\{(x,y)\middle|y^2\leqslant 4ax,x^2\leqslant \frac{a}{2}y\right\}.$$

因此：

方法一　$$V(\Omega)=\frac{1}{a}\iint\limits_D(x^2+y^2)\mathrm{d}x\mathrm{d}y$$
$$=\frac{1}{a}\int_0^a\mathrm{d}x\int_{\frac{2x^2}{a}}^{(4ax)^{\frac{1}{2}}}(x^2+y^2)\mathrm{d}y$$
$$=\frac{1}{a}\int_0^a\left(x^2y+\frac{y^3}{3}\right)\Bigg|_{y=\frac{2x^2}{a}}^{y=(4ax)^{\frac{1}{2}}}\mathrm{d}x$$
$$=\frac{1}{a}\left(2a^{\frac{1}{2}}x^{\frac{5}{2}}+\frac{8a^{\frac{3}{2}}x^{\frac{3}{2}}}{3}-\frac{2x^4}{a}-\frac{8x^6}{3a^3}\right)\mathrm{d}x$$

$$= \frac{1}{a}\left(\frac{4a^{\frac{1}{2}}x^{\frac{7}{2}}}{7} + \frac{2}{5}\cdot\frac{8a^{\frac{3}{2}}x^{\frac{5}{2}}}{3} - \frac{2x^5}{5a} - \frac{8x^7}{21a^3}\right)\Bigg|_0^a$$

$$= \left(\frac{4}{7} + \frac{16}{15} - \frac{2}{5} - \frac{8}{21}\right)a^3 = \frac{6}{7}a^3.$$

方法二 $V(\Omega) = \dfrac{1}{a}\displaystyle\iint_D (x^2 + y^2)\mathrm{d}x\mathrm{d}y.$

令 $\begin{cases} u = \dfrac{2x^2}{y}, \\ v = \dfrac{y^2}{4x}, \end{cases}$ 则 $J(u,v) = \dfrac{D(x,y)}{D(u,v)} = \dfrac{1}{\begin{vmatrix} \dfrac{4x}{y} & -\dfrac{2x^2}{y^2} \\ -\dfrac{y^2}{4x^2} & \dfrac{y}{2x} \end{vmatrix}} = \dfrac{2}{3}$,且区域 D 变为

$$\Delta = \{(u,v) \mid 0 \leqslant u \leqslant a, 0 \leqslant v \leqslant a\},$$

因此

$$V(\Omega) = \frac{1}{a}\iint_D (x^2 + y^2)\mathrm{d}x\mathrm{d}y = \frac{1}{a}\iint_\Delta \left(u^{\frac{4}{3}}v^{\frac{2}{3}} + 4u^{\frac{2}{3}}v^{\frac{4}{3}}\right)\mid J(u,v)\mid \mathrm{d}u\mathrm{d}v$$

$$= \frac{2}{3a}\int_0^a \mathrm{d}u\int_0^a \left(u^{\frac{4}{3}}v^{\frac{2}{3}} + 4u^{\frac{2}{3}}v^{\frac{4}{3}}\right)\mathrm{d}v = \frac{6}{7}a^3.$$

例 7.52 计算定积分 $\displaystyle\int_0^1 \frac{x^b - x^a}{\ln x}\mathrm{d}x\ (0 < a < b).$

解 $\displaystyle\int_0^1 \frac{x^b - x^a}{\ln x}\mathrm{d}x = \int_0^1 \frac{1}{\ln x}\mathrm{d}x\int_a^b \mathrm{d}x^y$

(积分 $\displaystyle\int_a^b \mathrm{d}x^y$ 中 x 为常量,积分变量是 y)

$$= \int_0^1 \mathrm{d}x\int_a^b \frac{1}{\ln x}x^y \ln x\mathrm{d}y \text{(交换累次积分的积分次序)}$$

$$= \int_a^b \mathrm{d}y\int_0^1 x^y\mathrm{d}x$$

$$= \int_a^b \frac{1}{y+1}\mathrm{d}y = \ln\frac{b+1}{a+1}.$$

例 7.53 设 $f(x) = \displaystyle\int_0^x \frac{\ln(1+t)}{1+t^2}\mathrm{d}t$,计算定积分 $\displaystyle\int_0^1 xf(x)\mathrm{d}x.$

解 $\int_0^1 xf(x)\mathrm{d}x = \frac{1}{2}x^2 f(x)\Big|_0^1 - \frac{1}{2}\int_0^1 \frac{x^2\ln(1+x)}{1+x^2}\mathrm{d}x$

$$= \frac{1}{2}f(1) - \frac{1}{2}\int_0^1 \ln(1+x)\mathrm{d}x + \frac{1}{2}\int_0^1 \frac{\ln(1+x)}{1+x^2}\mathrm{d}x$$

$$= f(1) - \frac{1}{2}[(x+1)\ln(x+1) - x]\Big|_0^1$$

$$= f(1) - \ln 2 + \frac{1}{2},$$

而 $f(1) = \int_0^1 \frac{\ln(1+x)}{1+x^2}\mathrm{d}x$

$$= \int_0^1 \frac{\mathrm{d}x}{1+x^2}\int_0^1 \frac{x\mathrm{d}y}{1+xy}$$

$$= \int_0^1 \mathrm{d}y\int_0^1 \frac{1}{1+y^2}\left(\frac{x+y}{1+x^2} - \frac{y}{1+yx}\right)\mathrm{d}x$$

$$= \int_0^1 \frac{\mathrm{d}y}{1+y^2}\int_0^1 \frac{x+y}{1+x^2}\mathrm{d}x - \int_0^1 \frac{\mathrm{d}y}{1+y^2}\int_0^1 \frac{y\mathrm{d}x}{1+yx}$$

$$= \int_0^1 \frac{\ln(1+x^2)}{2(1+y^2)}\Big|_{x=0}^{x=1}\mathrm{d}y + \int_0^1 \frac{y\arctan x}{1+y^2}\Big|_{x=0}^{x=1}\mathrm{d}y - f(1)$$

$$= \frac{\pi\ln 2}{4} - f(1),$$

所以 $f(1) = \frac{\pi\ln 2}{8}$. 故 $\int_0^1 xf(x)\mathrm{d}x = \frac{\pi\ln 2}{8} - \ln 2 + \frac{1}{2}$.

7.3　复习题

1. 设 $D = \left\{(x,y)\,\middle|\, 1\leqslant xy\leqslant 2, 1\leqslant \frac{y}{x}\leqslant 4, x>0, y>0\right\}$,函数 $f(x)$ 在区间[1,2]上连续,证明:

$$\iint_D f(xy)\mathrm{d}\sigma = \ln 2\int_1^2 f(t)\mathrm{d}t.$$

2. 证明:$\iint\limits_{\sqrt{|x|}+\sqrt{|y|}\leqslant 2}(|xy| + \sqrt{|xy|})\mathrm{d}\sigma < 16$.

3. 求极限 $\lim\limits_{a\to+\infty}\iint\limits_{D_a} \mathrm{e}^{-x}\arctan\frac{y}{x}\mathrm{d}\sigma$,其中 $D_a = \left\{(x,y)\,\middle|\,\frac{a}{2}\leqslant x\leqslant a, 0\leqslant y\leqslant\right.$

$\left.\frac{2}{a}x-1\right\}$.

4. 设 $f(x)$ 在 $[a,b]$ 上连续，证明：$\int_a^b e^{f(x)}dx\int_a^b e^{-f(x)}dx \geqslant (b-a)^2$.

5. 设 $p(x)$ 在 $[a,b]$ 上非负连续，$f(x)$，$g(x)$ 在 $[a,b]$ 上连续单调递减，证明：

$$\left(\int_a^b p(x)f(x)dx\right)\left(\int_a^b p(x)g(x)dx\right) \leqslant \left(\int_a^b p(x)dx\right)\left(\int_a^b p(x)f(x)g(x)dx\right).$$

6. 计算累次积分 $\int_0^{2\pi}d\theta\int_{\frac{\theta}{2}}^{\pi}(\theta^2-1)e^{\rho^2}d\rho$.

7. 计算下列累次积分：

(1) $\int_0^{\pi}xdx\int_x^{\pi}\frac{\sin y}{y^2}dy$;　　(2) $\int_0^1 dx\int_0^1 \max\{x,y\}dy$;

(3) $\int_0^1 dx\int_0^1 \min\{x,y\}dy$;　　(4) $\int_0^1 dy\int_{\sqrt[n]{y}}^1 \sqrt{1-x^{n+1}}dx\ (n>1)$.

8. 计算累次积分 $\int_{-1}^1 dx\int_{|x|}^1 e^{y^2}dy$.

9. 计算累次积分 $I=\int_0^{\frac{\pi}{2}}\frac{dx}{\sqrt{x}}\int_{\sqrt{x}}^{\sqrt{\frac{\pi}{2}}}\frac{dy}{1+(\tan y^2)^{\sqrt{2}}}$.

10. 计算二重积分 $\iint\limits_D (x+y)dxdy$，其中 D 是由曲线 $y=x^2$，$y=4x^2$，$y=1$ 所围成的有界闭区域.

11. 计算二重积分 $\iint\limits_D x[1+yf(x^2+y^2)]dxdy$，其中 D 是由曲线 $y=x^3$，$y=1$，$x=-1$ 所围成的有界闭区域，$f(x)$ 为实值连续函数.

12. 设 $f(x)=\begin{cases}\sin x, & 0\leqslant x\leqslant \pi,\\ 0, & 其他,\end{cases}$ 则 $\iint\limits_{\mathbf{R}^2}f(x)f(x+y)dxdy=$ ________.

13. 设 D 是由曲线 $x=-\frac{\pi}{2}$，$y=\sin x\left(-\frac{\pi}{2}\leqslant x\leqslant\frac{\pi}{2}\right)$，$y=1$ 所围成的有界闭区域，$f(x)$ 是连续函数，则 $\iint\limits_D x[1+y^3f(x^2+y^2)]dxdy=$ ________.

14. 计算二重积分 $\iint\limits_D x\mathrm{e}^{xy}\mathrm{d}x\mathrm{d}y$，其中 D 是由曲线 $x=0, xy=1, y=1, y=2$ 所围成的有界闭区域.

15. 计算二重积分 $\iint\limits_D \frac{\sin x}{x}\mathrm{d}x\mathrm{d}y$，其中 D 是由曲线 $y=x, y=x^2$ 所围成的有界闭区域.

16. 计算二重积分 $\iint\limits_D y^n\mathrm{d}x\mathrm{d}y(n\in\mathbf{N})$，其中积分区域 D 是由旋轮线 $\begin{cases}x=a(t-\sin t),\\ y=a(1-\cos t)\end{cases}(a>0, 0\leqslant t\leqslant 2\pi)$ 的一拱和直线 $y=0$ 所围成的有界闭区域(如图 7.26 所示).

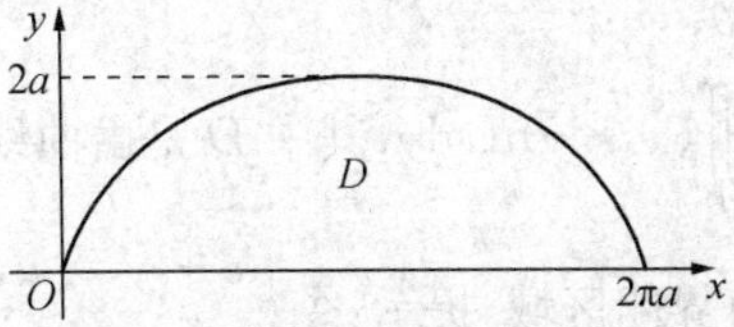

图 7.26

17. 设 $f(x,y)$ 是连续函数，$f(x,y)=x\iint\limits_D f(x,y)\mathrm{d}x\mathrm{d}y+y^2$，其中 D：$x^2+y^2\leqslant R^2$，则 $f(x,y)=$ ________.

18. 累次积分 $\int_0^{\frac{\pi}{2}}\mathrm{d}\theta\int_0^{\cos\theta}f(\rho\sin\theta,\rho\cos\theta)\rho\mathrm{d}\rho$ 可以写成(　　).

(A) $\int_0^1\mathrm{d}x\int_0^{\sqrt{x-x^2}}f(x,y)\mathrm{d}y$　　(B) $\int_0^1\mathrm{d}y\int_0^1 f(x,y)\mathrm{d}x$

(C) $\int_0^1\mathrm{d}y\int_0^{\sqrt{y-y^2}}f(x,y)\mathrm{d}x$　　(D) $\int_0^1\mathrm{d}x\int_0^1 f(x,y)\mathrm{d}y$

19. 计算二重积分 $\iint\limits_D \arccos\left(\frac{x-y}{x+y}\right)\mathrm{d}x\mathrm{d}y$，其中积分区域 D 是由直线 $x=0, y=0, x+y=1$ 所围成的有界闭区域.

20. 二重积分 $\iint\limits_{x^2+y^2\leqslant 1}\frac{2\sin x+3\sin y}{\sin x+\sin y}\mathrm{d}x\mathrm{d}y=$ ________.

21. 二重积分 $\iint\limits_{x^2+y^2\leqslant 4}\dfrac{e^{-x}+1}{e^{-x}+e^{-y}+2}dxdy=$ ________.

22. 设区域 $D=\{(x,y)\mid 1\leqslant x^2+(y-1)^2\leqslant 2,x^2+y^2\leqslant 1\}$,计算区域 D 上的二重积分 $\iint\limits_D(3x^2+x^2+y^2+2x-2y+1)dxdy$.

23. 计算二重积分 $\iint\limits_{\frac{x^2}{a^2}+\frac{y^2}{b^2}\leqslant 1}\dfrac{dxdy}{\sqrt{1-\left(\dfrac{x^2}{a^2}+\dfrac{y^2}{b^2}\right)^2}}$.

24. 计算二重积分 $\iint\limits_{x^2+y^2\leqslant ax}xy^2dxdy$,其中常数 $a>0$.

提示:令 $\begin{cases}x=\dfrac{a}{2}+\rho\cos\theta,\\ y=\rho\sin\theta,\end{cases}$ 作变换.

25. 计算二重积分 $\iint\limits_D(x+y)dxdy$,其中 D 是由曲线 $y^2=2x,x+y=4$,$x+y=12$ 所围成的有界闭区域. 提示:令 $\begin{cases}x+y=u,\\ y=v,\end{cases}$ 作变换.

26. 计算二重积分 $\iint\limits_D|x^2+y^2+x+y|dxdy$,其中 $D=\{(x,y)\mid x^2+y^2\leqslant 1\}$.

27. 计算二重积分 $\iint\limits_D(|xy|+\sqrt{|xy|})dxdy$,其中 $D=\{(x,y)\mid\sqrt{|x|}+\sqrt{|y|}\leqslant 2\}$.

提示:令 $\begin{cases}x=2^2\rho^4\cos^4\theta,\\ y=2^2\rho^4\sin^4\theta,\end{cases}$ 作变换,则 $J(\rho,\theta)=16^2\rho^7\sin^3\theta\cos^3\theta$,$D(x\geqslant 0,y\geqslant 0)$ 变为 $\Delta_1=\left\{(\rho,\theta)\,\middle|\,0\leqslant\theta\leqslant\dfrac{\pi}{2},0\leqslant\rho\leqslant 1\right\}$.

28. 设 $a,b\in\mathbf{R},\sigma_1>0,\sigma_2>0,-1<\rho<1$,计算积分:

$$\iint\limits_{\mathbf{R}^2}\exp\left(-\frac{1}{2(1-\rho^2)}\left[\frac{(x-a)^2}{\sigma_1^2}-\frac{2\rho(x-a)(y-b)}{\sigma_1\sigma_2}+\frac{(y-b)^2}{\sigma_2^2}\right]\right)dxdy.$$

29. 证明:$\iint\limits_{x^2+y^2\leqslant 1}f(ax+by+c)dxdy=2\int_{-1}^{1}\sqrt{1-u^2}f(\sqrt{a^2+b^2}u+$

$c)\mathrm{d}u$，其中 $a^2+b^2\neq 0$.

提示：令 $\begin{cases} u=\dfrac{ax+by}{\sqrt{a^2+b^2}}, \\ v=\dfrac{-bx+ay}{\sqrt{a^2+b^2}}, \end{cases}$ 作变换.

30. 求平面区域 $D=\{(x,y)\mid x^4+y^4\leqslant x^2-x^2y^2+y^2\}$ 的面积.

31. 求曲线 $(x-y+3)^2+(3x+2y-1)^2=1$ 所围区域 D 的面积.

32. 设 Ω 由曲面 $x^2+y^2=a^2, y^2+z^2=a^2, z^2+x^2=a^2$ 所围成的区域 $(a>0)$，求 Ω 的体积 $V(\Omega)$.

第 8 章　无穷级数

8.1　主要内容

8.1.1　级数的基本概念

(1) 级数：$\sum_{n=1}^{\infty} u_n (u_n \in \mathbf{R})$ 称为级数.

(2) 部分和、部分和数列：$S_n = \sum_{k=1}^{n} u_k$ 称为级数的部分和，数列$\{S_n\}$称为级数的部分和数列.

(3) 级数的敛散性：若 $\sum_{n=1}^{\infty} u_n$ 的部分和数列收敛，即$\lim_{n\to\infty} S_n = S$，则称 $\sum_{n=1}^{\infty} u_n$ 收敛，称 S 为此级数的和，否则称 $\sum_{n=1}^{\infty} u_n$ 发散.

8.1.2　级数的基本性质

(1) $\sum_{n=1}^{\infty} ku_n (k \neq 0)$ 与 $\sum_{n=1}^{\infty} u_n$ 具有相同的敛散性.

(2) 若 $\sum_{n=1}^{\infty} u_n$ 和 $\sum_{n=1}^{\infty} v_n$ 均收敛，则 $\sum_{n=1}^{\infty} (u_n \pm v_n)$ 也收敛.

(3) 若 $\sum_{n=1}^{\infty} u_n$ 和 $\sum_{n=1}^{\infty} v_n$ 中一个收敛，一个发散，则 $\sum_{n=1}^{\infty} (u_n \pm v_n)$ 必发散.

(4) $\sum_{n=k+1}^{\infty} u_n (k \in \mathbf{N}^*)$ 与 $\sum_{n=1}^{\infty} u_n$ 具有相同的敛散性.

(5) 级数收敛的必要条件：若 $\sum_{n=1}^{\infty} u_n$ 收敛，则 $\lim_{n\to\infty} u_n = 0$.

8.1.3　两个重要级数及其敛散性

(1) 等比(几何)级数$\sum\limits_{n=1}^{\infty}aq^{n-1}(a\neq 0)$：当$|q|<1$时，等比级数收敛，且其和为$\dfrac{a}{1-q}$；当$|q|\geqslant 1$时，等比级数发散.

(2) p级数$\sum\limits_{n=1}^{\infty}\dfrac{1}{n^p}(p\in\mathbf{R})$：当$p\leqslant 1$时，$p$级数发散；当$p>1$时，$p$级数收敛.

8.1.4　正项级数敛散性的判别方法

(1) 柯西积分判别法：对于正项级数$\sum\limits_{n=1}^{\infty}u_n$，若$\{u_n\}$为单调减数列，作一个区间$[1,+\infty)$上的正值连续的单调减函数$f(x)$，且$f(n)=u_n$，则$\sum\limits_{n=1}^{\infty}u_n$的敛散性与反常积分$\int_1^{+\infty}f(x)\mathrm{d}x$的敛散性相同.

(2) 比较判别法：设$\sum\limits_{n=1}^{\infty}u_n$与$\sum\limits_{n=1}^{\infty}v_n$均为正项级数，且$\forall n\in\mathbf{N}^*$，有$v_n\geqslant u_n$，则

① 当$\sum\limits_{n=1}^{\infty}v_n$收敛时，$\sum\limits_{n=1}^{\infty}u_n$收敛；

② 当$\sum\limits_{n=1}^{\infty}u_n$发散时，$\sum\limits_{n=1}^{\infty}v_n$发散.

(3) 比较判别法的极限形式：设$\sum\limits_{n=1}^{\infty}u_n$与$\sum\limits_{n=1}^{\infty}v_n(\forall n\in\mathbf{N}^*,v_n\neq 0)$均为正项级数，且$\lim\limits_{n\to\infty}\dfrac{u_n}{v_n}=\lambda$，

① 若$0<\lambda<+\infty$，则$\sum\limits_{n=1}^{\infty}u_n$与$\sum\limits_{n=1}^{\infty}v_n$的敛散性相同；

② 若$\lambda=0$，且$\sum\limits_{n=1}^{\infty}v_n$收敛，则$\sum\limits_{n=1}^{\infty}u_n$也收敛；

③ 若$\lambda=+\infty$，且$\sum\limits_{n=1}^{\infty}v_n$发散，则$\sum\limits_{n=1}^{\infty}u_n$也发散.

(4) 达朗贝尔比值判别法：设$\sum_{n=1}^{\infty} u_n$ 为正项级数，且$\lim_{n\to\infty}\frac{u_{n+1}}{u_n}=\rho$，

① 若 $0\leqslant\rho<1$，则$\sum_{n=1}^{\infty} u_n$ 收敛；

② 若 $\rho>1$ 或 $\rho=+\infty$，则$\sum_{n=1}^{\infty} u_n$ 发散；

③ 若 $\rho=1$ 或非 $+\infty$ 情形的不存在，级数$\sum_{n=1}^{\infty} u_n$ 的敛散性要另外寻求更精细的判别法.

(5) 柯西根值判别法：设$\sum_{n=1}^{\infty} u_n$ 为正项级数，且$\lim_{n\to\infty}\sqrt[n]{u_n}=r$，

① 若 $0\leqslant r<1$，则$\sum_{n=1}^{\infty} u_n$ 收敛；

② 若 $r>1$ 或 $r=+\infty$，则$\sum_{n=1}^{\infty} u_n$ 发散；

③ 若 $r=1$，级数$\sum_{n=1}^{\infty} u_n$ 的敛散性要另外寻求更精细的判别法.

8.1.5 交错级数敛散性的判别方法

莱布尼茨判别法：设交错级数$\sum_{n=1}^{\infty}(-1)^{n-1}u_n(u_n>0,n=1,2,\cdots)$满足下列两个条件：

(1) $u_n\geqslant u_{n+1},n=1,2,\cdots$，

(2) $\lim_{n\to\infty}u_n=0$，

则$\sum_{n=1}^{\infty}(-1)^{n-1}u_n$ 收敛.

8.1.6 任意项级数的绝对收敛和条件收敛

(1) 绝对收敛：若绝对值级数 $\sum_{n=1}^{\infty}|u_n|$ 收敛，则 $\sum_{n=1}^{\infty}u_n$ 必收敛，此时称$\sum_{n=1}^{\infty}u_n$ 绝对收敛.

(2) 条件收敛:若绝对值级数 $\sum\limits_{n=1}^{\infty}|u_n|$ 发散,而级数 $\sum\limits_{n=1}^{\infty}u_n$ 收敛,则称 $\sum\limits_{n=1}^{\infty}u_n$ 条件收敛.

(3) 任意项级数的比值判别法:设 $\sum\limits_{n=1}^{\infty}u_n$ 为任意项级数,且 $\lim\limits_{n\to\infty}\left|\dfrac{u_{n+1}}{u_n}\right|=\mu$,

① 若 $0\leqslant\mu<1$,则 $\sum\limits_{n=1}^{\infty}u_n$ 绝对收敛;

② 若 $\mu>1$ 或 $\mu=+\infty$,则 $\sum\limits_{n=1}^{\infty}u_n$ 发散.

8.1.7　幂级数的基本概念

(1) 幂级数:$\sum\limits_{n=0}^{\infty}a_n(x-x_0)^n$ 称为 $(x-x_0)$ 的幂级数. 其中 $a_n(n=0,1,2,\cdots)$ 为常数,称为幂级数 $\sum\limits_{n=0}^{\infty}a_n(x-x_0)^n$ 的系数.

(2) 收敛半径:已知幂级数 $\sum\limits_{n=0}^{\infty}a_nx^n$,且 $\lim\limits_{n\to\infty}\left|\dfrac{a_n}{a_{n+1}}\right|=\rho$　$(0\leqslant\rho\leqslant+\infty)$,则该级数的收敛半径 $R=\rho$.

(3) 收敛域:幂级数 $\sum\limits_{n=0}^{\infty}a_nx^n$ 的收敛域为 $(-R,R)$、$[-R,R]$、$(-R,R]$、$[-R,R)$ 中某一个.

8.1.8　幂级数的性质

(1) 设幂级数 $\sum\limits_{n=0}^{\infty}a_nx^n$ 与 $\sum\limits_{n=0}^{\infty}b_nx^n$ 分别在区间 K_1 与 K_2 内收敛于 $S_1(x)$ 和 $S_2(x)$,则幂级数 $\sum\limits_{n=0}^{\infty}(a_n\pm b_n)x^n$ 在区间 $K_1\cap K_2$ 内也收敛,且收敛的和为 $S_1(x)\pm S_2(x)$.

(2) 设幂级数 $\sum\limits_{n=0}^{\infty}a_nx^n$ 的收敛域为 K,且 $\sum\limits_{n=0}^{\infty}a_nx^n=S(x)$, $x\in K$,则在 K 内,

① $S(x)$ 连续;

② $S(x)$ 可导,且 $S'(x)=\left(\sum\limits_{n=0}^{\infty}a_nx^n\right)'=\sum\limits_{n=0}^{\infty}(a_nx^n)'=\sum\limits_{n=1}^{\infty}na_nx^{n-1}$,新的幂级数 $\sum\limits_{n=1}^{\infty}na_nx^{n-1}$ 与 $\sum\limits_{n=0}^{\infty}a_nx^n$ 具有相同的收敛半径;

③ $S(x)$ 可积,且 $\int_0^x S(x)\mathrm{d}x=\int_0^x\sum\limits_{n=0}^{\infty}a_nx^n\mathrm{d}x=\sum\limits_{n=0}^{\infty}a_n\int_0^x x^n\mathrm{d}x=\sum\limits_{n=0}^{\infty}\frac{a_n}{n+1}x^{n+1}$,新的幂级数 $\sum\limits_{n=0}^{\infty}\frac{a_n}{n+1}x^{n+1}$ 与 $\sum\limits_{n=0}^{\infty}a_nx^n$ 具有相同的收敛半径.

8.1.9 常用函数的马克劳林级数展开式

(1) $\mathrm{e}^x=\sum\limits_{n=0}^{\infty}\frac{1}{n!}x^n,-\infty<x<+\infty.$

(2) $\sin x=\sum\limits_{n=0}^{\infty}\frac{(-1)^n}{(2n+1)!}x^{2n+1},-\infty<x<+\infty.$

(3) $\cos x=\sum\limits_{n=0}^{\infty}\frac{(-1)^n}{(2n)!}x^{2n},-\infty<x<+\infty.$

(4) $\arctan x=\sum\limits_{n=0}^{\infty}\frac{(-1)^n}{2n+1}x^{2n+1},-1\leqslant x\leqslant 1.$

(5) $\ln(1+x)=\sum\limits_{n=1}^{\infty}\frac{(-1)^{n-1}}{n}x^n,-1<x\leqslant 1.$

(6) $(1+x)^{\alpha}=1+\sum\limits_{n=1}^{\infty}\frac{\alpha(\alpha-1)\cdots(\alpha-n+1)}{n!}x^n,-1<x<1.$

8.1.10 级数的应用

(1) 近似计算.

(2) 欧拉公式:$\mathrm{e}^{\mathrm{i}x}=\cos x+\mathrm{i}\sin x$.

(3) 经济应用.

8.2 习题解析

例 8.1(习题 8.1 A1(2)) 判别级数 $\sum\limits_{n=1}^{\infty}\ln\left(1+\frac{1}{n}\right)$ 的敛散性.

解　易知，该级数的通项 $u_n=\ln\left(1+\frac{1}{n}\right)=\ln\frac{n+1}{n}=\ln(n+1)-\ln n$，则该级数的部分和

$$\begin{aligned}S_n&=(\ln 2-0)+(\ln 3-\ln 2)+(\ln 4-\ln 3)+\cdots+(\ln(n+1)-\ln n)\\&=\ln(n+1),\end{aligned}$$

因为 $\lim\limits_{n\to\infty}S_n=\lim\limits_{n\to\infty}\ln(n+1)=+\infty$，即该级数的部分和数列 $\{S_n\}$ 没有极限，故该级数发散.

例 8.2　求级数 $\sum\limits_{n=1}^{\infty}\left(\frac{2}{3^n}-\frac{(-1)^{n+1}}{5^n}\right)$ 的和.

解　因为

$$\begin{aligned}\sum_{n=1}^{\infty}\left(\frac{2}{3^n}-\frac{(-1)^{n+1}}{5^n}\right)&=\sum_{n=1}^{\infty}\left(2\cdot\frac{1}{3^n}+\left(-\frac{1}{5}\right)^n\right)\\&=2\cdot\sum_{n=1}^{\infty}\left(\frac{1}{3}\right)^n+\sum_{n=1}^{\infty}\left(-\frac{1}{5}\right)^n,\end{aligned}$$

显见，级数 $\sum\limits_{n=1}^{\infty}\left(\frac{1}{3}\right)^n$ 和 $\sum\limits_{n=1}^{\infty}\left(-\frac{1}{5}\right)^n$ 均为收敛的等比级数，且

$$\sum_{n=1}^{\infty}\left(\frac{1}{3}\right)^n=\frac{\frac{1}{3}}{1-\frac{1}{3}}=\frac{1}{2},\sum_{n=1}^{\infty}\left(-\frac{1}{5}\right)^n=\frac{-\frac{1}{5}}{1-\left(-\frac{1}{5}\right)}=-\frac{1}{6},$$

故

$$\sum_{n=1}^{\infty}\left(\frac{2}{3^n}-\frac{(-1)^{n+1}}{5^n}\right)=2\cdot\frac{1}{2}+\left(-\frac{1}{6}\right)=\frac{5}{6}.$$

例 8.3(习题 8.1 A2(4))　判别级数 $\sum\limits_{n=1}^{\infty}\frac{3^n}{n}$ 的敛散性.

解　易知，该级数的通项 $u_n=\frac{3^n}{n}$.

方法一(级数收敛的必要条件)因为

$$\lim_{x\to+\infty}\frac{3^x}{x}=\lim_{x\to+\infty}\frac{3^x\ln 3}{1}=+\infty,$$

所以 $\lim\limits_{n\to\infty}\frac{3^n}{n}=+\infty\neq 0$，故由级数收敛的必要条件知，该级数发散.

易错提示　本题在求解极限$\lim\limits_{n\to\infty}\frac{3^n}{n}$时，不能直接使用洛必达法则，对$\frac{3^n}{n}$的分子、分母分别求导，因为 3^n 和 n 都不是连续函数，故先求极限 $\lim\limits_{x\to+\infty}\frac{3^x}{x}$，从而由海涅定理得到$\lim\limits_{n\to\infty}\frac{3^n}{n}$不存在的结论.

方法二（根值判别法）因为

$$r=\lim_{n\to\infty}\sqrt[n]{\frac{3^n}{n}}=\lim_{n\to\infty}\frac{3}{\sqrt[n]{n}}=3>1,$$

故由根值判别法知，该级数发散.

例 8.4　判别级数$\sum\limits_{n=3}^{\infty}\frac{1}{n\ln n\ln\ln n}$的敛散性.

解　易知，该级数的通项 $u_n=\frac{1}{n\ln n\ln\ln n}$，且$\{u_n\}$为单调减数列，令

$$f(x)=\frac{1}{x\ln x\ln\ln x},$$

显见，$f(x)$为区间$[3,+\infty)$上的正值连续的单调减函数，且 $f(n)=u_n$，又

$$\begin{aligned}\int_3^{+\infty}f(x)\mathrm{d}x&=\int_3^{+\infty}\frac{1}{x\ln x\ln\ln x}\mathrm{d}x=\int_3^{+\infty}\frac{1}{\ln x\ln\ln x}\mathrm{d}\ln x\\&=\int_3^{+\infty}\frac{1}{\ln\ln x}\mathrm{d}\ln\ln x=\ln\ln\ln x\Big|_3^{+\infty}=+\infty,\end{aligned}$$

即反常积分$\int_3^{+\infty}f(x)\mathrm{d}x$发散，故由积分判别法知，级数$\sum\limits_{n=3}^{\infty}\frac{1}{n\ln n\ln\ln n}$发散.

例 8.5　判别级数$\sum\limits_{n=1}^{\infty}2^n\sin\frac{\pi}{3^n}$的敛散性.

解　在第一重要极限的证明过程中，我们知道当 $0<x<\frac{\pi}{2}$时，$0<\sin x<x$，又易知 $0<\frac{\pi}{3^n}<\frac{\pi}{2}$，则有 $0<\sin\frac{\pi}{3^n}<\frac{\pi}{3^n}$，故该级数的通项

$$u_n=2^n\sin\frac{\pi}{3^n}<2^n\cdot\frac{\pi}{3^n}=\pi\cdot\left(\frac{2}{3}\right)^n,$$

由等比级数敛散性的结论知，级数$\sum\limits_{n=1}^{\infty}\pi\cdot\left(\frac{2}{3}\right)^n$收敛，再由比较判别法知，级

数$\sum\limits_{n=1}^{\infty}2^n\sin\frac{\pi}{3^n}$收敛.

例 8.6(习题 8.1 B1(3))　判别级数$\sum\limits_{n=1}^{\infty}\frac{\sqrt{n}}{\sqrt{n^4+1}}$的敛散性.

解　计算极限

$$\lambda=\lim_{n\to\infty}\frac{\dfrac{\sqrt{n}}{\sqrt{n^4+1}}}{\dfrac{1}{n^{\frac{3}{2}}}}=\lim_{n\to\infty}\frac{n^2}{\sqrt{n^4+1}}=\lim_{n\to\infty}\sqrt{\frac{n^4}{n^4+1}}=\lim_{n\to\infty}\sqrt{\frac{1}{1+\dfrac{1}{n^4}}}=1,$$

因为级数$\sum\limits_{n=1}^{\infty}\frac{1}{n^{\frac{3}{2}}}$为收敛的 p 级数,故由比较判别法的极限形式知,级数$\sum\limits_{n=1}^{\infty}\frac{\sqrt{n}}{\sqrt{n^4+1}}$收敛.

例 8.7　判别级数$\sum\limits_{n=1}^{\infty}\frac{(n+1)!}{n^{n+1}}$的敛散性.

解　易知,该级数的通项$u_n=\frac{(n+1)!}{n^{n+1}}$,因为

$$\rho=\lim_{n\to\infty}\frac{u_{n+1}}{u_n}=\lim_{n\to\infty}\frac{\dfrac{(n+2)!}{(n+1)^{n+2}}}{\dfrac{(n+1)!}{n^{n+1}}}=\lim_{n\to\infty}\frac{(n+2)!}{(n+1)!}\cdot\frac{n^{n+1}}{(n+1)^{n+2}}$$

$$=\lim_{n\to\infty}\frac{(n+2)}{(n+1)}\cdot\frac{n^{n+1}}{(n+1)^{n+1}}=\lim_{n\to\infty}\frac{(n+2)}{(n+1)}\cdot\left(1-\frac{1}{n+1}\right)^{n+1}=\frac{1}{\mathrm{e}}<1,$$

故由比值判别法知,该级数收敛.

例 8.8　证明:$\lim\limits_{n\to\infty}\frac{(n!)^2}{(2n+1)!}=0$.

证　令$u_n=\frac{(n!)^2}{(2n+1)!}$,因为

$$\rho=\lim_{n\to\infty}\frac{u_{n+1}}{u_n}=\lim_{n\to\infty}\frac{\dfrac{((n+1)!)^2}{(2n+3)!}}{\dfrac{(n!)^2}{(2n+1)!}}=\lim_{n\to\infty}\frac{(n+1)^2}{(2n+3)(2n+2)}=\lim_{n\to\infty}\frac{n+1}{2(2n+3)}=\frac{1}{4}<1,$$

故由比值判别法知,级数$\sum\limits_{n=1}^{\infty}\frac{(n!)^2}{(2n+1)!}$收敛,再由级数收敛的必要条件知,

$\lim\limits_{n\to\infty}\dfrac{(n!)^2}{(2n+1)!}=0.$

例 8.9(习题 8.1 A6(4)) 判别级数$\sum\limits_{n=1}^{\infty}\left(\dfrac{n}{3n-1}\right)^{2n-1}$的敛散性.

解 易知,该级数的通项 $u_n=\left(\dfrac{n}{3n-1}\right)^{2n-1}$,因为

$$r=\lim_{n\to\infty}\sqrt[n]{u_n}=\lim_{n\to\infty}\sqrt[n]{\left(\frac{n}{3n-1}\right)^{2n-1}}=\lim_{n\to\infty}\left(\frac{n}{3n-1}\right)^{\frac{2n-1}{n}}=\left(\frac{1}{3}\right)^2=\frac{1}{9}<1,$$

故由根值判别法知,该级数收敛.

例 8.10 讨论级数$\sum\limits_{n=1}^{\infty}\dfrac{\ln(n+2)}{\left(a+\dfrac{1}{n}\right)^n}(a>0)$的敛散性.

解 易知,该级数的通项 $u_n=\dfrac{\ln(n+2)}{\left(a+\dfrac{1}{n}\right)^n}$,

(1) 若 $a=1$:

因为$\lim\limits_{n\to\infty}\dfrac{\ln(n+2)}{\left(1+\dfrac{1}{n}\right)^n}=+\infty$,故由级数收敛的必要条件知,该级数发散;

(2) 若 $a>0$ 且 $a\neq1$:

由 $e^x=\sum\limits_{n=0}^{\infty}\dfrac{1}{n!}x^n(-\infty<x<+\infty)$ 知,当 $x\geqslant 2$ 时,

$$e^n=1+n+\frac{n^2}{2!}+\cdots>1+n+1=n+2,$$

即 $e<n+2<e^n\Rightarrow 1<\ln(n+2)<n\Rightarrow 1<\sqrt[n]{\ln(n+2)}<\sqrt[n]{n}$,结合$\lim\limits_{n\to\infty}\sqrt[n]{n}=1$ 和夹逼准则,有

$$\lim_{n\to\infty}\sqrt[n]{\ln(n+2)}=1,$$

于是

$$r=\lim_{n\to\infty}\sqrt[n]{u_n}=\lim_{n\to\infty}\sqrt[n]{\frac{\ln(n+2)}{\left(a+\frac{1}{n}\right)^n}}=\lim_{n\to\infty}\frac{\sqrt[n]{\ln(n+2)}}{a+\frac{1}{n}}=\frac{1}{a},$$

故由根值判别法知,当 $a>1$ 时,该级数收敛;当 $0<a<1$ 时,该级数发散.

综上所述,当 $a>1$ 时,该级数收敛;当 $0<a\leqslant1$ 时,该级数发散.

例 8.11(习题 8.1 A7)　若级数 $\sum\limits_{n=1}^{\infty} u_n$ 收敛,则级数(　　).

(A) $\sum\limits_{n=1}^{\infty} |u_n|$ 收敛　　(B) $\sum\limits_{n=1}^{\infty} (-1)^n u_n$ 收敛

(C) $\sum\limits_{n=1}^{\infty} u_n u_{n+1}$ 收敛　　(D) $\sum\limits_{n=1}^{\infty} \frac{u_n + u_{n+1}}{2}$ 收敛

解　应选(D). 设 $u_n = (-1)^n \frac{1}{\sqrt{n}}$,则 $\sum\limits_{n=1}^{\infty} u_n = \sum\limits_{n=1}^{\infty} (-1)^n \frac{1}{\sqrt{n}}$,显见该级数为交错级数,且满足莱布尼茨判别法的两个条件,故该级数收敛,又有

(A) $\sum\limits_{n=1}^{\infty} |u_n| = \sum\limits_{n=1}^{\infty} \frac{1}{\sqrt{n}}$,为 p 级数,且 $p = \frac{1}{2}$,故 $\sum\limits_{n=1}^{\infty} |u_n|$ 发散;

(B) $\sum\limits_{n=1}^{\infty} (-1)^n u_n = \sum\limits_{n=1}^{\infty} \frac{1}{\sqrt{n}}$,为 p 级数,且 $p = \frac{1}{2}$,故 $\sum\limits_{n=1}^{\infty} (-1)^n u_n$ 发散;

(C) $\sum\limits_{n=1}^{\infty} u_n u_{n+1} = \sum\limits_{n=1}^{\infty} \left((-1)^n \frac{1}{\sqrt{n}} \cdot (-1)^{n+1} \frac{1}{\sqrt{n+1}}\right) = \sum\limits_{n=1}^{\infty} -\frac{1}{\sqrt{n(n+1)}}$,

考虑级数 $\sum\limits_{n=1}^{\infty} \frac{1}{\sqrt{n(n+1)}}$,因为 $\lim\limits_{n\to\infty} \frac{\frac{1}{\sqrt{n(n+1)}}}{\frac{1}{n}} = \lim\limits_{n\to\infty} \frac{n}{\sqrt{n(n+1)}} = \lim\limits_{n\to\infty} \sqrt{\frac{n}{n+1}} = 1$,且 $\sum\limits_{n=1}^{\infty} \frac{1}{n}$ 发散,故由比较判别法的极限形式知,$\sum\limits_{n=1}^{\infty} \frac{1}{\sqrt{n(n+1)}}$ 发散,从而 $\sum\limits_{n=1}^{\infty} u_n u_{n+1}$ 发散;

(D) 因为 $\sum\limits_{n=1}^{\infty} u_n$ 收敛,故由级数的性质知,$\sum\limits_{n=1}^{\infty} u_{n+1} = \sum\limits_{n=2}^{\infty} u_n$ 收敛,则 $\sum\limits_{n=1}^{\infty} (u_n + u_{n+1})$ 收敛,从而 $\sum\limits_{n=1}^{\infty} \frac{u_n + u_{n+1}}{2}$ 收敛.

综上所述,应选(D).

例 8.12(习题 8.1 A8)　设正项级数 $\sum\limits_{n=1}^{\infty} u_n$ 和 $\sum\limits_{n=1}^{\infty} v_n$ 都收敛,证明级数

$\sum_{n=1}^{\infty}(u_n+v_n)^2$，$\sum_{n=1}^{\infty}\frac{u_n}{n}$ 也收敛.

证　(1) $\sum_{n=1}^{\infty}(u_n+v_n)^2$ 收敛：已知正项级数 $\sum_{n=1}^{\infty}u_n$ 和 $\sum_{n=1}^{\infty}v_n$ 都收敛，则据级数收敛的必要条件知，$\lim_{n\to\infty}u_n=0$，$\lim_{n\to\infty}v_n=0$，故 $\exists N\in\mathbf{N}^*$，使得当 $n>N$ 时，有 $u_n<1$，$v_n<1$，从而 $u_n^2<u_n$，$v_n^2<v_n$，$u_nv_n<v_n$，于是由比较判别法知，正项级数 $\sum_{n=1}^{\infty}u_n^2$，$\sum_{n=1}^{\infty}v_n^2$，$\sum_{n=1}^{\infty}u_nv_n$ 均收敛，故由级数的性质，$\sum_{n=1}^{\infty}(u_n+v_n)^2=\sum_{n=1}^{\infty}(u_n^2+v_n^2+2u_nv_n)$收敛；

(2) $\sum_{n=1}^{\infty}\frac{u_n}{n}$ 收敛：易知 $\sum_{n=1}^{\infty}\frac{u_n}{n}$ 为正项级数，且$\frac{u_n}{n}\leqslant u_n$，因为正项级数 $\sum_{n=1}^{\infty}u_n$ 收敛，故由比较判别法知，$\sum_{n=1}^{\infty}\frac{u_n}{n}$ 收敛.

例 8.13(习题 8.1 A10(4))　判别级数 $\sum_{n=1}^{\infty}(-1)^n\frac{1}{\ln(n+1)}$ 的敛散性，若收敛，是绝对收敛还是条件收敛？

解　首先考虑该级数的绝对值级数 $\sum_{n=1}^{\infty}\left|(-1)^n\frac{1}{\ln(n+1)}\right|=\sum_{n=1}^{\infty}\frac{1}{\ln(n+1)}$. 因为当 $x>0$ 时，有 $x>\ln(x+1)$. 事实上，设 $f(x)=x-\ln(x+1)$，则

$$f'(x)=1-\frac{1}{x+1}=\frac{x}{x+1}>0,$$

所以当 $x>0$ 时，$f(x)$为单调增函数，故

$$f(x)>f(0)=0,$$

即当 $x>0$ 时，$x>\ln(x+1)$，从而$\frac{1}{\ln(x+1)}>\frac{1}{x}$，于是有

$$\frac{1}{\ln(n+1)}>\frac{1}{n},$$

而$\sum_{n=1}^{\infty}\frac{1}{n}$ 发散，故由比较判别法知，级数$\sum_{n=1}^{\infty}\left|(-1)^n\frac{1}{\ln(n+1)}\right|$发散.

再考虑该级数本身的敛散性. 因为

$$\frac{1}{\ln(n+1)}>\frac{1}{\ln(n+2)}, 且 \lim_{n\to\infty}\frac{1}{\ln(n+1)}=0,$$

故由莱布尼茨判别法知,级数 $\sum\limits_{n=1}^{\infty}(-1)^n\frac{1}{\ln(n+1)}$ 收敛.

综上所述,级数 $\sum\limits_{n=1}^{\infty}(-1)^n\frac{1}{\ln(n+1)}$ 收敛,且为条件收敛.

例 8.14(习题 8.1 B2(2))　判别级数 $\sum\limits_{n=1}^{\infty}\frac{(-1)^n}{n-\ln n}$ 的敛散性,若收敛,是绝对收敛还是条件收敛?

解　首先考虑该级数的绝对值级数 $\sum\limits_{n=1}^{\infty}\left|\frac{(-1)^n}{n-\ln n}\right|=\sum\limits_{n=1}^{\infty}\frac{1}{n-\ln n}$. 因为

$$\frac{1}{n-\ln n}>\frac{1}{n},$$

而 $\sum\limits_{n=1}^{\infty}\frac{1}{n}$ 发散,故由比较判别法知,级数 $\sum\limits_{n=1}^{\infty}\left|\frac{(-1)^n}{n-\ln n}\right|$ 发散.

再考虑该级数本身的敛散性. 令 $u_n=\frac{1}{n-\ln n}$, $f(x)=x-\ln x\,(x>1)$, 因为

$$f'(x)=1-\frac{1}{x}>0,$$

故在区间$(1,+\infty)$内, $f(x)$ 为单调增函数,则 $\frac{1}{f(x)}=\frac{1}{x-\ln x}$ 为单调减函数,于是,当 $n>1$ 时,数列 $\{u_n\}$ 单调减少,即 $u_n>u_{n+1}$, 又

$$\lim_{n\to\infty}\frac{1}{n-\ln n}=\lim_{n\to\infty}\frac{\frac{1}{n}}{1-\frac{\ln n}{n}}=\lim_{n\to\infty}\frac{\frac{1}{n}}{1-\ln n^{\frac{1}{n}}}=0,$$

故由莱布尼茨判别法知,级数 $\sum\limits_{n=1}^{\infty}\frac{(-1)^n}{n-\ln n}$ 收敛.

综上所述,级数 $\sum\limits_{n=1}^{\infty}\frac{(-1)^n}{n-\ln n}$ 收敛,且为条件收敛.

例 8.15(习题 8.1 A9)　设 $p_n=\frac{u_n+|u_n|}{2}$, $q_n=\frac{u_n-|u_n|}{2}$, $n=1,2,3,\cdots$, 则下列命题正确的是(　　).

(A) 若级数$\sum\limits_{n=1}^{\infty}u_n$条件收敛,则级数$\sum\limits_{n=1}^{\infty}p_n$和$\sum\limits_{n=1}^{\infty}q_n$都收敛

(B) 若级数$\sum\limits_{n=1}^{\infty}u_n$绝对收敛,则级数$\sum\limits_{n=1}^{\infty}p_n$和$\sum\limits_{n=1}^{\infty}q_n$都收敛

(C) 若级数$\sum\limits_{n=1}^{\infty}u_n$条件收敛,则级数$\sum\limits_{n=1}^{\infty}p_n$和$\sum\limits_{n=1}^{\infty}q_n$的敛散性无法判断

(D) 若级数$\sum\limits_{n=1}^{\infty}u_n$绝对收敛,则级数$\sum\limits_{n=1}^{\infty}p_n$和$\sum\limits_{n=1}^{\infty}q_n$的敛散性无法判断

解 应选(B). 若级数$\sum\limits_{n=1}^{\infty}u_n$条件收敛,即$\sum\limits_{n=1}^{\infty}u_n$收敛,$\sum\limits_{n=1}^{\infty}|u_n|$发散,则由级数的性质知,$\sum\limits_{n=1}^{\infty}p_n=\sum\limits_{n=1}^{\infty}\dfrac{u_n+|u_n|}{2}$和$\sum\limits_{n=1}^{\infty}q_n=\sum\limits_{n=1}^{\infty}\dfrac{u_n-|u_n|}{2}$均发散;

若级数$\sum\limits_{n=1}^{\infty}u_n$绝对收敛,即$\sum\limits_{n=1}^{\infty}u_n$和$\sum\limits_{n=1}^{\infty}|u_n|$均收敛,则由级数的性质知,$\sum\limits_{n=1}^{\infty}p_n=\sum\limits_{n=1}^{\infty}\dfrac{u_n+|u_n|}{2}$和$\sum\limits_{n=1}^{\infty}q_n=\sum\limits_{n=1}^{\infty}\dfrac{u_n-|u_n|}{2}$均收敛.

综上所述,应选(B).

例 8.16(习题 8.1 A10(6)) 判别级数$\sum\limits_{n=1}^{\infty}\left[(-1)^n\dfrac{n}{n^2+1}-\dfrac{1}{n^2+1}\right]$的敛散性,若收敛,是绝对收敛还是条件收敛?

解 首先考虑该级数的绝对值级数

$$\sum_{n=1}^{\infty}\left|(-1)^n\frac{n}{n^2+1}-\frac{1}{n^2+1}\right|=\sum_{n=1}^{\infty}\frac{|(-1)^n n-1|}{n^2+1},$$

计算极限

$$\begin{aligned}\lambda&=\lim_{n\to\infty}\frac{\dfrac{|(-1)^n n-1|}{n^2+1}}{\dfrac{1}{n}}\\&=\lim_{n\to\infty}\frac{|(-1)^n n-1|\cdot n}{n^2+1}\\&=\lim_{n\to\infty}\frac{|(-1)^n n^2-n|}{n^2+1}\end{aligned}$$

$$=\lim_{n\to\infty}\frac{\left|(-1)^n-\frac{1}{n}\right|}{1+\frac{1}{n^2}}=1,$$

因为 $\sum_{n=1}^{\infty}\frac{1}{n}$ 发散，故由比较判别法的极限形式知，级数 $\sum_{n=1}^{\infty}\left|(-1)^n\frac{n}{n^2+1}-\frac{1}{n^2+1}\right|$ 发散.

再考虑该级数本身的敛散性.

(1) 对于级数 $\sum_{n=1}^{\infty}(-1)^n\frac{n}{n^2+1}$，显然其为交错级数，令 $u_n=\frac{n}{n^2+1}$，因为

$$\frac{u_{n+1}}{u_n}=\frac{\frac{n+1}{(n+1)^2+1}}{\frac{n}{n^2+1}}=\frac{(n+1)(n^2+1)}{(n^2+2n+2)n}=\frac{(n^3+n^2+n)+1}{(n^3+n^2+n)+n^2+n}<1,$$

且 $\lim\limits_{n\to\infty}u_n=\lim\limits_{n\to\infty}\frac{n}{n^2+1}=0$，即级数 $\sum_{n=1}^{\infty}(-1)^n\frac{n}{n^2+1}$ 满足莱布尼茨判别法的两个条件，故收敛.

(2) 对于级数 $\sum_{n=1}^{\infty}\frac{1}{n^2+1}$，因为 $\frac{1}{n^2+1}<\frac{1}{n^2}$，且级数 $\sum_{n=1}^{\infty}\frac{1}{n^2}$ 为收敛的 p 级数，故由比较判别法知，级数 $\sum_{n=1}^{\infty}\frac{1}{n^2+1}$ 收敛.

结合(1)，(2)，级数 $\sum_{n=1}^{\infty}\left[(-1)^n\frac{n}{n^2+1}-\frac{1}{n^2+1}\right]$ 收敛.

综上所述，级数 $\sum_{n=1}^{\infty}\left[(-1)^n\frac{n}{n^2+1}-\frac{1}{n^2+1}\right]$ 收敛，且为条件收敛.

例 8.17(习题 8.1 B2(4)) 判别级数 $\sum_{n=1}^{\infty}\frac{\sin(2^n x)}{n!}$ 的敛散性，若收敛，是绝对收敛还是条件收敛?

解 考虑该级数的绝对值级数 $\sum_{n=1}^{\infty}\left|\frac{\sin(2^n x)}{n!}\right|$，显然 $\left|\frac{\sin(2^n x)}{n!}\right|\leqslant\frac{1}{n!}$.

对于级数 $\sum_{n=1}^{\infty}\frac{1}{n!}$，令 $u_n=\frac{1}{n!}$，计算

$$\rho=\lim_{n\to\infty}\frac{u_{n+1}}{u_n}=\lim_{n\to\infty}\frac{\dfrac{1}{(n+1)!}}{\dfrac{1}{n!}}=\lim_{n\to\infty}\frac{1}{n+1}=0<1,$$

由比值判别法，级数 $\sum\limits_{n=1}^{\infty}\frac{1}{n!}$ 收敛，再结合比较判别法知，级数 $\sum\limits_{n=1}^{\infty}\left|\frac{\sin(2^n x)}{n!}\right|$ 收敛.

综上所述，级数 $\sum\limits_{n=1}^{\infty}\frac{\sin(2^n x)}{n!}$ 收敛，且绝对收敛.

例 8.18 若级数 $\sum\limits_{n=1}^{\infty}u_n$ 收敛，且 $\lim\limits_{n\to\infty}\frac{u_n}{v_n}=1$，则级数 $\sum\limits_{n=1}^{\infty}v_n$(　　).

(A) 绝对收敛　　(B) 条件收敛

(C) 发散　　(D) 无法判断

解 应选(D). 若取 $u_n=v_n=\frac{1}{n^2}$，则显知 $\sum\limits_{n=1}^{\infty}u_n$ 收敛，且 $\lim\limits_{n\to\infty}\frac{u_n}{v_n}=1$，此时级数 $\sum\limits_{n=1}^{\infty}v_n$ 绝对收敛；

若取 $u_n=v_n=(-1)^n\frac{1}{n}$，则显知 $\sum\limits_{n=1}^{\infty}u_n$ 收敛，且 $\lim\limits_{n\to\infty}\frac{u_n}{v_n}=1$，此时级数 $\sum\limits_{n=1}^{\infty}v_n$ 条件收敛.

综上所述，应选(D).

例 8.19(习题 8.1 B3) 若数列 $u_0,u_1,u_2,\cdots,u_n,\cdots$ 有界，级数 $\sum\limits_{n=0}^{\infty}v_n$ 绝对收敛，证明级数 $\sum\limits_{n=0}^{\infty}u_nv_n^2$ 也绝对收敛.

证 已知数列 $u_0,u_1,u_2,\cdots,u_n,\cdots$ 有界，则 $\exists M>0$，使得 $\forall n\in\mathbf{N}^*$，有 $|u_n|<M$；

又级数 $\sum\limits_{n=0}^{\infty}v_n$ 绝对收敛，即正项级数 $\sum\limits_{n=0}^{\infty}|v_n|$ 收敛，则据例 8.12 的证明过程，级数 $\sum\limits_{n=0}^{\infty}v_n^2$ 收敛，从而 $\sum\limits_{n=0}^{\infty}Mv_n^2$ 收敛，因为 $|u_nv_n^2|<Mv_n^2$，故由比较判别法

知，级数$\sum\limits_{n=0}^{\infty}|u_n v_n^2|$收敛，即$\sum\limits_{n=0}^{\infty}u_n v_n^2$也绝对收敛.

例 8.20　求幂函数$\sum\limits_{n=1}^{\infty}\frac{1}{3^n+(-2)^n}\cdot\frac{x^n}{n}$的收敛域.

解　记$a_n=\frac{1}{3^n+(-2)^n}\cdot\frac{1}{n}$，则

$$R=\lim_{n\to\infty}\left|\frac{a_n}{a_{n+1}}\right|=\lim_{n\to\infty}\frac{\frac{1}{3^n+(-2)^n}\cdot\frac{1}{n}}{\frac{1}{3^{n+1}+(-2)^{n+1}}\cdot\frac{1}{n+1}}=\lim_{n\to\infty}\frac{3^{n+1}+(-2)^{n+1}}{3^n+(-2)^n}\cdot\frac{n+1}{n}$$

$$=\lim_{n\to\infty}\frac{3-2\left(-\frac{2}{3}\right)^n}{1+\left(-\frac{2}{3}\right)^n}\cdot\frac{n+1}{n}=3,$$

又当$x=3$时，

$$\sum_{n=1}^{\infty}\frac{1}{3^n+(-2)^n}\cdot\frac{x^n}{n}=\sum_{n=1}^{\infty}\frac{1}{3^n+(-2)^n}\cdot\frac{3^n}{n}=\sum_{n=1}^{\infty}\frac{1}{n\left(1+\left(-\frac{2}{3}\right)^n\right)},$$

计算极限

$$\lambda=\lim_{n\to\infty}\frac{\frac{1}{n\left(1+\left(-\frac{2}{3}\right)^n\right)}}{\frac{1}{n}}=\lim_{n\to\infty}\frac{1}{1+\left(-\frac{2}{3}\right)^n}=1,$$

因为$\sum\limits_{n=1}^{\infty}\frac{1}{n}$发散，故由比较判别法的极限形式知，级数$\sum\limits_{n=1}^{\infty}\frac{1}{n\left(1+\left(-\frac{2}{3}\right)^n\right)}$发散.

当$x=-3$时，

$$\sum_{n=1}^{\infty}\frac{1}{3^n+(-2)^n}\cdot\frac{x^n}{n}=\sum_{n=1}^{\infty}\frac{1}{3^n+(-2)^n}\cdot\frac{(-3)^n}{n}$$

$$=\sum_{n=1}^{\infty}(-1)^n\frac{1}{n\left(1+\left(-\frac{2}{3}\right)^n\right)}$$

$$=\sum_{n=1}^{\infty}(-1)^n\frac{\left(1+\left(-\frac{2}{3}\right)^n\right)-\left(-\frac{2}{3}\right)^n}{n\left(1+\left(-\frac{2}{3}\right)^n\right)}$$

$$=\sum_{n=1}^{\infty}\left[(-1)^n\frac{1}{n}-\frac{\left(\frac{2}{3}\right)^n}{n\left(1+\left(-\frac{2}{3}\right)^n\right)}\right],$$

已知级数$\sum\limits_{n=1}^{\infty}(-1)^n\frac{1}{n}$收敛,下面考虑级数$\sum\limits_{n=1}^{\infty}\frac{\left(\frac{2}{3}\right)^n}{n\left(1+\left(-\frac{2}{3}\right)^n\right)}$的敛散性:

因为

$$\frac{\left(\frac{2}{3}\right)^n}{n\left(1+\left(-\frac{2}{3}\right)^n\right)}\leqslant\frac{\left(\frac{2}{3}\right)^n}{n\left(1-\left(\frac{2}{3}\right)^n\right)},$$

且级数$\sum\limits_{n=1}^{\infty}\frac{\left(\frac{2}{3}\right)^n}{n\left(1-\left(\frac{2}{3}\right)^n\right)}$为正项级数,令$u_n=\frac{\left(\frac{2}{3}\right)^n}{n\left(1-\left(\frac{2}{3}\right)^n\right)}$,计算极限

$$\rho=\lim_{n\to\infty}\frac{u_{n+1}}{u_n}=\lim_{n\to\infty}\frac{\dfrac{\left(\frac{2}{3}\right)^{n+1}}{(n+1)\left(1-\left(\frac{2}{3}\right)^{n+1}\right)}}{\dfrac{\left(\frac{2}{3}\right)^n}{n\left(1-\left(\frac{2}{3}\right)^n\right)}}=\lim_{n\to\infty}\frac{n}{n+1}\cdot\frac{\dfrac{\frac{2}{3}}{1-\left(\frac{2}{3}\right)^{n+1}}}{\dfrac{1}{1-\left(\frac{2}{3}\right)^n}}=\frac{2}{3}<1,$$

故由比值判别法知,级数$\sum\limits_{n=1}^{\infty}\frac{\left(\frac{2}{3}\right)^n}{n\left(1-\left(\frac{2}{3}\right)^n\right)}$收敛,再由比较判别法知,级数$\sum\limits_{n=1}^{\infty}\frac{\left(\frac{2}{3}\right)^n}{n\left(1+\left(-\frac{2}{3}\right)^n\right)}$收敛,则据级数的性质有$\sum\limits_{n=1}^{\infty}\left[(-1)^n\frac{1}{n}-\frac{\left(\frac{2}{3}\right)^n}{n\left(1+\left(-\frac{2}{3}\right)^n\right)}\right]$

收敛,于是$\sum\limits_{n=1}^{\infty}\frac{1}{3^n+(-2)^n}\cdot\frac{x^n}{n}$的收敛域为$[-3,3)$.

例 8.21(习题 8.2 A2(4))　求幂函数$\sum\limits_{n=1}^{\infty}(-1)^n\frac{(x-3)^n}{n\cdot 5^n}$的收敛域.

解　令$t=x-3$,则$\sum\limits_{n=1}^{\infty}(-1)^n\frac{(x-3)^n}{n\cdot 5^n}=\sum\limits_{n=1}^{\infty}(-1)^n\frac{t^n}{n\cdot 5^n}$,记$a_n=(-1)^n\frac{1}{n\cdot 5^n}$,则

$$R=\lim_{n\to\infty}\left|\frac{a_n}{a_{n+1}}\right|=\lim_{n\to\infty}\left|\frac{(-1)^n\frac{1}{n\cdot 5^n}}{(-1)^{n+1}\frac{1}{(n+1)\cdot 5^{n+1}}}\right|$$

$$=\lim_{n\to\infty}\frac{(n+1)\cdot 5^{n+1}}{n\cdot 5^n}=\lim_{n\to\infty}5\cdot\frac{n+1}{n}=5,$$

又当$t=5$时,$\sum\limits_{n=1}^{\infty}(-1)^n\frac{t^n}{n\cdot 5^n}=\sum\limits_{n=1}^{\infty}(-1)^n\frac{1}{n}$,为收敛的交错级数;当$t=-5$时,$\sum\limits_{n=1}^{\infty}(-1)^n\frac{t^n}{n\cdot 5^n}=\sum\limits_{n=1}^{\infty}\frac{1}{n}$为调和级数,发散.则$\sum\limits_{n=1}^{\infty}(-1)^n\frac{t^n}{n\cdot 5^n}$的收敛域为$(-5,5]$,从而$\sum\limits_{n=1}^{\infty}(-1)^n\frac{(x-3)^n}{n\cdot 5^n}$的收敛域为$(-5+3,5+3]=(-2,8]$.

例 8.22(习题 8.2 A2(8))　求幂函数$\sum\limits_{n=1}^{\infty}2^{n-1}(x-2)^{n-1}$的收敛域.

解　令$t=x-2$,则$\sum\limits_{n=1}^{\infty}2^{n-1}(x-2)^{n-1}=\sum\limits_{n=1}^{\infty}2^{n-1}t^{n-1}$,记$a_n=2^{n-1}$,则

$$R=\lim_{n\to\infty}\left|\frac{a_n}{a_{n+1}}\right|=\lim_{n\to\infty}\frac{2^{n-1}}{2^n}=\frac{1}{2},$$

又当$t=-\frac{1}{2}$时,$\sum\limits_{n=1}^{\infty}2^{n-1}t^{n-1}=\sum\limits_{n=1}^{\infty}(-1)^{n-1}$,发散;当$t=\frac{1}{2}$时,$\sum\limits_{n=1}^{\infty}2^{n-1}t^{n-1}=\sum\limits_{n=1}^{\infty}1$,也发散,则有$\sum\limits_{n=1}^{\infty}2^{n-1}t^{n-1}$的收敛域为$\left(-\frac{1}{2},\frac{1}{2}\right)$,从而$\sum\limits_{n=1}^{\infty}2^{n-1}(x-2)^{n-1}$的收敛域为$\left(-\frac{1}{2}+2,\frac{1}{2}+2\right)=\left(\frac{3}{2},\frac{5}{2}\right)$.

例 8.23(习题 8.2 A3)　已知级数 $\sum_{n=1}^{\infty}\frac{(2x-a)^n}{2n-1}$ 的收敛域为 $[3,4)$，求常数 a 的值.

解　令 $t=2x-a$，则 $\sum_{n=1}^{\infty}\frac{(2x-a)^n}{2n-1}=\sum_{n=1}^{\infty}\frac{t^n}{2n-1}$，记 $a_n=\frac{1}{2n-1}$，则

$$R=\lim_{n\to\infty}\left|\frac{a_n}{a_{n+1}}\right|=\lim_{n\to\infty}\left|\frac{\frac{1}{2n-1}}{\frac{1}{2n+1}}\right|=\lim_{n\to\infty}\frac{2n+1}{2n-1}=1,$$

又当 $t=1$ 时，$\sum_{n=1}^{\infty}\frac{t^n}{2n-1}=\sum_{n=1}^{\infty}\frac{1}{2n-1}$，因为 $\frac{1}{2n-1}>\frac{1}{2n}$，且显知 $\sum_{n=1}^{\infty}\frac{1}{2n}$ 发散，故由比较判别法知，级数 $\sum_{n=1}^{\infty}\frac{1}{2n-1}$ 发散；当 $t=-1$ 时，$\sum_{n=1}^{\infty}\frac{t^n}{2n-1}=\sum_{n=1}^{\infty}\frac{(-1)^n}{2n-1}$ 为交错级数，令 $u_n=\frac{1}{2n-1}$，因为 $u_{n+1}=\frac{1}{2n+1}<u_n=\frac{1}{2n-1}$，且 $\lim_{n\to\infty}u_n=\lim_{n\to\infty}\frac{1}{2n-1}=0$，故由莱布尼茨判别法知，级数 $\sum_{n=1}^{\infty}\frac{(-1)^n}{2n-1}$ 收敛，则有 $\sum_{n=1}^{\infty}\frac{t^n}{2n-1}$ 的收敛域为 $[-1,1)$，从而 $-1\leqslant 2x-a<1$，即 $\frac{a-1}{2}\leqslant x<\frac{a+1}{2}$，

解 $\begin{cases}\frac{a-1}{2}=3,\\ \frac{a+1}{2}=4,\end{cases}$ 得 $a=7$.

例 8.24(习题 8.2 A4(4))　求幂级数 $\sum_{n=0}^{\infty}\frac{x^{2n+1}}{2n+1}(|x|<1)$ 的和函数.

解　显然 $\left(\frac{x^{2n+1}}{2n+1}\right)'=x^{2n}$，则 $\frac{x^{2n+1}}{2n+1}=\int_0^x x^{2n}\mathrm{d}x$，又由 $\frac{1}{1-x}=\sum_{n=0}^{\infty}x^n$ $(-1<x<1)$ 知，$\sum_{n=0}^{\infty}x^{2n}=\frac{1}{1-x^2}(-1<x<1)$，从而

$$\begin{aligned}\sum_{n=0}^{\infty}\frac{x^{2n+1}}{2n+1}&=\sum_{n=0}^{\infty}\int_0^x x^{2n}\mathrm{d}x\\&=\int_0^x\sum_{n=0}^{\infty}x^{2n}\mathrm{d}x\end{aligned}$$

$$=\int_0^x \frac{1}{1-x^2}\mathrm{d}x$$

$$=\frac{1}{2}\int_0^x\left(\frac{1}{1+x}+\frac{1}{1-x}\right)\mathrm{d}x$$

$$=\frac{1}{2}(\ln|1+x|-\ln|1-x|)$$

$$=\frac{1}{2}\ln\left|\frac{1+x}{1-x}\right|$$

$$=\frac{1}{2}\ln\frac{1+x}{1-x},\ |x|<1,$$

即幂级数$\sum\limits_{n=0}^{\infty}\frac{x^{2n+1}}{2n+1}(|x|<1)$的和函数为$\frac{1}{2}\ln\frac{1+x}{1-x}$.

例 8.25　求级数 $\sum\limits_{n=0}^{\infty}\frac{2n+1}{n!}$ 的和.

解　设 $S(x)=\sum\limits_{n=0}^{\infty}\frac{2n+1}{n!}x^{2n}$,因为

$$\int_0^x S(x)\mathrm{d}x=\sum_{n=0}^{\infty}\frac{x^{2n+1}}{n!}=x\sum_{n=0}^{\infty}\frac{x^{2n}}{n!}=x\sum_{n=0}^{\infty}\frac{(x^2)^n}{n!}=x\mathrm{e}^{x^2},$$

则有

$$S(x)=(x\mathrm{e}^{x^2})'=(1+2x^2)\mathrm{e}^{x^2}\ (-\infty<x<+\infty),$$

故

$$\sum_{n=0}^{\infty}\frac{2n+1}{n!}=S(1)=(1+2)\mathrm{e}=3\mathrm{e}.$$

例 8.26(习题 8.2 A5)　若幂级数$\sum\limits_{n=0}^{\infty}\frac{x^n}{2^n+1}$在$(-2,2)$内收敛于$S(x)$,则幂级数$\sum\limits_{n=0}^{\infty}\frac{nx^n}{2^n+1}$在$(-2,2)$内收敛于(　　).

(A) $xS'(x)$　　(B) $[xS(x)]'$

(C) $x\int_0^x S(t)\mathrm{d}t$　　(D) $\int_0^x tS(t)\mathrm{d}t$

解　应选(A).由题意知,在$(-2,2)$内,有

$$\sum_{n=0}^{\infty}\frac{nx^n}{2^n+1}=x\cdot\sum_{n=0}^{\infty}\frac{nx^{n-1}}{2^n+1}$$

$$= x \cdot \sum_{n=0}^{\infty} \frac{(x^n)'}{2^n+1}$$

$$= x \cdot \sum_{n=0}^{\infty} \left(\frac{x^n}{2^n+1}\right)'$$

$$= x \cdot \left(\sum_{n=0}^{\infty} \frac{x^n}{2^n+1}\right)' = xS'(x),$$

故应选(A).

例 8.27(习题 8.2 A6(3)) 将函数$\cos^2 x$展开成x的幂级数,并求出收敛域.

解 已知 $\cos x = \sum_{n=0}^{\infty} \frac{(-1)^n}{(2n)!} x^{2n}, -\infty < x < +\infty$,则

$$\cos^2 x = \frac{1+\cos 2x}{2} = \frac{1}{2} + \frac{1}{2} \cdot \cos 2x = \frac{1}{2} + \frac{1}{2} \cdot \sum_{n=0}^{\infty} \frac{(-1)^n}{(2n)!} (2x)^{2n}$$

$$= \frac{1}{2} + \frac{1}{2} \cdot \sum_{n=0}^{\infty} \frac{(-1)^n 4^n}{(2n)!} \cdot x^{2n},$$

且$-\infty < 2x < +\infty$,即$-\infty < x < +\infty$.

例 8.28(习题 8.2 A8) 将 $\ln(2+x)$展开成$(x-2)$的幂级数.

解 已知 $\ln(1+x) = \sum_{n=1}^{\infty} \frac{(-1)^{n-1}}{n} x^n, -1 < x \leqslant 1$, 则

$$\ln(2+x) = \ln(4+(x-2))$$

$$= \ln 4 + \ln\left(1+\frac{x-2}{4}\right)$$

$$= \ln 4 + \sum_{n=1}^{\infty} \frac{(-1)^{n-1}}{n} \left(\frac{x-2}{4}\right)^n$$

$$= \ln 4 + \sum_{n=1}^{\infty} \frac{(-1)^{n-1}}{n \cdot 4^n} (x-2)n,$$

且$-1 < \frac{x-2}{4} \leqslant 1$,即$-2 < x \leqslant 6$.

例 8.29(习题 8.2 B1(2)) 求幂级数$\sum_{n=1}^{\infty} \frac{x^n}{3^n+n}$的收敛半径和收敛域.

解 记 $a_n = \frac{1}{3^n+n}$,则

$$R=\lim_{n\to\infty}\left|\frac{a_n}{a_{n+1}}\right|=\lim_{n\to\infty}\frac{\frac{1}{3^n+n}}{\frac{1}{3^{n+1}+n+1}}=\lim_{n\to\infty}\frac{3^{n+1}+n+1}{3^n+n}=\lim_{n\to\infty}\frac{3+\frac{n}{3^n}+\frac{1}{3^n}}{1+\frac{n}{3^n}}.$$

因为 $\lim\limits_{x\to+\infty}\frac{x}{3^x}=\lim\limits_{x\to+\infty}\frac{1}{3^x\ln 3}=0$，所以 $\lim\limits_{n\to\infty}\frac{n}{3^n}=0$，于是 $\sum\limits_{n=1}^{\infty}\frac{x^n}{3^n+n}$ 的收敛半径 $R=3$.

又当 $x=3$ 时，$\sum\limits_{n=1}^{\infty}\frac{x^n}{3^n+n}=\sum\limits_{n=1}^{\infty}\frac{3^n}{3^n+n}$，计算极限 $\lim\limits_{n\to\infty}\frac{3^n}{3^n+n}=\lim\limits_{n\to\infty}\frac{1}{1+\frac{n}{3^n}}=1\neq 0$，故由级数收敛的必要条件知，级数 $\sum\limits_{n=1}^{\infty}\frac{3^n}{3^n+n}$ 发散；当 $x=-3$ 时，$\sum\limits_{n=1}^{\infty}\frac{x^n}{3^n+n}=\sum\limits_{n=1}^{\infty}\frac{(-1)^n\cdot 3^n}{3^n+n}$，因为极限 $\lim\limits_{n\to\infty}\frac{(-1)^n\cdot 3^n}{3^n+n}=\lim\limits_{n\to\infty}\frac{(-1)^n}{1+\frac{n}{3^n}}$，不存在，故由级数收敛的必要条件知，级数 $\sum\limits_{n=1}^{\infty}\frac{(-1)^n\cdot 3^n}{3^n+n}$ 也发散，则 $\sum\limits_{n=1}^{\infty}\frac{x^n}{3^n+n}$ 的收敛域为 $(-3,3)$.

例 8.30（习题 8.2 B2(2)）　将函数 $x^2e^{x^2}$ 展成 x 的幂级数，并写出收敛域.

解　已知 $e^x=\sum\limits_{n=0}^{\infty}\frac{1}{n!}x^n$，$-\infty<x<+\infty$，则

$$x^2e^{x^2}=x^2\sum_{n=0}^{\infty}\frac{1}{n!}x^{2n}=\sum_{n=0}^{\infty}\frac{1}{n!}x^{2n+2},$$

且 $-\infty<x^2<+\infty$，即 $-\infty<x<+\infty$.

例 8.31（习题 8.2 B3）　将函数 $f(x)=\frac{1}{x^2+3x+2}$ 展开成 $(x-1)$ 的幂级数，并写出收敛域.

解　由 $\frac{1}{1-x}=\sum\limits_{n=0}^{\infty}x^n\,(-1<x<1)$ 知，

$$\frac{1}{1+x}=\sum_{n=0}^{\infty}(-x)^n\,(-1<x<1),$$

则

$$\begin{aligned}
f(x) &= \frac{1}{x^2+3x+2} \\
&= \frac{1}{(x+1)(x+2)} \\
&= \frac{1}{x+1}-\frac{1}{x+2} \\
&= \frac{1}{2+(x-1)}-\frac{1}{3+(x-1)} \\
&= \frac{1}{2}\cdot\frac{1}{1+\frac{x-1}{2}}-\frac{1}{3}\cdot\frac{1}{1+\frac{x-1}{3}} \\
&= \frac{1}{2}\sum_{n=0}^{\infty}\left(-\frac{x-1}{2}\right)^n-\frac{1}{3}\sum_{n=0}^{\infty}\left(-\frac{x-1}{3}\right)^n \\
&= \sum_{n=0}^{\infty}\frac{(-1)^n}{2^{n+1}}(x-1)^n-\sum_{n=0}^{\infty}\frac{(-1)^n}{3^{n+1}}(x-1)^n \\
&= \sum_{n=0}^{\infty}(-1)^n\left(\frac{1}{2^{n+1}}-\frac{1}{3^{n+1}}\right)(x-1)^n,
\end{aligned}$$

且$-1<\frac{x-1}{2}<1$,$-1<\frac{x-1}{3}<1$,即$-1<x<3$.

例 8.32(习题 8.3 A1) 计算 ln2 的值,要求精确到小数点后第 5 位.

解 已知$\ln(1+x)=\sum_{n=1}^{\infty}\frac{(-1)^{n-1}}{n}x^n=x-\frac{x^2}{2}+\frac{x^3}{3}-\frac{x^4}{4}+\cdots$,$-1<x\leqslant 1$,则

$$\ln(1-x)=\sum_{n=1}^{\infty}\left(-\frac{1}{n}\right)x^n=-x-\frac{x^2}{2}-\frac{x^3}{3}-\frac{x^4}{4}-\cdots,\ -1\leqslant x<1,$$

上面两式相减得

$$\ln\frac{1+x}{1-x}=2\left(x+\frac{x^3}{3}+\frac{x^5}{5}+\cdots\right),-1<x<1,$$

令$x=\frac{1}{3}$,得

$$\ln 2=2\left(\frac{1}{3}+\frac{1}{3}\cdot\left(\frac{1}{3}\right)^3+\frac{1}{5}\cdot\left(\frac{1}{3}\right)^5+\frac{1}{7}\cdot\left(\frac{1}{3}\right)^7+\cdots\right),$$

因为$2\cdot\frac{1}{11}\cdot\left(\frac{1}{3}\right)^{11}<1.03\cdot 10^{-6}$,故

$$\ln 2 \approx 2\left(\frac{1}{3}+\frac{1}{3}\cdot\left(\frac{1}{3}\right)^3+\frac{1}{5}\cdot\left(\frac{1}{3}\right)^5+\frac{1}{7}\cdot\left(\frac{1}{3}\right)^7+\frac{1}{9}\cdot\left(\frac{1}{3}\right)^9\right)$$

$$=\frac{2}{3}\left(1+\frac{1}{3^3}+\frac{1}{5\cdot 3^4}+\frac{1}{7\cdot 3^6}+\frac{1}{3^{10}}\right)\approx 0.69315.$$

例 8.33(习题 8.3 A2)　计算积分$\int_0^{0.1}\cos\sqrt{x}\,\mathrm{d}x$的值,要求精确到小数点后第 4 位.

解　已知 $\cos x=\sum_{n=0}^{\infty}\frac{(-1)^n}{(2n)!}x^{2n}, -\infty<x<+\infty$,则

$$\cos\sqrt{x}=\sum_{n=0}^{\infty}\frac{(-1)^n}{(2n)!}x^n=1-\frac{1}{2!}x+\frac{1}{4!}x^2-\frac{1}{6!}x^3+\frac{1}{8!}x^4-\cdots+\frac{(-1)^n}{(2n)!}x^n+\cdots,$$

故

$$\int_0^{0.1}\cos\sqrt{x}\,\mathrm{d}x=\int_0^{0.1}\left(1-\frac{1}{2!}x+\frac{1}{4!}x^2-\frac{1}{6!}x^3+\cdots\right)\mathrm{d}x$$

$$=\left[x-\frac{1}{2\cdot 2!}x^2+\frac{1}{3\cdot 4!}x^3-\frac{1}{4\cdot 6!}x^4+\cdots\right]\Bigg|_0^{0.1}$$

$$=0.1-\frac{1}{2\cdot 2!}\cdot 0.1^2+\frac{1}{3\cdot 4!}\cdot 0.1^3-\frac{1}{4\cdot 6!}\cdot 0.1^4+\cdots$$

$$=0.1-0.0025+0.000013\dot{8}-\cdots$$

若取前三项,即可保证精确到小数点后第 4 位,即

$$\int_0^{0.1}\cos\sqrt{x}\,\mathrm{d}x\approx 0.1-0.0025+0.000013\dot{8}\approx 0.0975.$$

例 8.34(习题 8.3 B1(2))　利用$(1+x)^\alpha$ 的展开式的前两项计算$\sqrt{50}$的值,并估计误差.

解　已知当$-1<x<1$时,有

$$(1+x)^\alpha=1+\sum_{n=1}^{\infty}\frac{\alpha(\alpha-1)\cdots(\alpha-n+1)}{n!}x^n$$

$$=1+\alpha x+\frac{\alpha(\alpha-1)}{2!}x^2+\frac{\alpha(\alpha-1)(\alpha-2)}{3!}x^3+\cdots+$$

$$\frac{\alpha(\alpha-1)\cdots(\alpha-n+1)}{n!}x^n+\cdots,$$

则

$$\sqrt{50}=\sqrt{49+1}=7\cdot\sqrt{1+\frac{1}{49}}$$

$$=7\cdot\left(1+\frac{1}{2}\cdot\frac{1}{49}+\frac{1}{2}\cdot\left(\frac{1}{2}-1\right)\cdot\frac{1}{2!}\cdot\left(\frac{1}{49}\right)^2+\frac{1}{2}\cdot\left(\frac{1}{2}-1\right)\cdot\left(\frac{1}{2}-2\right)\cdot\frac{1}{3!}\cdot\left(\frac{1}{49}\right)^3+\frac{1}{2}\cdot\left(\frac{1}{2}-1\right)\cdot\left(\frac{1}{2}-2\right)\cdot\left(\frac{1}{2}-3\right)\cdot\frac{1}{4!}\cdot\left(\frac{1}{49}\right)^4+\cdots\right),$$

取前两项得
$$\sqrt{50}\approx7\left(1+\frac{1}{2}\cdot\frac{1}{49}\right)=7+\frac{1}{14}\approx7.071\,4,$$

其误差为

$$|r_2|\leqslant7\cdot\left|\frac{1}{2}\cdot\left(\frac{1}{2}-1\right)\cdot\frac{1}{2!}\cdot\left(\frac{1}{49}\right)^2\right|=\frac{1}{8}\cdot\frac{1}{7}\cdot\frac{1}{49}<\frac{1}{2\,500}.$$

8.3 复习题

1. 利用级数敛散性的定义判别下列级数的敛散性：

(1) $1+2+3+4+\cdots$；　　(2) $\sum\limits_{n=1}^{\infty}(\sqrt{n+2}-2\sqrt{n+1}+\sqrt{n})$.

2. 利用比较判别法或比较判别法的极限形式判别下列级数的敛散性：

(1) $\frac{2}{1\cdot3}+\frac{2^2}{3\cdot3^2}+\frac{2^3}{5\cdot3^3}+\frac{2^4}{7\cdot3^4}+\cdots$；　　(2) $\sum\limits_{n=1}^{\infty}\frac{1}{n\sqrt{n+1}}$；

(3) $\sum\limits_{n=2}^{\infty}\frac{1}{\ln^8 n}$；　　(4) $\sum\limits_{n=1}^{\infty}\frac{6^n}{7^n-5^n}$.

3. 设$\sum\limits_{n=1}^{\infty}a_n$与$\sum\limits_{n=1}^{\infty}b_n$都收敛，且$a_n<c_n<b_n$，试证$\sum\limits_{n=1}^{\infty}c_n$收敛.

4. 利用比值判别法判别下列级数的敛散性：

(1) $\sum\limits_{n=1}^{\infty}\frac{2n-1}{2^n}$；　　(2) $\sum\limits_{n=1}^{\infty}\frac{2^n}{1\,000n}$；

(3) $\sum\limits_{n=1}^{\infty}\frac{1}{2^{2n-1}(2n-1)}$；　　(4) $\sum\limits_{n=1}^{\infty}\frac{(n+1)!}{10^n}$.

5. 利用根值判别法判别下列级数的敛散性：

(1) $\sum\limits_{n=1}^{\infty} \frac{3^n}{1+e^n}$；

(2) $\sum\limits_{n=1}^{\infty} \frac{n^2}{2^n}$；

(3) $\sum\limits_{n=1}^{\infty} \left(\frac{n}{2n+1}\right)^{3n}$；

(4) $\sum\limits_{n=1}^{\infty} \frac{2^n}{3^{\ln n}}$.

6. 利用适当的方法判别下列级数的敛散性：

(1) $0.001+\sqrt{0.001}+\sqrt[3]{0.001}+\cdots+\sqrt[n]{0.001}+\cdots$；

(2) $\sum\limits_{n=1}^{\infty}\left(\frac{1}{n}-\ln\frac{n+1}{n}\right)$；

(3) $\sum\limits_{n=1}^{\infty} n\tan\frac{\pi}{2^{n+1}}$；

(4) $\sum\limits_{n=1}^{\infty}\left(\frac{1}{2^n}-\frac{1}{\sqrt{n}}\right)$；

(5) $\sum\limits_{n=1}^{\infty}\frac{n\cos^2\frac{n\pi}{3}}{2^n}$.

7. 讨论下列级数的敛散性：

(1) $\sum\limits_{n=1}^{\infty}\frac{1}{a^n+1}(a>0)$；

(2) $\sum\limits_{n=1}^{\infty}\frac{a^n n!}{n^n}(a>0)$.

8. 求下列极限：

(1) $\lim\limits_{n\to\infty}\frac{n^{n-1}}{(n+1)^{n+1}}$；

(2) $\lim\limits_{n\to\infty} n\left(\frac{3}{4}\right)^n$.

9. 设 $u_1=2, u_{n+1}=\frac{1}{2}\left(u_n+\frac{1}{u_n}\right)(n=1,2,3,\cdots)$，证明：

(1) $\lim\limits_{n\to\infty}u_n$ 存在；

(2) 级数 $\sum\limits_{n=1}^{\infty}\left(\frac{u_n}{u_{n+1}}-1\right)$ 收敛.

10. 若级数 $\sum\limits_{n=1}^{\infty}u_n$ 收敛，则必收敛的级数是(　　).

(A) $\sum\limits_{n=1}^{\infty}(-1)^n\frac{u_n}{\sqrt{n}}$

(B) $\sum\limits_{n=1}^{\infty}u_n^2$

(C) $\sum\limits_{n=1}^{\infty}(u_{2n-1}-u_{2n})$

(D) $\sum\limits_{n=1}^{\infty}(u_n+u_{n+1})$

11. 已知级数 $\sum\limits_{n=1}^{\infty}u_n^2$ 和 $\sum\limits_{n=1}^{\infty}v_n^2$ 都收敛，证明级数 $\sum\limits_{n=1}^{\infty}u_nv_n$ 绝对收敛.

12. 下列命题正确的是(　　).

(A) 若级数$\sum\limits_{n=1}^{\infty}u_n^2$ 和$\sum\limits_{n=1}^{\infty}v_n^2$ 都收敛,则级数$\sum\limits_{n=1}^{\infty}(u_n+v_n)^2$ 收敛

(B) 若级数$\sum\limits_{n=1}^{\infty}|u_nv_n|$收敛,则级数$\sum\limits_{n=1}^{\infty}u_n^2$ 和$\sum\limits_{n=1}^{\infty}v_n^2$ 都收敛

(C) 若正项级数$\sum\limits_{n=1}^{\infty}u_n$ 发散,则 $u_n\geqslant\dfrac{1}{n}$

(D) 若级数$\sum\limits_{n=1}^{\infty}u_n$ 收敛,且 $u_n\geqslant v_n(n=1,2,3,\cdots)$,则级数$\sum\limits_{n=1}^{\infty}v_n$ 也收敛

13. 判别下列级数的敛散性,若收敛,是绝对收敛还是条件收敛?

(1) $\sum\limits_{n=1}^{\infty}\dfrac{(-1)^{n-1}}{(2n-1)^2}$; (2) $\sum\limits_{n=1}^{\infty}(-1)^{n-1}\sin\dfrac{\pi}{n}$;

(3) $\sum\limits_{n=2}^{\infty}\dfrac{(-1)^n}{\sqrt{n}+(-1)^n}$; (4) $\sum\limits_{n=1}^{\infty}\left(\dfrac{1}{2^n}-\dfrac{3}{10^n}\right)$;

(5) $\sum\limits_{n=1}^{\infty}(-1)^n\dfrac{n}{n^2-1}$.

14. 设 $\lambda>0$,级数$\sum\limits_{n=1}^{\infty}u_n^2$ 收敛,则级数$\sum\limits_{n=1}^{\infty}(-1)^n\dfrac{|u_n|}{\sqrt{n^2+\lambda}}$( ).

(A) 发散 (B) 条件收敛

(C) 绝对收敛 (D) 敛散性与 λ 有关

15. 求下列幂级数的收敛半径:

(1) $\sum\limits_{n=1}^{\infty}(-1)^n\dfrac{x^{n-1}}{5^{n-1}\sqrt{n}}$; (2) $\sum\limits_{n=1}^{\infty}\left(\dfrac{(-1)^n}{2^n}x^n+3^nx^n\right)$.

16. 设 $a_n>0$,且级数$\sum\limits_{n=1}^{\infty}(-1)^n2^na_n$ 条件收敛,求幂级数$\sum\limits_{n=1}^{\infty}a_n(x-1)^n$ 的收敛半径和收敛域.

17. 求下列幂函数的收敛域:

(1) $\sum\limits_{n=1}^{\infty}\dfrac{2^nx^n}{\sqrt{(4n+1)5^n}}$; (2) $\sum\limits_{n=1}^{\infty}\dfrac{5^n+(-3)^n}{n}x^n$;

(3) $\sum\limits_{n=1}^{\infty}\dfrac{\ln(n+1)}{n+1}x^{n+1}$; (4) $\sum\limits_{n=1}^{\infty}\dfrac{x^{n-1}}{n\cdot 3^n\cdot\ln n}$.

18. 求下列幂级数的收敛域:

(1) $\sum\limits_{n=1}^{\infty}\dfrac{(x+1)^n}{(n+1)\cdot\ln^2(n+1)}$；　　(2) $\sum\limits_{n=1}^{\infty}\dfrac{(x-3)^n}{n^2 2^n}$.

19. 求下列形如$\sum\limits_{n=1}^{\infty}a_n x^{2n}$或$\sum\limits_{n=1}^{\infty}a_n x^{2n+1}$的幂级数的收敛半径：

(1) $\sum\limits_{n=1}^{\infty}\dfrac{(2n)!}{(n!)^2}x^{2n}$；　　(2) $\sum\limits_{n=1}^{\infty}\dfrac{x^{2n+1}}{3^n}$.

20. 求下列幂级数的和函数：

(1) $\sum\limits_{n=1}^{\infty}\dfrac{x^{n+1}}{n}(-1<x<1)$；　　(2) $\sum\limits_{n=1}^{\infty}\dfrac{x^{4n+1}}{4n+1}$，$|x|<1$.

21. 求幂级数$\sum\limits_{n=1}^{\infty}\dfrac{nx^n}{(n-1)!}$的和函数，并求$\sum\limits_{n=1}^{\infty}\dfrac{(n+1)(n-1)}{n!}$的和.

22. 求下列级数的和：

(1) $\sum\limits_{n=0}^{\infty}(-1)^n\dfrac{n+1}{(2n+1)!}$；　　(2) $\sum\limits_{n=1}^{\infty}\dfrac{n(n+1)}{2^n}$.

23. 设幂级数$\sum\limits_{n=0}^{\infty}a_n x^n$与$\sum\limits_{n=0}^{\infty}b_n x^n$的收敛半径分别为$\dfrac{\sqrt{5}}{3}$与$\dfrac{1}{3}$，则幂级数$\sum\limits_{n=0}^{\infty}\dfrac{a_n^2}{b_n^2}x^n$的收敛半径为(　　).

(A) 5　　(B) $\dfrac{\sqrt{5}}{3}$　　(C) $\dfrac{1}{3}$　　(D) $\dfrac{1}{5}$

24. 将下列函数展开成 x 的幂级数.

(1) $\mathrm{sh}x=\dfrac{e^x-e^{-x}}{2}$；　　(2) $f(x)=x^3 e^{-x}$.

25. 将函数 $f(x)=\ln(1+x-2x^2)$展开成马克劳林级数.

26. 将 e^x 展开成$(x-2)$的幂级数.

27. 将 $\ln\dfrac{1}{5-4x+x^2}$展开成$(x-2)$的幂级数.

28. 计算$\sqrt[5]{240}$的值，要求精确到小数点后第 4 位.

29. 计算积分$\dfrac{2}{\sqrt{\pi}}\int_0^{0.5}e^{-x^2}\,dx$的值，要求精确到小数点后第 4 位.

30. 利用 $\sin x$ 的展开式的前两项计算 $\sin\dfrac{\pi}{20}$近似值，并估计误差.

第9章　常微分方程与差分方程

9.1　主要内容

9.1.1　微分方程的基本概念

含有一个自变量，一个未知函数及未知函数的导数的等式称为常微分方程. 微分方程中所含未知函数导数的最高阶数称为微分方程的阶. n 阶微分方程

$$F(x, y, y', y'', \cdots, y^{(n)}) = 0$$

的含有 n 个相互独立的任意常数 $C_1, C_2, \cdots, C_n$ 的解称为通解. 不含任意常数的解称为特解. 由通解确定特解需要有与通解中任意常数个数相同的已知条件，这些条件称为初始条件. 已知微分方程及其初始条件求特解的问题称为微分方程的初值问题.

9.1.2　一阶微分方程

1. 变量可分离的微分方程

变量可分离的微分方程总可以化为

$$g(y)\mathrm{d}y = f(x)\mathrm{d}x$$

的形式. 两边同时积分即得到通积分

$$\int g(y)\mathrm{d}y = \int f(x)\mathrm{d}x + C.$$

2. 齐次微分方程

齐次微分方程总可化为

$$\frac{\mathrm{d}y}{\mathrm{d}x}=\varphi\left(\frac{y}{x}\right)$$

的形式.作变量代换,令 $u=\frac{y}{x}$,即 $y=ux$,则原微分方程化为变量可分离的微分方程

$$x\frac{\mathrm{d}u}{\mathrm{d}x}=\varphi(u)-u.$$

3. 一阶线性微分方程

一阶线性微分方程的标准形式为

$$y'+P(x)y=Q(x),$$

其通解公式为

$$y=\mathrm{e}^{-\int P(x)\mathrm{d}x}\left(C+\int Q(x)\mathrm{e}^{\int P(x)\mathrm{d}x}\mathrm{d}x\right).$$

特别的,若是关于 x 的一阶线性非齐次微分方程

$$\frac{\mathrm{d}x}{\mathrm{d}y}+P(y)x=Q(y),$$

其通解公式为

$$x=\mathrm{e}^{-\int P(y)\mathrm{d}y}\left(C+\int Q(y)\mathrm{e}^{\int P(y)\mathrm{d}y}\mathrm{d}y\right).$$

4. 伯努利方程

伯努利方程的标准形式为

$$y'+P(x)y=Q(x)y^{\lambda}(\lambda\neq 0,1,\lambda\in\mathbf{R}),$$

作变量代换,令 $z=y^{1-\lambda}$,则 $\frac{\mathrm{d}z}{\mathrm{d}x}=(1-\lambda)y^{-\lambda}\frac{\mathrm{d}y}{\mathrm{d}x}$,原方程化为一阶线性微分方程

$$\frac{\mathrm{d}z}{\mathrm{d}x}+(1-\lambda)P(x)z=(1-\lambda)Q(x).$$

9.1.3 高阶微分方程

1. 可降阶的高阶微分方程

(1) $y^{(n)}=f(x)$型微分方程.

这类微分方程右端仅含有自变量 x,可以通过直接积分逐次降阶求其通解,即

$$y^{(n-1)}=\int f(x)\mathrm{d}x+C_1',$$

$$y^{(n-2)}=\int\left(\int f(x)\mathrm{d}x+C_1'\right)\mathrm{d}x+C_2=\int\mathrm{d}x\int f(x)\mathrm{d}x+C_1'x+C_2',$$

……

如此继续下去,经过 n 次积分,可以得到原方程的通解:

$$y=\int\mathrm{d}x\int\mathrm{d}x\cdots\int f(x)\mathrm{d}x+C_1x^{n-1}+C_2x^{n-2}+\cdots+C_{n-1}x+C_n.$$

其中 $C_1',C_2',C_1,C_2,\cdots,C_{n-1},C_n$ 为任意常数.

(2) $y''=f(x,y')$型微分方程.

令 $u=y'$,则 $u'=y''$. 原方程降为关于函数 u 的一阶微分方程 $u'=f(x,u)$,若此方程的通解为 $u=\varphi(x,C_1)$,而 $u=y'$,又得到一阶微分方程 $y'=\varphi(x,C_1)$,两边同时积分,得该微分方程的通解:

$$y=\int\varphi(x,C_1)\mathrm{d}x+C_2.$$

(3) $y''=f(y,y')$型微分方程.

令 $y'=u$,则 $y''=\frac{\mathrm{d}u}{\mathrm{d}x}=\frac{\mathrm{d}u}{\mathrm{d}y}\cdot\frac{\mathrm{d}y}{\mathrm{d}x}=u\frac{\mathrm{d}u}{\mathrm{d}y}$,原方程化为 $u\frac{\mathrm{d}u}{\mathrm{d}y}=f(y,u)$,若此微分方程的通解为 $u=\psi(y,C_1)$,则得到微分方程$\frac{\mathrm{d}y}{\mathrm{d}x}=y'=\psi(y,C_1)$,化为一阶变量可分离的微分方程$\frac{\mathrm{d}y}{\psi(y,C_1)}=\mathrm{d}x$,两边同时积分,得原微分方程的通积分为

$$x = \int \frac{1}{\psi(y, C_1)} \mathrm{d}y + C_2.$$

2. 二阶常系数线性微分方程

二阶常系数线性微分方程的标准形式为

$$y'' + py' + qy = f(x), \tag{9.1}$$

$$y'' + py' + qy = 0, \tag{9.2}$$

方程(9.1)称为二阶常系数线性非齐次微分方程，方程(9.2)称为二阶常系数线性齐次微分方程.

(1) 二阶常系数线性微分方程解的性质与解的结构.

定理 9.1(线性齐次微分方程通解的结构)　若 $y_1(x)$ 与 $y_2(x)$ 是微分方程(9.2)的两个线性无关的解，则方程(9.2)的通解为

$$y = C_1 y_1(x) + C_2 y_2(x).$$

定理 9.2(线性非齐次微分方程通解的结构)　设 $\tilde{y}(x)$ 是微分方程(9.1)的一个特解，$Y(x)=C_1 y_1(x)+C_2 y_2(x)$ 是其所对应的二阶常系数线性齐次微分方程的通解，则微分方程(9.1)的通解为

$$y(x) = Y(x) + \tilde{y}(x) = C_1 y_1(x) + C_2 y_2(x) + \tilde{y}(x).$$

定理 9.3(叠加原理)　设函数 $y_1(x)$ 与 $y_2(x)$ 分别是二阶常系数线性非齐次微分方程 $y''+py'+qy=f_1(x)$ 与 $y''+py'+qy=f_2(x)$ 的解，则函数 $y(x)=y_1(x)+y_2(x)$ 是二阶常系数线性非齐次微分方程 $y''+py'+qy=f_1(x)+f_2(x)$ 的解.

定理 9.4　微分方程(9.1)的任意两个解 $\tilde{y}_1(x)$ 与 $\tilde{y}_2(x)$ 的差 $\tilde{y}_1(x)-\tilde{y}_2(x)$ 是其所对应的齐次微分方程(9.2)的解，而它们的均值 $\frac{1}{2}(\tilde{y}_1(x)+\tilde{y}_2(x))$ 是微分方程(9.1)的解.

(2) 二阶常系数线性微分方程解的解法.

微分方程(9.2)的特征方程为

$$\lambda^2 + p\lambda + q = 0.$$

微分方程(9.2)的通解见下表：

特征方程 $\lambda^2+p\lambda+q=0$	特征根 λ_1 与 λ_2	微分方程 $y''+py'+qy=0$ 的通解
$p^2-4q>0$	相异实根 λ_1 与 λ_2	$Y_x=C_1e^{\lambda_1 x}+C_2e^{\lambda_2 x}$
$p^2-4q=0$	重根 $\lambda_1=\lambda_2=-\frac{p}{2}$	$Y_x=C_1e^{\lambda_1 x}+C_2xe^{\lambda_1 x}$
$p^2-4q<0$	共轭复根 $\lambda_{1,2}=\alpha\pm\beta i$	$Y_x=e^{\alpha x}(C_1\cos\beta x+C_2\sin\beta x)$

微分方程(9.1)中 $f(x)$ 由多项式、指数函数、三角函数如下构成时，其特解 $\tilde{y}(x)$ 的形式见下表：

$f(x)$ 的形式	λ 或 $\alpha\pm\beta$i 与方程特征根的关系	特解 $\tilde{y}(x)$ 的形式
$f(x)=e^{\lambda x}P_n(x)$，其中 $P_n(x)$ 是 n 次多项式，$\lambda\in\mathbf{R}$	λ 不是特征根	$e^{\lambda x}Q_n(x)$
	λ 是单特征根	$xe^{\lambda x}Q_n(x)$
	λ 是二重特征根	$x^2e^{\lambda x}Q_n(x)$
$f(x)=e^{\alpha x}(P_m^{(1)}(x)\cos\beta x+P_n^{(2)}(x)\sin\beta x)$，其中 $P_m^{(1)}(x)$，$P_n^{(2)}(x)$ 分别是 m,n 次多项式，$\alpha,\beta\in\mathbf{R}$	$\alpha+\beta$i 不是特征根	$e^{\alpha x}(Q_l^{(1)}(x)\cos\beta x+Q_l^{(2)}(x)\sin\beta x)$，其中 $l=\max\{m,n\}$
	$\alpha+\beta$i 是特征根	$xe^{\alpha x}(Q_l^{(1)}(x)\cos\beta x+Q_l^{(2)}(x)\sin\beta x)$，其中 $l=\max\{m,n\}$

其中 $Q_n(x)$ 是具有 $n+1$ 个待定系数的 n 次多项式，$Q_l^{(1)}(x)$，$Q_l^{(2)}(x)$ 是具有 $l+1$ 个待定系数的 l 次多项式. 则微分方程(9.1)的通解为 $y(x)=Y(x)+\tilde{y}(x)$.

9.1.4 微分方程的应用

(1) 应用微分方程求解简单的经济问题. 根据已知条件，建立相应的微分方程，求其通解(或者根据初值条件，求得特解).

(2) 应用微分方程求解简单的几何问题. 几何上常常需要求出满足某种条件的曲线 $y(x)$，首先根据已知条件找出 x,y,y' 之间的关系式，即建立微分方程，然后求解此方程，即得到所求的曲线.

(3) 应用微分方程求解简单的物理问题. 首先弄明白题目中的问题的物

理意义,然后应用相关的物理定律建立微分方程,并求解.

9.1.5　差分方程的基本概念

含有自变量 x,未知函数 $f(x)$以及未知函数的差分的方程称为差分方程.差分方程中未知函数差分的最高阶数(或方程中未知函数的最大下标与最小下标之差)称为该差分方程的阶.差分的性质:设 C 为任意常数,则① $\Delta(C)=0$;② $\Delta(Cy_x)=C\Delta y_x$;③ $\Delta(y_x\pm z_x)=\Delta y_x\pm\Delta z_x$.

n 阶差分方程

$$F(x,y_x,\Delta y_x,\Delta^2 y_x,\cdots,\Delta^n y_x)=0$$

的含有 n 个相互独立的任意常数 $C_1,C_2,\cdots,C_n$ 的解称为通解.不含任意常数的解称为特解.由通解确定特解需要有与通解中任意常数个数相同的已知条件,这些条件称为初始条件.

9.1.6　一阶常系数线性差分方程

一阶常系数线性差分方程的标准形式为

$$y_{x+1}-ay_x=f(x),x=0,1,2,\cdots, \tag{9.3}$$

$$y_{x+1}-ay_x=0,x=0,1,2,\cdots, \tag{9.4}$$

方程(9.3)称为一阶常系数线性非齐次差分方程,方程(9.4)称为一阶常系数线性齐次差分方程.其中非零常数 a 称为差分方程的系数,$f(x)$是已知函数.

1. 一阶常系数线性差分方程解的性质与解的结构

定理 9.5(线性齐次差分方程通解的结构)　若函数 $\varphi_x\neq 0$ 是差分方程(9.4)的解,则 $C\varphi_x\neq 0$ 是该差分方程的通解,其中 C 为任意常数.

定理 9.6(线性非齐次差分方程通解的结构)　设函数$\tilde{y}_x$ 是差分方程(9.3)的一个特解,Y_x 是其所对应的齐次差分方程(9.4)的通解,则差分方程(9.4)的通解为 $y_x=Y_x+\tilde{y}_x$.

2. 二阶常系数线性差分方程解的解法

由迭代法可知,差分方程(9.4)的特征方程为 $\lambda-a=0$,其通解为 $Y_x=Ca^x$.

差分方程(9.3)中 $f(x)$由 $P_n(x)$(n 次多项式),b^x,$\cos\omega x$,$\sin\omega x$ 如下构成时,其特解$\tilde{y}(x)$的形式见下表:

$f(x)$的形式	$f(x)$与差分方程系数 a 的关系	特解$\tilde{y}(x)$的形式
$f(x)=P_n(x)$,其中 $P_n(x)$是 n 次多项式	$a\neq 1$	$Q_n(x)$
	$a=1$	$xQ_n(x)$
$f(x)=b^xP_n(x)$,其中 $P_n(x)$ 是 n 次多项式,$b\neq 1$ 是实常数	$b-a\neq 0$	$b^xQ_n(x)$
	$b-a=0$	$xb^xQ_n(x)$
$f(x)=m\cos\omega x+n\sin\omega x$,其中 m,n,ω 是常数,$\omega\neq 0,\pi,2\pi$		$A\cos\omega x+B\sin\omega x$

注:$\omega=0$ 或 2π 时,$m\cos\omega x+n\sin\omega x=m$;$\omega=\pi$ 时,$m\cos\omega x+n\sin\omega x=(-1)^x m$,可以归结为前两种情况处理.

则差分方程(9.3)的通解为 $y(x)=Y_x+\tilde{y}(x)$.

9.1.7 一阶差分方程的应用

(1) 应用差分方程求解简单的经济应用问题.

(2) 根据题目的条件建立差分方程,求解该方程.

9.2 习题解析

例 9.1(习题 9.1 B1) 验证函数 $y=(C_1+C_2x)e^x$(C_1,C_2 为任意常数)是微分方程 $y''-2y'+y=0$ 的通解,并求该微分方程满足初始条件 $y(0)=4$,$y'(0)=2$ 的特解.

解 $y'=C_2e^x+(C_1+C_2x)e^x=(C_1+C_2)e^x+C_2xe^x$,

$$y''=(C_1+C_2)e^x+C_2e^x+C_2xe^x=(C_1+2C_2)e^x+C_2xe^x,$$

代入微分方程,得

左边$=(C_1+2C_2)e^x+C_2xe^x-2(C_1+C_2)e^x-2C_2xe^x+(C_1+C_2x)e^x=0=$右边,

又由 $y(0)=4$,$y'(0)=2$,得 $C_1=4$,$C_2=-2$,所以特解为 $y=(4-2x)e^x$.

例 9.2 设线性非齐次微分方程 $y'+P(x)y=Q(x)$有两个不同的解 $y_1(x)$,$y_2(x)$,C 为任意常数,则该方程的通解是( ).

(A) $C[y_1(x)-y_2(x)]$;

(B) $y_1(x)+C[y_1(x)-y_2(x)]$;

(C) $C[y_1(x)+y_2(x)]$;

(D) $y_1(x)+C[y_1(x)+y_2(x)]$.

解 应选(B). 由于 $y_1(x)-y_2(x)$ 是对应线性齐次微分方程 $y'+P(x)y=0$ 的非零解,所以它的通解是 $Y=C[y_1(x)-y_2(x)]$,故原方程的通解为

$$y=y_1(x)+Y=y_1(x)+C[y_1(x)-y_2(x)],$$

故应选(B).

例 9.3(习题 9.2 A1(5)) 解微分方程 $xy'-y\ln y=0$.

解 原微分方程可化为变量可分离的微分方程

$$\frac{\mathrm{d}y}{y\ln y}=\frac{1}{x}\mathrm{d}x,$$

即$\frac{\mathrm{d}\ln y}{\ln y}=\frac{1}{x}\mathrm{d}x$,两边积分,得 $\ln|\ln y|=\ln|x|+\ln|C_1|$,所以原方程的通积分为

$$\ln y=Cx.$$

例 9.4(习题 9.2 A1(6)) 解微分方程 $\cos x\sin y\mathrm{d}x+\sin x\cos y\mathrm{d}y=0$.

解 原微分方程可化为变量可分离的微分方程

$$\frac{\cos y}{\sin y}\mathrm{d}y=-\frac{\cos x}{\sin x}\mathrm{d}x,$$

即$\frac{1}{\sin y}\mathrm{d}\sin y=-\frac{1}{\sin x}\mathrm{d}\sin x$,两边积分,得 $\ln|\sin y|=-\ln|\sin x|+\ln|C_1|$,所以原方程的通积分为

$$\sin x\cdot\sin y=C.$$

例 9.5 微分方程 $xy'+y=0$ 满足条件 $y(1)=1$ 的解是 $y=$________.

解 应填 $y=\frac{1}{x}$. 分离变量,得$\frac{\mathrm{d}y}{y}=-\frac{1}{x}\mathrm{d}x$,两边积分,有

$$\ln|y|=-\ln|x|+C_1,\text{即 } xy=C,$$

利用条件 $y(1)=1$,得 $C=1$,故满足条件的解为 $y=\frac{1}{x}$.

例 9.6 设函数 $f(x)$ 在$[0,1]$上有连续导数,$f(0)=1$,且$\iint\limits_{D_t}f'(x+y)\mathrm{d}x\mathrm{d}y=\iint\limits_{D_t}f(t)\mathrm{d}x\mathrm{d}y$,其中 $D_t=\{(x,y)\mid 0\leqslant y\leqslant t-x,0\leqslant x\leqslant t\}(0<$

$t\leqslant 1$). 求 $f(x)$ 的表达式.

解 将已知等式左边和右边的二重积分分别化为二次积分计算:

$$\iint\limits_{D_t} f'(x+y)\mathrm{d}x\mathrm{d}y=\int_0^t\left[\int_0^{t-x}f'(x+y)\mathrm{d}y\right]\mathrm{d}x=\int_0^t\left[\int_0^{t-x}f'(x+y)\mathrm{d}(x+y)\right]\mathrm{d}x$$

$$=\int_0^t\left[f(x+y)\Big|_{y=0}^{y=t-x}\right]\mathrm{d}x=\int_0^t[f(t)-f(x)]\mathrm{d}x$$

$$=tf(t)-\int_0^t f(x)\mathrm{d}x,$$

$$\iint\limits_{D_t} f(t)\mathrm{d}x\mathrm{d}y=\int_0^t\left[\int_0^{t-x}f(t)\mathrm{d}y\right]\mathrm{d}x=\int_0^t f(t)(t-x)\mathrm{d}x$$

$$=-f(t)\int_0^t(t-x)\mathrm{d}(t-x)=\frac{1}{2}t^2f(t),$$

两边对 t 求导得 $(2-t)f'(t)=2f(t)$. 这是变量可分离的微分方程 $\frac{\mathrm{d}f(t)}{f(t)}=\frac{2}{2-t}\mathrm{d}t$,求解得 $f(t)=\frac{C}{(2-t)^2}$,由 $f(0)=1$,有 $C=4$,所以 $f(x)=\frac{4}{(2-x)^2}$ $(0\leqslant x\leqslant 1)$.

例 9.7 设函数 $f(x)$ 可导,对任意的 x,y 有 $f(x+y)=f(x)\cdot f(y)$,且 $f(0)=1$, $f'(0)=2$,试求函数 $f(x)$ 满足的微分方程,并求 $f(x)$.

解 由导数的定义,

$$f'(x)=\lim_{y\to 0}\frac{f(x+y)-f(x)}{y}=\lim_{y\to 0}\frac{f(x)(f(y)-1)}{y}$$

$$=f(x)\lim_{y\to 0}\frac{f(y)-f(0)}{y}=f(x)f'(0)=2f(x),$$

于是 $f(x)$ 满足的微分方程为 $\frac{\mathrm{d}y}{\mathrm{d}x}=2y$, $y(0)=1$,分离变量,积分得 $y=C\mathrm{e}^{2x}$,由 $y(0)=1$,代入得 $C=1$,故所求函数为 $f(x)=\mathrm{e}^{2x}$.

例 9.8 求满足方程

$$\int_0^x f(t)\mathrm{d}t=x+\int_0^x tf(x-t)\mathrm{d}t$$

的可微函数 $f(x)$.

解 对右端的积分,令 $x-t=u$,则上式化为

$$\int_0^x f(t)\mathrm{d}t = x + \int_0^x (x-u)f(u)\mathrm{d}u,$$

两边对 x 求导得

$$f(x) = 1 + \int_0^x f(u)\mathrm{d}u,$$

且 $f(0)=1$，上式对 x 求导得 $f'(x)=f(x)$，分离变量，得 $f(x)=C\mathrm{e}^x$，且由 $f(0)=1$，可知 $C=1$，所以所求函数为 $f(x)=\mathrm{e}^x$.

例 9.9　在某池塘内养鱼，该池塘最多能养鱼 1 000 条，在时刻 t 鱼数 y 是时间 t 的函数 $y=y(t)$，其变化率与鱼数 y 及 $(1\,000-y)$ 成正比. 已知在池塘内放养鱼 100 条，3 个月后池塘内有鱼 250 条，求放养 t 个月后池塘内鱼数 $y(t)$ 的公式.

解　由题意，得

$$\frac{\mathrm{d}y}{\mathrm{d}t}=ky(1\,000-y)\text{，且 } y(0)=100,\ y(3)=250,$$

分离变量得

$$\frac{\mathrm{d}y}{y(1\,000-y)}=k\mathrm{d}t,$$

即

$$\left(\frac{1}{y}+\frac{1}{1\,000-y}\right)\mathrm{d}y=1\,000k\mathrm{d}t,$$

两边积分得

$$\ln y-\ln(1\,000-y)=1\,000kt+\ln C\text{，即}\frac{y}{1\,000-y}=C\mathrm{e}^{1000kt},$$

因为 $y(0)=100$，得 $C=\frac{1}{9}$，于是

$$\frac{y}{1\,000-y}=\frac{1}{9}\mathrm{e}^{1000kt},$$

又因为 $y(3)=250$，求出 $k=\frac{\ln 3}{3000}$，则放养 t 个月后池塘内鱼数：

$$y(t)=\frac{1\,000\cdot 3^{\frac{t}{3}}}{9+3^{\frac{t}{3}}}.$$

例 9.10　某商品的需求量 Q 对价格 P 的弹性为 $P\ln 3$，已知该商品的最

大需求量为 12 000(即 $P=0$,$Q=12\ 000$),求需求量 Q 对价格 P 的函数关系.

解　因弹性为正值,故有

$$\frac{EQ}{EP}=-\frac{P}{Q}\frac{\mathrm{d}Q}{\mathrm{d}P}=P\ln 3,$$

分离变量,得$\frac{\mathrm{d}Q}{Q}=-\ln 3\mathrm{d}P$,积分得

$$\ln Q=-P\ln 3+\ln c,$$

即$\frac{Q}{c}=\mathrm{e}^{-P\ln 3}$,故 $Q=c\cdot \mathrm{e}^{\ln 3^{-P}}=c\cdot 3^{-P}$,由题意,$P=0$ 时,$Q=12\ 000$.
得 $c=12\ 000$,所以 $Q=12\ 000\cdot 3^{-P}$.

例 9.11　设一机器在任意时刻以常数比率贬值,若机器全新时的价值为 10 000元,5 年末价值为 6 000 元,求其在出厂 20 年末的价值.

解　设机器在时刻 t 的价值函数为 $p(t)$,由题意,

$$\frac{\mathrm{d}p}{\mathrm{d}t}=-kp,\text{其中 } k>0,-k\text{ 为贬值率},$$

这是变量可分离的微分方程,分离变量得 $p=C\mathrm{e}^{-kt}$,由初始条件 $p(0)=10\ 000$,得 $C=10\ 000$,函数 $p(t)=10\ 000\mathrm{e}^{-kt}$,又 $t=5$,$p=6\ 000$,得到 $\mathrm{e}^{-5k}=\frac{3}{5}$,当 $t=20$ 时,p 的值为

$$p=10\ 000\mathrm{e}^{-20k}=10\ 000\,(\mathrm{e}^{-5k})^4=1\ 296(\text{元}).$$

例 9.12(习题 9.2 B1(1))　解微分方程 $y'=\frac{1}{2}(1-y^2)\tan x$.

解　可化为变量可分离的微分方程,当 $y\neq\pm 1$ 时,

$$\frac{2\mathrm{d}y}{1-y^2}=\tan x\mathrm{d}x,$$

两边积分得

$$2\int\frac{1}{(1-y)(1+y)}\mathrm{d}y=\int\frac{\sin x}{\cos x}\mathrm{d}x,$$

即

$$\int\left(\frac{1}{1-y}+\frac{1}{1+y}\right)\mathrm{d}y=-\int\frac{1}{\cos x}\mathrm{d}\cos x,$$

所以

$$-\ln|1-y|+\ln|1+y|=-\ln|\cos x|+\ln|C_1|,$$

$$\ln\left|\frac{1+y}{1-y}\right|=\ln\left|\frac{C_1}{\cos x}\right|,$$

$$\frac{1+y}{1-y}=\frac{C}{\cos x},$$

原微分方程的通解为

$$y=\frac{C-\cos x}{C+\cos x},$$

另外，$y=1$ 为特解.

例 9.13（习题 9.2 A2(2)）　解微分方程 $y'=\frac{x^2+y^2}{2xy}$.

解　原微分方程可化为齐次微分方程：

$$\frac{\mathrm{d}y}{\mathrm{d}x}=\frac{1+\left(\frac{y}{x}\right)^2}{2\frac{y}{x}},$$

令 $u=\frac{y}{x}$，即 $y=ux$，两边求导得 $\frac{\mathrm{d}y}{\mathrm{d}x}=u+x\frac{\mathrm{d}u}{\mathrm{d}x}$，代入上式得微分方程 $u+x\frac{\mathrm{d}u}{\mathrm{d}x}=\frac{1+u^2}{2u}$，可化为变量可分离的微分方程：

$$\frac{2u}{1-u^2}\mathrm{d}u=\frac{1}{x}\mathrm{d}x,$$

即 $-\frac{1}{1-u^2}\mathrm{d}(1-u^2)=\frac{1}{x}\mathrm{d}x$，两边积分得

$$-\ln|1-u^2|=\ln|x|+\ln|C_1|,$$

即 $x(1-u^2)=C$，而 $u=\frac{y}{x}$，所以原方程的通积分为

$$x^2-y^2=Cx.$$

例 9.14　微分方程 $\frac{\mathrm{d}y}{\mathrm{d}x}=\frac{y}{x}-\frac{1}{2}\left(\frac{y}{x}\right)^3$ 满足 $y|_{x=1}=1$ 的特解为 $y=$ ________.

解　应填 $y=\frac{x}{\sqrt{1+\ln x}}$. 作变量代换 $\frac{y}{x}=u$，则 $\frac{\mathrm{d}y}{\mathrm{d}x}=u+x\frac{\mathrm{d}u}{\mathrm{d}x}$，代入原方

程得

$$u+x\frac{\mathrm{d}u}{\mathrm{d}x}=u-\frac{1}{2}u^3,$$

即$\frac{\mathrm{d}u}{u^3}=-\frac{1}{2x}\mathrm{d}x$,积分得

$$-\frac{x^2}{y^2}=-\ln x+C,$$

由$y|_{x=1}=1$,得 $C=-1$,所以 $y=\frac{x}{\sqrt{1+\ln x}}$.

例 9.15 求微分方程$(3x^2+2xy-y^2)\mathrm{d}x+(x^2-2xy)\mathrm{d}y=0$ 的通解.

解 原方程可化为 $y'=\frac{y^2-2xy-3x^2}{x^2-2xy}$这是齐次微分方程,令 $y=xu$,将原方程化为

$$x\frac{\mathrm{d}u}{\mathrm{d}x}+u=\frac{u^2-2u-3}{1-2u},$$

即

$$x\frac{\mathrm{d}u}{\mathrm{d}x}=-\frac{3(u^2-u-1)}{2u-1},$$

这是变量可分离的微分方程,解之得

$$u^2-u-1=Cx^{-3},$$

所求通解为

$$y^2-xy-x^2=Cx^{-1}.$$

例 9.16(习题 9.2 A3(3)) 解微分方程 $y'+y\tan x=\sec x$.

解 由一阶线性微分方程的通解公式,可得原微分方程的通解为

$$\begin{aligned}y&=\mathrm{e}^{-\int\tan x\mathrm{d}x}\left(C+\int\sec x\cdot\mathrm{e}^{\int\tan x\mathrm{d}x}\mathrm{d}x\right)=\mathrm{e}^{\int\frac{1}{\cos x}\mathrm{d}\cos x}\left(C+\int\sec x\cdot\mathrm{e}^{-\int\frac{1}{\cos x}\mathrm{d}\cos x}\mathrm{d}x\right)\\&=\mathrm{e}^{\ln|\cos x|}\left(C+\int\sec x\cdot\mathrm{e}^{-\ln|\cos x|}\mathrm{d}x\right)=\cos x\left(C+\int\frac{1}{\cos x}\cdot\frac{1}{\cos x}\mathrm{d}x\right)\\&=\cos x(C+\tan x)=C\cos x+\sin x.\end{aligned}$$

例 9.17 解微分方程 $y'-2xy=x-x^3$.

解 由一阶线性微分方程的通解公式,可得原微分方程的通解为

$$y=\mathrm{e}^{\int 2x\mathrm{d}x}\left(C+\int(x-x^3)\cdot\mathrm{e}^{-\int 2x\mathrm{d}x}\mathrm{d}x\right)$$

$$= e^{x^2}(C+\int(x-x^3)\cdot e^{-x^2}dx)$$

$$= e^{x^2}(C+\int x\cdot e^{-x^2}dx-\int x^3\cdot e^{-x^2}dx)$$

$$= e^{x^2}[C-\frac{1}{2}\int e^{-x^2}d(-x^2)+\frac{1}{2}\int x^2\, de^{-x^2}]$$

$$= e^{x^2}[C-\frac{1}{2}e^{-x^2}+\frac{1}{2}x^2e^{-x^2}+\frac{1}{2}\int e^{-x^2}d(-x^2)]$$

$$= e^{x^2}(C-\frac{1}{2}e^{-x^2}+\frac{1}{2}x^2e^{-x^2}+\frac{1}{2}e^{-x^2})$$

$$= e^{x^2}(C+\frac{1}{2}x^2e^{-x^2}).$$

例 9.18(习题 9.2 A4(4))　解微分方程 $y'+\frac{1}{3}y=\frac{1}{3}(1-2x)y^4$.

解　这是伯努利微分方程,其中 $\lambda=4$,令 $z=y^{-3}$,则 $\frac{dz}{dx}=-3y^{-4}\frac{dy}{dx}$,将原方程化为以 z 为未知函数,以 x 为自变量的一阶线性微分方程:

$$\frac{dz}{dx}-z=2x-1,$$

由通解公式可得该微分方程的通解为

$$z = e^{-\int(-1)dx}[C+\int(2x-1)\cdot e^{-\int 1dx}dx] = e^x[C+\int(2x-1)\cdot e^{-x}dx]$$

$$= e^x[C-\int(2x-1)\, de^{-x}] = e^x[C-(2x-1)e^{-x}-2\int e^{-x}d(-x)]$$

$$= e^x[C-(2x-1)e^{-x}-2e^{-x}] = e^x\cdot C-(2x-1)-2$$

$$= Ce^x-2x-1,$$

则原微分方程的通解为

$$y^{-3}=Ce^x-2x-1,$$

另外,$y=0$ 为特解.

例 9.19　设 $F(x)=f(x)g(x)$,其中函数 $f(x)$,$g(x)$在$(-\infty,+\infty)$内满足以下条件:

$$f'(x)=g(x),f(x)=g'(x),且\ f(0)=0,f(x)+g(x)=2e^x.$$

(1) 求 $F(x)$所满足的一阶微分方程;

(2) 求出 $F(x)$的表达式.

解 (1) 由题设知,

$$F'(x)=f'(x)g(x)+f(x)g'(x)=g^2(x)+f^2(x)$$
$$=[f(x)+g(x)]^2-2f(x)g(x)=4e^{2x}-2F(x),$$

即 $F(x)$所满足的一阶微分方程为

$$F'(x)+2F(x)=4e^{2x}.$$

(2) 由一阶线性微分方程的通解公式得

$$F(x)=e^{-\int 2dx}\left(\int 4e^{2x}\cdot e^{\int 2dx}dx+C\right)=e^{-2x}[(e^{2x})^2+C]=e^{2x}+Ce^{-2x},$$

将 $F(0)=f(0)g(0)=0$ 代入上式,可确定常数 $C=-1$,故所求函数的表达式 $F(x)=e^{2x}-e^{-2x}$.

例 9.20 求微分方程 $y'+y\cos x=(\ln x)e^{-\sin x}$的通解.

解 由一阶线性微分方程的通解公式,得通解为

$$y=e^{-\int \cos x dx}\left(\int \ln x\cdot e^{-\sin x}e^{\int \cos x dx}dx+C\right)=e^{-\sin x}\left(\int \ln x dx+C\right)$$
$$=e^{-\sin x}(x\ln x-x+C).$$

例 9.21 设函数 $f(x)$具有连续的一阶导数,且满足

$$f(x)=\int_0^x (x^2-t^2)f'(t)dt+x^2,$$

求 $f(x)$的表达式.

解 由题设知,$f(x)=x^2\int_0^x f'(t)dt-\int_0^x t^2f'(t)dt+x^2$,两边求导得

$$f'(x)=2x\int_0^x f'(t)dt+x^2f'(x)-x^2f'(x)+2x=2x\int_0^x f'(t)dt+2x$$
$$=2x[f(x)-f(0)]+2x,$$

因为 $f(0)=0$,得到一阶线性微分方程

$$f'(x)-2xf(x)=2x,$$

由通解公式得到

$$f(x)=e^{-\int(-2x)dx}\left(\int 2xe^{\int(-2x)dx}dx+C\right)=e^{x^2}\left(\int 2xe^{-x^2}dx+C\right)$$
$$=e^{x^2}(-e^{-x^2}+C)=Ce^{x^2}-1,$$

由 $f(0)=0$,得 $C=1$,故 $f(x)=e^{x^2}-1$.

例 9.22　设曲线 $y=f(x)$，其中 $f(x)$ 是可导函数，且 $f(x)>0$. 已知曲线 $y=f(x)$ 与直线 $y=0$，$x=1$ 及 $x=t(t>1)$ 所围成的曲边梯形绕 x 轴旋转一周所得的立体体积值是该曲边梯形面积值的 πt 倍，求该曲线的方程.

解　旋转体的体积为 $V=\int_1^t \pi f^2(x)\mathrm{d}x=\pi\int_1^t f^2(x)\mathrm{d}x$，曲边梯形的面积为 $S=\int_1^t f(x)\mathrm{d}x$，由题意得 $V=\pi tS$. 因而

$$\pi\int_1^t f^2(x)\mathrm{d}x=\pi t\int_1^t f(x)\mathrm{d}x\text{，即}\int_1^t f^2(x)\mathrm{d}x=t\int_1^t f(x)\mathrm{d}x,$$

两边对 t 求导可得

$$f^2(t)=\int_1^t f(x)\mathrm{d}t+tf(t), \tag{1}$$

再对 t 求导可得 $2f(t)f'(t)=2f(t)+tf'(t)$，整理得 $[2f(t)-t]f'(t)=2f(t)$，即为 $\frac{\mathrm{d}t}{\mathrm{d}y}+\frac{1}{2y}t=1$，由一阶线性微分方程的通解公式得

$$t=\mathrm{e}^{-\int\frac{1}{2y}\mathrm{d}y}\left(\int\mathrm{e}^{\int\frac{1}{2y}\mathrm{d}y}\mathrm{d}y+C\right)=Cy^{-\frac{1}{2}}+\frac{2}{3}y,$$

在(1) 式中，令 $t=1$，有 $f^2(1)-f(1)=0$，因为 $f(t)>0$，所以 $f(1)=1$，代入 $t=Cy^{-\frac{1}{2}}+\frac{2}{3}y$，得 $C=\frac{1}{3}$，进而 $t=\frac{1}{3}y^{-\frac{1}{2}}+\frac{2}{3}y$，所以该曲线方程为

$$2y+\frac{1}{\sqrt{y}}-3x=0.$$

例 9.23　求微分方程 $(2xy-\cos x)\mathrm{d}x+(x^2-1)\mathrm{d}y=0$ 满足初始条件 $y|_{x=0}=1$ 的特解.

解　原方程可化为

$$\frac{\mathrm{d}y}{\mathrm{d}x}+\frac{2x}{x^2-1}y=\frac{\cos x}{x^2-1},$$

这是一阶线性微分方程，其通解为

$$y=\mathrm{e}^{-\int\frac{2x}{x^2-1}\mathrm{d}x}\left(\int\mathrm{e}^{\int\frac{2x}{x^2-1}\mathrm{d}x}\frac{\cos x}{x^2-1}\mathrm{d}x+C\right)=\frac{\sin x+C}{x^2-1},$$

由 $y|_{x=0}=1$，得 $C=-1$，故满足初始条件的特解是

$$y=\frac{\sin x-1}{x^2-1}.$$

例 9.24(习题 9.2 B1(4)) 解微分方程 $y'+y=y^2(\cos x-\sin x)$.

解 这是伯努利微分方程,其中 $\lambda=2$,令 $z=y^{-1}$,则 $\frac{dz}{dx}=-y^{-2}\frac{dy}{dx}$,将原方程化为以 z 为未知函数,以 x 为自变量的一阶线性微分方程:

$$\frac{dz}{dx}-z=\sin x-\cos x,$$

由通解公式可得该微分方程的通解为

$$\begin{aligned} z &= e^{-\int(-1)dx}\left[C+\int(\sin x-\cos x)\cdot e^{-\int 1dx}dx\right] \\ &= e^x\left[C+\int(\sin x-\cos x)\cdot e^{-x}dx\right] \\ &= e^x\left(C+\int\sin x\cdot e^{-x}dx-\int\cos x\cdot e^{-x}dx\right) \\ &= e^x\left(C-\int\sin x\, de^{-x}-\int\cos x\cdot e^{-x}dx\right) \\ &= e^x\left(C-\sin x\cdot e^{-x}+\int\cos x\cdot e^{-x}dx-\int\cos x\cdot e^{-x}dx\right) \\ &= e^x(C-\sin x\cdot e^{-x}), \end{aligned}$$

则原微分方程的通解为

$$y^{-1}=Ce^x-\sin x,$$

另外,$y=0$ 为特解.

例 9.25 求微分方程 $ydx+(x^2y-x)dy=0$ 的通解.

解 原方程可化为

$$\frac{dx}{dy}-\frac{1}{y}x=-x^2,$$

这是关于未知函数 x 的伯努利方程,$\lambda=2$,令 $u=x^{-1}$,方程化为关于 u 的一阶线性微分方程:

$$\frac{du}{dy}+\frac{1}{y}u=1,$$

由通解公式得

$$u=e^{-\int\frac{1}{y}dy}\left(\int e^{\int\frac{1}{y}dy}dy+C\right)=\frac{1}{y}\left(C+\int ydy\right)=\frac{C}{y}+\frac{1}{2}y,$$

原方程的通解为

$$y=Cx+\frac{1}{2}xy^2.$$

例 9.26　在 xOy 平面的第一象限求一曲线，使由其上任一点 P 处的切线，x 轴，与线段 OP 所围三角形面积为常数 k，且曲线通过点(1,1).

解　设点 P 的坐标为(x,y)，曲线方程为 $y=y(x)$，该曲线在点 P 的切线方程为

$$Y-y=y'(X-x),$$

它与 x 轴的交点 Q 的坐标为$\left(x-\frac{y}{y'},0\right)$，三角形 OPQ 的面积为

$$\frac{1}{2}\left(x-\frac{y}{y'}\right)y=k,$$

此方程可化为关于 x 的一阶线性微分方程：

$$\frac{dx}{dy}-\frac{1}{y}x=-\frac{2k}{y^2},$$

应用通解公式即得

$$x=e^{\int\frac{1}{y}dy}\left(C-2k\int\frac{1}{y^2}e^{-\int\frac{1}{y}dy}dy\right)=y\left(C-2k\int\frac{1}{y^3}dy\right)=Cy+\frac{k}{y},$$

由初始条件 $y(1)=1$，可得到 $C=1-k$，于是所求曲线为

$$xy=(1-k)y^2+k.$$

例 9.27(习题 9.3 A1(4))　解微分方程 $xy''=y'\ln\frac{y'}{x}$.

解　微分方程中缺少变量 y，令 $y'=u$，则 $y''=\frac{du}{dx}$，代入原微分方程，化简得齐次微分方程：

$$\frac{du}{dx}=\frac{u}{x}\ln\frac{u}{x},\tag{1}$$

再令$\frac{u}{x}=z$，代入(1) 式得

$$z+x\frac{dz}{dx}=z\ln z,\tag{2}$$

当 $z\neq0$，$z\neq e$ 时，上式可化为变量可分离微分方程

$$\frac{dz}{z(\ln z-1)}=\frac{1}{x}dx,$$

即

$$\frac{\mathrm{d}(\ln z-1)}{\ln z-1}=\frac{1}{x}\mathrm{d}x,$$

两边积分得

$$\ln|\ln z-1|=\ln|x|+\ln|C_1'|,$$

所以

$$\ln z-1=C_1x,$$

原微分方程的通解为

$$z=\mathrm{e}^{C_1x+1},$$

即

$$u=x\mathrm{e}^{C_1x+1},$$

由 $y'=u$ 得

$$\frac{\mathrm{d}y}{\mathrm{d}x}=x\mathrm{e}^{C_1x+1},$$

微分方程(2) 的通解为

$$\begin{aligned}y&=\int x\mathrm{e}^{C_1x+1}\mathrm{d}x+C_2=\frac{1}{C_1}\int x\,\mathrm{d}\mathrm{e}^{C_1x+1}+C_2\\&=\frac{1}{C_1}(x\mathrm{e}^{C_1x+1}-\int\mathrm{e}^{C_1x+1}\mathrm{d}x)+C_2\\&=\frac{1}{C_1}(x\mathrm{e}^{C_1x+1}-\frac{1}{C_1}\mathrm{e}^{C_1x+1})+C_2\\&=\frac{1}{C_1}x\mathrm{e}^{C_1x+1}-\frac{1}{C_1^2}\mathrm{e}^{C_1x+1}+C_2.\end{aligned}$$

例 9.28 求微分方程 $y''+(y')^2=2\mathrm{e}^{-y}$满足条件 $y(0)=0,y'(0)=1$ 的特解.

解 方程不显含自变量 x,令 $y'=u(y)$,则 $y''=u\frac{\mathrm{d}u}{\mathrm{d}y}$,原方程化为

$$u\frac{\mathrm{d}u}{\mathrm{d}y}+u^2=2\mathrm{e}^{-y},$$

这是伯努利方程,$\lambda=-1$,再令 $u^2=v$ 方程化为

$$\frac{\mathrm{d}v}{\mathrm{d}y}+2v=4\mathrm{e}^{-y},$$

由一阶线性微分方程的通解公式得

$$v=e^{-2\int dy}\left(\int 4e^{-y}\cdot e^{2\int dy}dy+C_1\right)=C_1e^{-2y}+4e^{-y},$$

由于 $y(0)=0, y'(0)=1, v=1$，代入上式可得 $C_1=-3$，于是

$$\frac{dy}{dx}=u=\sqrt{v}=e^{-y}\sqrt{4e^y-3},$$

分离变量并积分得到

$$\sqrt{4e^y-3}=2x+C_2,$$

由于 $x=0$ 时，$y=0$，代入上式可得 $C_2=1$，于是所求特解为

$$4e^y=(1+2x)^2+3，即 e^y=x^2+x+1.$$

例 9.29　已知函数 $f(x)$ 满足方程 $f''(x)+f'(x)-2f(x)=0$ 及 $f''(x)+f(x)=2e^x$.

(1) 求 $f(x)$ 的表达式；

(2) 求曲线 $y=f(x^2)\int_0^x f(-t^2)dt$ 的拐点.

解　(1) 二阶线性齐次微分方程 $f''(x)+f'(x)-2f(x)=0$ 的特征方程为

$$\lambda^2+\lambda-2=0,$$

特征根为 $\lambda_1=1, \lambda_2=-2$，因此二阶线性齐次微分方程的通解为

$$f(x)=C_1e^x+C_2e^{-2x}.$$

而 $f'(x)=C_1e^x-2C_2e^{-2x}$，$f''(x)=C_1e^x+4C_2e^{-2x}$，代入方程 $f''(x)+f(x)=2e^x$，得

$$2C_1e^x+5C_2e^{-2x}=2e^x,$$

从而得到 $C_1=1, C_2=0$，故

$$f(x)=e^x.$$

(2) 因曲线 $y=f(x^2)\int_0^x f(-t^2)dt=e^{x^2}\int_0^x e^{-t^2}dt$，$y'=2xe^{x^2}\int_0^x e^{-t^2}dt+1$，$y''=2e^{x^2}\int_0^x e^{-t^2}dt+4x^2e^{x^2}\int_0^x e^{-t^2}dt+2x=2(1+2x^2)e^{x^2}\int_0^x e^{-t^2}dt+2x$. 显然，$y''(0)=0$，且当 $x>0$ 时，$y''>0$，当 $x<0$ 时，$y''<0$，故所求拐点为(0,0).

例 9.30　若函数 $y=y(x)$ 是微分方程 $y''-4y'+3y=0$ 的解，且在 $x=0$ 处，$y(x)$ 取得极值 3，则 $y(x)=$________.

解 应填$\frac{9}{2}e^x-\frac{3}{2}e^{3x}$. 由题意可得 $y(0)=3,y'(0)=0$,二阶线性齐次微分方程的特征方程为$\lambda^2-4\lambda+3=0$,特征根为$\lambda_1=1,\lambda_2=3$,因此二阶线性齐次微分方程的通解为$Y(x)=C_1e^x+C_2e^{3x}$. 代入初始条件 $y(0)=3,y'(0)=0$,有$\begin{cases}C_1+C_2=3,\\C_1+3C_2=0,\end{cases}$解得$C_1=\frac{9}{2},C_2=-\frac{3}{2}$,所以 $y(x)=\frac{9}{2}e^x-\frac{3}{2}e^{3x}$.

例 9.31 求二阶常系数微分方程 $y''+2y'-8y=10\sin x$ 的通解.

解 特征方程为$\lambda^2+2\lambda-8=0$,特征根为$\lambda_1=2,\lambda_2=-4$,其所对应的二阶常系数线性齐次微分方程的通解为$Y(x)=C_1e^{2x}+C_2e^{-4x}$,因为$\lambda=i$不是特征根,原微分方程的特解形式为$\tilde{y}=A\cos x+B\sin x$,将$\tilde{y}'=-A\sin x+B\cos x,\tilde{y}''=-A\cos x-B\sin x$代入原微分方程得

$$(-9A+2B)\cos x+(-9B-2A)\sin x=10\sin x,$$

比较等式两边系数得

$$\begin{cases}-9A+2B=0,\\-9B-2A=10.\end{cases}$$

所以

$$\begin{cases}A=-\frac{4}{17},\\B=-\frac{18}{17}.\end{cases}$$

则原微分方程的特解为

$$\tilde{y}=-\frac{4}{17}\cos x-\frac{18}{17}\sin x,$$

故原微分方程的通解为

$$y=C_1e^{2x}+C_2e^{-4x}-\frac{4}{17}\cos x-\frac{18}{17}\sin x.$$

例 9.32(习题 9.3 B1) 写出下列微分方程的特解形式.

(1) $y''+3y'-4y=e^{3x}\cos 2x$;

(2) $y''-4y'+4y=(3x+1)e^{2x}$;

(3) $y''-2y'+5y=e^x\sin 2x$.

解 (1) 特征方程为$\lambda^2+3\lambda-4=0$,特征根为$\lambda_1=1,\lambda_2=-4$,因为$\lambda=$

$3+2i$ 不是特征根，原微分方程的特解形式为 $\tilde{y}=e^{3x}(A\cos 2x+B\sin 2x)$.

(2) 特征方程为 $\lambda^2-4\lambda+4=0$，特征根为 $\lambda_1=\lambda_2=2$，因为 $\lambda=2$ 是二重特征根，原微分方程的特解形式为 $\tilde{y}=(Ax+B)x^2e^{2x}$.

(3) 特征方程为 $\lambda^2-2\lambda+5=0$，特征根为 $\lambda_{1,2}=\frac{2\pm\sqrt{4-20}}{2}=1\pm 2i$，因为 $\lambda=1+2i$ 是单特征根，原微分方程的特解形式为 $\tilde{y}=xe^x(A\cos 2x+B\sin 2x)$.

例 9.33　设函数 $y=y(x)$ 满足微分方程 $y''-3y'+2y=2e^x$，且其图形在点(0,1)处的切线与曲线 $y=x^2-x+1$ 在该点的切线重合，求函数 $y=y(x)$.

解　特征方程为 $\lambda^2-3\lambda+2=0$，特征根为 $\lambda_1=1,\lambda_2=2$，其所对应的二阶常系数线性齐次微分方程的通解为

$$Y(x)=C_1e^x+C_2e^{2x},$$

原方程有特解 $\tilde{y}(x)=Axe^x$，代入原方程，可得 $A=-2$，于是 $\tilde{y}(x)=-2xe^x$，故原微分方程的通解为

$$y(x)=C_1e^x+C_2e^{2x}-2xe^x.$$

由曲线过点(0,1)及切线重合条件，得 $y(0)=1,y'(0)=-1$，代入通解，可解出 $C_1=1,C_2=0$，于是所求函数为 $y(x)=(1-2x)e^x$.

例 9.34　求微分方程 $y''+2y'=\frac{1}{2}\sin 2x+\cos^2 x$ 满足初始条件 $y(0)=1$，$y'(0)=0$ 的特解.

解　特征方程为 $\lambda^2+2\lambda=0$，特征根为 $\lambda_1=0,\lambda_2=-2$，其所对应的二阶常系数线性齐次微分方程的通解为

$$Y(x)=C_1+C_2e^{-2x},$$

原微分方程等式右边

$$f(x)=\frac{1}{2}\sin 2x+\cos^2 x=\frac{1}{2}(\sin 2x+\cos 2x)+\frac{1}{2}.$$

先求微分方程 $y''+2y'=\frac{1}{2}(\sin 2x+\cos 2x)$ 的特解. 令 $\tilde{y}_1(x)=A_1\cos 2x+B_1\sin 2x$，代入原方程，可得 $A_1=-\frac{1}{8},B_1=0$，于是

$$\tilde{y}_1(x)=-\frac{1}{8}\cos 2x.$$

再求微分方程 $y''+2y'=\frac{1}{2}$ 的特解. 令$\tilde{y}_2(x)=A_2x$,代入原方程,可得$A_2=\frac{1}{4}$,

于是
$$\tilde{y}_2(x)=\frac{1}{4}x.$$

则原方程的通解为

$$y(x)=C_1+C_2\mathrm{e}^{-2x}-\frac{1}{8}\cos2x+\frac{1}{4}x,$$

因 $y(0)=1$,得 $C_1+C_2-\frac{1}{8}=1$,又 $y'(x)=-2C_2\mathrm{e}^{-2x}+\frac{1}{4}\sin2x+\frac{1}{4}$,且 $y'(0)=0$,得$-2C_2+\frac{1}{4}=0$,所以 $C_1=1$,$C_2=\frac{1}{8}$,故所求的特解为

$$y(x)=1+\frac{1}{8}\mathrm{e}^{-2x}-\frac{1}{8}\cos2x+\frac{1}{4}x.$$

例 9.35(习题 9.3 B2(1)) 求二阶常系数微分方程 $y''-5y'+6y=x\mathrm{e}^{4x}$ 的通解.

解 特征方程为 $\lambda^2-5\lambda+6=0$,特征根为 $\lambda_1=2$,$\lambda_2=3$,其所对应的二阶常系数线性齐次微分方程的通解为

$$Y(x)=C_1\mathrm{e}^{2x}+C_2\mathrm{e}^{3x},$$

因为 $\lambda=4$ 不是特征根,所以原微分方程的特解形式为$\tilde{y}(x)=\mathrm{e}^{4x}(Ax+B)$,将 $\tilde{y}'(x)=\mathrm{e}^{4x}(4Ax+A+4B)$,$\tilde{y}''(x)=\mathrm{e}^{4x}(16Ax+8A+16B)$代入原微分方程得

$$2Ax+3A+2B=x,$$

比较等式两边系数得

$$\begin{cases}2A=1,\\3A+2B=0.\end{cases}$$

所以

$$\begin{cases}A=\dfrac{1}{2},\\B=-\dfrac{3}{4}.\end{cases}$$

则原微分方程的特解为

$$\tilde{y}(x)=\left(\frac{1}{2}x-\frac{3}{4}\right)\mathrm{e}^{4x},$$

故原微分方程的通解为

$$y=C_1e^{2x}+C_2e^{3x}+\left(\frac{1}{2}x-\frac{3}{4}\right)e^{4x}.$$

例 9.36(习题 9.3 B2(2))　求二阶常系数微分方程 $y''+3y'+2y=e^{-x}\cdot\sin x$ 的通解.

解　特征方程为 $\lambda^2+3\lambda+2=0$,特征根为 $\lambda_1=-2,\lambda_2=-1$,其所对应的二阶常系数线性齐次微分方程的通解为

$$Y(x)=C_1e^{-2x}+C_2e^{-x},$$

因为 $\lambda=-1+i$ 不是特征根,所以原微分方程的特解形式为 $\tilde{y}(x)=e^{-x}(A\cos x+B\sin x)$,将 $\tilde{y}'(x)=e^{-x}[(B-A)\cos x+(-A-B)\sin x]$,$\tilde{y}''(x)=e^{-x}(2A\sin x-2B\cos x)$ 代入原微分方程得

$$(B-A)\cos x+(-A-B)\sin x=\sin x,$$

比较等式两边系数得

$$\begin{cases}B-A=0,\\-B-A=1.\end{cases}$$

所以

$$\begin{cases}A=-\dfrac{1}{2},\\B=-\dfrac{1}{2}.\end{cases}$$

则原微分方程的特解为

$$\tilde{y}(x)=(-\frac{1}{2}\cos x-\frac{1}{2}\sin x)e^{-x},$$

故原微分方程的通解为

$$y=C_1e^{-x}+C_2e^{-2x}-\frac{1}{2}(\cos x+\sin x)e^{-x}.$$

例 9.37　某公司每年的工资总额在比上一年增加 20%的基础上再追加 2 百万元. 若以 W_t 表示第 t 年的工资总额(单位:百万元),则 W_t 满足的差分方程是________.

解　应填 $W_t=1.2W_{t-1}+2$. 由题意 $W_t=(1+0.2)W_{t-1}+2$,即为所求方程.

例 9.38　差分方程 $y_{t+1}-y_t=t2^t$ 的通解为________________.

解 应填 $y_t=A+(t-2)2^t$. 原方程所对应的线性齐次差分方程的通解为 $Y_t=A\cdot 1^t=A$(A 为任意常数)，因为 $a=1\neq b=2$，设 $\tilde{y}_t=(B_0+B_1t)2^t$，代入原方程得 $(B_0+2B_1)+B_1t=t$，故

$$B_0+2B_1=0, B_1=1, \text{即 } B_0=-2, B_1=1,$$

所求差分方程的通解为

$$y_t=Y_t+\tilde{y}_t=A+(t-2)2^t (A\text{ 为任意常数}).$$

例 9.39(习题 9.4 A3(3)) 求解差分方程 $2y_{x+1}+6y_x=3x$.

解 将原差分方程化为 $y_{x+1}+3y_x=\frac{3}{2}x$，特征方程为 $\lambda+3=0$，特征根为 $\lambda=-3$，原差分方程对应的线性齐次差分方程的通解为 $Y_x=C(-3)^x$，因为 $b=0\neq a=-3$，原差分方程的特解形式为 $\tilde{y}_x=Ax+B$，则 $\tilde{y}_{x+1}=A(x+1)+B$，代入原差分方程得

$$4Ax+A+4B=\frac{3}{2}x,$$

比较等式两边系数得

$$\begin{cases} A=\dfrac{3}{8}, \\ B=-\dfrac{3}{32}. \end{cases}$$

则原差分方程的特解为

$$\tilde{y}_x=\frac{3}{8}x-\frac{3}{32},$$

故原差分方程的通解为

$$y=C(-3)^x+\frac{3}{8}x-\frac{3}{32}.$$

例 9.40(习题 9.4 A3(4)) 求解差分方程 $y_{x+1}+2y_x=4^x$.

解 特征方程为 $\lambda+2=0$，特征根为 $\lambda=-2$，原差分方程对应的线性齐次差分方程的通解为 $Y_x=C(-2)^x$，因为 $b=4\neq a=-2$，原差分方程的特解形式为 $\tilde{y}_x=A\cdot 4^x$，则 $\tilde{y}_{x+1}=A\cdot 4^{x+1}$，代入原差分方程得

$$6A\cdot 4^x=4^x,$$

比较等式两边系数得

$$A=\frac{1}{6},$$

则原差分方程的特解为

$$\tilde{y}_x=\frac{1}{6}\cdot 4^x,$$

故原差分方程的通解为

$$y=C(-2)^x+\frac{1}{6}\cdot 4^x.$$

例 9.41(习题 9.4 B1(2))　求差分方程 $y_{x+1}+4y_x=\sin\pi x$ 满足初始条件 $y_0=1$ 的特解.

解　特征方程为 $\lambda+4=0$,特征根为 $\lambda=-4$,原差分方程对应的线性齐次差分方程的通解为 $y_x=C\cdot(-4)^x$,原差分方程的特解形式为 $\tilde{y}_x=A\cos\pi x+B\sin\pi x$,则

$$\tilde{y}_{x+1}=A\cos(\pi x+\pi)+B\sin(\pi x+\pi)=-A\cos\pi x-B\sin\pi x,$$

代入原差分方程得

$$3A\cos\pi x+3B\sin\pi x=\sin\pi x,$$

比较等式两边系数得

$$\begin{cases}A=0,\\ B=\dfrac{1}{3}.\end{cases}$$

则原差分方程的特解为

$$\tilde{y}_x=\frac{1}{3}\sin\pi x,$$

故原差分方程的通解为

$$y_x=C(-4)^x+\frac{1}{3}\sin\pi x,$$

又因为 $y_0=1$,所以 $C=1$,原差分方程的特解为

$$y_x=(-4)^x+\frac{1}{3}\sin\pi x.$$

例 9.42(习题 9.4 B3)　某家庭现在起每月从工资中拿出一部分资金存入银行,用于投资子女的教育,并计划 20 年后开始从投资账户中每月支取 1 000元,直到 10 年后子女大学毕业用完全部资金,要实现这个投资目标,每

月要向银行存入多少钱？20 年内共要筹措多少资金？(假设投资的月利率为 0.5%.)

解 设第 n 个月投资账户资金为 S_n 元，每月存入资金 a 元，于是 20 年后，关于 S_n 的差分方程为

$$S_{n+1}=1.005S_n-1\,000,\text{且 } S_{120}=0,S_0=x,$$

解这个差分方程得通解为

$$S_n=1.005^nC-\frac{1\,000}{1-1.005}=1.005^nC+200\,000,$$

由初始条件 $S_{120}=0,S_0=x$ 得到

$$x=200\,000-\frac{200\,000}{1.005^{120}}=90\,073.45,$$

从现在到 20 年之内，S_n 满足差分方程

$$S_{n+1}=1.005S_n-a\text{ 且 } S_0=0,S_{240}=90\,073.45,$$

解方程得通解为

$$S_n=1.005^nC-\frac{a}{1-1.005}=1.005^nC-200a,$$

所以 $S_{240}=1.005^{240}C-200a=90\,073.45,S_0=C-200a=0$，从而 $a=194.95$，要实现这个投资目标，平均每月存入银行 194.95 元，20 年内共要筹措资金 90 073.45元.

9.3 复习题

1. 微分方程 $xy'+y=0$ 满足初始条件 $y(1)=2$ 的特解为 $y=$________.

2. 设 y_1,y_2 是一阶线性非齐次微分方程 $y'+p(x)y=q(x)$ 的两个特解，若常数 λ,μ 使 $\lambda y_1+\mu y_2$ 是该微分方程的解，$\lambda y_1-\mu y_2$ 是对应的齐次微分方程的解，则(　　).

(A) $\lambda=\frac{1}{2},\mu=\frac{1}{2}$　　(B) $\lambda=-\frac{1}{2},\mu=-\frac{1}{2}$

(C) $\lambda=\frac{2}{3},\mu=\frac{1}{3}$　　(D) $\lambda=\frac{2}{3},\mu=\frac{2}{3}$

3. 设有微分方程 $y'-2y=q(x)$，其中 $q(x)=\begin{cases}2, x<1,\\ 0, x>1.\end{cases}$ 试求在 $(-\infty,+\infty)$ 内的连续函数 $y=y(x)$，使之在 $(-\infty,1)$ 和 $(1,+\infty)$ 内都满足微分方程且满足条件 $y(0)=0$.

4. 设函数 $f(x)$ 连续，且 $\int_0^x tf(2x-t)\mathrm{d}t=\frac{1}{2}\arctan x^2$，已知 $f(1)=1$，求 $\int_1^2 f(x)\mathrm{d}x$ 的值.

5. 在 xOy 坐标平面上，连续曲线 l 过点 $M(1,0)$，其上任意点 $P(x,y)$ $(x\neq 0)$ 处的切线斜率与直线 OP 的斜率之差等于 $ax(a>0)$. (1) 求 l 的方程；(2) 当 l 与直线 $y=ax$ 所围成平面图形的面积为 $\frac{8}{3}$ 时，试确定 a 的值.

6. 求解微分方程 $(x+1)\frac{\mathrm{d}y}{\mathrm{d}x}+1=2\mathrm{e}^{-y}$.

7. 求解微分方程 $x\sqrt{1-y^2}\mathrm{d}x+y\sqrt{1-x^2}\mathrm{d}y=0$.

8. 设函数 $f(x)$ 在 $(0,+\infty)$ 内连续，$f(1)=\frac{5}{2}$，且对一切 $x,t\in(0,+\infty)$ 满足条件：$\int_1^{xt}f(u)\mathrm{d}u=t\int_1^x f(u)\mathrm{d}u+x\int_1^t f(u)\mathrm{d}u$，求函数 $f(x)$ 的表达式.

9. 某地区的人口增长速度与当前该地区的人口成正比，若两年后，人口增加一倍，三年后，人口是 20 000 人，试估计该地区最初的人口数.

10. 求解微分方程 $\left(x-y\cos\frac{y}{x}\right)\mathrm{d}x+x\cos\frac{y}{x}\mathrm{d}y=0$.

11. 求解微分方程 $xy'-2y=2x^4$.

12. 求解微分方程 $y\ln y\mathrm{d}x+(x-\ln y)\mathrm{d}y=0$.

13. 求解微分方程 $y'=\frac{y}{2y\ln y+y-x}$.

14. 设函数 $f(t)$ 在 $(-\infty,+\infty)$ 内具有连续的导数，且满足

$$f(t)=2\iint\limits_{x^2+y^2\leqslant t^2}(x^2+y^2)f(\sqrt{x^2+y^2})\mathrm{d}x\mathrm{d}y+t^4,$$

求函数 $f(t)$ 的表达式.

15. 设函数 $f(x)$，$g(x)$ 满足 $f'(x)=g(x)$，$g'(x)=2\mathrm{e}^x-f(x)$，且

$f(0)=0, g(0)=2$. 求积分值 $I=\int_0^{\pi}\left[\frac{g(x)}{1+x}-\frac{f(x)}{(1+x)^2}\right]\mathrm{d}x$.

16. 微分方程 $y''-y'+\frac{1}{4}y=0$ 的通解为 $y=$________.

17. 微分方程 $y''+y=x^2+1+\sin x$ 的特解形式可设为(　　).

(A) $\tilde{y}=ax^2+bx+c+x(A\sin x+B\cos x)$

(B) $\tilde{y}=x(ax^2+bx+c+A\sin x+B\cos x)$

(C) $\tilde{y}=ax^2+bx+c+A\sin x$

(D) $\tilde{y}=ax^2+bx+c+A\cos x$

18. 微分方程 $y''-y=\mathrm{e}^x+1$ 的一个特解应具有形式(　　).

(A) $a\mathrm{e}^x+b$　　(B) $a\mathrm{e}^x+bx$

(C) $ax\mathrm{e}^x+b$　　(D) $ax\mathrm{e}^x+bx$

19. 设函数 $f(t)$ 在 $[0,+\infty)$ 上连续，且满足方程

$$f(t)=\mathrm{e}^{4\pi t^2}+\iint\limits_{x^2+y^2\leqslant 4t^2} f\left(\frac{1}{2}\sqrt{x^2+y^2}\right)\mathrm{d}x\mathrm{d}y,$$

求 $f(t)$.

20. 求解微分方程 $y''-y=\mathrm{e}^x+4\cos x$.

21. 设函数 $f(x)$ 具有连续的二阶导数，并满足方程：

$$f(x)=1-\frac{1}{5}\int_0^x[f''(t)+4f(t)]\mathrm{d}t$$

且 $f'(0)=0$，求函数 $f(x)$ 的表达式.

22. 在第一象限求一曲线，使曲线的切线、坐标轴和过切点且与横轴平行的直线所围成的梯形面积等于 a^2，且曲线过点 (a,a)，$a>0$ 为常数.

23. 某林区现有木材 10 万立方米，如果在每一瞬时木材的变化率与当时木材数成正比，假设 10 年内这林区能有木材 20 万立方米，试确定木材数 p 与时间 t 的关系.

24. 设某种商品的需求与供给函数分别为

$$Q_d=a-bp\,(a,b>0),\quad Q_s=-c+dp\,(c,d>0)$$

假设商品价格 p 为时间 t 的函数，已知初始条件 $p(0)=p_0$，且在任意时刻 t，价格函数 $p(t)$ 的变化率总是与这个时刻的过剩需求量 (Q_d-Q_s) 成正比.

(1) 求供需相等时的价格 p_e(均衡价格);(2) 求价格 $p(t)$的表达式.

25. 某湖泊的水量为V,每年排入湖泊内含污染物A的污水量为$\dfrac{V}{6}$,流入湖泊内不含A的水量为$\dfrac{V}{6}$,流出湖泊的水量为$\dfrac{V}{3}$.已知1999年年底湖中污染物A的含量为$5m_0$,超过国家规定指标,为了治理污染,从2000年年初起,限定排入湖泊中含A的污水的浓度不超过$\dfrac{m_0}{V}$.问至少需经过多少年,湖泊中污染物A的含量降至m_0以内?(注:设湖水中污染物A的浓度是均匀的.)

26. 设 $y_x=e^{2x}$,求 Δy_x,$\Delta^2 y_x$.

27. 求 $2y_x-y_{x-1}=0$ 满足初始条件 $y_0=2$ 的特解.

28. 写出下列一阶差分方程特解的形式:

(1) $y_{x+1}-y_x=x^2-1$;

(2) $y_{x+1}-3y_x=\sin 2x$.

29. 求差分方程 $y_{x+1}-3y_x=-2$ 的通解.

30. 求差分方程 $y_{x+1}-2y_x=\left(\dfrac{1}{3}\right)^x$ 的通解.

31. 求差分方程 $y_{x+1}-5y_x=\cos\dfrac{\pi}{2}x$ 的通解.

复习题答案及提示

第1章

1. $\{x\mid x\leqslant 0$ 或 $x\geqslant 11\}$.

2. $\{x\mid -2\leqslant x\leqslant 2\}$.

3. $f(\lg x)=\dfrac{1}{\lg x}+\dfrac{\sqrt{1+\lg^2 x}}{|\lg x|}$.

4. $\varphi(x)=\sqrt{1-\ln x},0<x<\mathrm{e}$.

5. 偶,偶.

6. 有界.

7. $f(g(x))=\begin{cases}2+x,x\geqslant 0;\\ 2+x^2,x<0.\end{cases}$

8. $g(f(x))=\begin{cases}\pi,x\leqslant -1 \text{ 或 } x=\dfrac{\pi}{2}+2k\pi(k=0,1,2,\cdots);\\ -\sqrt{1-\sin x},x>0 \text{ 且 } x\neq\dfrac{\pi}{2}+2k\pi(k=0,1,2,\cdots);\\ -\sqrt{1-x^2},-1<x\leqslant 0.\end{cases}$

9. $f^{-1}(x)=\begin{cases}x,x<1;\\ \sqrt{x},1\leqslant x\leqslant 16;\\ \log_2 x,x>16.\end{cases}$

10. $f(x)=4x^3+\dfrac{3}{x}$.

11. $f(x)=\begin{cases}-\sin x-\cos x-1,x\in\left[-\pi,-\dfrac{\pi}{2}\right);\\ \sin x-\cos x+1,x\in\left[-\dfrac{\pi}{2},0\right);\\ \sin x+\cos x-1,x\in\left[0,\dfrac{\pi}{2}\right];\\ -\sin x+\cos x+1,x\in\left(\dfrac{\pi}{2},\pi\right].\end{cases}$

第2章

一、1. D 2. C 3. A 4. D 5. D 6. D 7. D 8. $a=b$ 9. $e^{-\frac{1}{2}}$

二、1. $\sqrt{5}$ 2. 2 3. $2x$ 4. -2 5. $\frac{2^{30}6^{50}}{5^{80}}$ 6. $e^{-\frac{3}{2}}$ 7. $\frac{\sqrt{3}}{3}$ 8. $-\frac{3}{2}$ 9. $\frac{1}{2}$

10. e^2 11. 0 12. -3 13. $\sqrt{2}$ 14. e 15. 0 16. $\frac{n(n+1)}{2}$ 17. 1 18. $\frac{1}{2}$

三、1. 提示:子列$\{a_{4k}\}$收敛到0,$\{a_{4k+1}\}$收敛到1,所以$\{a_n\}$极限不存在.

2. 提示:运用数学归纳法可证明$1<a_{n+1}<a_n$.

3. (1) 2; (2) 1; (3) 1.

4. $f(x)=e^{\frac{x}{\sin x}}$,$x=0$为可去间断点,$x=k\pi(k=\pm1,\pm2,\cdots)$为无穷间断点.

5. $\alpha=1,\beta=\frac{1}{2}$.

6. (1) $x=0$为跳跃间断点,$x=1$为无穷间断点,$x=\pm\frac{\pi}{2}+k\pi(k=0,\pm1,\pm2,\cdots)$为无穷间断点;

(2) $x=0$为无穷间断点,$x=1$为可去间断点,$x=3$为无穷间断点;

(3) $x=0$为无穷间断点,$x=1$为跳跃间断点;

(4) $x=0$为无穷间断点.

7. 证明略.

8. 提示:构造函数$F(x)=f(x)-f(x+a),x\in[0,a]$.

第3章

1. 证明略.

2. (1) $a=b=1$;(2) $f'(0)=0$;(3) 连续.

3. (1) $A=1,B=0$.

(2) $f'(x)=\begin{cases}1-e^{-x}, & x>0;\\ 0, & x=0;\\ -\sin x, & x<0.\end{cases}$连续.

(3) 二阶不可导.

4. $f(x)=x^2+x$..

5. (1) $f(0)=0$;(2) $f'(0)=1$;(3) $f'(x)=\cos x^2-\sin^2 x$.

6. 不可导.

7. (1) $\dfrac{(1+\sec x\tan x)(x-\csc x)-(x+\sec x)(1+\csc x\cot x)}{(x-\csc x)^2}$;

(2) $\left(e^x+\dfrac{1}{x\ln 2}\right)\arcsin x+(e^x+\log_2 x)\dfrac{1}{\sqrt{1-x^2}}$; (3) $\dfrac{1}{2}\left(\dfrac{\ln x}{x}\right)^{-\frac{1}{2}}\dfrac{1-\ln x}{x^2}$;

(4) $\dfrac{-2x}{e^{x^2}\sqrt{1-e^{-2x^2}}}$; (5) $\cos^x x(\ln\cos x-x\tan x)$; (6) $(\sin x)^{\sqrt{x}}\left(\dfrac{\ln\sin x}{2\sqrt{x}}+\sqrt{x}\cot x\right)$.

8. $\dfrac{1}{2}$.

9. (1) $\dfrac{y-\sec^2(x+y)}{\sec^2(x+y)-x}$; (2) $\dfrac{-2y\cos x-\ln y}{2\sin x+\dfrac{x}{y}}$.

10. (1) $-\dfrac{b}{a}\tan t$; (2) $\dfrac{t^3-2}{t^3+2}$.

11. $\dfrac{1}{2}$.

12. $\dfrac{5}{4}(-1)^n n!\left[\dfrac{1}{(x-2)^{n+1}}-\dfrac{1}{(x+2)^{n+1}}\right]$.

13. $2^{98}[(12x^2-29\,708)\sin 2x-1\,200x\cos 2x]$.

14. n 为偶数时，$f^{(n)}(0)=0$；n 为奇数时，$f^{(n)}(0)=(-1)^{\frac{n+1}{2}}(n-1)!$.

15. (1) $df(x)=\dfrac{1}{3}(x-\tan^2 x)^{-\frac{2}{3}}(1-2\tan x\sec^2 x)dx$;

(2) $df(x)=-\dfrac{1}{3}x^{-\frac{2}{3}}\sin\sqrt[3]{x}dx$.

16. 提示：设 $F(x)=f(x)e^{-x}$，对 $F(x)$ 在 $[a,b]$ 上使用罗尔定理.

17. 提示：设 $F(x)=xf(x)$，对 $F(x)$ 在 $[a,b]$ 上使用拉格朗日中值定理.

18. 提示：先对 $f(x)$ 在 $[0,2]$ 上使用介值定理，得 $\xi_1\in[0,2]$，$f(\xi_1)=1$，再对 $f(x)$ 在 $[\xi_1,3]$ 上使用罗尔定理.

19. 提示：(1) 设 $h(x)=f(x)-g(x)$，对 $h(x)$ 使用零点定理. (2) 对 $h(x)$ 使用两次罗尔定理.

20. 提示：设 $g(x)=\ln x$，先对 $f(x)$，$g(x)$ 在 $[a,b]$ 上使用柯西中值定理，再对 $f(x)$ 在 $[a,b]$ 上使用拉格朗日中值定理.

21. (1) e; (2) 1; (3) $\dfrac{4}{3}$; (4) $e^{-\sqrt{2}}$; (5) $\dfrac{1}{12}$; (6) a.

22. 提示：设 $f(x)=x+p+q\cos x$，对 $f(x)$ 使用零点定理说明根的存在性，由 $f(x)$ 的单调性可得根的唯一性.

23. 2 个零点，分别在区间(1,2)及(2,3)内.

24. $k<4$,无交点;$k=4$,有一个交点;$k>4$,有两个交点.

25. 提示:设 $F(x)=f(x)-x$,可得 $F(x)\geqslant F(0)=0$.

26. 证明略.

27. 极大值$y|_{x=0}=1$.

28. $x=\mathrm{e}$.

29. $b=3$.

30. (1) $y=\mathrm{e},y=1,x=0$;(2) $x=1,y=x+2$.

第4章

1. $\arcsin(\ln x)+C$.

2. $\frac{1}{9}\ln\left|\frac{x^3}{x^3+3}\right|+C$.

3. $\frac{1}{2}\ln\left|\frac{\mathrm{e}^x-1}{\mathrm{e}^x+1}\right|+C$.

4. $\frac{1}{2}\ln\left|\frac{2}{x}-\frac{\sqrt{4-x^2}}{x}\right|+C$.

5. $\frac{1}{a^2}\frac{x}{\sqrt{x^2+a^2}}+C$.

6. $-\cot x\ln\sin x-\cot x-x+C$.

7. $-\frac{x+1}{x+2}\mathrm{e}^x+\mathrm{e}^x+C$.

8. $x^2\cos x-4x\sin x-6\cos x+C$.

9. $-\frac{1}{3(x-1)}+\frac{2}{9}\ln(x-1)-\frac{2}{9}\ln(x+2)+C$.

10. $\ln|x|-\frac{1}{8}\ln(1+x^8)+C$.

11. $\ln(2+\sqrt{3})-\frac{\sqrt{3}}{2}$.

12. 2π.

13. $2(1-2\mathrm{e}^{-1})$.

14. 2.

15. $\frac{7}{3}-\frac{1}{\mathrm{e}}$.

16. 2.

17. $F'(x)=f(-x)$.

18. 2.

19. $f(x)=\frac{1}{1+x^2}+\frac{\pi}{4-\pi}\sqrt{1-x^2}$.

20. $\frac{1}{e+1}+\ln\frac{e+1}{e}$.

21. $\frac{\pi}{2}$.

22. $\frac{\pi}{4}+\frac{1}{2}\ln 2$.

23. $\frac{\pi}{4}$.

24. $\frac{\pi}{3}$.

25. $0<\alpha<1$ 时收敛到$\frac{1}{1-\alpha}$,否则发散.

26. 3.

27. 所求点为$\left(\frac{1}{\sqrt{3}},\frac{2}{3}\right)$,所求面积为$\frac{2}{9}(2\sqrt{3}-3)$.

28. $\frac{\pi^2}{4}$.

29. $2\pi^2a^2b$.

30. $C(x)=0.2x^2+2x+20$,$L(x)=-0.2x^2+16x-20$. 每天生产 40 单位时获最大利润.

第 5 章

1. $\boldsymbol{c}^{\circ}=\pm\frac{1}{\sqrt{3}}(1,1,-1)$.

2. $A(9,2,-3)$,$B(-3,2,6)$.

3. $-\frac{5}{11}$.

4. 5. 证明略.

6. (1) 等号成立当且仅当 $\boldsymbol{a}$ 与 $\boldsymbol{b}$ 垂直;(2) (几何意义)以三角形的任意两边为邻边的平行四边形的面积相等;(3) $(\boldsymbol{a}-\boldsymbol{d})\times(\boldsymbol{b}-\boldsymbol{c})=\boldsymbol{0}$.

7. (1) $(-7,18,-8)$;(2) $(18,10,-17)$;(3) -19.

8. (1) $\frac{\sqrt{309}}{2}$;(2) 1.

9. 10. 11. 12. 证明略.

13. $x-\frac{y}{2}+\frac{z}{3}=\pm 1$.

14. $2x+3y+4z-35=0$.

15. $\frac{x}{\pm 3}+\frac{y}{\pm 4}+\frac{z}{\pm 2\sqrt{5}}=1$(共有 8 个方程).

16. $\frac{x-2}{3}=\frac{y-3}{3}=\frac{z-1}{-1}$.

17. $\arcsin\frac{1}{3}$.

18. $\arccos\frac{1}{6}$.

19. $\sqrt{14}$.

20. $(1,2,-3),(-1,-3,2)$.

21. $\frac{x-1}{-2}=\frac{y-2}{3}=\frac{z-3}{1}$.

22. $\frac{x+\frac{35}{13}}{1}=\frac{y+\frac{22}{13}}{-4}=\frac{z+\frac{9}{13}}{3}$或$\begin{cases}7x-2y-5z+12=0,\\17x-16y-27z=0.\end{cases}$

23. $\frac{x-1}{0}=\frac{y-1}{1}=\frac{z+1}{-1}$.

24. 2.

25. $\Pi_1: 3x+4y-z+1=0$;$\Pi_2: x-2y-5z+3=0$.

26. $(x+5)^2+(y-3)^2+z^2=121$.

27. $x^2+y^2-\alpha^2z^2=\beta^2\begin{cases}\text{圆柱面},\alpha=0,\beta\neq 0,\\\text{圆锥面},\alpha\neq 0,\beta=0,\\\text{单叶双曲面},\alpha\neq 0,\beta\neq 0.\end{cases}$

28. $\begin{cases}z-2=-|x|,\\y=0\end{cases}$或$\begin{cases}z-2=-|y|,\\x=0.\end{cases}$

29. $\begin{cases}x^2+y^2+(a-x)^2=1,\\z=0.\end{cases}$

30. 双曲抛物面(马鞍面).

31. $\begin{cases}y^2+z=1(0\leqslant z\leqslant 1),\\x=0.\end{cases}$

32. $y\pm\sqrt{3}z=0$.

33. $\gamma_{xy}:\begin{cases}x+y+xy=1,\\ z=0;\end{cases}$ $\gamma_{yz}:\begin{cases}y^2+yz-y+z=0,\\ x=0;\end{cases}$ $\gamma_{zx}:\begin{cases}x^2+xz-x+z=0,\\ y=0.\end{cases}$

34. 当$1<|\lambda|<\sqrt{2}$时,Γ是椭圆;当$|\lambda|<1$时,Γ是双曲线;当$|\lambda|=1$时,Γ是抛物线.

35. 以定平面为xOy平面,定点为$A(0,0,c)(c\neq 0)$建立直角坐标系$O-xyz$,则轨迹曲面Σ的方程为$x^2+y^2+(z-c)^2=k^2z^2$. 当$0<k<1$时,Σ为旋转椭球面;当$k=1$时,Σ为旋转抛物面;当$k>1$时,Σ为旋转双叶双曲面.

第6章

1. (1) 0;(2) $\frac{1}{\mathrm{e}}$.

2. 1.

3. (1) 连续;(2) 偏导数$f'_x(0,0)$和$f'_y(0,0)$不存在;(3) 不可微.

4. 12,8.

5. 证明略.

6. (D).

7. $\mathrm{d}z=\frac{\partial z}{\partial x}\mathrm{d}x+\frac{\partial z}{\partial y}\mathrm{d}y=\mathrm{e}^{-\arctan\frac{x}{y}}((2x-y)\mathrm{d}x+(x+2y)\mathrm{d}y)$.

8. $3\mathrm{e}(\mathrm{d}x-\mathrm{d}y)$.

9. $4\mathrm{d}x-2\mathrm{d}y$.

10. $3x^2f-2yf',xf'$.

11. 51.

12. $(\varphi+x\varphi')f'_1+2(x+\varphi\varphi')f'_2$.

13. $\frac{2y}{x}f'\left(\frac{y}{x}\right)$.

14. $xf''_{12}+f'_2+xyf''_{22}$.

15. $xyf''_{11}-\frac{x}{y^3}f''_{22}-\frac{y}{x^3}g''+f'_1-\frac{1}{y^2}f'_2-\frac{1}{x^2}g'$.

16. 2.

17. $\mathrm{d}z=-\frac{1}{f'_3}[(f'_1+f'_2+f'_3)\mathrm{d}x+(f'_2+f'_3)\mathrm{d}y]$.

18. $\frac{1+2\mathrm{e}^z-z\mathrm{e}^z}{(1+\mathrm{e}^z)^3}$.

19. $f(x,y)=\frac{1}{2}x^2+xy+y^2$.

20. 二元函数存在极大值 $f(1,0)=e^{-\frac{1}{2}}$，极小值 $f(-1,0)=-e^{-\frac{1}{2}}$.

21. $\sqrt{2\left(\sqrt[3]{\frac{1}{4}}-1\right)^2+\frac{(\sqrt[3]{4}-1)^2}{4}}$.

22. $\frac{\alpha}{\alpha+\beta}a,\frac{\beta}{\alpha+\beta}a$.

23. 最大值为 3，最小值为 -2.

24. 最大值为 $z(0,-3)=z(-3,0)=6$，最小值为 $z(-1,-1)=-1$.

第7章

1. 设 $xy=t$，$S(t)$ 为 $D\cap\{xy\leqslant t\}$ 的面积，则 $S(t)=\ln 2\cdot(t-1)$. 因此 $\iint\limits_D f(xy)\mathrm{d}\sigma=\int_1^2 f(t)\mathrm{d}(S(t))=\ln 2\int_1^2 f(t)\mathrm{d}t$.

2. 提示：$\iint\limits_{\sqrt{|x|}+\sqrt{|y|}\leqslant 2}\mathrm{d}\sigma<\iint\limits_{|x|+|y|\leqslant 2}\mathrm{d}\sigma$.

3. 0.

4. 证明略.

5. 证明略.

6. $\frac{(4\pi^2-7)e^{\pi^2}+7}{3}$.

7. (1) 1；(2) $\frac{2}{3}$；(3) $\frac{1}{3}$；(4) $\frac{2}{3(n+1)}$.

8. $e-1$（提示：$f(x)=\int_{|x|}^1 e^{y^2}\mathrm{d}y$ 是区间$[-1,1]$上的偶函数）.

9. $\frac{\pi}{4}$.

10. $\frac{2}{5}$.

11. $-\frac{2}{5}$.

12. 4.

13. -2.

14. $\frac{1}{2}$.

15. $1-\sin 1$.

16. $\dfrac{(2n+3)!!}{(2n+4)!!}\cdot\dfrac{2^{n+3}\pi a^{n+2}}{n+1}$.

17. $\dfrac{\pi R^4}{4}x+y^2$.

18. (C).

19. $\dfrac{\pi}{4}$.

20. $\dfrac{5\pi}{2}$.

21. 2π.

22. $\dfrac{7\pi}{12}+\dfrac{7\sqrt{3}}{8}-2$.

23. $\dfrac{\pi^2 ab}{2}$.

24. $\dfrac{a^5}{128}$.

25. $\dfrac{8\,156}{15}$.

26. $1+\dfrac{3\pi}{8}$.

27. $\dfrac{2\,944}{315}$.

28. $2\pi\sigma_1\sigma_2\sqrt{1-\rho^2}$.

29. 证明略.

30. $\dfrac{2\pi}{\sqrt{3}}$.

31. $\dfrac{\pi}{5}$.

32. $8(2-\sqrt{2})a^3$.

第 8 章

1. (1) 发散;(2) 收敛.
2. (1) 收敛;(2) 收敛;(3) 发散;(4) 收敛.
3. 提示:由题设知 $0<c_n-a_n<b_n-a_n$,再利用比较判别法及级数的性质证明.
4. (1) 收敛;(2) 发散;(3) 收敛;(4) 发散.
5. (1) 发散;(2) 收敛;(3) 收敛;(4) 发散.

6. (1) 发散;(2) 收敛;(3) 收敛;(4) 发散;(5) 收敛.

7. (1) $a>1$ 时收敛,$a\leqslant 1$ 时发散;(2) $a<\mathrm{e}$ 时收敛,$a\geqslant \mathrm{e}$ 时发散.

8. (1) 0;(2) 0.

9. 提示:由题设知 $u_{n+1}\geqslant 1$,再结合单调有界数列必有极限和比较判别法证明.

10. (D).

11. 提示:利用比较判别法证明.

12. (A).

13. (1) 绝对收敛;(2) 条件收敛;(3) 发散;(4) 绝对收敛;(5) 条件收敛.

14. (C).

15. (1) 5;(2) $\frac{1}{3}$.

16. 2,$[-1,3)$.

17. (1) $\left[-\frac{\sqrt{5}}{2},\frac{\sqrt{5}}{2}\right)$;(2) $\left[-\frac{1}{5},\frac{1}{5}\right)$;(3) $[-1,1)$;(4) $[-3,3)$.

18. (1) $[-2,0]$;(2) $[1,5]$.

19. (1) $\frac{1}{2}$;(2) $\sqrt{3}$.

20. (1)$-x\ln(1-x)$;(2) $\frac{1}{4}\ln\frac{1+x}{1-x}+\frac{1}{2}\arctan x-x$.

21. $x(x+1)\mathrm{e}^x$,$\mathrm{e}+1$.

22. (1) $\frac{1}{2}(\cos 1+\sin 1)$;(2) 8.

23. (A).

24. (1) $\sum\limits_{n=1}^{\infty}\frac{x^{2n-1}}{(2n-1)!}$,$-\infty<x<+\infty$;(2) $\sum\limits_{n=0}^{\infty}\frac{(-1)^n}{n!}x^{n+3}$,$-\infty<x<+\infty$.

25. $\sum\limits_{n=1}^{\infty}\frac{(-1)^{n-1}2^n-1}{n}x^n$,$-\frac{1}{2}<x\leqslant\frac{1}{2}$.

26. $\mathrm{e}^2\sum\limits_{n=0}^{\infty}\frac{(x-2)^n}{n!}$,$-\infty<x<+\infty$.

27. $\sum\limits_{n=1}^{\infty}\frac{(-1)^n}{n}(x-2)^{2n}$,$1\leqslant x\leqslant 3$.

28. 2.992 6.

29. 0.520 5.

30. 0.156 43,<1/1 250 000.

第9章

1. $\dfrac{2}{x}$.

2. (A).

3. $y(x)=\begin{cases} e^{2x}-1, & x\leqslant 1, \\ (1-e^{-2})e^{2x}, & x>1. \end{cases}$

4. $\dfrac{3}{4}$.

5. (1) $y=ax^2-ax$;(2) $a=2$.

6. $(1+x)e^y=2x+C$.

7. $\sqrt{1-x^2}+\sqrt{1-y^2}=C$.

8. $f(x)=\dfrac{5}{2}(\ln x+1)$.

9. 7 071 人.

10. $\sin\dfrac{y}{x}=-\ln|x|+C$.

11. $y=(x^2+C)x^2$.

12. $x=\dfrac{C}{\ln y}+\dfrac{\ln y}{2}$.

13. $x=\dfrac{C}{y}+y\ln y$.

14. $f(t)=\dfrac{1}{\pi}(e^{\pi t^4}-1)$.

15. $I=\dfrac{1+e^{\pi}}{1+\pi}$.

16. $(C_1+C_2x)e^{\frac{x}{2}}$.

17. (A).

18. (C).

19. $f(t)=e^{4\pi t^2}(4\pi t^2+1)$.

20. $y=C_1e^x+C_2e^{-x}+\dfrac{1}{2}xe^x-2\cos x$.

21. $f(x)=\dfrac{1}{3}(4e^{-x}-e^{-4x})$.

22. $x=\dfrac{y^2}{3a}+\dfrac{2a^2}{3y}$.

23. $p=10\cdot 2^{\frac{t}{10}}$.

24. (1) $p_e=\dfrac{a+c}{b+d}$;(2) $p(t)=(p_0-p_e)e^{-k(b+d)t}+p_e$.

25. $t=6\ln 3$,约 7 年.

26. $\Delta y_x=e^{2x}(e^2-1)$,$\Delta^2 y_x=e^{2x}(e^2-1)^2$.

27. $y_x=\left(\dfrac{1}{2}\right)^{x-1}$.

28. (1) $y_x=Ax^3+Bx^2+Cx$;(2) $y_x=B_1\cos 2x+B_2\sin 2x$.

29. $y_x=C\cdot 3^x+1$.

30. $y_x=C\cdot 2^x-\dfrac{3}{5}\left(\dfrac{1}{3}\right)^x$.

31. $y_x=C\cdot 5^x-\dfrac{5}{26}\cos\dfrac{\pi}{2}x+\dfrac{1}{26}\sin\dfrac{\pi}{2}x$.